Arne Kusiek

AF547013

Windenergieanlagen

Technologie – Funktionsweise – Entwicklung

HANSER

Der Autor:
Arne Kusiek, Henstedt-Ulzburg

Alle in diesem Buch enthaltenen Informationen wurden nach bestem Wissen zusammengestellt und mit Sorgfalt getestet. Dennoch sind Fehler nicht ganz auszuschließen. Aus diesem Grund sind die im vorliegenden Buch enthaltenen Informationen mit keiner Verpflichtung oder Garantie irgendeiner Art verbunden. Autor und Verlag übernehmen infolgedessen keine Verantwortung und werden keine daraus folgende oder sonstige Haftung übernehmen, die auf irgendeine Weise aus der Benutzung dieser Informationen – oder Teilen davon – entsteht, auch nicht für die Verletzung von Patentrechten, die daraus resultieren können.
Ebenso wenig übernehmen Autor und Verlag die Gewähr dafür, dass die beschriebenen Verfahren usw. frei von Schutzrechten Dritter sind. Die Wiedergabe von Gebrauchsnamen, Handelsnamen, Warenbezeichnungen usw. in diesem Werk berechtigt also auch ohne besondere Kennzeichnung nicht zu der Annahme, dass solche Namen im Sinne der Warenzeichen- und Markenschutz-Gesetzgebung als frei zu betrachten wären und daher von jedermann benützt werden dürften.

Bibliografische Information der deutschen Nationalbibliothek:
Die Deutsche Nationalbibliothek verzeichnet diese Publikation in der Deutschen Nationalbibliografie; detaillierte bibliografische Daten sind im Internet unter *http://dnb.d-nb.de* abrufbar.

Dieses Werk ist urheberrechtlich geschützt.
Alle Rechte, auch die der Übersetzung, des Nachdruckes und der Vervielfältigung des Buches, oder Teilen daraus, vorbehalten. Kein Teil des Werkes darf ohne schriftliche Genehmigung des Verlages in irgendeiner Form (Fotokopie, Mikrofilm oder ein anderes Verfahren), auch nicht für Zwecke der Unterrichtsgestaltung, reproduziert oder unter Verwendung elektronischer Systeme verarbeitet, vervielfältigt oder verbreitet werden.

© 2022 Carl Hanser Verlag München
www.hanser-fachbuch.de
Lektorat: Julia Stepp
Herstellung: Melanie Zinsler
Titelmotiv: © stock.adobe.com/Tarnero
Coverkonzept: Marc Müller-Bremer, www.rebranding.de, München
Coverrealisation: Max Kostopoulos
Satz: Eberl & Koesel Studio GmbH, Altusried-Krugzell
Druck und Bindung: CPI books GmbH, Leck
Printed in Germany

Print-ISBN: 978-3-446-47161-0
E-Book-ISBN: 978-3-446-47287-7

Kusiek

Windenergieanlagen

Bleiben Sie auf dem Laufenden!

Hanser Newsletter informieren Sie regelmäßig über neue Bücher und Termine aus den verschiedenen Bereichen der Technik. Profitieren Sie auch von Gewinnspielen und exklusiven Leseproben. Gleich anmelden unter

www.hanser-fachbuch.de/newsletter

Inhalt

liche Aspekte wurde weitgehend verzichtet. Ebenso wurde der Übersichtlichkeit halber auf eine oftmals mögliche, tiefergehende Beschreibung verzichtet und stattdessen auf weiterführende Literatur verwiesen.

Das Buch ist so gegliedert, dass Sie die einzelnen Kapitel, in denen (hoffentlich) die entsprechende Frage beantwortet wird, in beliebiger Reihenfolge lesen können. Sollte Vorwissen erforderlich sein, so sind entsprechende Verweise auf andere Kapitel angegeben. Wahlweise kann das Buch auch chronologisch gelesen werden.

Die beschriebenen Netzanschlussbedingungen können je nach Netzbetreiber variieren und sind nicht übertragbar. In jedem Fall sind die Normen und Richtlinien des aktuellen Standes anzuwenden. Für die in diesem Buch verwendeten Bilder und Zeichnungen kann keine Gewähr übernommen werden, dass diese frei von Patentrechten sind. Außerdem wird für die Richtigkeit der Angaben in diesem Buch keine Haftung übernommen.

Dieses Buch entwickelte sich aus einer Gastvorlesung an der Hochschule 21 in Buxtehude, die ich im Wintersemester 2019 gehalten habe. Mein besonderer Dank gilt Professor Dr. Jürgen Bosselmann für den Kontakt und die Unterstützung in dieser Zeit.

Mein besonderer Dank gilt der Firma Nordex/Acciona SE, die dieses Buchprojekt aktiv gefördert hat. Insbesondere Michael Franke danke ich für seine wohlwollende Unterstützung. Dr. Nils Hoffmann vom Ingenieurbüro Dr. Hoffmann danke ich für das Korrekturlesen und zahlreiche Anregungen. Außerdem danke ich Frau Julia Stepp vom Hanser Verlag fürs Lektorat und die freundliche Begleitung bei der Entstehung dieses Buches.

Henstedt-Ulzburg, im Oktober 2021 *Arne Kusiek*

1 Heißt es Windmühle, Windrad, Windkraftanlage oder Windenergieanlage?

Moderne Anlagen, die die Energie des Windes in elektrische Energie wandeln, heißen korrekt **Windenergieanlagen** (abgekürzt WEA). Parallel dazu werden auch die englischen Begriffe WEC (Wind Energy Converter) oder WTG (Wind Turbine Generator) verwendet.

Windmühlen sind vom Wind angetriebene Anlagen zum Mahlen von Mahlgut, wie beispielsweise von Getreide. Die ersten Windmühlen wurden wahrscheinlich in Mesopotamien ab 1700 v. Chr. eingesetzt (Bild 1.1). Ausgeführt waren diese in Form eines Widerstandsläufers, der über eine vertikale Drehachse einen Mühlstein antreibt. An der Drehachse waren geflochtene Matten befestigt, die dem Wind einen Widerstand entgegensetzten und somit vom Wind „mitgenommen" wurden. Durch Abschottung einer Rotorhälfte mittels einer Mauer wurde die notwendige Asymmetrie erzeugt, um die Windmühle zur Rotation zu bringen.

Bild 1.1 Nachbau einer persischen Windmühle (© Wikipedia, User: Saupreiß)

In Europa wurden viel später die ersten Windmühlen mit horizontaler Drehachse entwickelt, deren Rotor sich wie bei einem Propeller eines Flugzeugs senkrecht zum Wind dreht. Die älteste Bauform dieser Anlagen ist die Bockwindmühle (Bild 1.2), die im 12. Jahrhundert das erste Mal erwähnt wurde. Von Frankreich und England aus verbreitete sich dieser Anlagentyp über Holland und Deutschland in Nord- und Mitteleuropa. In Südeuropa hingegen setzte sich der Typ der Turmwindmühle durch (Bild 1.3).

Bild 1.2 Bockwindmühle (© Wikipedia, User: indeedous)

Windräder sind Anlagen zur Wandlung von Windenergie in nichtelektrische Energieformen. Als Wasserpumpen wurden solche Windräder erstmals in China ab etwa 1000 n. Chr. zur Bewässerung von Reisfeldern und zur Salzgewinnung in Meerwassersalinen eingesetzt (Bild 1.4).

Auch diese Windräder waren als Widerstandsläufer ausgeführt, konnten den Wind aber unabhängig von der herrschenden Windrichtung nutzen, da die Segel, die dem Wind den Widerstand entgegensetzten, auf ihrem Rückweg (dem Wind entgegen) wegklappten.

Bild 1.3
Turmwindmühle
(© Wikipedia, User: Harald Weber)

Bild 1.4 Chinesisches Windrad (Zeichnung) (© Wikipedia, User: Carl von Canstein)

In Holland wurden im 15. Jahrhundert die Bockwindmühlen so modifiziert, dass diese Anlagen zum Antrieb von Pumpen verwendet werden konnten, um Landgewinnung durch Entwässerung der Polder zu ermöglichen. Ergebnis war die Wippmühle, die eigentlich Wipprad heißen müsste und die auch in Ost- und Nordfriesland zur Trockenlegung der Moorflächen Anwendung fand (Bild 1.5). Mit der weiterentwickelten Holländerwindmühle im 17. und 18. Jahrhundert erlebte die Windenergienutzung eine Blütezeit. Diese Anlagen wurden zu Zehntausenden sowohl als Windrad (vornehmlich in Holland und Friesland) als auch als Windmühle genutzt.

Bild 1.5
Wippmühle (Kokerwindrad) mit Schöpfrad (© Wikipedia, User: Rasbak)

Ein weiterer wichtiger historischer Anlagentyp des Windrades ist das amerikanische Windrad, das Mitte des 19. Jahrhunderts entwickelt wurde und hauptsächlich für die Trink- und Tränkwasserversorgung sowie für die Wasserversorgung der frühen Dampflokomotiven eingesetzt wurde (Bild 1.6). Charakteristisch für diesen Anlagentyp ist die Flügelrosette aus vielen Blechschaufeln mit einem Durchmesser von 3 - 5 Metern.

Im 19. Jahrhundert begannen erst Dampfmaschinen und dann Verbrennungsmotoren Windmühlen und Windräder abzulösen. Parallel dazu wurden nach dem Ersten Weltkrieg wesentliche technisch-wissenschaftliche Arbeiten zu den theoretischen Grundlagen durchgeführt, wie z. B. von Physikern wie Albert Betz, Poul laCour, Johannes Juul und Ulrich W. Hütter. Diese Erkenntnisse flossen kurz vor und insbesondere nach dem Zweiten Weltkrieg in den Bau der ersten **Windkraftanlagen** ein. Eine besonders wegweisende Anlage war die 1957 von Johannes Juul errichtete Gedser-Anlage in Dänemark, die einen Asynchrongenerator verwendete und erstmals eine Stallregelung beinhaltete (Bild 1.7).

Bild 1.6
Amerikanisches Windrad
(© Wikipedia, User: Vysotsky)

Bild 1.7
Gedser-Windkraftanlage (© Heiner H. Dörner)

Ähnlich wegweisend war die 1958 von Ulrich W. Hütter errichtete Windkraftanlage W34, die einen Synchrongenerator verwendete und einen zweiflügligen Rotor hatte (Bild 1.8). Besonders innovativ waren die aus Glasfaser gefertigten Rotorblätter und die Rotorblattwinkelregulierung über eine hydraulische Verstelleinrichtung.

Bild 1.8 W34 Windkraftanlage (© Heiner H. Dörner)

1978 beschloss das Bundesministerium für Forschung und Technologie (BMFT) in Deutschland den Bau der weltweit größten Windkraftanlage Growian mit 100 Metern Turmhöhe und 100 Metern Rotordurchmesser (Bild 1.9). Nicht zuletzt die Auslegung als Zweiblattrotor, der als Leeläufer auf der windabgewandten Seite des Turms angebracht war, führte zu nicht beherrschbaren Lasten und Materialproblemen. Die Anlage wurde weitestgehend ein Misserfolg. Allerdings wurden etliche Lehren aus den begangenen konzeptionellen Fehlern gezogen.

Gute Übersichten über die historische Entwicklung der Windausnutzung finden Sie beispielsweise in [1.1, 1.2, 1.3] sowie [3.2] und [3.3].

Moderne **Windenergieanlagen** (Beispiele: Bild 1.10 , Bild 1.11 und Bild 1.12) haben die Versuchsanlage Growian in ihren Parametern weit übertroffen, werden in großer Stückzahl produziert und ausschließlich zur elektrischen Stromerzeugung eingesetzt.

Bild 1.9
Versuchsanlage Growian
(© Wikipedia, User: Thyge Weller)

Bild 1.10
Enercon E-160 EP5 (© ENERCON GmbH)

Bild 1.11
Vestas V-150 (© Wikipedia, User: Vinaceus)

Bild 1.12
Nordex N-149 (© Nordex/Acciona SE)

Heute sind Windenergieanlagen fester Bestandteil der elektrischen Energieversorgung. Ein wesentlicher Treiber hierfür waren in Deutschland das am 29. März 2000 in Kraft getretene Gesetz zum Ausbau der erneuerbaren Energien (EEG) [2.8] und dessen beschlossene Neuregelungen (z. B. [2.9]). Seitdem hat sich die installierte Windenergieanlagenleistung nahezu verzehnfacht [2.1] (Bild 1.13).

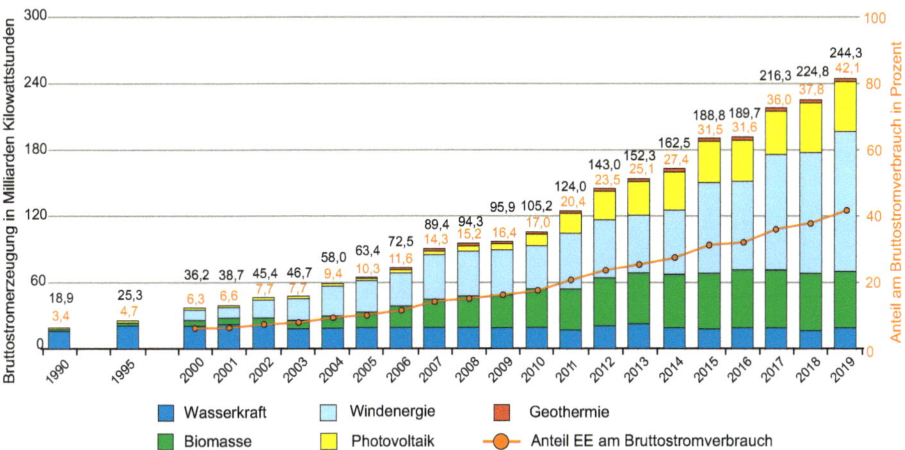

Bild 1.13 Entwicklung der Stromerzeugung aus erneuerbaren Energien in Deutschland (in Anlehnung an *https://www.umweltbundesamt.de/bild/entwicklung-der-stromerzeugung-aus-erneuerbaren-0*)

Für 2019 weist das deutsche Umweltamt den Anteil der Stromerzeugung in Deutschland aus erneuerbaren Energien am Bruttostromverbrauch mit 42,1 % aus. Darüber hinaus löste die Windenergie erstmals die Braunkohle als wichtigsten Energieträger im deutschen Strommix ab: Mit 126 Milliarden Kilowattstunden (kWh) wurde durch Windenergie so viel Strom erzeugt wie durch keinen anderen Energieträger in Deutschland. Parallel dazu stieg die Anzahl der Windenergieanlagen stetig an. So waren Ende 2020 fast 30 000 Windenergieanlagen in Deutschland an Land aufgestellt [2.2] (Bild 1.14). Dazu kommen 1269 Offshore-Windenergieanlagen in der Nordsee und 232 Anlagen in der Ostsee (Stand: Juni 2020).

Die durchschnittliche Anlagenkonfiguration für das Jahr 2020 liegt bei etwa 3,3 MW Nennleistung, einem Rotordurchmesser von 121 Metern und einer durchschnittlichen Nabenhöhe von 137 Metern [2.2].

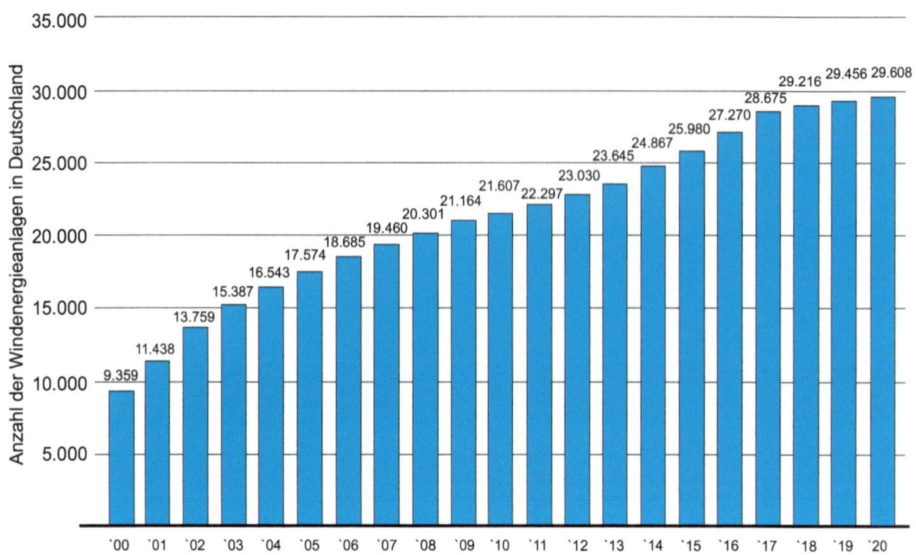

Bild 1.14 Anzahl der Onshore-Windenergieanlagen in Deutschland (in Anlehnung an *https://www.wind-energie.de/themen/zahlen-und-fakten/deutschland*)

Obwohl der Zubau von erneuerbaren Erzeugereinheiten nach dem Systemwechsel innerhalb des EEG vom Modell der Einspeisevergütungen hin zum Ausschreibungsverfahren im Jahr 2017 für Neuanlagen nicht mehr so hoch ausfällt wie in den vergangenen Jahren, ist dennoch mit einem weiterem Ausbau der Windenergie auszugehen. Aufgrund der Elektrifizierung des Mobilitätssektors wird weitere elektrische Energie beispielsweise für Elektroautos benötigt. Auch die Verwendung von synthetischen Kraftstoffen oder Wasserstoff, die insbesondere mit Offshore-Windenergieanlagen erzeugt werden könnten, ist eine vielversprechende Option für die Zukunft.

2 Was sind die wesentlichen Bestandteile einer Windenergieanlage?

Bei Windenergieanlagen hat sich der sogenannte Auftriebsläufer mit horizontaler Drehachse (Luv-Läufer, die Rotorblätter stehen im Wind) und drei Rotorblättern durchgesetzt. Bild 2.1 zeigt die wesentlichen Komponenten einer Windenergieanlage.

Bild 2.1
Wesentliche Bestandteile einer WEA: **(1)** Rotor, **(2)** Turm, **(3)** Transformator, **(4)** Fundament und **(5)** Maschinenhaus bzw. Gondel

Der Transformator befindet sich bei vielen Windenergieanlagen zusammen mit der Schaltanlage im Turmfuß. Einige Hersteller platzieren den Transformator direkt im Maschinenhaus. Vorteile dieses Konzepts sind geringere Stromwärmeverluste in den durch den Turm geführten Energieleitungen und eine verbesserte Abfuhr der Stromwärmeverluste des Transformators. Von Nachteil sind das höhere Gewicht des Maschinenhauses sowie eine erhöhte Schwierigkeit des Löschens im Fall eines Brandes des Transformators.

Die heutigen Windenergieanlagen zeichnen sich in der Regel durch folgende Eigenschaften aus (Bild 2.2):

- drei Rotorblätter (Dreiblattanlagen) mit dem Rotorradius R_{Rot} und der Rotorfläche A_{Rot}
- rechtsdrehender Rotor
- Luvläufer (Rotor ist in den Wind gedreht)
- variabler Gier- oder Azimutwinkel γ, um die Anlage entsprechend den Vorgaben relativ zur Windrichtung zu positionieren
- variabler Blattverstell- oder Pitchwinkel α zur Drehung der Rotorblätter um die eigene Achse
- Leistungseinspeisung in der Multi-Megawatt-Leistungsklasse

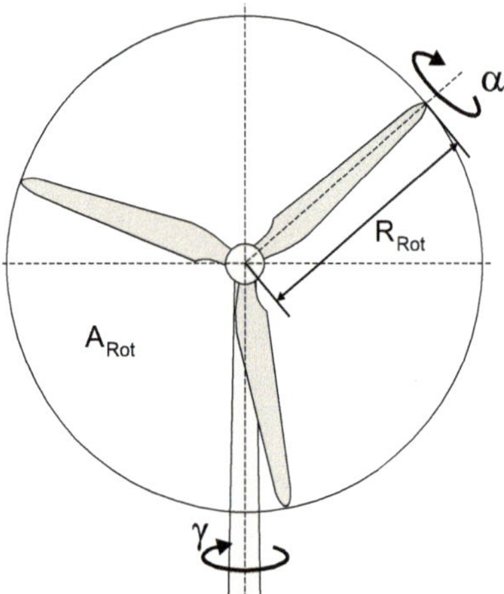

Bild 2.2
Rotor einer Windenergieanlage

Die weiteren Ausführungen in diesem Buch beziehen sich auf moderne Windenergieanlagen, die am Versorgungsnetz angeschlossen sind und elektrische Energie erzeugen. Die Entwicklung dieser Anlagen erfordert umfangreiches Wissen aus unterschiedlichen technischen Disziplinen. Als Beispiel seien die Aerodynamik, die Strukturdynamik, die Mechanik, die Leistungselektronik und auch die Regelungstechnik genannt. Alle diese Disziplinen müssen reibungslos ineinandergreifen, um die gewünschten Resultate zu erreichen.

Bezüglich der funktionalen Sicht kann eine Windenergieanlage mittels Bild 2.3 beschrieben werden, wobei nur die wesentlichen Funktionseinheiten eingezeichnet sind.

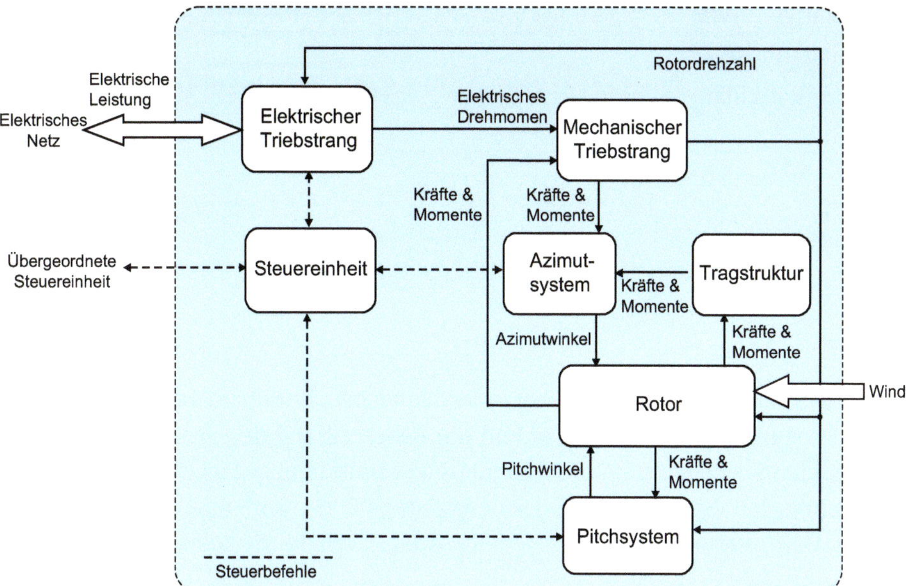

Bild 2.3 Funktionale Struktur einer Windenergieanlage

Der Wind trifft auf den **Rotor**, der Kräfte und Momente generiert, die auf das **Pitchsystem**, die **Tragstruktur** und den **mechanischen Triebstrang** wirken. Mittels des Pitchsystems (siehe Kapitel 26) können über den Pitchwinkel (Verstellung des Anstellwinkels der Rotorblätter) diese Kräfte und Momente beeinflusst werden. Die auf die Tragstruktur wirkenden Kräfte und Momente sind unerwünschte Lasten, die durch geeignete Maßnahmen zu reduzieren sind. Über die Tragstruktur wirken die Kräfte und Momente auch auf das **Azimutsystem**, mit dem die Windenergieanlage über den Azimutwinkel relativ zur Windrichtung positioniert wird (siehe Kapitel 24) und somit wiederum Einfluss auf die vom Rotor erzeugten Kräfte und Momente nimmt.

Der mechanische Triebstrang erzeugt aus dem (erwünschten) Rotormoment und dem elektrischen Drehmoment des elektrischen Triebstranges eine Rotordrehzahl, wodurch der Rotor in Drehung versetzt wird. Aus dieser mechanischen Bewegung wird im **elektrischen Triebstrang** eine elektrische Leistung erzeugt, die mit dem elektrischen Netz ausgetauscht wird.

Mittels der **Steuereinheit** werden im Wesentlichen der Pitchwinkel α des Pitchsystems, der Azimutwinkel γ des Azimutsystems und das elektrische Drehmoment M_D des elektrischen Triebstranges so eingestellt, dass die Anforderungen der übergeordneten Steuereinheit erfüllt werden.

3 Mit welchen Systemen stehen Windenergieanlagen in Interaktion und was sind die wesentlichen Herausforderungen?

Um das System Windenergieanlage physikalisch-technisch zu beschreiben, sind die Festlegung der Systemgrenze und die Beschreibung des Systemkontexts von entscheidender Bedeutung. Die Systemgrenze stellt eine gedachte Grenze dar, die ein technisches System von anderen Systemen bzw. von seiner Umgebung abgrenzt. Der Systemkontext beschreibt die Interaktion des Systems mit der Systemumgebung (Bild 3.1).

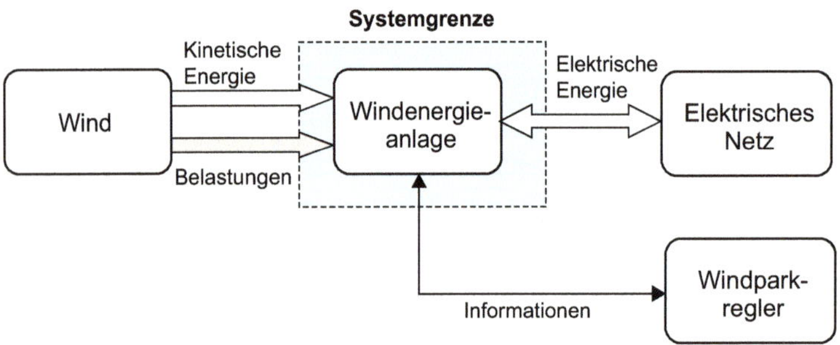

Bild 3.1 Systemgrenze und Systemkontext einer Windenergieanlage

Das System Windenergieanlage agiert mit dem Wind, indem diesem kinetische Energie entnommen wird, die zum Großteil in **elektrische Energie** gewandelt wird. Durch diese Energieentnahme entstehen Beanspruchungen (auch **Lasten** genannt), die auf die Anlage wirken und die Dimensionierung der Bauteile beeinflussen. Höhere Lasten wirken sich somit direkt auf die **Kosten** der Windenergieanlage aus.

Mit dem elektrischen Netz wird Energie in Form von elektrischer Leistung ausgetauscht, wobei eine übergeordnete Instanz wie ein Windparkregler (siehe Kapitel 51) diesen Austausch steuert bzw. regelt. Eine Windenergieanlage muss gemäß den Vorgaben dieser übergeordneten Instanz sowohl elektrische Energie in das Netz speisen (was den Normalfall darstellt) als auch beziehen können, wenn es gefordert wird.

Aus technischer Sicht werden folgende wesentliche Anforderungen an das System Windenergieanlage gestellt:

- In jedem Betriebszustand soll so viel kinetische Energie des Windes wie möglich in elektrische Energie gewandelt werden.
- Die Lasten auf die Windenergieanlage sind so weit wie möglich zu reduzieren.
- Die (standortabhängigen) Netzanschlusskriterien sind einzuhalten.

Diesen drei technischen Forderungen sind noch folgende zwei hinzuzufügen:

- Die Anlage muss ausreichend sicher sein, um Gefährdungen von Personen und Umwelt sowie Schäden an der Anlage zu vermeiden.
- Die (standortspezifisch) geltenden Richtlinien sind einzuhalten.

Auf diese Anforderungen und die entsprechenden technischen Lösungen wird in den folgenden Kapiteln genauer eingegangen.

Da die Wettbewerbssituation auf dem Windenergieanlagenmarkt in den letzten Jahren erheblich zugenommen hat, stehen die Hersteller von Windenergieanlagen unter einem erheblichen Druck, neben der Erhöhung der Leistungsausbeute die Kosten zu senken. So müssen seit 2017 EU-weit für Windparks ab 6 MW Nennleistung oder ab sechs Anlagen Ausschreibungen erfolgen, mit dem Ziel, die Energieerzeugungskosten weiter zu senken. Das Verhältnis von Energieerzeugung zu den Kosten einer Windenergieanlage bzw. eines Windparks wird mit dem Begriff **Cost of Energy** (CoE) zusammengefasst und stellt eine wesentliche Größe dar, um die Wirtschaftlichkeit von Windenergieanlagen zu beschreiben.

Vergleicht man die Kosten von Windparkprojekten, so ist zwischen Onshore-Projekten (an Land, Bild 3.2) und Offshore-Projekten (auf dem Wasser, Bild 3.3) zu unterscheiden. In Tabelle 3.1 sind die prozentualen Kosten von Onshore- und Offshore-Projekten aufgeführt.

Bild 3.2 Onshore-Windpark (© Wikipedia, User: Philip May)

Bild 3.3 Offshore-Windpark (© Wikipedia, User: Kim Hansen)

Tabelle 3.1 Prozentuale Kosten von Onshore- und Offshore-Projekten (Quelle: [2.16])

Onshore-Projekte		Offshore-Projekte	
Anlage	70 %	Anlage	35 %
Tiefbau	11 %	Fundament	26 %
Elektrik	8 %	Installationsschiffe	18 %
Netzanschluss	6 %	Netzanschluss	6 %
Management	1 %	Transformerstation	6 %
Installation und Logistik	1 %	Management	2 %
Versicherung	1 %	Versicherung	2 %
Planung	1 %	Arbeitsvorbereitung	2 %
Sonstiges	1 %	Sonstiges	3 %

Die Windenergieanlagen selbst machen an Land (onshore) über zwei Drittel der Gesamtkosten innerhalb des Gesamtprojekts aus. Auf dem Wasser (offshore) reduziert sich der Anteil an den Gesamtkosten auf etwas über ein Drittel, da für diese Windparks insbesondere hohe Kosten für Fundamente und Installation anfallen.

Betrachtet man die Kostenstruktur einer einzelnen Windenergieanlage (im Beispiel eine Anlage mit Getriebe), so erkennt man, dass der Turm und die Rotorblätter fast die Hälfte der Gesamtkosten ausmachen (Tabelle 3.2).

Tabelle 3.2 Kostenstruktur einer Windenergieanlage (Quelle: [2.7])

Turm	26,3 %	**Transformator**	3,59 %	**Hauptwelle**	1,91 %	**Azimutsystem**	1,25 %
Rotorblätter	22,2 %	**Generator**	3,44 %	**Rotornabe**	1,37 %	**Rotorlager**	1,22 %
Getriebe	12,91 %	**Maschinenhausrahmen**	2,8 %	**Einhausung**	1,35 %	**Schrauben**	1,04 %
Umrichter	5,01 %	**Pitchsystem**	2,66 %	**Bremssystem**	1,32 %	**Kabel**	0,96 %

Neben den technischen Anforderungen und der Senkung der Kosten sind die **Umweltauswirkungen,** die von Windenergieanlagen ausgehen, zu berücksichtigen. Anders als bei Großkraftwerken, wie z. B. Kernkraftwerken, beschränken sich diese Auswirkungen jedoch zunächst nur auf die unmittelbare Umgebung, d. h., durch eine geeignete Standortwahl können diese reduziert oder im besten Fall sogar nahezu vermieden werden.

Gefahren für die Umgebung

Die Gefahr, dass die Windenergieanlage bei extremen Belastungen ihre Standsicherheit verliert und umstürzt, ist grundsätzlich gegeben. Allerdings ist diese

Gefahr als sehr gering einzuschätzen und nicht höher als bei jedem anderen Bauwerk auch.

Eine höhere Gefahr besteht durch losbrechende Rotorblätter, die im schlechtesten Fall über einige hundert Meter von der Anlage entfernt auf den Boden schlagen und zu erheblichen Schäden führen können. Dieser Fall tritt aber nur bei sehr hohen Rotordrehzahlen ein, die etwa dem Zwei- bis Dreifachen der Nenndrehzahl entsprechen. Die Hersteller von Windenergieanlagen reagieren darauf, indem sie die notwendigen Sicherheitsmaßnahmen zur Vermeidung von Überdrehzahlen ergreifen und zum Teil auch Überwachungssysteme einsetzen, die die mechanischen Verbindungen zum Rotorblatt dauerhaft überwachen.

Ein weiteres Problem ist der sogenannte Eisansatz (Bild 3.4). Eis, das sich bei entsprechender Witterung an den Rotorblättern bildet, kann bei drehendem Rotor in Form von Eisbrocken über eine beträchtliche Distanz geschleudert werden und ist eine reale Gefahr für die Umwelt. Moderne Windenergieanlagen besitzen heute als Option ein Eiserkennungssystem, mit dem diese Gefahr erkannt wird. Die Windenergieanlage geht dann entweder nicht in den Betrieb oder die Rotorblätter werden mittels eines optionalen Heizsystems so weit erwärmt, bis die Eisbildung keine Gefahr mehr darstellt.

Bild 3.4
Eisansatz an einem Rotorblatt (© Nordex/Acciona SE)

Geräuschentwicklung

Windenergieanlagen erzeugen Geräusche, die bis zu einer bestimmten Entfernung vom Menschen hörbar sind und oft als belästigend empfunden werden [2.3]. Die Hersteller von Windenergieanlagen sind daher bestrebt, die Geräuschentwicklung so weit wie möglich zu reduzieren. Als wichtigste Kennzahl für die Geräuschentwicklung gilt der Schalldruckpegel, der als amplitudenbewerteter Pegel in dB(A) angegeben wird. Der zulässige Schalldruckpegel, den eine Anlage an einem bestimmten Standort zu einer bestimmten Uhrzeit verursachen darf, ist gesetzlich vorgeschrieben. In Deutschland sind diese Richtwerte in der Technischen Anleitung zum Schutz gegen Lärm (TA Lärm) als allgemeine Verwaltungsvorschrift innerhalb des Bundesimmissionsschutzgesetzes (BImSchG) aufgelistet [2.4].

Die wesentlichen Geräusche einer Windenergieanlage resultieren aus der aerodynamischen Umströmung des Rotors. Diese Lärmquelle ist bis zu einem gewissen

Grad unvermeidlich und hat mehrere Ursachen. Mittels geeigneter Maßnahmen (siehe Kapitel 21) sind die Hersteller von Windenergieanlagen bestrebt, die Aerodynamik von Rotoren bezüglich der Geräuschentwicklung zu optimieren.

Allen aerodynamischen Geräuschen ist gemein, dass sie mit wachsender Rotordrehzahl zunehmen. Die Geräuschentwicklung nimmt etwa mit der fünften Potenz der Anströmgeschwindigkeit zu und ist im Wesentlichen von der Blattspitzengeschwindigkeit geprägt. Die Hersteller von Windenergieanlagen reagieren hierauf, indem sie in der Steuerung mehrere Leistungsmodi vorsehen, die je nach Umgebungsbedingung aktiviert werden (siehe Kapitel 34). So wird beispielsweise eine Windenergieanlage, die nahe einem Wohngebiet steht, in der Nacht in einen Leistungsmodus geschaltet, der eine niedrigere maximale Rotordrehzahl besitzt.

Eine weitere Geräuschquelle sind die Maschinengeräusche der Anlage. Insbesondere das Getriebe, aber auch hydraulische Stellglieder erzeugen Lärm, der bei einer mangelhaften Konstruktion als störend empfunden werden kann. Schalldämmmaßnahmen oder entsprechende Isolierungen sind vorzusehen, insbesondere um die Körperschallübertragung auf Resonanzkörper, wie Turm oder Maschinenhaus zu reduzieren.

Schattenwurf

Ein von Anwohnern häufig angebrachter Kritikpunkt ist die Belästigung durch periodischen Schattenwurf einer Windenergieanlage. Damit ist die wiederkehrende Verschattung des direkten Sonnenlichts durch die Rotorblätter gemeint [2.5]. Der Schattenwurf ist abhängig von den Wetterbedingungen, der Ausrichtung, dem Sonnenstand und den Betriebszeiten der Windenergieanlage. Als erheblich belästigend und somit immissionsschutzrechtlich relevant wird der zu erwartende periodische Schattenwurf angesehen, wenn die astronomisch maximal mögliche Beschattungsdauer der Summe aller Anlagen innerhalb eines Windparks in einer Bezugshöhe von 2 Metern über dem Erdboden mehr als 30 Stunden pro Kalenderjahr oder mehr als 30 Minuten pro Kalendertag beträgt. Die Prognosen zum erwartbaren Schattenwurf sind im Rahmen des Genehmigungsverfahrens gutachterlich zu belegen. Wird die Beeinträchtigung als nicht unerheblich eingestuft, kann eine Abschaltautomatik vorgeschrieben werden.

Vogel- und Fledermausschutz

Die drehenden Rotoren von Windenergieanlagen stellen eine generelle Gefahr für die Tierwelt dar. Fledermäuse, Vögel und Insekten können mit den Rotorblättern kollidieren und verenden. Mittels geeigneter Verfahren versuchen Windenergieanlagenhersteller diese Gefahr zu reduzieren. Eine Möglichkeit stellt die vorsorgliche Abschaltung bei definierten Wetterbedingungen dar. Dabei wird anhand der Informationen über die aktuelle Wettersituation über einen Algorithmus entschieden, ob die Windenergieanlage abgeschaltet wird, wenn beispielsweise mit einem vermehrten Flug von Fledermäusen oder Zugvögeln zu rechnen ist. Neuartige Systeme, wie kamerabasierte Erkennungssysteme, sind in der Entwicklung, und es ist zu erwarten, dass diese in Kürze zum Einsatz kommen.

Störung von Radaranlagen

Radar- und Funkanlagen senden elektromagnetische Wellen aus, die von Objekten reflektiert werden. Aufgrund ihrer Höhe können Windenergieanlagen die Ausbreitung dieser Wellen stören, also zurückwerfen oder ablenken und damit deren Funktionsfähigkeit stören. Eine Beeinträchtigung, also eine nicht erhebliche Störung, ist jedoch hinzunehmen. Richtfunkstrecken der Bundeswehr und der Stationierungsstreitkräfte dürfen durch Windenergieanlagen nicht gestört werden. Dieses ist bei der Standortwahl entsprechend zu berücksichtigen.

Recycling

Nicht wieder einsetzbare Windenergieanlagen lassen sich fast vollständig verwerten, da sie zu über 80 % aus Stahl und Beton bestehen. Recyclingbeton lässt sich problemlos im Straßenbau einsetzen und Stahl, Kupfer und Aluminium werden eingeschmolzen und weiterverwendet. Schwieriger ist das Recycling bei Rotorblättern, wo sowohl glasfaserverstärkte Kunststoffe (GFK) als auch kohlenfaserverstärkte Kunststoffe (CFK) verwendet werden und recycelt werden müssen.

Auf weitere Einflüsse, wie Landverbrauch oder die optische Beeinträchtigung der Landschaft, haben die Hersteller von Windenergieanlagen keinen direkten Einfluss.

4 Wie ist der Ablauf der Zertifizierung?

Um Windenergieanlagen am Stromnetz betreiben zu können, müssen verschiedene regulatorische Auflagen erfüllt werden. Dabei wird unterschieden zwischen:

- **Erzeugungseinheiten (EZE):** eine Energie erzeugende Einheit wie eine Windenergieanlage
- **Erzeugungsanlage (EZA):** ein Verbund, bestehend aus einzelnen Erzeugereinheiten und weiteren relevanten Einheiten wie Kabel, Übergabestationen oder Anschlusseinheiten (Beispiel Windpark)

Seit dem 01. April 2011 dürfen keine Erzeugungsanlagen (EZA) ans Netz gehen, die nicht die gesetzlichen Vorgaben erfüllen. Für den Windenergieanlagenhersteller ist entscheidend, dass seine Kunden in Deutschland eine Genehmigung nach dem Bundesimmissionsschutzgesetz (BimSchG) erhalten und dass mindestens eine Lebensdauer von 20 Jahren erreicht wird. Aufgrund des zunehmenden Kostendrucks bieten die meisten Hersteller heute Anlagen an, die auf eine Lebensdauer von 25 oder 30 Jahren ausgelegt sind. Die Verifizierung des Windenergieanlagendesigns bzw. der einzelnen Komponenten, wie Maschinenträger, Turm oder Generator-Umrichter-System, werden üblicherweise von einer unabhängigen, akkreditierten Zertifizierungsstelle nach ISO/IEC EN 17065 vorgenommen. Dabei wird ein Nachweis für Leistung und Sicherheit in Übereinstimmung mit internationalen Standards und Systemen in Form einer Typenzertifizierung erstellt. Diese Vorgaben erstrecken sich über den gesamten Lebenszyklus der Erzeuger (Bild 4.1).

In der **Entwicklungsphase** der Windenergieanlage (EZE) werden zunächst Messungen am Prototyp vorgenommen. Typische Messungen sind Lastmessungen, akustische Vermessungen und eine Leistungskurvenvermessung. Die Messdaten werden von einem staatlich akkreditierten Zertifizierungsinstitut ausgewertet, bewertet und an die zuständigen Behörden weitergeleitet. Diese Prüfberichte bilden die Basis für das Einheiten- bzw. Typenzertifikat. Bei erfolgreicher Prüfung erlangt der Prototyp die Marktreife.

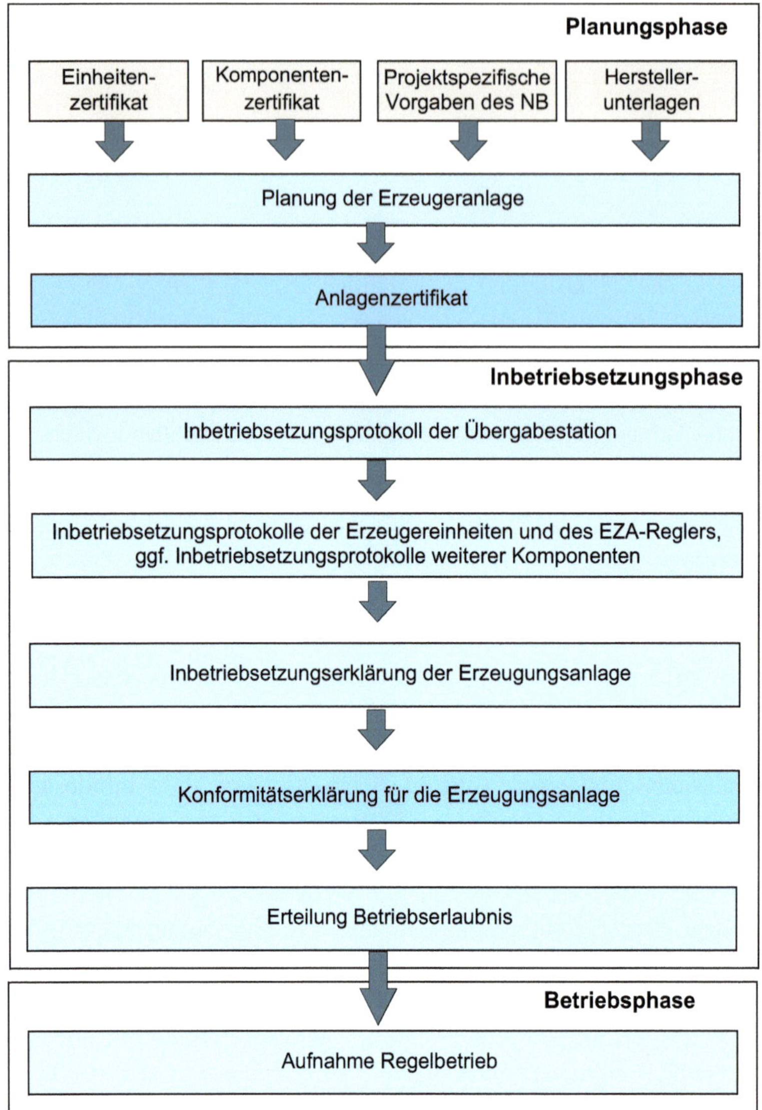

Bild 4.1 Ablauf der Zertifizierung nach Richtlinie VDE-AR-N-4110

In der **Planungsphase** benötigt die Zertifizierungsstelle vom Windparkbetreiber zunächst die Angaben über die Anzahl und die Art der Erzeugereinheiten. Auch Detailinformationen über die elektrische Infrastruktur des Windparks werden abgefragt. Vom Netzbetreiber (NB) werden die Detailinformationen zum Netzanschlusspark eingeholt. Zusammen mit den Herstellerdaten der Erzeugereinheiten prüft und bewertet die Zertifizierungsstelle diese Unterlagen und führt diverse Simulationen und Berechnungen durch, die das elektrische Verhalten der Erzeugeranlagen wiedergeben und zeigen, ob diese konform mit den Anforderungen für den Netzanschluss sind.

Die Ergebnisse dokumentiert die Zertifizierungsstelle in einem Bewertungsbericht. Fällt dieser positiv aus, so erstellt sie das **Anlagenzertifikat** für die Erzeugungsanlage. Durch Vorlage dieses Anlagenzertifikats sichert sich der Betreiber seinen Netzanschluss und somit die Vergütung.

Während der **Errichtungs- und Inbetriebnahmephase** müssen weitere Nachweise zur Sicherung der Stromversorgung und zum Schutz der Umwelt vorgelegt werden. Dieses sind beispielsweise Schallgutachten oder Nachweise zur Erfüllung des Bundesimmissionsschutzgesetzes (BImSchG). Der Abschluss des Zertifizierungsverfahrens besteht aus der Vor-Ort-Begutachtung und Ausstellung der **EZA-Konformitätserklärung**, die die korrekte Umsetzung der Planung bestätigt.

Generell ist der Zertifizierungsprozess sehr komplex, weshalb nur der prinzipielle Vorgang der Zertifizierung beschrieben wurde. Spezialisierte Planungsbüros bieten die entsprechenden Dienstleistungen an, um den Gesamtprozess der Zertifizierung erfolgreich zu bestehen.

5 Windenergieanlagen – mit oder ohne Getriebe?

Betrachtet man unterschiedliche Windenergieanlagentypen in einem gemischten Windpark, so fällt auf, dass die Form des Maschinenhauses unterschiedlich gestaltet sein kann. Während einige Anlagen ein tropfenförmiges Maschinenhaus besitzen, haben andere einen eher kastenförmigen Aufbau. Diese unterschiedliche Gestaltung liegt daran, dass sowohl Anlagen mit Getriebe als auch Anlagen ohne Getriebe (Direct Drive, Bild 5.1) auf dem Markt verfügbar sind und auch eingesetzt werden.

Windenergieanlagen mit Getriebe (Bild 5.2) können das Maschinenhaus im Durchmesser kleiner bauen, da die Drehzahlen des Generators durch das Getriebe an die Nenndrehzahlen der Generatoren angepasst werden können. Man unterscheidet hier zwischen mittelschnell drehenden und schnell drehenden Konzepten.

Beide Konzepte sind am Markt etabliert und unterscheiden sich bezüglich Ihres Wirkungsgrades auch hinsichtlich der Komponenten-, Installations- und Wartungskosten.

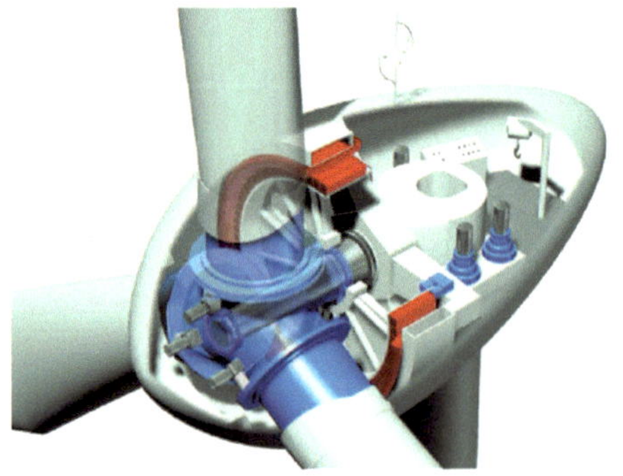

Bild 5.1
Langsam drehendes Konzept ohne Getriebe (© ENERCON GmbH)

Bild 5.2
Schnell drehendes Konzept mit Getriebe (© Nordex/Acciona SE)

Beschreibung der Konzepte

Bild 5.3 zeigt den prinzipiellen Aufbau des mechanischen Triebstrangs mit schnell und langsam drehender Welle sowie Getriebe, Kupplung und Bremse. Die langsam drehende Welle (auch Rotorwelle genannt) ist direkt an die Rotornabe angeflanscht. Diese Welle ist als Guss- oder Schmiedestück ausgeführt und besitzt eine Bohrung zur Aufnahme eines Kabelbaums oder einer hydraulischen Versorgungsleitung für das Pitchsystem (siehe Kapitel 26).

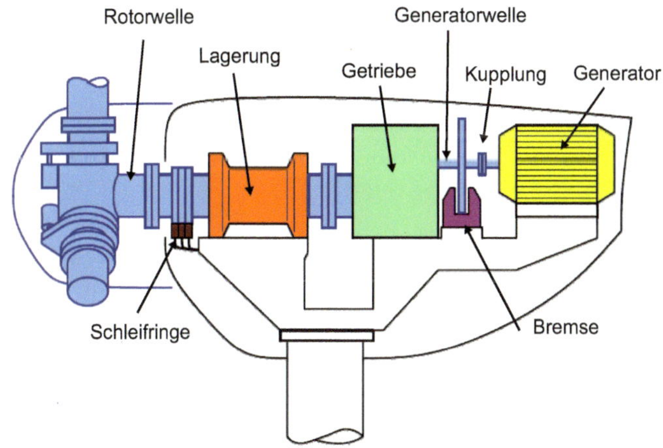

Bild 5.3 Prinzipieller Aufbau des Triebstrangs mit Getriebe (in Anlehnung an [5.6], Seite 10)

In heutigen Windenergieanlagen haben sich Getriebe in Drei- oder Vierpunktlagerung durchgesetzt. Bei der Dreipunktlagerung (Bild 5.4) nimmt das Getriebe als Loslager des Triebstrangs Biege- und Drehmomente des Rotors auf. Die Bezeichnung „Dreipunktlagerung" resultiert aus den drei Verbindungen zum Grundrahmen, dem vorderen (rotornahen) Rotorlager und den beiden Drehmomentenstützen des Getriebes. Dieser Triebstrang ist relativ kurz und leicht und daher kostengünstiger als die Vierpunktlagerung. Nachteilig ist, dass das Getriebe Dreh- und Biegemomente aufnehmen muss.

Getriebe in Vierpunktlagerung (Bild 5.5) nehmen prinzipbedingt nur Drehmomente auf. Es werden zwei Rotorlager verwendet, die meist als Pendelrollenlager ausgeführt sind, wodurch das Getriebe von Biegemomenten entlastet wird. Der mechanische Triebstrang ist daher relativ lang und schwer, was das Getriebe teurer macht als die Dreipunktlagerung.

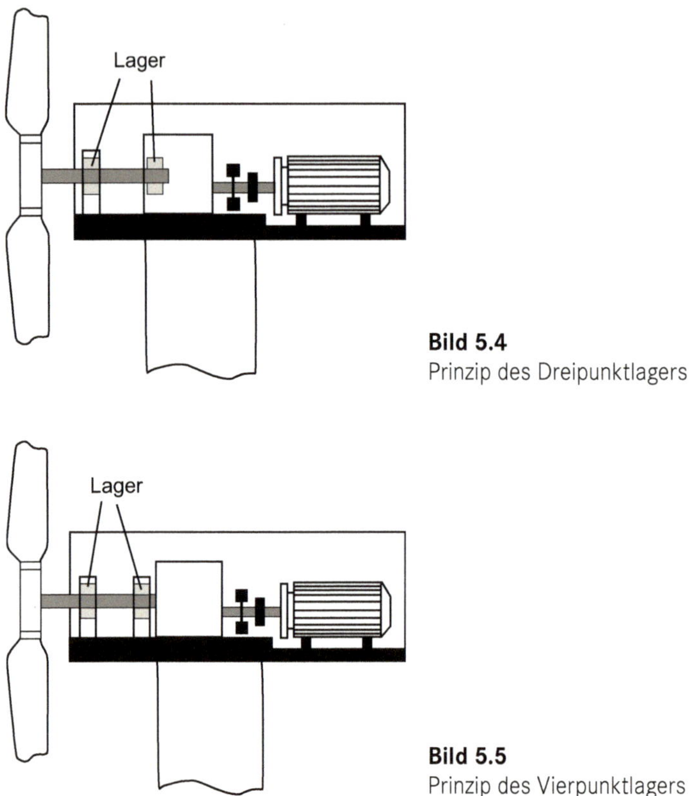

Bild 5.4
Prinzip des Dreipunktlagers

Bild 5.5
Prinzip des Vierpunktlagers

Für den Einsatz in Windenergieanlagen kommen grundsätzlich mehrere verschiedene Getriebetypen mit hoher Leistungsdichte infrage. In der Historie finden sich Varianten von einfachen Stirnradgetrieben, Planetenkoppelgetrieben und auch leistungsverzweigten Stirnradgetrieben. In Windenergieanlagen bis 2 MW Nennleistung kamen üblicherweise Getriebe mit einer Planeten- und zwei Stirnradstufen zum Einsatz. Höhere Leistungsklassen rechtfertigen hinsichtlich der Leistungsdichte und der Kosten den Einsatz von zwei in Reihe geschalteten Planetenstufen und einer nachgeschalteten Stirnradstufe. Hierbei realisieren in der Regel vier Planeten die Leistungsverzweigung der ersten Planetenstufe (Bild 5.6 und Bild 5.7).

Bild 5.6
Dreistufiges Planetengetriebe (© Gebr. Eickhoff Maschinenfabrik u. Eisengießerei GmbH)

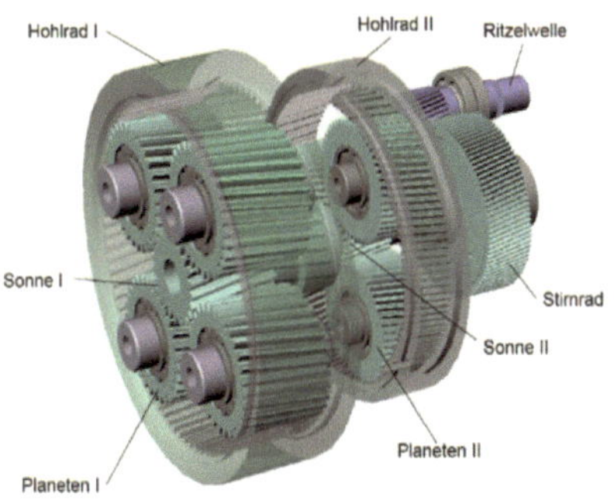

Bild 5.7
Aufbau eines dreistufigen Planetengetriebes (© Gebr. Eickhoff Maschinenfabrik u. Eisengießerei GmbH)

Eine wesentliche Herausforderung stellt die Schmierstoffversorgung der Getriebe dar. In heutigen Konzepten mit mehreren Rollenreihen innerhalb der Planetenlagerung versorgen Ölzuführbohrungen die innen- und außenliegenden Lagerrollen mit gekühltem und gefiltertem Öl (Bild 5.8). Drehdurchführungen speisen die Versorgungsbohrungen vom feststehenden auf das drehende System im Planetenträger. Aufwendige mehrstufige Filter stellen die Sauberkeit des zugeführten Öls sicher.

Bild 5.8
Getriebeölpumpe (© Nordex/Acciona SE)

Die Getriebeausgangsstufe ist mittels einer schnell laufenden Welle (auch Generatorwelle genannt) mit dem Generator verbunden. Integriert sind eine Kupplung und eine Bremsscheibe für die Haltebremse.

Kupplungen (Bild 5.9 und Bild 5.10) sind erforderlich, um Verformungen zwischen Rotor- und Antriebswelle oder zwischen Abtriebswelle und Generatorwelle auszugleichen. Zum Schutz von Getriebe und Generator besitzt die Kupplung oft eine Überlastsicherung. Die Kupplungen sind als Rutschkupplung ausgeführt, sodass Drehmomentstöße, die beispielsweise aus Netzfehlern resultieren, abgefedert werden.

Bild 5.9
Radex-N-Stahllamellenkupplung
(© KTR Systems GmbH)

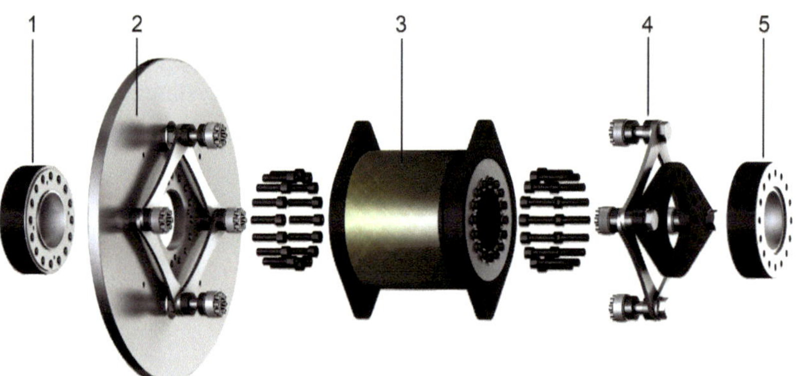

Bild 5.10 Aufbau einer Radex-N-Stahllamellenkupplung (Quelle: © KTR Systems GmbH): **(1)** Spannsatz Getriebewelle, **(2)** Bremsscheibe mit Lamellenpaket, **(3)** GFK-Zwischenstück mit Überlastsystem, **(4)** Generatorflansch mit Lamellenpaket und **(5)** Spannsatz Generatorwelle

Die Haltebremse (Bild 5.11) besteht in der Regel aus einer Bremsscheibe und einer oder mehreren elektrisch oder hydraulischen Bremszangen. Sie dient nicht dazu, den Rotor abzubremsen, denn dies wird dadurch realisiert, dass die Rotorblätter aus dem Wind gedreht werden. Die Haltebremse wird erst dann eingelegt, wenn der Rotor im trudelnden Zustand ist und sich nur noch wenig bewegt. Sie sorgt dafür, dass sich die Getriebewelle nicht mehr bewegt, was Voraussetzung dafür ist, die Rotorarretierung einzulegen und beispielsweise Servicearbeiten durchzuführen.

Bild 5.11
Haltebremse auf der schnell laufenden Welle
(© Nordex/Acciona SE)

Bei **Windenergieanlagen ohne Getriebe** (Bild 5.12) wird die Drehbewegung des Rotors direkt auf den Generator übertragen. Beide drehen somit immer mit der gleichen Geschwindigkeit. Man spricht hier auch von einem langsam drehenden Konzept. Um die gewünschten elektrischen Eigenschaften zu erhalten, besitzen die bei diesem Konzept eingesetzten Generatoren sehr hohe Polpaarzahlen (siehe Kapitel 54).

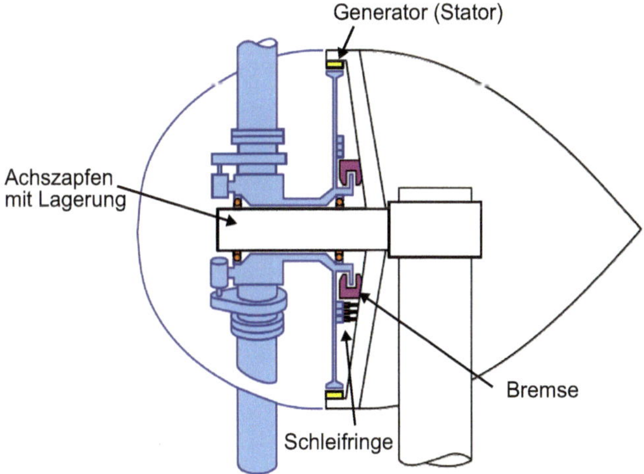

Bild 5.12 Prinzipieller Aufbau des Triebstrangs ohne Getriebe (in Anlehnung an [5.6], Seite 15)

Typischerweise werden die Rotornabe und der Läufer des Generators, die miteinander verbunden sind, gemeinsam auf einem Achszapfen gelagert (Bild 5.13). Als vordere (rotorseitige) Hauptlager werden zunehmend zweireihige Kegelrollenlager verwendet. Gegenüber den bisher meist eingesetzten Zylinderrollenlagern bieten sie den Vorteil der einstellbaren Vorspannung, wodurch sich eine höhere Systemsteifigkeit erreichen lässt. Bei den hinteren Lagerungen kommen sowohl Zylinder- als auch Kegelrollenlager zum Einsatz.

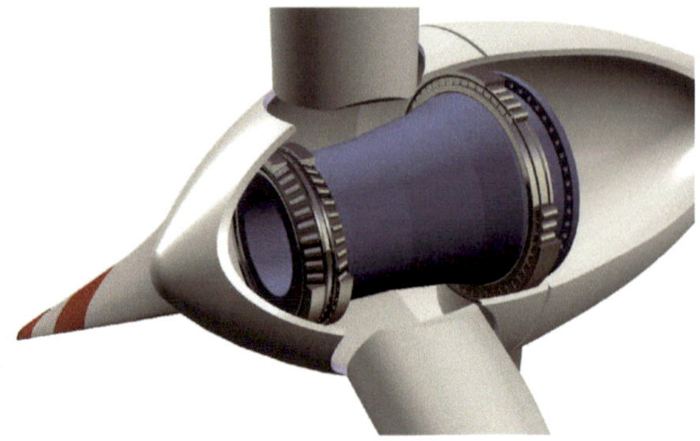

Bild 5.13 Beispiel für die Lagerung des Achszapfens (© NSK Deutschland GmbH)

Eine Eigenschaft des getriebelosen Konzepts ist, dass die verwendeten Generatoren relativ große Durchmesser benötigen. Der notwendige Durchmesser ist unabhängig von der Polpaarzahl:

$$D_{Gen} = \frac{1}{\pi}\sqrt{\frac{P_{Gen,max}}{F_A \cdot l_{Gen} \cdot n_{Gen,max}}}$$

D_{Gen}: Durchmesser des Ringgenerators
$P_{Gen,max}$: maximale Leistungsabgabe des Ringgenerators
F_A: Kraftdichte (Gütekriterium des Generators)
l_{Gen}: Länge bzw. Tiefe des Generators
$n_{Gen,max}$: maximale Drehzahl des Generators

Dieser Zusammenhang bedeutet, dass höhere Nennleistungen und längere Rotorblätter (= geringere Drehzahlen des Generators, siehe Kapitel 10) zwangsweise zu größeren Durchmessern der verwendeten Generatoren führen. Alternativ wäre noch eine Erhöhung der Tiefe des Generators möglich. Diese Maßnahme ist jedoch problematisch, da sie zu einer Tonhaltigkeit des Generators (Brummen im hörbaren Frequenzbereich) führen kann. Heutige Generatoren haben Luftspaltdurchmesser von ca. 6 Metern (ENERCON E-115) bis hin zu ca. 11,5 Metern (ENERCON E-126). Damit geht eine hohe Turmkopfmasse einher.

Vergleich der Konzepte

Wirkungsgrad

Direct-Drive-Anlagen erreichen insbesondere bei niedrigen Windgeschwindigkeiten einen hohen Wirkungsgrad, da die Verluste im Getriebe wegfallen. Gegenüber den schnell und mittelschnell drehenden Konzepten geht dieser Vorteil allerdings mit höheren Windgeschwindigkeiten wieder verloren, da Stromwärmeverluste in den Kupfer- bzw. Aluminiumdrähten des Generators mit wachsender Leistung zunehmen. Bild 5.14 zeigt einen prinzipiellen Vergleich der Konzepte hinsichtlich des erreichbaren Wirkungsgrades.

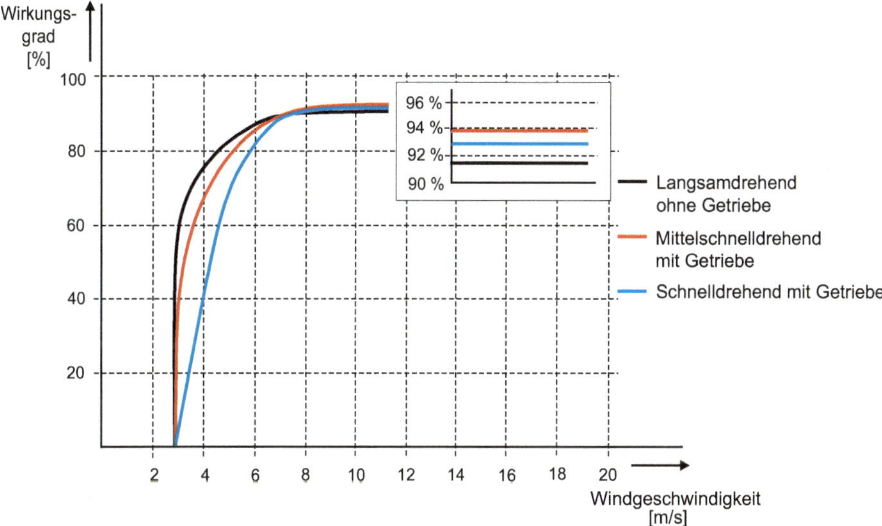

Bild 5.14 Wirkungsgrad unterschiedlicher Anlagenkonzepte

Wartung

Da das Getriebe bei Direct-Drive-Konzepten entfällt, ist der Antriebsstrang bis zum Umrichter nahezu wartungsfrei. Die Anlage wird robuster, das Layout wird einfacher und die Anzahl der verbauten Bauteile reduziert sich. Aus diesem Grund besitzen getriebelose Anlagen zwei wesentliche Vorteile:

- Es existieren keine schnell drehenden Bauteile wie Getriebe oder die Generatorwelle, die einer hochfrequenten Belastung ausgesetzt sind.
- Der Wartungsaufwand für Anlagen mit Getriebe ist höher, da beispielsweise Ölfilter und Getriebeöle in regelmäßigen Abständen gewechselt werden müssen. Diese Arbeitsschritte sowie die regelmäßigen Inspektionen der Lager und der Verzahnung entfallen bei der getriebelosen Windenergieanlage.

Insbesondere bei Offshore-Anlagen ist die Wartung ein sehr wichtiges Argument, da diese auf dem Meer sehr kostenintensiv ist.

Materialeinsatz

Bei Direct-Drive-Anlagen entfällt das Getriebe, das zwischen 10% und 15% der Kosten einer Gesamtanlage ausmacht. Dagegen steht insbesondere der höhere Materialeinsatz im Generator. Größere Nennleistungen und längere Rotorblätter, die eine niedrigere Rotordrehzahl erzwingen, lassen die eingesetzten Generatoren im getriebelosen Konzept insbesondere im Durchmesser weiter wachsen. Je größer die Generatoren werden, desto mehr Kupfer- bzw. Aluminium, Eisen- und eventuell Magnetmaterial wird benötigt, was sich direkt auf die Kosten auswirkt. Getriebe bieten die Möglichkeit, die niedrige Rotordrehzahl für den Generator anzuheben.

Die Baugröße und das Gewicht der verwendeten Generatoren bei Direct-Drive-Konzepten sind weitere Nachteile. Größere Generatoren können nicht mehr in einem Stück gefertigt und zur Baustelle transportiert werden, sondern werden geteilt und erst auf der Baustelle zusammengesetzt. Zudem steigt die Turmkopfmasse bei schweren Generatoren stark an. Das hat wiederum Auswirkungen auf das Schwingungsverhalten der Anlage und auf die Dimensionierung anderer Bauteile, wie insbesondere den Turm.

Fazit

Beide Konzepte haben ihre Vor- und Nachteile, die in Tabelle 5.1 zusammengefasst werden. Daher haben beide ihre Existenzberechtigung.

Tabelle 5.1 Vergleich der Konzepte mit und ohne Getriebe

Getriebelose WEA		WEA mit Getriebe	
Vorteile	**Nachteile**	**Vorteile**	**Nachteile**
höherer Wirkungsgrad im Teillastbereich	größere Turmkopfmasse	geringere Turmkopfmasse	Einsatz größerer Mengen von Getriebeölen und Schmierstoffen
geringerer Wartungsaufwand	Einsatz von seltenen Erden (nur permanenterregter Generator)	vergleichsweise einfache Abfuhr der Verlustleistung (Wärme)	Einsatz schnell rotierender Bauteile
keine schnell drehenden Komponenten	Einsatz größerer Mengen von Kupfer bzw. Aluminium und Eisen	kompaktere Bauweise möglich	geringerer Wirkungsgrad im Teillastbereich
kein Einsatz von Ölen und weniger Schmierstoffe	höhere Stromwärmeverluste im Generator, insbesondere bei hohen Drehzahlen		höherer Wartungsaufwand

6 Welche Türme werden verwendet?

Der Turm ist das größte und schwerste Teil einer Windenergieanlage. Da die mittlere Windgeschwindigkeit den wesentlichen Faktor für den Energieertrag ausmacht (siehe Kapitel 9), ist man aus Energieertragsgründen bestrebt, die Türme so hoch wie möglich zu bauen, da in größerer Höhe der Wind stärker weht. Höhere Türme sind auch bei Standorten mit einer hohen Bodenrauigkeit, wie im Wald oder zwischen Gebäuden, sinnvoll, da die hieraus resultierenden Turbulenzen des Windes mit zunehmender Höhe abnehmen (siehe Kapitel 8). Dem stehen die Kosten eines Turms entgegen, die zwischen 20 % und 30 % der Gesamtanlagenkosten ausmachen können und für einen großen Teil der Montage- und Transportkosten verantwortlich sind. An Küstenstandorten oder Starkwindstandorten werden oft relativ niedrige Türme verwendet, während insbesondere im Binnenland der Trend zu höheren Türmen zunimmt. Aus diesem Grund bieten Hersteller von Windenergieanlagen in der Regel verschiedene Turmhöhen und Turmvarianten für den gleichen Anlagentyp an.

Gittertürme

Gittertürme (Bild 6.1) sind oft bei Windkraftanlagen der ersten Generation zu finden. Sie benötigen weniger Material (halb so viel wie Stahlrohrtürme) und sind folglich leichter und einfacher zu montieren. Dennoch sind sie in Europa teurer als zylindrische Türme, da bei der Fertigung bzw. der Montage viel Arbeitszeit eingesetzt werden muss und somit deutlich höhere Lohnkosten anfallen. In Ländern mit niedrigeren Personalkosten (wie z. B. China oder Indien) sind sie dagegen sehr verbreitet. Gittertürme sind in Europa bei Windenergieanlagen daher selten zu sehen und werden aktuell nur für hohe Türme (bis zu 160 Meter) verwendet.

Bild 6.1
Windenergieanlage mit Gitterturm
(© Wikipedia, User: SPBer)

Stahlrohrtürme

Rohrtürme aus Stahl (Bild 6.2) sind heutzutage die gängigste und am weitesten verbreitete Turmbauart. Mehrere Typen sind bei den Stahlrohrtürmen zu finden, wie z. B. zylindrisch, konisch oder unterkonisch. Stahltürme sind in zwei bis fünf Segmente von je 20 bis 30 Metern Länge unterteilt.

Der Transport der Turmsegmente von sehr hohen Windenergieanlagen kann bei Stahlrohrtürmen problematisch sein, da die Straßenbrücken oftmals niedriger sind als der Durchmesser der untersten Turmsegmente. Dies trifft insbesondere für Anlagen zu, die mehr Leistung als 2 MW haben. Die Stahltürme werden aus Stahlplatten hergestellt. Diese werden zunächst in Segmente geschnitten, später gerollt und schließlich zusammengeschweißt. Ein Stahlturm ist sehr schwer und wiegt bei einer Multimegawatt-Windenergieanlage von 60 bis 120 Metern Höhe zwischen 60 und 250 Tonnen.

Bild 6.2
Stahlrohrturm (© Nordex/Acciona SE)

Betontürme

Betontürme (Bild 6.3) werden aus Stahlbeton gefertigt. Sie sind dicker und schwerer als Stahltürme (fünf- bis sechsmal schwerer als ein gleich hoher Stahlrohrturm), weisen aber günstigere Schwingungseigenschaften auf und reduzieren somit auch die Schallemissionen.

Bild 6.3
Windenergieanlage mit Betonturm (© Nordex/Acciona SE)

Betontürme werden oft am Standort selbst gebaut (sogenannter Ort-Beton), können aber auch aus vorgefertigten Segmenten als Spannbetonturm zusammengesetzt werden. Letztere sind bei Großserien günstig, aber bei Kleinserien deutlich teurer als Ort-Betontürme.

Der Transport ist für Betontürme einfacher als bei Stahlrohrtürmen, auch wenn sie deutlich schwerer sind, da sie erst auf der Baustelle zusammengesetzt werden. Die Qualität bei Ort-Betontürmen ist jedoch schwerer zu kontrollieren, da das Abbinden des Betons von den Witterungsbedingungen abhängt.

Hybridturm

Der Hybridturm ist eine spezielle Bauform von Türmen insbesondere für hohe Windenergieanlagen mit Nabenhöhen ab etwa 120 Metern Höhe. Er eignet sich speziell für sehr hohe Windenergieanlagen bis heute ca. 200 Metern Nabenhöhe. Dieser Turm besteht im unteren Bereich aus einem Betonturm und im oberen Bereich aus einem Stahlrohrturmelement. Das Stahlrohrturmelement wird durch Zuganker fest auf dem Betonturm verspannt. Diese Spannvorrichtungen können bei späterer Materialdehnung bzw. Materialsetzung nachgespannt werden, um die Festigkeit des Hybridturms zu gewährleisten.

Der wesentliche Vorteil besteht in der Transportfähigkeit der Einzelteile, da durch diesen Aufbau der Durchmesser des Stahlturms nicht so groß wie bei einem reinen Stahlrohrturm dimensioniert werden muss. Es werden auch Kosten eingespart, da nicht der ganze Turm aus Stahl besteht. Der untere Teil wird in der Regel als Ort-Beton beispielsweise im Kletterschalungsverfahren aufgebaut.

Ein Beispiel eines modernen Hybridturms zeigt Bild 6.4.

Klassischerweise werden für die Montagearbeiten große Mobilkräne eingesetzt (Bild 6.5). Diese haben den Nachteil, dass sie einen gewissen Abstand zum Turm benötigen, sodass entsprechende Rangiermöglichkeiten geschaffen werden müssen, was insbesondere in bewaldeten Flächen problematisch sein kann. In letzter Zeit hat sich auch der Einsatz von selbsterrichtenden Turmdrehkränen etabliert, die direkt auf dem Fundament der Windenergieanlage montiert werden (Bild 6.6).

Bild 6.4
Windenergieanlage Nordex N149 mit Hybridturm (© Nordex/Acciona SE)

Bild 6.5 Aufbau eines Hybridturms mit Mobilkränen (© Max Bögl Wind AG/Andreas Mayr)

Bild 6.6
Aufbau eines Turms mittels eines selbsterrichtenden Turmdrehkrans
(© Max Bögl Wind AG/Willi Wilhelm)

Bezüglich der Höhe einer Windenergieanlage werden drei unterschiedliche Bezeichnungen verwendet (Bild 6.7):

- Die Turmhöhe ist die Höhe des Bauteils Turm, gemessen vom Grund bis zum Abschluss des Bauteils Turm.
- Die Nabenhöhe wird vom Grund bis zum horizontalen Mittelpunkt der Nabe bzw. des Rotors gemessen.
- Die Gesamthöhe erstreckt sich vom Grund bis zur Rotorblattspitze des Rotorblattes, die in der 0-Uhr-Position steht.

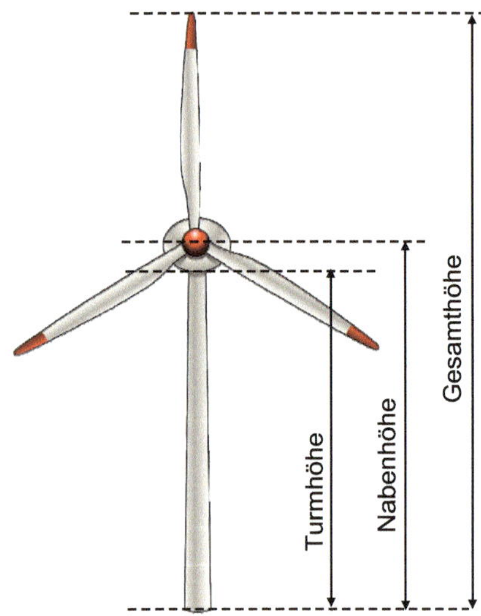

Bild 6.7
Höhenbezeichnungen einer Windenergieanlage

Bei älteren, kleineren Anlagen wurden Außenaufstiege, also eine Leiter außen am Turm, verwendet, um in das Maschinenhaus zu gelangen. Dies erlaubte eine schlankere Gestaltung der Türme, da das Turminnere nicht begehbar sein musste. Mit Ausnahme von Windenergieanlagen mit Gittertürmen werden heute grundsätzlich alle Anlagen innerhalb des Turms bestiegen. Größere Türme haben in der Regel neben einer Leiter mit Steigsicherung einen Fahrkorb oder Aufzug, der den Aufstieg erleichtert. Des Weiteren gibt es häufig noch eine Seilwinde oder einen Bordkran für den Materialtransport.

Die Kabel für den Energietransport und die Kommunikation müssen durch den Turm geführt werden. Sie werden mittels eines Befestigungssystems parallel an der Turminnenwand geführt (Bild 6.8). Daher kann sich eine Anlage (ausgehend von der Nullposition) maximal drei- bis viermal um die Turmachse drehen, bevor durch das Azimutsystem eine Entdrillung notwendig wird. Diese Entdrillung wird vorwiegend in windschwachen Zeiten durchgeführt.

Bild 6.8
Energie- und Kommunikationsleitungen im Turm (© Nordex/Acciona SE)

Moderne Windenergieanlagen sind heute fast immer als Luvläufer konzipiert, da Leeläufer Leistungseinbußen durch den Windschatten des Turms verzeichnen und zusätzlich periodische Schwankungen im Antriebsmoment entstehen (Bild 6.9).

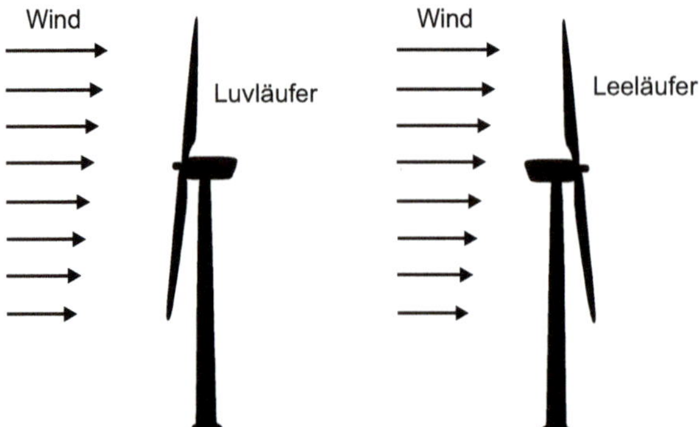

Bild 6.9 Luv- und Leeläufer

Bei Luvläufern besteht die Gefahr, dass der Rotor durch die Verformung der Rotorblätter mit dem Turm kollidiert. Die Verformung kann an der Blattspitze bis zu 12 Meter betragen. Der Gefahr der Kollision wird im Allgemeinen mit drei unterschiedlichen Maßnahmen entgegengewirkt:

- Die Rotorblätter werden bei Luvläufern mit einer Vorbiegung konstruiert, sodass ein ausreichender Turmfreigang im Betrieb gewährleistet werden kann.
- Eine mögliche Verkippung der Rotorwelle zur Horizontalen wird über den Neigungs- oder Tiltwinkel δ_{Tilt} (Bild 6.10) beschrieben. Dieser Winkel ist so definiert, dass ein „Aufnicken" der Gondel zu einem positiven Wert führt. Dieser liegt gewöhnlich zwischen 0° und 10°.
- Die Verkippung der Rotorblattdrehachse zur Rotorebene wird über den Konuswinkel υ_{Konus} (Bild 6.11) bezeichnet. Die Orientierung des Konuswinkels ist so definiert, dass die Neigung der Rotorblätter in Windrichtung (wie bei Windenergieanlagen üblich) zu einem negativen Wert führt. Übliche Werte liegen zwischen 1° bis 5°.

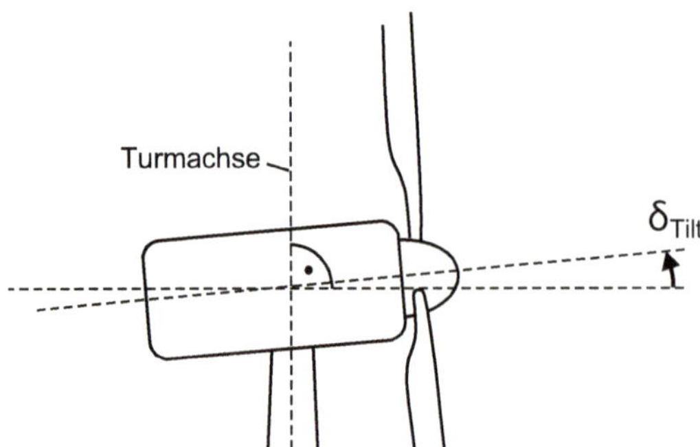

Bild 6.10
Tiltwinkel einer Windenergieanlage

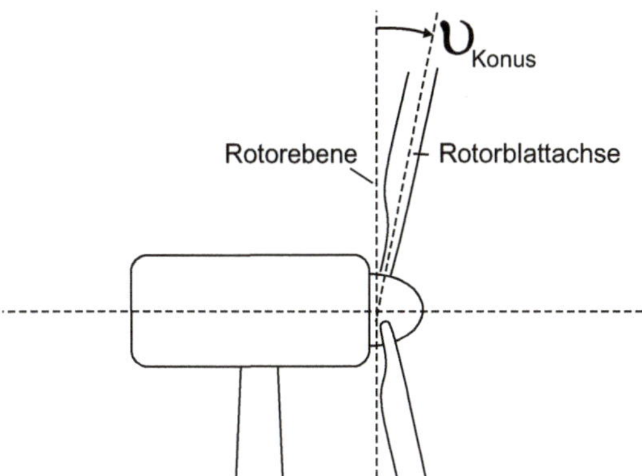

Bild 6.11
Konuswinkel einer Windenergieanlage

Ob der Betrag des Konuswinkels bzw. des Tiltwinkels größer null ist, ist herstellerspezifisch. Einige Hersteller verzichten auf diese Eigenschaft.

7 Wie viel Energie erzeugt eine Windenergieanlage?

Eine genaue Vorhersage, wie viel Energie eine Windenergieanlage beispielsweise in einem Jahr produziert, ist nicht exakt im Voraus zu berechnen. Bei Ausfallzeiten, die durch Reparaturen oder Wartungen entstehen, erzeugt die Anlage keine elektrische Energie. Auch kann ein Netzbetreiber die Leistung einer Windenergieanlage oder eines Windparks begrenzen, wenn beispielsweise zu viel Leistung im Netz vorhanden ist. Unter Vernachlässigung dieser Bedingungen können jedoch statistische Methoden angewandt werden, um zum einen dem realen Wert möglichst nahezukommen und zum anderen Anlagen oder Standorte bezüglich des zu erwartenden Energieertrags miteinander zu vergleichen.

Dazu werden im Wesentlichen zwei Faktoren für die Berechnung herangezogen:

- die zu betrachtende Anlage, repräsentiert durch ihre Leistungskurve
- die mittlere Windgeschwindigkeit auf Nabenhöhe am Standort, repräsentiert durch die Weibull-Verteilung

Die Leistungskurve (Bild 7.1) einer Windenergieanlage zeigt, für welche Leistung ein Windenergieanlagenhersteller bei einer bestimmten mittleren Windgeschwindigkeit die Gewährleistung übernimmt. Diese gewährleistete Leistungskurve kann gemessen und/oder berechnet sein. In der Regel liegt diese Leistung etwas unter der tatsächlichen Leistung, da der Hersteller sich Spielraum einräumt, um etwaige Toleranzen durch Serienstreuungen abzufangen.

Weiterhin werden die Leistungskurven für eine bestimmte Luftdichte (in der Regel die Normdichte) angegeben, was bei der genaueren Analyse der Ertragsberechnung zu berücksichtigen ist, wenn die mittlere Luftdichte im Jahr von der Normdichte signifikant abweicht.

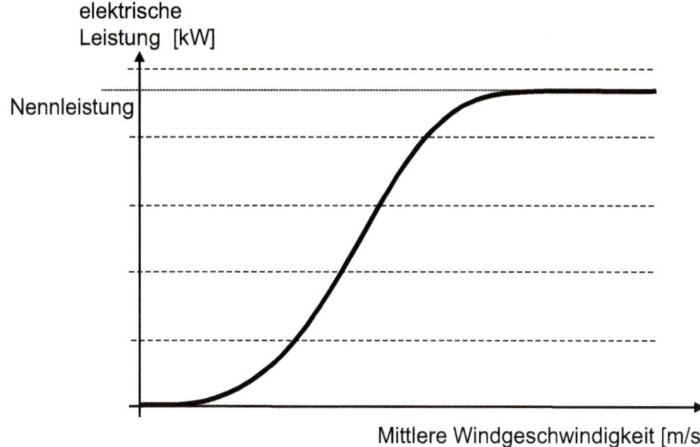

Bild 7.1 Leistungskurve einer Windenergieanlage

Die Windgeschwindigkeit, mit der der Wind auf den Rotor der Windenergieanlage trifft, ist ein Vektor mit Betrag und Richtung, der zeitlich veränderbar ist und an jedem Punkt der Rotorfläche unterschiedlich sein kann:

$$\vec{v}_w \text{ mit } |v_w| = \frac{m}{s}$$

Die größte je gemessene Windgeschwindigkeit trat am 11./12. April 1934 am Mount Washington (USA), mit 103 m/s auf. Ab einer Windgeschwindigkeit von 50 m/s wird der Wind als Jahrhundertböe bezeichnet, die jedoch sehr selten auftritt.

Der Betrag der Windgeschwindigkeit $|v_w|$ wird entsprechend ihrer Auswirkungen in Abschnitte unterteilt, Windstärke genannt und in Beaufortgrad (Bg) angegeben (Tabelle 7.1).

Tabelle 7.1 Bereiche der Windstärken

$\lvert v_w \rvert$ in m/s	Windstärke in Bg	Bezeichnung	Auswirkungen
0 - 0,2	0	Windstille	Der Rauch steigt gerade empor.
0,3 - 1,5	1	leichter Zug	Der Rauch zeigt Wind an.
1,6 - 3,3	2	leichte Brise	Die Windfahne bewegt sich.
3,4 - 5,4	3	schwache Brise	Der Wind streckt Wimpel.
5,5 - 7,9	4	mäßige Brise	dünne Äste in Bewegung
8,0 - 10,7	5	frische Brise	kleine Bäume in Bewegung
10,8 - 13,8	6	starker Wind	starke Äste in Bewegung
13,9 - 17,1	7	steifer Wind	ganze Bäume in Bewegung
17,2 - 20,7	8	stürmischer Wind	Der Wind bricht Zweige.
20,8 - 24,4	9	Sturm	Schäden am Haus

Hindernisse der Höhe $H > 1/3\ h_2$ sollten im Abstand $x < 40\ H$ berücksichtigt werden. Bei „weit verstreuten" Hindernissen wird d zu null gesetzt. Andernfalls lässt sich d mit 70 % der Hindernishöhe H abschätzen. Mit dem Korrekturfaktor K wird das Höhenprofil an die Form der Umgebung und der Hindernisse angepasst. Für eine weiterführende Betrachtung sei auf die entsprechende Literatur verwiesen [1.1, 1.2].

In Bild 7.3 ist das Profil der mittleren Windgeschwindigkeit über der Höhe h_2 aufgetragen. Ausgangspunkt ist eine mittlere Windgeschwindigkeit von $v_{w,Ref,h1} = 6$ m/s auf 10 Metern Höhe. Bei Annahme einer Rauigkeitslänge von $d = 0{,}1$ und einem Korrekturfaktor von $K = 1$ ergibt sich der gezeigte Verlauf. Es ist zu erkennen, dass die Windgeschwindigkeit mit zunehmender Höhe schnell ansteigt. Bei einer Nabenhöhe der Anlage von 140 Metern ergibt sich beispielsweise eine mittlere Windgeschwindigkeit von $v_w = 9{,}44$ m/s.

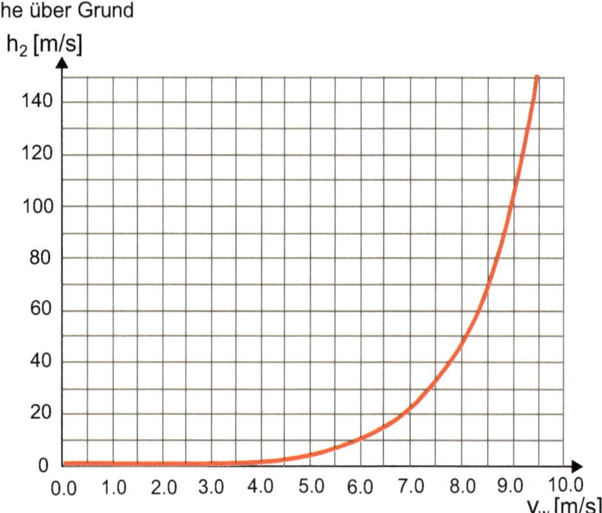

Bild 7.3 Vertikales Höhenprofil

Die Information der mittleren Windgeschwindigkeit sagt jedoch noch nichts über die Windverteilung aus. Hierfür teilt man die Messwerte in Windgeschwindigkeitsklassen $v_{w,k}$ ein. Die Häufigkeitsverteilung $f(v_{w,k})$ dieser Windklassen kann in sehr guter Näherung durch die Weibull-Verteilung angegeben werden:

$$f\left(v_{w,k}\right) = \frac{k}{A} \cdot \left(\frac{v_{w,k}}{A}\right)^{k-1} \cdot e^{-\left(\frac{v_{w,k}}{A}\right)^{k}}$$

k ist der Weibull-Formfaktor. Er gibt die Form der Windverteilung an und liegt in der Regel zwischen 1 und 4. Ein kleiner *k*-Wert bedeutet sehr variable Winde, ein größer *k*-Faktor dagegen sehr konstante Windverhältnisse:

- $k \sim 1$: arktische Regionen
- $k \sim 2$: Mitteleuropa
- $k \sim 3$ bis 4: Passatwindregionen

A ist der Weibull-Skalierungsfaktor in m/s und ein Maß für die die Zeitreihe charakterisierende Windgeschwindigkeit. *A* ist proportional zum Mittelwert der Windgeschwindigkeit. Dieser Skalierungsfaktor ist entweder in den Windkarten angegeben oder kann näherungsweise aus der mittleren Windgeschwindigkeit v_w auf Nabenhöhe der Windenergieanlage berechnet werden:

$$A = \frac{2}{\sqrt{\pi}} \cdot v_w$$

Wie in Bild 7.4 und Bild 7.5 zu erkennen, wird die Kurve der Häufigkeitsverteilung mit sinkendem Formfaktor *k* flacher und verschiebt sich mit größeren Skalierungsfaktoren in Richtung höherer Windgeschwindigkeiten.

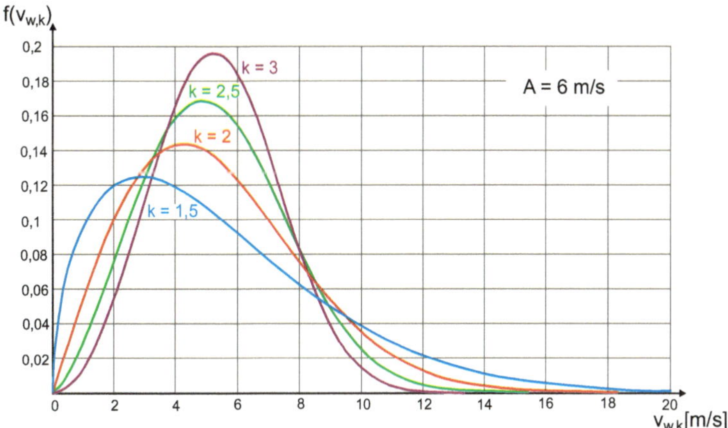

Bild 7.4 Weibull-Verteilung bei *A* = 6 m/s für unterschiedliche Formfaktoren *k*

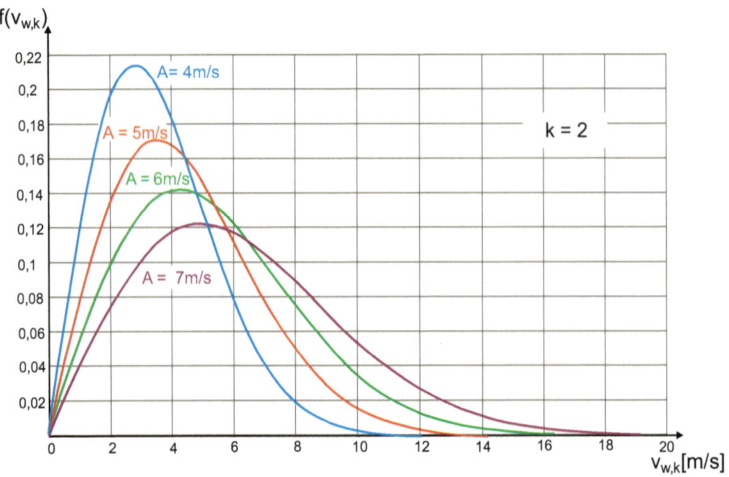

Bild 7.5 Weibull-Verteilung bei k = 2 für unterschiedliche Skalierungsfaktoren A

Im Sonderfall k = 2, der näherungsweise für die meisten Regionen in Mitteleuropa angenommen werden kann, vereinfacht sich die Weibull-Funktion auf die Rayleigh-Verteilungsdichte. Statt mit dem Skalierungsfaktor A wird hier direkt mit der mittleren Windgeschwindigkeit v_w des Standortes auf Nabenhöhe gerechnet:

$$f\left(v_{w,k}\right)=\frac{\pi}{2}\cdot\frac{v_{w,k}}{\left(v_w{}^2\right)}\cdot e^{-\frac{\pi}{4}\cdot\left(\frac{v_{w,k}}{v_w}\right)^2}$$

Liegen beide Informationen, sowohl die Leistungskurve $P(v_{w,k})$ als auch die Windverteilung $f(v_{w,k})$ vor, so kann die Ertragsverteilung E mit dem Integral

$$E\left(v_{w,k}\right)=\int_0^\infty f\left(v_{w,k}\right)\cdot P\left(v_{w,k}\right)dv_{w,k}$$

berechnet werden. In der Praxis wird meistens eine Summenbildung durchgeführt, um die Ertragsverteilung (Bild 7.6) zu berechnen. Der Gesamtertrag der Windenergieanlage korreliert mit der Fläche, die von der Ertragsverteilungskurve und der Abszisse des Koordinatensystems gebildet wird, und kann für jeden beliebigen Zeitraum aus dieser berechnet werden.

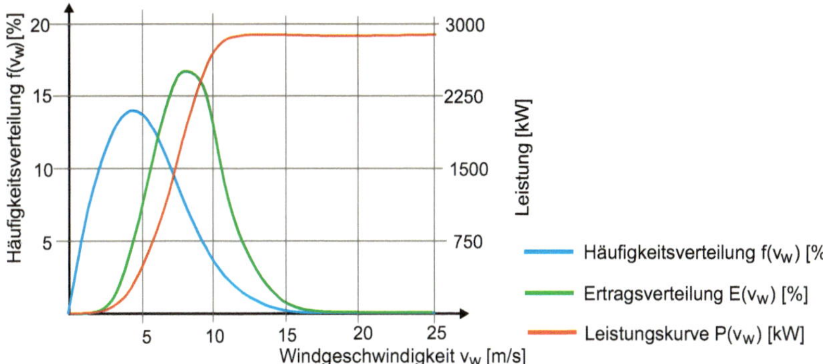

Bild 7.6 Ertragsverteilung einer Windenergieanlage

Generell ist zu bemerken, dass diese Betrachtungen nicht eine Ertragsabschätzung eines Fachmannes bzw. einer Fachfrau ersetzen. Die Kompliziertheit der Ertragsberechnung an realen Standorten steigt überproportional mit der Forderung nach der Genauigkeit. Sowohl Hersteller als auch freie Anbieter am Markt bieten fachkundige Dienstleistungen (sogenanntes Site Accessment) für Windgutachten und Ertragsprognosen an, die eingekauft werden können.

8 In welche Windklassen werden Windenergieanlagen eingeteilt?

Windenergieanlagen werden für bestimmte Windklassen zugelassen. International ist die Normung der IEC (International Electronical Commission) anhand der mittleren Windgeschwindigkeit und der Turbulenzintensität an konkreten Standorten am geläufigsten (Tabelle 8.1). In Deutschland gibt es zudem die Einteilung des Deutschen Instituts für Bautechnik (DIBt) in Windzonen.

Tabelle 8.1 Windklassen nach IEC-Normung (IEC 61400-1 Edition 4)

<table>
<tr><th colspan="2">IEC-Windklasse</th><th>I</th><th>II</th><th>III</th><th>S</th><th>T1</th></tr>
<tr><td colspan="2">mittlere 50-Jahres-windgeschwindigkeit</td><td>50 m/s</td><td>42,5 m/s</td><td>37,5 m/s</td><td rowspan="6">standort- bzw. hersteller-spezifisch</td><td>57 m/s</td></tr>
<tr><td colspan="2">durchschnittliche mittlere Windgeschwindigkeit</td><td>10 m/s</td><td>8,5 m/s</td><td>7,5 m/s</td><td rowspan="5">tropischer Wirbelsturm (Taifun, Hurrikan, Zyklon)</td></tr>
<tr><td rowspan="4">I15</td><td>A+</td><td colspan="3">18 %</td></tr>
<tr><td>A</td><td colspan="3">16 %</td></tr>
<tr><td>B</td><td colspan="3">14 %</td></tr>
<tr><td>C</td><td colspan="3">12 %</td></tr>
</table>

Die mittlere 50-Jahreswindgeschwindigkeit kennzeichnet die mittlere Windgeschwindigkeit, die statistisch im Mittel einmal in 50 Jahren erreicht oder überschritten wird, und entspricht dem Fünffachen der durchschnittlichen mittleren Windgeschwindigkeit.

Eine Sonderrolle spielt die standort- bzw. herstellerspezifische Klasse IEC S, in der ein Windenergieanlagenhersteller seine eigene Definition verwenden darf. Die mit der IEC 61400-1 Edition 4 im Jahr 2019 eingeführte tropische Zyklon-Windklasse T1 gilt für extrem windstarke Standorte.

I15 ist die Turbulenzintensität des Windes auf Nabenhöhe bei einer Windgeschwindigkeit von 15 m/s. Sie wird durch das Standortgelände und benachbarte Windenergieanlagen in einem Windpark beeinflusst. Die höchste Turbulenz tritt in der bodennahen Schicht der Atmosphäre (auch Prandtl-Schicht genannt) auf, die bis etwa 100 Meter Höhe vorherrscht. Darüber liegt die zunehmend ungestörte

Ekman-Schicht. Je nach Wetterlage befindet sich der Rotor der Windenergieanlage somit größtenteils in der Prandtl- oder im Übergang zur Ekman-Schicht (Bild 8.1).

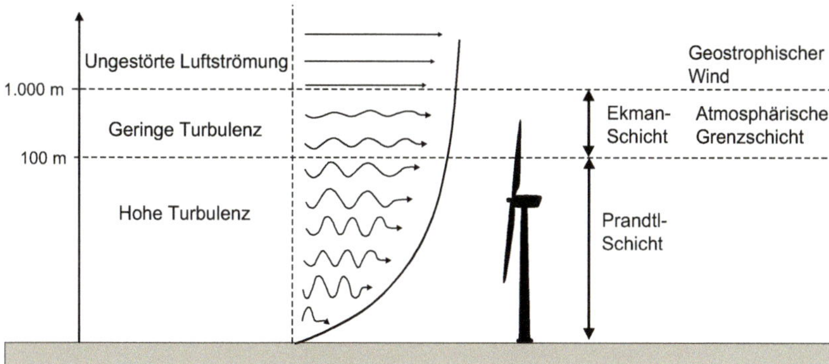

Bild 8.1 Schematische Darstellung der Luftschichten

Moderne Simulationsprogramme, wie beispielsweise TurbSim [2.10], erlauben die Erzeugung stochastisch variierender Windverläufe unter Berücksichtigung von Kenngrößen wie Turbulenzgrad, Oberflächenrauigkeit oder Windstandortklasse. Als Beispiel sind zwei Windzeitreihen mit unterschiedlicher Turbulenzintensität in Bild 8.2 einander gegenübergestellt [7.18].

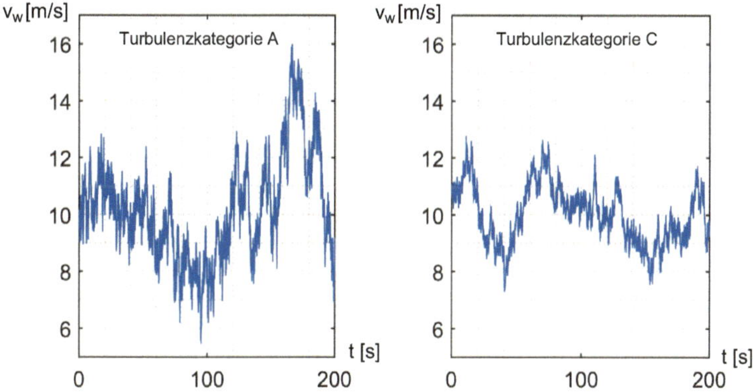

Bild 8.2 Gegenüberstellung zweier Windzeitreihen unterschiedlicher Turbulenzklassen (A und C) nach DIN 61400-1, erstellt mit TurbSim (angelehnt an [7.18])

Der Nachweis der Standorteignung von Windenergieanlagen kann anhand der Norm IEC 61400-1 erbracht werden. Die Turbulenzintensität der Anlage definiert der Hersteller. Der Standsicherheitsnachweis gemäß IEC 61400-1 kann durch eine gutachterliche Stellungnahme erfolgen. Diese wird auch „Standorteignung von Windenergieanlagen“ oder „Turbulenzgutachten“ genannt, da der Standsicherheitsnachweis insbesondere von der Untersuchung der Turbulenzbelastung abhängt. Für einen Standort mit der mittleren Windgeschwindigkeit auf Nabenhöhe von 7 m/s und einer Turbulenzintensität von 16 % käme somit eine Windenergieanlage der Windklasse IIIA in Betracht.

Die IEC-Klassen spiegeln die Auslegung der Windenergieanlagen für windstarke bzw. windschwache Gebiete wider (Tabelle 8.2). Charakteristisch für Schwachwindanlagen ist ein hohes Verhältnis von Rotorfläche [in m^2] pro Nennleistung [in MW].

Tabelle 8.2 Windenergieanlagen für Gebiete mit unterschiedlichen Windstärken

Typ	Windenergieanlage (Beispiel)	Rotordurchmesser	Nennleistung	Rotorfläche	Rotorfläche/Nennleistung [m^2/MW]
Starkwindanlage	ENERCON E-126	126 Meter	7,58 MW	$1{,}25 \times 10^4\ m^2$	1645
Anlage für mittleren Wind	Vestas V117	117 Meter	3,45 MW	$1{,}075 \times 10^4\ m^2$	3116
Schwachwindanlage	Nordex N117	117 Meter	2,4 MW	$1{,}075 \times 10^4\ m^2$	4479

9 Wie viel Energie kann der Rotor dem Wind entnehmen?

Wind ist nichts anderes als ein Luftmassenstrom, der aus einem Druckgefälle zwischen Gebieten unterschiedlichen Luftdrucks entsteht. Entscheidend für die Nutzung der Windenergie sind die bodennahen Winde bis zu einer Höhe von heute etwa 250 Metern. Strömt die Luft mit der mittleren Geschwindigkeit $v_{w,Rot}$ durch die Rotorfläche der Windenergieanlage, so enthält sie die kinetische Energie

$$E_{kin,w} = \frac{1}{2} \cdot m_{Luft} \cdot v_{w,Rot}^2$$

wobei m_{Luft} die bewegte Masse der Luft ist, die gerade durch die Rotorfläche strömt. Der Luftdurchsatz $\dot{m}_{Luft}$, auch Luftmassenstrom genannt, der sich in einer bestimmten Zeit durch die Rotorfläche einer Windenergieanlage bewegt, beträgt

$$\dot{m}_{Luft} = A_{Rot} \cdot \rho_{Luft} \cdot v_{w,Rot}$$

A_{Rot}: Rotorfläche
ρ_{Luft}: Luftdichte
$v_{w,Rot}$: mittlere Windgeschwindigkeit am Rotor

Die theoretisch dem Wind entnehmbare Leistung P_W ist gleich der Energie pro Zeiteinheit. Somit ergibt sich, dass die Leistung des Windes von der dritten Potenz der Windgeschwindigkeit abhängig ist:

$$P_W = \dot{E}_{kin,w} = \frac{1}{2} \cdot \dot{m}_{Luft} \cdot v_{w,Rot}^2 = \frac{1}{2} \cdot \rho_{Luft} \cdot \pi \cdot R_{Rot}^2 \cdot v_{w,Rot}^3$$

Die Dichte der Luft hat somit einen linearen Einfluss auf die Leistung. Kalte Luft ist dichter als warme Luft, somit liefert eine Windkraftanlage bei gleicher Windgeschwindigkeit beispielsweise bei −10 °C ca. 11 % mehr Energie als bei +20 °C. Da die Dichte der Luft auch vom Umgebungsdruck abhängig ist, haben Hoch- und Tiefdruckgebiete sowie die Höhenlage des Standortes einen Einfluss auf den Ertrag einer Windenergieanlage.

Dem Wind kann jedoch nicht die gesamte Energie entzogen werden, da ansonsten hinter der Rotorfläche die Windgeschwindigkeit null wäre und die Luft nicht

„abfließen“ könnte, sich also vor der Rotorfläche stauen würde. Der Physiker Alfred Betz zeigte 1926, wie viel Energie dem Luftmassenstrom theoretisch entzogen werden kann [3.1]. Betz bewies in seinem Buch, dass die mittlere Windgeschwindigkeit durch die Rotorfläche gleich dem Durchschnitt der ungestörten Geschwindigkeit des Windes vor der Anlage $v_{w,1}$ und der Windgeschwindigkeit hinter der Anlage $v_{w,2}$ ist (Bild 9.1). Es gilt also:

$$v_{w,Rot} = \frac{v_{w,1} + v_{w,2}}{2}$$

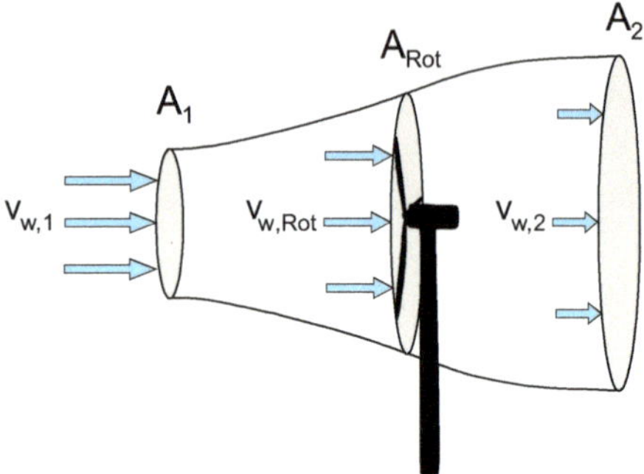

Bild 9.1 Strömungsverhältnisse im Bereich des Rotors

Die Luftmasse, die durch die Rotorfläche strömt, beträgt somit

$$\dot{m}_{Luft} = A_{Rot} \cdot \rho_{Luft} \cdot \frac{v_{w,1} + v_{w,2}}{2}$$

Die vom Rotor entnommene Leistung P_{Rot} beträgt

$$P_{Rot} = \frac{1}{2} \cdot \dot{m}_{Luft} \cdot \left(v_{w,1}^2 - v_{w,2}^2\right) = \frac{\rho_{Luft}}{4} \cdot A_{Rot} \cdot \left(v_{w,1}^2 - v_{w,2}^2\right) \cdot \left(v_{w,1} + v_{w,2}\right)$$

Setzt man die Leistung des Windes ins Verhältnis zur entnommen Leistung, so erhält man

$$\frac{P_{Rot}}{P_W} = \frac{1}{2} \cdot \left(1 - \left(\frac{v_{w,2}}{v_{w,1}}\right)^2\right) \cdot \left(1 + \frac{v_{w,2}}{v_{w,1}}\right)$$

In Bild 9.2 ist zu erkennen, dass die Funktion für $\left(\frac{v_{w,2}}{v_{w,1}}\right) = \frac{1}{3}$ ihr Maximum erreicht und dass dieses Maximum der dem Wind theoretisch entziehbaren Leistung 16/27 der Gesamtleistung des Windes beträgt.

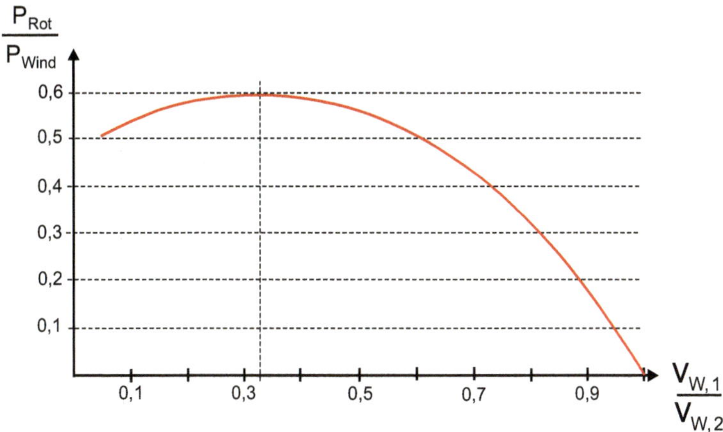

Bild 9.2 Windleistungsverhältnis nach Betz

Im günstigsten Fall einer völlig verlustfreien Leistungsentnahme lassen sich also nur etwa 59 % der Windleistung nutzen. Leistungsbeiwerte heutiger Windenergieanlagen liegen um den Bereich von 45 %. Viel entscheidender für die Leistungserzeugung sind jedoch die Größe der Rotorfläche ($P_{Rot} \sim R_{Rot}^2$) und die Windgeschwindigkeiten, die am Standort vorherrschen ($P_{Rot} \sim v_{w,1}^3$).

Im Folgenden beziehe ich mich immer auf die ungestörte Windgeschwindigkeit vor der Anlage $v_{w,1}$ und bezeichne diese durchgehend mit v_w.

10 Wie schnell können sich Windenergieanlagen drehen?

Weht der Wind stark genug, so beginnt sich der Rotor der Windenergieanlage zu drehen, da die Rotorblätter ein Moment um die Rotorachse erzeugen, das den Rotor in Bewegung setzt. Die Drehgeschwindigkeit des Rotors wird als Rotordrehzahl angegeben und ist die wichtigste Größe für die Regelung und Steuerung einer Windenergieanlage, da sie im Gegensatz zur Windgeschwindigkeit sehr genau gemessen werden kann.

Sieht man in Richtung des Windes auf die Front der Windenergieanlage, so ist zu erkennen, dass alle Anlagen sich im Uhrzeigersinn drehen. Hierfür gibt es keine physikalische Begründung; vielmehr haben sich die Anlagenhersteller stillschweigend auf diese Konvention geeinigt, um ein einheitliches Erscheinungsbild zu erreichen.

Moderne Windenergieanlagen arbeiten alle mit drehzahlvariablem Rotor. Als Unterbegriffe dienen die Bezeichnungen Rotornenndrehzahl und Abschaltdrehzahl. Der Rotor dreht sich im Uhrzeigersinn mit der Rotordrehzahl n_{Rot} [in U/min] bzw. mit der Rotorkreisfrequenz:

$$\Omega_{Rot} = \frac{2 \cdot \pi}{60} \cdot n_{Rot}$$

Der Rotationswinkel Θ jedes Rotorblattes wird vom oberen Totpunkt zur Drehachse des Rotorblattes im Uhrzeigersinn gezählt. Ein vertikal nach oben gerichtetes Rotorblatt, das als Rotorblatt A definiert ist, markiert dabei den Nullpunkt ($\Theta = 0°$) (Bild 10.1).

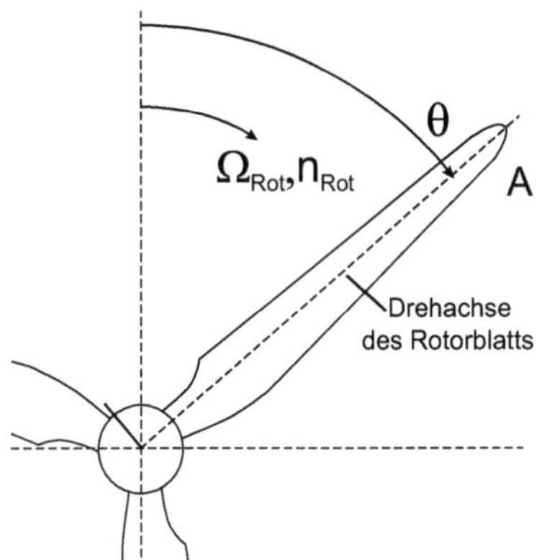

Bild 10.1
Drehzahlen und Drehwinkel am Rotor

Die **Rotornenndrehzahl** ist die Rotordrehzahl der Windenergieanlage, die im Normalbetrieb unabhängig von der Windgeschwindigkeit nur kurzzeitig überschritten werden darf. Die Nenndrehzahl ist ein fester Anlagenwert und wird begrenzt durch den zulässigen Schallpegel der Windenergieanlage. Entscheidend hierfür ist letztendlich die Umfangsgeschwindigkeit an der Rotorblattspitze (Tip) u_{Tip}. Die aerodynamische Schallemission steigt etwa mit der fünften Potenz abhängig von u_{Tip}. Daher wird für jede Anlage ein Maximalwert $u_{Tip,max}$ der Umfangsgeschwindigkeit vorgegeben, der nicht überschritten werden darf. Dieser liegt in der Regel im Bereich von $u_{Tip,max}$ = 72 bis 78 m/s. Somit ergibt sich die Rotornenndrehzahl aus dem Rotorradius R_{Rot} und der maximalen Umfangsgeschwindigkeit am Tip $u_{Tip,max}$:

$$n_{Rot,Nenn}\left[\frac{U}{min}\right] = \frac{u_{Tip,max}\left[\frac{m}{s}\right]\cdot 60}{2\cdot\pi\cdot R_{Rot}\,[m]}$$

Bei einer maximalen Umfangsgeschwindigkeit von $u_{Tip,max}$ = 77 m/s ergeben sich beispielsweise folgende Werte:

Rotordurchmesser	Rotornenndrehzahl
100 Meter	14,7 U/min
130 Meter	11,3 U/min
170 Meter	8,7 U/min

Die Rotornenndrehzahl nimmt also mit steigendem Rotordurchmesser ab. Dieses ist insbesondere für getriebelose Windenergieanlagen von Bedeutung, da hier die Generatornenndrehzahl gleich der Rotornenndrehzahl ist und nicht über ein Getriebe verändert werden kann (siehe Kapitel 5).

Die **Abschaltdrehzahl** ist die Rotordrehzahl, die aus Sicherheitsgründen keinesfalls überschritten werden darf, da dieses zu einer Beschädigung der Windenergieanlage oder sogar zum Verlust der Standsicherheit führen kann. Die Abschaltdrehzahl liegt je nach Hersteller ca. 15 % bis 25 % über der Rotornenndrehzahl.

11

Welche Betriebszustände kann eine Windenergieanlage haben?

Die wesentlichen Betriebszustände und die entsprechenden Übergangsbedingungen einer Windenergieanlage sind in Bild 11.1 dargestellt. Zu Beginn befindet sich die Windenergieanlage im Zustand der Betriebsbereitschaft. Sind alle Startbedingungen erfüllt, so wechselt sie in den Zustand des Startvorgangs. Startbedingungen sind beispielsweise, dass ausreichend Wind vorherrscht und der übergeordnete Windparkregler die Freigabe für die Anlage erteilt hat.

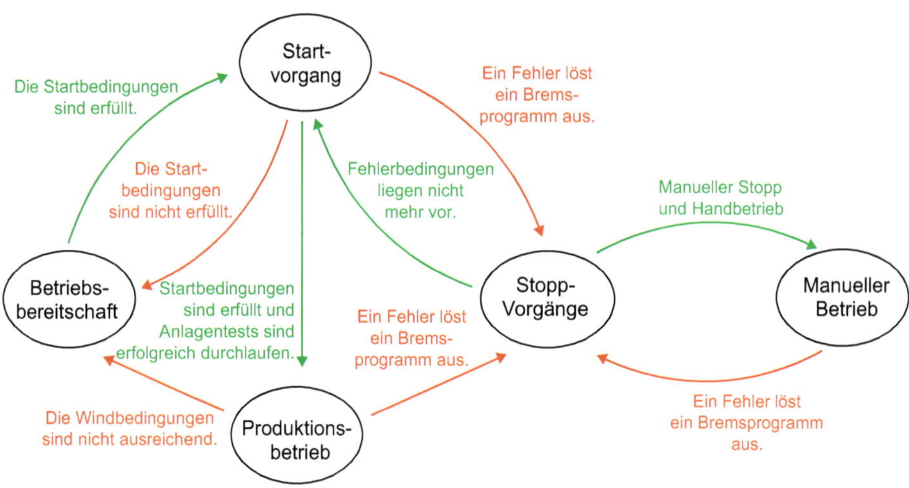

Bild 11.1 Zustände und Übergangsbedingungen einer Windenergieanlage

Während des Startvorgangs werden mehrere Aktionen ausgeführt, die testen, ob ein Fehler vorliegt. Beispiele hierfür sind:

- Test der Windanemometer auf Plausibilität
- Test der hydraulischen Einheiten
- Test der Sicherheitsfahrt mittels des Pitchsystems

- Test der Energiespeicher des Pitchsystems
- Test der Bremsprogramme

Während des Startvorgangs überprüft die Steuerung, ob die Startbedingungen immer noch gültig sind. Ist dies nicht mehr der Fall, so wird wieder in den Zustand der Betriebsbereitschaft gewechselt. Werden alle Tests der Startphase bestanden, so wechselt die Windenergieanlage in den Produktionsbetrieb und erzeugt elektrische Leistung (siehe Kapitel 12), bis die Windbedingungen nicht mehr ausreichend sind oder ein Fehler auftritt.

Ein Fehler löst immer einen Stoppvorgang aus, der die Windenergieanlage bremst bzw. anhält. Aufgrund der extrem hohen Kräfte und Momente, die während des Betriebs einer Windenergieanlage herrschen, ist ein mechanisches Abbremsen mittels einer Bremse oder ähnlicher Einrichtungen nicht möglich. Die einzige Möglichkeit besteht darin, die Rotorblätter möglichst schnell aus dem Wind zu drehen und den Rotor somit aerodynamisch zu bremsen. Von Vorteil ist, dass es ausreicht, eines der Rotorblätter vollständig aus dem Wind zu drehen, um die Anlage in einen sicheren Zustand zu versetzen (siehe Kapitel 28). Windenergieanlagen mit drei Rotorblättern besitzen somit strukturell bereits eine Redundanz bezüglich der Notverstellung.

Es wird zwischen unterschiedlichen Stoppvorgängen bzw. Stoppkategorien unterschieden.

Stoppkategorien

In der Norm EN 60204-1 wird beschrieben, wie sicherheits- und funktionstechnische Erfordernisse von Maschinen zu Stoppfunktionen unterschiedlicher Kategorien führen (Tabelle 11.1).

Tabelle 11.1 Stoppkategorien nach Norm EN 60204-1

Stoppkategorie	Beschreibung
Stoppkategorie 0	ungesteuertes Stillsetzen durch sofortiges (< 200 ms) Trennen der Energiezufuhr zu den Antriebselementen
Stoppkategorie 1	Die Maschine wird in einen sicheren Zustand versetzt. Dann erst wird die Energie zu den Antriebselementen getrennt.
Stoppkategorie 2	Die Maschine wird in einen sicheren Zustand versetzt, die Energie aber nicht getrennt. Zusätzliche Maßnahmen gemäß EN 1037 (Schutz vor unerwartetem Wiederanlauf) sind in der Regel erforderlich.

Not-Aus und Not-Halt

Bezüglich der Funktionen wird weiterhin zwischen Not-Halt und Not-Aus unterschieden (Tabelle 11.2).

Tabelle 11.2 Not-Aus und Not-Halt

Not-Halt	Not-Halt ist eine Funktion, die primär dem Stillsetzen einer Bewegung dient, um Gefährdungen durch diese Bewegung abzuwenden. Die Not-Halt-Funktion ist durch die Norm EN 60204 definiert. Prinzipien der Not-Halt-Ausrüstung und funktionale Gesichtspunkte sind in ISO 13850 festgelegt. Der Not-Halt muss gegenüber allen anderen Funktionen und Betätigungen in allen Betriebsarten Vorrang haben. Die Energiezufuhr zu jeglichen Antriebselementen, die zu Gefahrensituationen führen könnten, muss entweder so schnell wie möglich unterbrochen werden, ohne dass es zu anderen Gefahren kommt (Stoppkategorie 0) oder so gesteuert werden, dass die gefahrbringende Bewegung so schnell wie möglich angehalten wird (Stoppkategorie 1). Das Zurücksetzen darf kein Wiederanlaufen bewirken.	nur Stoppkategorie 0 oder 1 zulässig
Not-Aus	Not-Aus ist eine Funktion, die primär direkte Gefährdungen oder Beschädigungen durch elektrische Energie abwenden soll. Hierbei wird die Energieeinspeisung mit elektromechanischen Schaltgeräten abgeschaltet. Funktionale Gesichtspunkte für Not-Aus sind in IEC 60364-5-53 festgelegt. Not-Aus führt immer zu einem Stopp der Kategorie 0.	nur Stoppkategorie 0 zulässig

Um einen Stopp der Windenergieanlage zu realisieren, ist ein Bremsvorgang notwendig. Generell wird zwischen unterschiedlichen Arten des Bremsens unterschieden:

- **Weiches Abbremsen:** Die Rotorblätter werden langsam (z. B. mit 3°/s) aus dem Wind gedreht, das Generator-Umrichtersystem bleibt bis zum Verlassen seines Betriebsbereichs am Netz und die mechanische Haltebremse bleibt geöffnet.
- **Schnelles Abbremsen:** Die Rotorblätter werden schnell (z. B. mit 8°/s) aus dem Wind gedreht, das Generator-Umrichtersystem bleibt bis zum Verlassen seines Betriebsbereichs am Netz und die mechanische Haltebremse bleibt geöffnet.
- **Notbremsung:** Die Energiezufuhr zu den Antriebselementen wird sofort unterbrochen und es wird auf eine externe Energieversorgung umgestellt (Stoppkategorie 0). Die Rotorblätter werden aus dem Wind gedreht. Diese Bremsung der Windenergieanlage in den sicheren Zustand wird Notverstellung (oder nicht ganz korrekt Not-Fahrt) genannt. Die Notverstellung ist die wichtigste sicherheitsrelevante Funktion einer Windenergieanlage (siehe Kapitel 28).

Die **Fehlerdetektion** kann entweder in der Betriebsführung mittels geeigneter Überwachungsfunktionen erfolgen oder durch eine Sicherheitskette. Diese besteht aus passiven elektrischen oder mechanischen Sicherheitselementen und wird durch einen Fehler unterbrochen (Bild 11.2).

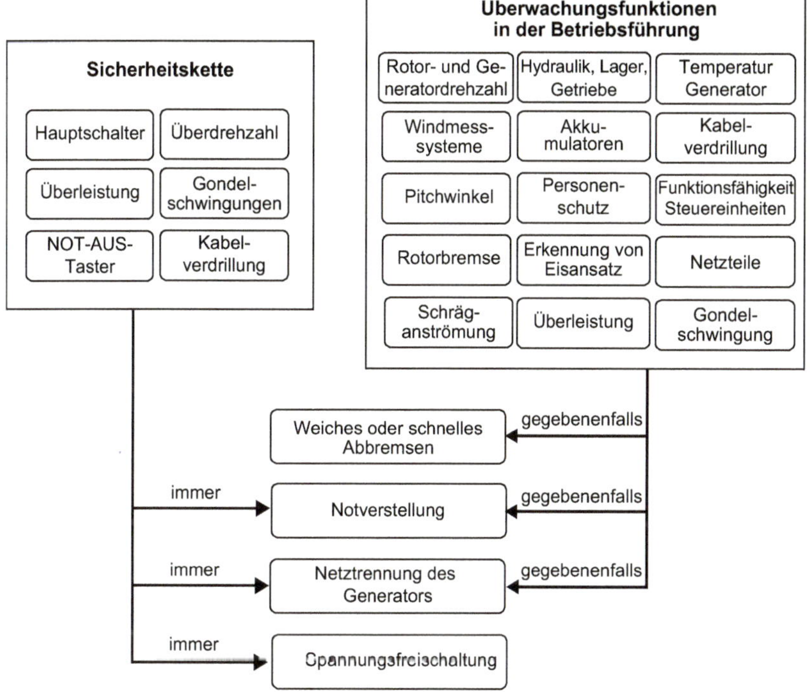

Bild 11.2 Ursachen und Reaktionen auf Fehler in einer Windenergieanlage

Ein Fehler in der Sicherheitskette löst immer eine Notverstellung mit einer Netztrennung des Generators und die erforderliche Spannungsfreischaltung nach Stoppkategorie 0 aus. Löst hingegen eine Überwachungsfunktion der Betriebsführung aus, wird eine Reaktion je nach Fehlertyp eingeleitet.

Ist der Rotor gebremst und die Haltebremse wurde angezogen, kann beispielsweise für Wartungsarbeiten der Rotor mittels einer **Rotorarretierung** festgesetzt werden. Hierfür wird eine auf der Rotorwelle sitzende Rotorarretierungsscheibe mittels eines im Rotorlagergehäuse integrierten Rotorarretierungsbolzens mechanisch verbunden (Bild 11.3). Die Rotorarretierung verhindert jegliche Bewegung und Drehung des Rotors bzw. des Triebstrangs und muss zwingend bei allen Arbeiten am Triebstrang, in der Nabe und an den Rotorblättern betätigt sein.

Betriebsbereich I: Trudelbetrieb

Bei Windgeschwindigkeiten unterhalb der Einschaltschwelle ($v_{w,cut\text{-}in}$, ca. 2,5 m/s … 3 m/s) kann noch kein Strom ins Netz eingespeist werden. Die Windenergieanlage läuft im Trudelbetrieb, d. h., die Rotorblätter sind weitgehend aus dem Wind gedreht (Pitchwinkel ca. 60° … 70°) und der Rotor dreht sich nur langsam oder bleibt bei völliger Windstille ganz stehen. Durch die langsame Bewegung (Trudeln) werden die Lager weniger belastet als bei längerem Stillstand. Weiterhin ist eine Wiederaufnahme der Stromerzeugung und -einspeisung bei wieder stärker werdendem Wind schneller möglich.

Betriebsbereich II: Teillastbetrieb

Während des Teillastbetriebs (die Windgeschwindigkeit liegt zwischen Einschalt- und Nennwindgeschwindigkeit) ist es das Ziel, dem Wind die maximal mögliche Leistung zu entnehmen. Hierfür werden die Rotorblätter in den Wind gedreht. Rotordrehzahl und Leistungsabgabe sind abhängig von der jeweils aktuellen Windgeschwindigkeit. Um einen kontinuierlichen Übergang in den Volllastbereich zu gewährleisten, werden die Rotorblätter kurz vor Erreichen des Volllastbereichs bereits etwas aus dem Wind gedreht.

Betriebsbereich III: Volllastbereich

Erreicht die Windenergieanlage bei der Windgeschwindigkeit $v_{w,nenn}$ ihre Nennleistung, dreht das Pitchsystem die Rotorblätter bei weiter steigender Windgeschwindigkeit gerade so weit aus dem Wind, dass die Rotordrehzahl und die vom Wind aufgenommene bzw. vom Generator umzusetzende Leistung die Nennwerte nicht oder nur unwesentlich übersteigen. Die Windenergieanlage generiert somit im Volllastbereich die maximal mögliche Leistung.

Betriebsbereich IV: Sturmbereich

Windenergieanlagen mit einer Sturmregelung ermöglichen den Anlagenbetrieb auch bei sehr hohen Windgeschwindigkeiten, jedoch mit reduzierter Rotordrehzahl und -leistung. Oberhalb einer Einschaltwindgeschwindigkeit für die Sturmregelung ($v_{w,cut\text{-}out}$) wird die Drehzahl mit weiter steigender Windgeschwindigkeit heruntergeregelt, indem die Rotorblätter entsprechend weit aus dem Wind gedreht werden. Die eingespeiste Leistung sinkt dabei ab. Bei Windgeschwindigkeiten oberhalb der Ausschaltwindgeschwindigkeit der Sturmregelung stehen die Rotorblätter nahezu in Fahnenstellung. Die Windenergieanlage läuft im Trudelbetrieb ohne Leistungsabgabe, bleibt aber mit dem Stromnetz verbunden. Wenn die Windgeschwindigkeit wieder unter die Ausschaltwindgeschwindigkeit sinkt, beginnt die Anlage wieder mit der Stromeinspeisung. Windenergieanlagen ohne Sturmregelung werden dagegen im gesamten Betriebsbereich IV in den Trudelbetrieb versetzt.

13 Was ist die Schnelllaufzahl?

Die **Schnelllaufzahl** λ (Lambda) ist eine wichtige Kennzahl zur Auslegung und Regelung von Windenergieanlagen. Sie gibt das Verhältnis der aktuellen Umfangsgeschwindigkeit u_{Tip} an der Rotorblattspitze zur aktuellen Windgeschwindigkeit v_w an und definiert sich wie folgt:

$$\lambda[-]=\frac{u_{Tip}\left[\frac{m}{s}\right]}{v_w\left[\frac{m}{s}\right]}=\frac{2\pi\cdot R_{Rot}[m]\cdot n_{Rot}\left[\frac{U}{min}\right]}{60\cdot v_w\left[\frac{m}{s}\right]}$$

Bis zum Erreichen der Nenndrehzahl (im Teillastbereich) sollte für eine optimale Energieausbeute der Rotor immer so schnell gedreht werden, dass mit der optimalen Schnelllaufzahl λ_{Opt} gefahren wird. Das Rotorblatt wird im Profil so ausgelegt, dass bei $\lambda = \lambda_{Opt}$ der Leistungsbeiwert den maximalen Wert annimmt ($c_p = c_{p,max}$) (siehe Kapitel 14). Dies gilt unter der Annahme, dass das Rotorblatt vollständig in den Wind gedreht wird.

Damit ist λ_{Opt} ein Anlagenparameter, der näherungsweise aus dem Rotorradius R_{Rot} und der Nennleistung P_{Nenn} der Windenergieanlage berechnet werden kann. In der Praxis gibt es noch mehr Randbedingungen, wie beispielsweise die Verlustleistung, die in die Berechnung mit eingehen (siehe Kapitel 32).

Aus der Gleichung für die dem Wind entnehmbare Leistung (siehe Kapitel 9)

$$P_{Rot}=\frac{\pi}{2}\cdot\rho_{Luft}\cdot R_{Rot}^2\cdot c_p\cdot v_w^3$$

ergibt sich, dass die Rotorleistung bei gegebenem Rotordurchmesser und konstanter sowie bekannter Luftdichte für jede Windgeschwindigkeit maximal ist, wenn der Leistungsbeiwert c_p den Maximalwert besitzt.

Aus der Definition der Schnelllaufzahl

$$\lambda=\frac{2\pi\cdot R_{Rot}\cdot n_{Rot}}{60\cdot v_w}\qquad bzw.\qquad v_w=\frac{2\pi\cdot R_{Rot}\cdot n_{Rot}}{60\cdot\lambda}$$

ergibt sich durch Einsetzen in die Gleichung für die dem Wind maximal entnehmbare Leistung:

$$P_{Rot,max} = \frac{4 \cdot \pi^4}{60^3} \cdot \rho_{Luft} \cdot R_{Rot}^5 \cdot c_{p,max} \cdot \left(\frac{n_{Rot}}{\lambda_{opt}} \right)^3$$

Diese Leistung ist somit proportional zur dritten Potenz der Rotordrehzahl, wenn mit der optimalen Schnelllaufzahl gefahren wird.

Unter der (in der Praxis nicht korrekten) Annahme (siehe Kapitel 33), dass die Rotornenndrehzahl und die Nennleistung der Windenergieanlage bei der gleichen Windgeschwindigkeit erreicht werden sollen, kann bei gegebenem Rotordurchmesser und gegebener Nennleistung der Windenergieanlage diese Beziehung nur über den Wert der optimalen Schnelllaufzahl erreicht werden:

$$\lambda_{Opt} = \frac{n_{Rot,nenn}}{60} \cdot \sqrt[3]{\frac{4 \cdot \pi^4 \cdot \rho_{Luft} \cdot R_{Rot}^5 \cdot c_{p,max}}{P_{Nenn}}}$$

Beispiel: Eine Windenergieanlage besitzt einen Rotordurchmesser vom D = 150 Meter. Die Nennleistung der Windenergieanlage beträgt 5 MW. Das globale Maximum des Leistungsbeiwerts liegt bei $c_{p,max}$ = 0,49. Außerdem ist gefordert, dass die Blattspitzengeschwindigkeit einen Wert von 77 m/s nicht überschreitet.

Zunächst wird die Rotornenndrehzahl berechnet:

$$n_{Rot,nenn}\left[\frac{1}{min}\right] = \frac{77\left[\frac{m}{s}\right] \cdot 60}{2 \cdot \pi \cdot 75\left[m\right]} = 9{,}8$$

Die optimale Schnelllaufzahl (bei Normluftdichte) ergibt sich zu

$$\lambda_{Opt}\left[-\right] = \frac{9{,}8\left[\frac{1}{min}\right]}{60} \sqrt[3]{\frac{4 \cdot \pi^4 \cdot 1{,}2041\left[\frac{kg}{m^3}\right] \cdot 75^5\left[m^5\right] \cdot 0{,}49}{5\ e^6\left[\frac{kg\ m^2}{s^3}\right]}} = 8{,}16$$

Die Rotorblätter sollten also im Profil so ausgelegt werden, dass das Maximum des Leistungsbeiwertes $c_{p,max}$ bei λ_{Opt} = 8,16 erreicht wird.

In der Praxis liegen die optimalen Schnelllaufzahlen über dem so berechneten Wert und niemals unterhalb (siehe Kapitel 33). Zu berücksichtigen ist, dass viele Hersteller Windenergieanlagenklassen mit unterschiedlichen Nennleistungen anbieten, die aus Kostengründen die gleichen Rotorblätter verwenden. Die Betrachtungen bei der Bestimmung der optimalen Schnelllaufzahl müssen dann über die gesamte Klasse erfolgen.

14 Wie kann die tatsächliche Leistung bestimmt werden, die eine Windenergieanlage dem Wind entnimmt?

In Kapitel 9 wurde gezeigt, dass mit dem Gesetz von Betz die maximale Leistung bestimmt werden kann, die ein Rotor einer Windenergieanlage dem Wind theoretisch entnehmen kann:

$$P_{Rot,Betz} = \frac{1}{2} \cdot c_{p,Betz} \cdot \rho_{Luft} \cdot \pi \cdot R_{Rot}^2 \cdot v_w^3 \qquad mit: \quad c_{p,Betz} = \frac{16}{27} = 0{,}5926$$

Die aus dem Wind entnehmbare Leistung ist also abhängig von den Umgebungsbedingungen (Luftdichte ρ_{Luft}, mittlere Windgeschwindigkeit v_w), einem Anlagenparameter (Rotordurchmesser R_{Rot}) und dem Leistungsbeiwert c_p, der im Teillastbetrieb (siehe Kapitel 12) den größtmöglichen Wert annehmen sollte.

Zur Erhöhung der Leistungsentnahme an einem gegebenen Standort bieten sich somit drei Möglichkeiten an:

- Vergrößerung des Rotordurchmessers R_{Rot} der Windenergieanlage ($P_{Rot} \sim R_{Rot}^2$)
- ein höherer Turm und damit eine höhere mittlere Windgeschwindigkeit ($P_{Rot} \sim v_w^3$)
- Verbesserung des Leistungsbeiwertes c_p ($P_{Rot} \sim c_p$) durch eine Verbesserung der aerodynamischen Eigenschaften der Rotorblätter und durch eine optimale Betriebsführung

Wie schon beschrieben, wird der Leistungsbeiwert nach Betz bei realen Windenergieanlagen nicht erreicht. Die Windgeschwindigkeit besitzt nach Betz nur eine axiale Komponente, daher werden auch nur die axialen Verluste berücksichtigt. Durch den Rotor erfährt der Luftmassenstrom jedoch auch eine tangentiale Komponente (siehe Kapitel 18), die den realen Leistungsbeiwert verringert. Zusätzlich kommt es zu Blattspitzen- und Profilverlusten.

Sind die aerodynamischen Eigenschaften durch die Formgebung des Rotorblattes gegeben, so kann der wirkende Leistungsbeiwert abhängig von der aktuellen Schnelllaufzahl λ und dem aktuell eingestellten Pitchwinkel α_{Ist} berechnet werden. Diese Abhängigkeit $c_p(\lambda, \alpha_{Ist})$ wird typischerweise in sogenannten Leistungsbeiwertkennfeldern dargestellt. Bild 14.1 zeigt exemplarisch ein typisches Kennfeld des Leistungsbeiwerts einer modernen Windenergieanlage. Negative Leistungsbeiwerte des Kennfelds, die den Rotor bremsen, sind aus Übersichtsgründen ausgeblendet.

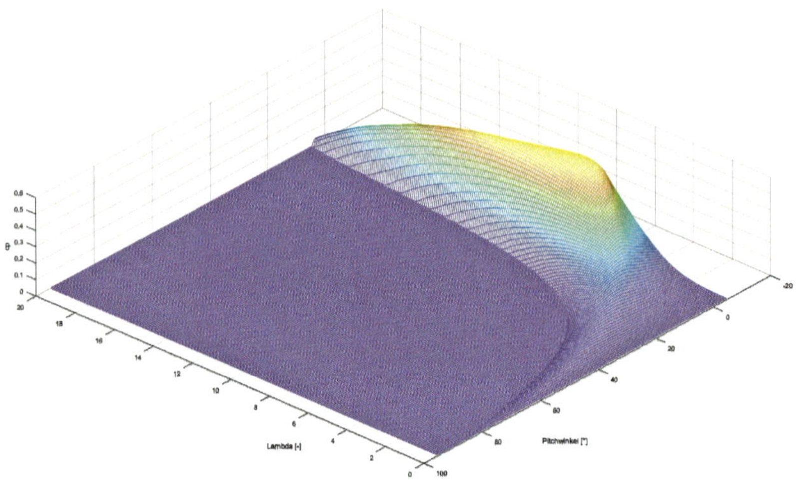

Bild 14.1 Leistungsbeiwertkennfeld einer Windenergieanlage (nur positive Anteile)

Das globale Maximum des Kennfelds entspricht dem maximalen Leistungsbeiwert $c_{p,max}$. Dieser ist ein fester Wert und bestimmt den optimalen Betriebszustand der Windenergieanlage. Moderne Windenergieanlagen haben heute einen maximalen Wirkungsgrad im Bereich von $c_{p,max}$ = 0,45 … 0,49. Dieser Maximalwert des Leistungsbeiwertes stellt sich bei einem optimalen Pitchwinkel α_{Opt} und einer optimalen Schnelllaufzahl λ_{Opt} ein (Bild 14.2).

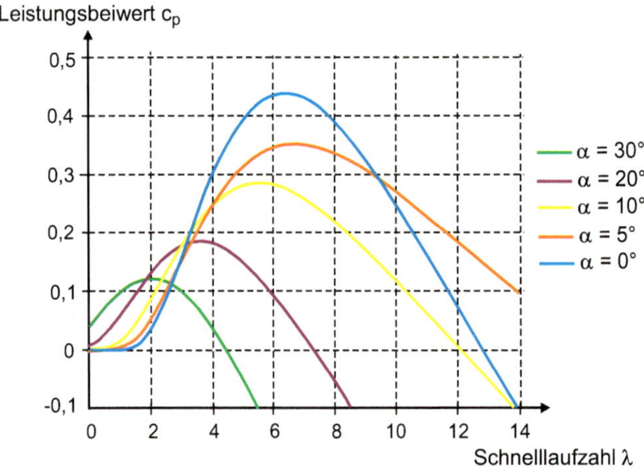

Bild 14.2 Verlauf des Leistungsbeiwerts bei unterschiedlichen Pitchwinkeln

Bild 14.3 zeigt eine Draufsicht auf das Leistungsbeiwertkennfeld, wobei der optimale Leistungsbeiwert dem globalen Maximum des Kennfeldes entspricht.

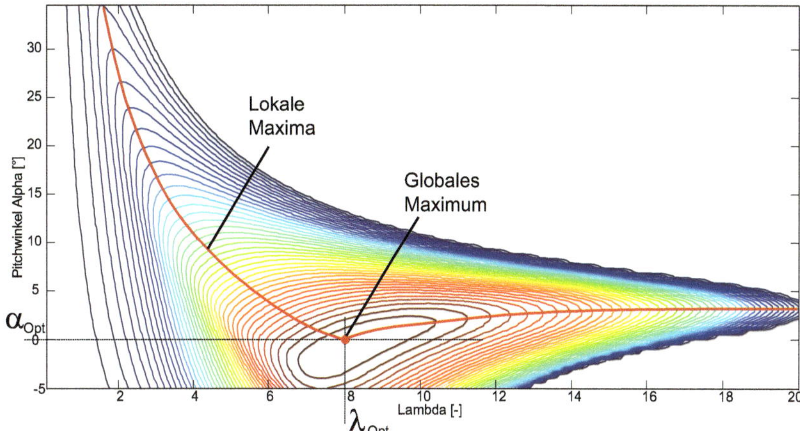

Bild 14.3 Maxima des Leistungsbeiwertkennfelds einer Windenergieanlage

Ein Regelziel besteht darin, im Teillastbetrieb die Anlage möglichst immer im effizientesten Betriebszustand zu betreiben. Daher werden folgende Forderungen gestellt:

- Der optimale Betriebszustand ($c_{p,max}$) soll möglichst schnell erreicht werden.
- Der optimale Betriebszustand soll möglichst lange gehalten werden.
- Ist der optimale Betriebszustand nicht erreichbar, sollte der Betriebszustand zumindest auf einem lokalen Maximum von c_p liegen, wenn der Betriebszustand der Windenergieanlage es zulässt.

Die Gleichung für die Leistungsentnahme mittels des Rotors einer Windenergieanlage ändert sich somit, wobei der Leistungsbeiwert $c_p(\lambda, \alpha_{ist})$ dem entsprechenden Kennfeld zu entnehmen ist.

$$P_{Rot} = \frac{1}{2} \cdot c_p(\lambda, \alpha_{ist}) \cdot \rho_{Luft} \cdot \pi \cdot R_{Rot}^2 \cdot v_W^3$$

Für viele Berechnungen ist es sinnvoll, statt mit dem Leistungsbeiwert mit dem Momentenbeiwert zu rechnen. Der Momentenbeiwert c_m kann direkt aus dem Leistungsbeiwert c_p berechnet werden und gibt an, wieviel Moment auf der Rotorwelle umgesetzt wird.

$$M_{Rot} = \frac{1}{2} \cdot c_m(\lambda, \alpha_{ist}) \cdot \rho_{Luft} \cdot \pi \cdot R_{Rot}^3 \cdot v_W^2 \quad mit: \; c_m = \frac{c_p}{\lambda}$$

Im Gegensatz zum Leistungsbeiwert geht die Windgeschwindigkeit nur noch quadratisch ein, während sich der Rotorradius kubisch auswirkt. Ein typisches Momentenbeiwertkennfeld zeigt Bild 14.4, bei dem ebenfalls die negativen Anteile des Momentenbeiwertes ausgeblendet sind.

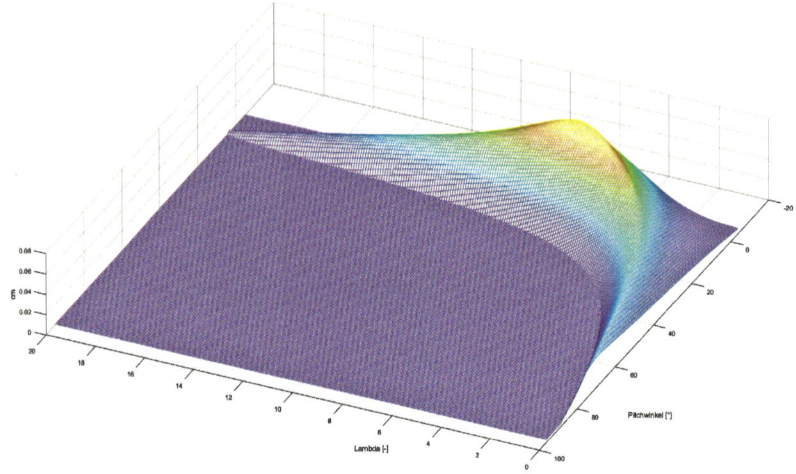

Bild 14.4 Momentenbeiwertkennfeld einer Windenergieanlage (nur positive Anteile)

Es ist zu beachten, dass das globale Maximum des Momentenbeiwerts in der Regel nicht in dem Arbeitspunkt des maximalen Leistungsbeiwertes liegt.

Mithilfe dieser Kennfelder können abhängig von Pitchwinkel und Schnelllaufzahl die entsprechenden Beiwerte bestimmt und die aktuelle Rotorleistung bzw. das aktuelle Rotormoment für jeden Betriebszustand berechnet werden.

15 Wie funktioniert ein Rotorblatt?

Im Prinzip funktioniert ein Rotorblatt genauso wie ein Flügel bei einem Flugzeug. In Bild 15.1 ist der Querschnitt eines Flugzeugflügels gezeigt. Bewegt sich das Flugzeug vorwärts, so bewegen sich die Luftmoleküle auf der Flügeloberseite schneller als auf der Unterseite, da dort die Moleküle aufgrund des Profils einen längeren Weg zurücklegen müssen. Das bedeutet, dass der Druck auf der Flügeloberfläche geringer ist als auf der Unterseite. Somit entsteht ein Auftrieb, der das Flugzeug nach oben drückt und das Fliegen ermöglicht.

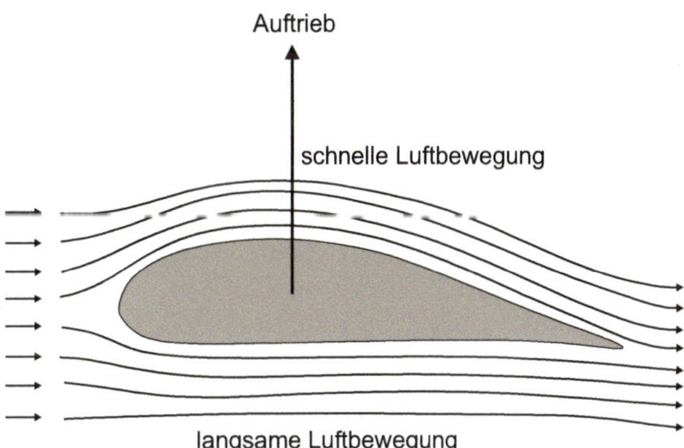

Bild 15.1 Luftströmungen am Flugzeugflügel

Über den Anstellwinkel α können die Druckverhältnisse an Ober- und Unterseite des Flügels verändert werden. Das folgende Bild zeigt prinzipiell die Druckverläufe bei zwei unterschiedlichen Winkeln. Sowohl die Stärke als auch die Richtung des Auftriebs verändern sich. Der Anstellwinkel darf aber nicht zu groß werden, da dies einen Strömungsabriss zur Folge haben kann (Bild 15.2).

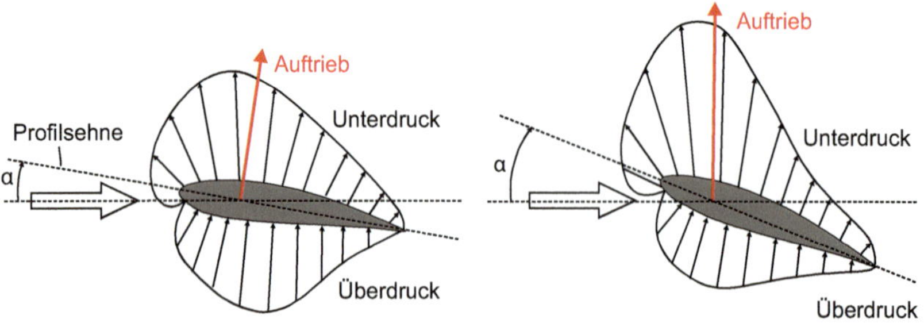

Bild 15.2 Veränderung der Druckverläufe an einem Flugzeugflügel bei unterschiedlichen Anstellwinkeln

Wird der Flügel von der Luft mit der Anströmgeschwindigkeit v_w umströmt, treten zwei Kräfte auf, die sich zu einer resultierenden Strömungskraft addieren (Bild 15.3).

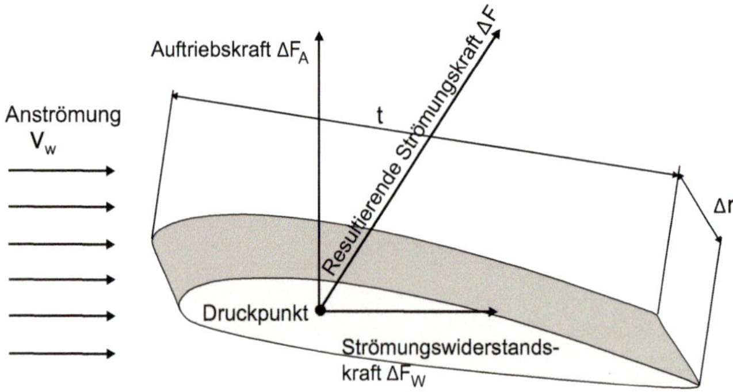

Bild 15.3 Kräfte am Flugzeugflügel

Die Auftriebskraft ΔF_A (bezogen auf ein Teilstück des Flügels mit der Breite Δr) resultiert aus dem Druckunterschied zwischen Ober- und Unterseite:

$$\Delta F_A = c_A \cdot \frac{\rho_{Luft}}{2} \cdot v_w^2 \cdot \Delta r \cdot t$$

Hierbei ist c_A der Auftriebsbeiwert. Ein positiver Wert entspricht einem Auftrieb, ein negativer einem Abtrieb. Die Tiefe des Flügels wird mit t bezeichnet, Δr ist die Breite des betrachteten Abschnitts des Flügels.

Die Strömungswiderstandskraft für das Teilelement berechnet sich mittels folgender Gleichung:

$$\Delta F_W = c_W \cdot \frac{\rho_{Luft}}{2} \cdot v_w^2 \cdot \Delta r \cdot t$$

c_W ist der Widerstandsbeiwert und somit der Koeffizient des Luftwiderstandes in Strömungsrichtung.

Wie in Bild 15.4 zu erkennen, ist der Wert von c_A über einen weiten Bereich des Anstellwinkels proportional zum Anstellwinkel. Nach Erreichen des Maximalwertes fällt der Auftriebsbeiwert wieder mit steigendem Anstellwinkel. Der Wert von c_W ändert sich im normalen Betriebsbereich wenig. Erst mit hohen Anstellwinkeln steigt er schnell an, wodurch sich der Luftwiderstand stark erhöht.

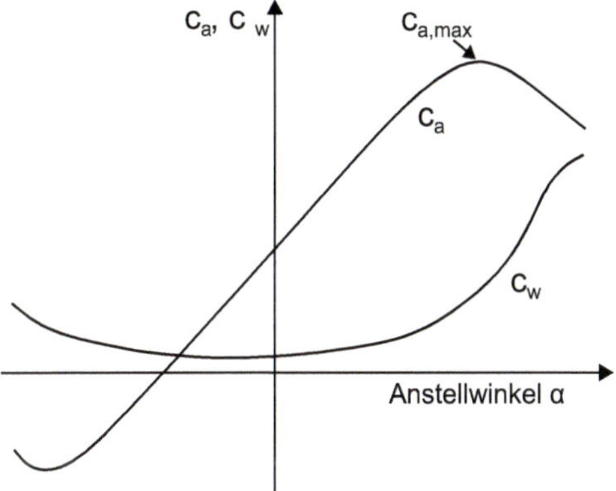

Bild 15.4 Prinzipieller Verlauf der Beiwerte c_A und c_W

Es ist offensichtlich, dass die Rotorblätter so ausgelegt werden sollen, dass die Auftriebskraft möglichst groß und die Strömungswiderstandskraft sehr klein ist. Das Verhältnis dieser beiden Kräfte bestimmt die Güte des Rotorblattes und wird als Gleitzahl ε bezeichnet.

$$\varepsilon = \frac{\Delta F_A}{\Delta F_W} = \frac{c_A(\propto)}{c_W(\propto)}$$

Die Gleitzahl hängt vom Blattprofil und dem Anstellwinkel ab. Je größer die Gleitzahl, desto geringer die Luftwiderstandsverluste und desto besser der Wirkungsgrad. Gute Profile erreichen heute eine Gleitzahl von 60 und mehr.

16 Warum sind Rotorblätter verwunden?

Wenn man sich die Rotorblätter von Windenergieanlagen betrachtet, stellt man fest, dass diese in der Rotorachse verwunden sind (Bild 16.1). Dies liegt daran, dass sich die Rotorblätter bei einer Windenergieanlage um die Rotorachse drehen und somit die Anströmverhältnisse anders sind als bei einem Flugzeugflügel.

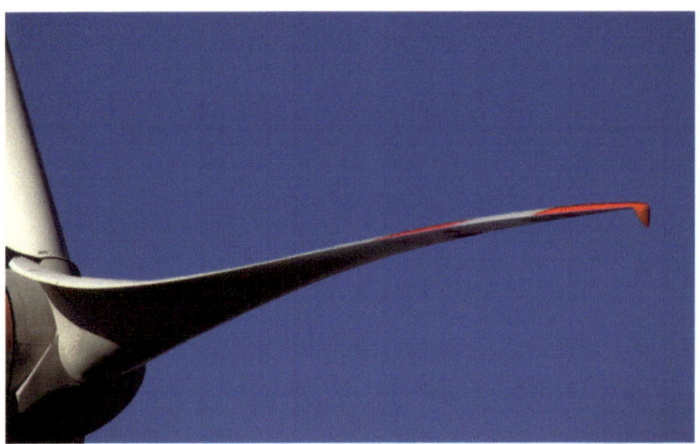

Bild 16.1 Verwundenes Rotorblatt einer Windenergieanlage (© ENERCON GmbH)

Bei einem Flugzeug setzt sich die resultierende Anströmgeschwindigkeit aus der Geschwindigkeit des Flugzeugs und der des Windes zusammen, wobei letztere im Flug vernachlässigt werden kann. Diese resultierende Anströmgeschwindigkeit ist über die gesamte Flügelvorderkante gleich (Bild 16.2). Die resultierende Strömungskraft sollte nun senkrecht zur resultierenden Anströmgeschwindigkeit sein, um einen optimalen Auftrieb zu erreichen. Da das Verhältnis von der Auftriebskraft F_A und der Widerstandskraft F_W nur von den Beiwerten bestimmt wird, muss der Flugzeugflügel im Flug nicht verstellt werden.

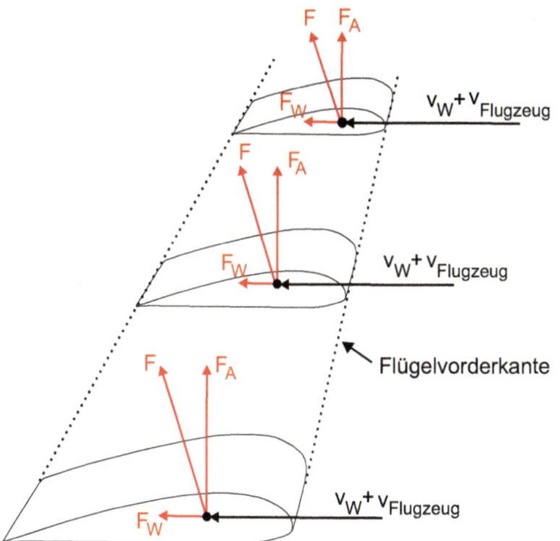

Bild 16.2 Kräfteverhältnisse an einem Flugzeugflügel

Ein Rotorblatt einer Windenergieanlage dreht sich mit der Rotorkreisfrequenz Ω_{Rot} um die Rotorachse. Daraus resultiert eine Umfangsgeschwindigkeit $u(r)$ eines Rotorblattelements, die vom Abstand des Elements zum Drehmittelpunkt des Rotors abhängig ist (r ist die radiale Komponente, siehe Bild 16.3).

$$u(r) = \Omega_{Rot} \cdot r = n_{Rot} \cdot \frac{2\pi}{60} \cdot r$$

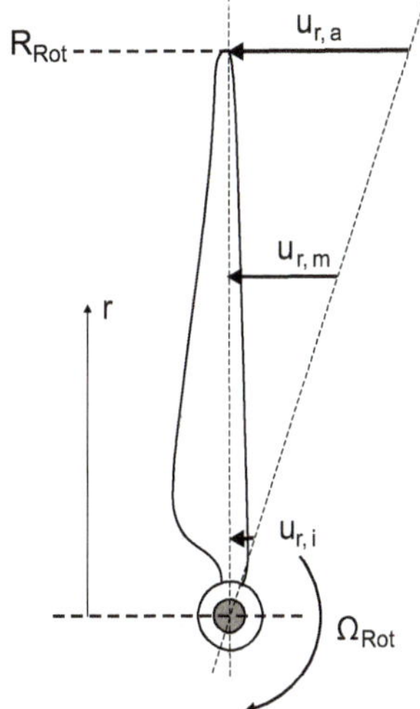

Bild 16.3
Umfangsgeschwindigkeiten an einem Rotorblatt ($_a$: außen, $_m$: mittig, $_i$: innen)

So erreicht beispielsweise ein Rotorelement, das 50 Meter vom Drehpunkt entfernt ist, bei einer Rotordrehzahl von 10 U/min eine Umfangsgeschwindigkeit von ca. 52 m/s, liegt also wesentlich höher als die Windgeschwindigkeit. Ein Rotorelement, das 5 Meter vom Drehpunkt entfernt ist, besitzt mit 5,2 m/s eine Umfangsgeschwindigkeit, die in der Regel kleiner als die Windgeschwindigkeit ist.

An einem Rotorblattelement mit der Profiltiefe t und der Breite Δr setzt sich die resultierende Anströmungsgeschwindigkeit $\vec{v}_A(r)$ bei drehendem Rotor einer Windenergieanlage aus folgenden zwei Geschwindigkeiten zusammen (siehe Bild 16.4):

- der Windgeschwindigkeit am Rotor ($\vec{v}_{w,Rot}(r)$), die senkrecht auf der als ideal angenommenen Rotorebene steht
- der von der radialen Komponente abhängigen Umfangsgeschwindigkeit $\vec{u}(r)$, die abhängig von der aktuellen Rotordrehzahl ist

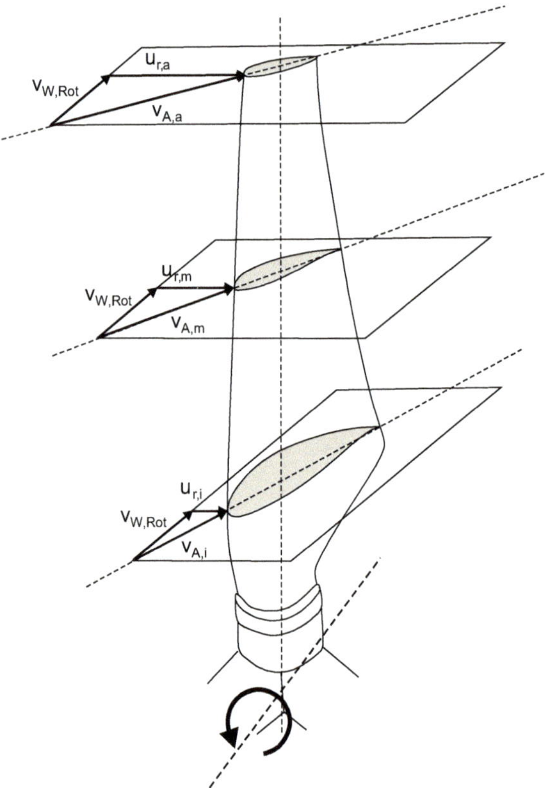

Bild 16.4 Geschwindigkeitskomponenten an einem Rotorblatt ($_a$: außen, $_m$: mittig, $_i$: innen)

Im Idealfall, der Strömungsverluste unberücksichtigt lässt, gilt dann:

$$v_A(r) = \sqrt{v_{w,Rot}^{\;2} + u(r)^2}$$

Da die Windgeschwindigkeit $\vec{v}_{w,Rot}$ in der Rotorebene näherungsweise zwei Drittel der Windgeschwindigkeit weit vor dem Rotor (siehe Kapitel 9) beträgt, gilt:

$$v_A(r) = \sqrt{\frac{4}{9} \cdot v_w(r)^2 + \Omega_{Rot}^2 \cdot r^2}$$

Die Auftriebskräfte $\Delta\vec{F}_A$ und die Widerstandskräfte $\Delta\vec{F}_W$ am betrachteten Rotorblattelement addieren sich vektoriell. Diese resultierende Kraft kann in folgende zwei Komponenten zerlegt werden (Bild 16.5):

- die Schubkraft $\Delta\vec{F}_S$, die den Rotor in Windrichtung „drückt"
- eine tangential wirkende Kraft $\Delta\vec{F}_B$, die den Rotor der Windenergieanlage in Drehung versetzt

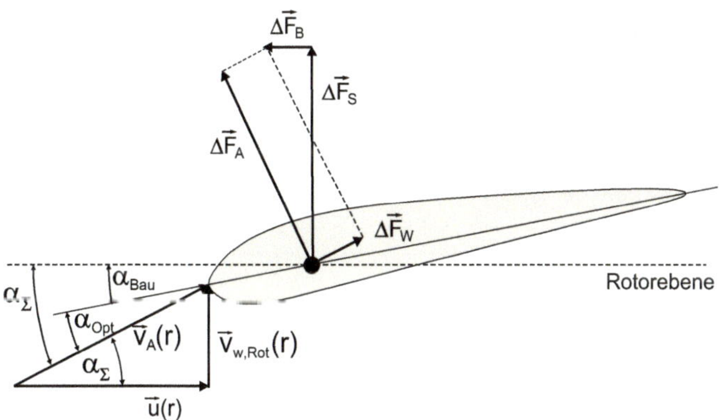

Bild 16.5 Verhältnisse an einem Rotorblattelement

Es liegen dann optimale Strömungsverhältnisse vor, wenn bei einer bestimmten Anströmgeschwindigkeit die maximale Tangentialkraft ΔF_B erreicht wird. Der optimale Anströmwinkel α_{Bau}, bei dem dies erreicht wird, ist abhängig vom Profil und damit von der radialen Komponente *r*. Typischerweise liegt dieser Winkel im Bereich von 2° bis 6°. Da sich die resultierende Anströmgeschwindigkeit mit der radialen Komponente ändert, wird ein Einbauwinkel definiert, um den das Rotorblatt verwunden ist:

$$\alpha_{Bau}(r) = \alpha_\Sigma(r) - \alpha_{Opt(r)}$$

Der Summenwinkel α_Σ ist abhängig von den Anströmverhältnissen. Es gilt (siehe auch Bild 16.5):

$$\alpha_\Sigma(r) = arctan\left(\frac{v_{w,Rot}}{u(r)}\right) = arctan\left(\frac{2}{3}\cdot\frac{v_w}{\Omega_{Rot}\cdot r}\right)$$

Mit Einführung der Schnelllaufzahl gilt dann für den Einbauwinkel:

$$\alpha_{Bau}(r) = arctan\left(\frac{2}{3}\cdot\frac{R_{Rot}}{\lambda\cdot r}\right) - \alpha_{Opt(r)}$$

Mit dieser Beziehung kann näherungsweise der Einbauwinkel α_{Bau} eines Rotorblatts berechnet werden. Für eine beispielhafte Windenergieanlage mit einem Rotordurchmesser von R_{Rot} = 75 Meter, einer optimalen Schnelllaufzahl von λ_{Opt} = 8,5 und einem optimalen Anströmwinkel von α_{Opt} = 4° ergibt sich der in Bild 16.6 gezeigte Verlauf des Einbauwinkels $\alpha_{Bau}(r)$.

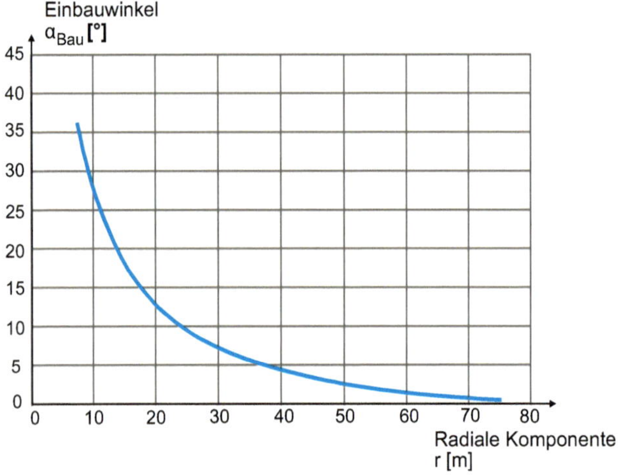

Bild 16.6 Einbauwinkel über der radialen Komponente

Der Einbauwinkel nimmt somit mit steigender radialer Komponente ab. In diesem Beispiel beträgt dieser bei r = 10 Meter etwa 30,5° und reduziert sich auf ca. 0,48° an der Rotorblattspitze (r = 75 Meter). In der Nähe des Rotoranschlusspunkts tritt somit die größte „Verwindung" auf.

17 Warum haben die meisten Windenergieanlagen drei Rotorblätter?

Neben den dreiblättrigen Windenergieanlagen existieren auch Anlagen, die eine andere Anzahl von Rotorblättern besitzen. Trotzdem haben sich Anlagen mit drei Rotorblättern durchgesetzt. Warum ist das so? Gegen Windenergieanlagen mit vielen Rotorblättern spricht, dass jedes dieser Rotorblätter mit hohen Kosten verbunden ist. Unter der Annahme, dass der Rotor heute ca. 20 - 25 % der Gesamtkosten einer Anlage ausmacht, sollten so wenige Rotorblätter wie möglich verwendet werden. Hinzu kommen die Kosten für das Pitchsystem sowie für Rotorblattflansch und -lager, die ebenfalls pro Rotorblatt hinzukommen.

Des Weiteren gibt es konstruktive Argumente für Windenergieanlagen mit einer ungeraden Anzahl von Rotorblättern. Anlagen mit einer geraden Anzahl an Rotorblättern laufen nicht rund, denn die Rotorachse ist einer hohen Biegebelastung ausgesetzt, die ihre Maxima dann hat, wenn das untere Blatt vor dem Turm (6-Uhr-Position) und das entgegengesetzte in der 12-Uhr-Position steht. Da oben eine wesentlich größere Kraft am Rotorblatt herrscht als unten, wird die Rotorachse beispielsweise bei einer Vierblattanlage bei jeder Viertelumdrehung nach oben gebogen. Bei einer ungeraden Rotorblattanzahl wirken die Kräfte hingegen viel gleichmäßiger auf die Anlage ein.

Entscheidend für die Anzahl der Rotorblätter sind aber die auf der Erde herrschenden Windverhältnisse. Nehmen wir an, dass eine Windenergieanlage bei 11 m/s Windgeschwindigkeit ihre Nenndrehzahl und somit ihre Nennleistung erreichen soll. Wie bereits in Kapitel 10 beschrieben, hängt die Nenndrehzahl von der maximal zulässigen Tip-Geschwindigkeit der Rotorspitze ab, die unabhängig von der Anzahl der Rotorblätter ist und aus Schallemissionsgründen begrenzt sein muss. Mittels der Gleichung

$$\lambda = \frac{u_{Tip}}{v_w}$$

kann die Schnelllaufzahl λ berechnet werden. In unserem Fall ergibt sich diese bei einer angenommenen maximalen Tip-Geschwindigkeit von u_{Tip} = 77 m/s zu λ = 7. Wären die herrschenden Windverhältnisse auf der Erde wesentlich niedriger, wäre der Wert der Schnelllaufzahl höher. So würde beispielsweise eine Anlage, die schon bei 5 m/s ihre Nenndrehzahl erreichen soll, eine Schnelllaufzahl von λ = 15,4 haben. Diese Berechnung ist unabhängig von der Anzahl der Rotorblätter.

Zur vereinfachten Auslegung eines Rotorblattes wird die Methode nach Betz herangezogen. Dieses Verfahren berücksichtigt nur die axialen Austrittsverluste. Profil- und Blattspitzenverluste sowie die aus Richtungsänderungen verbundenen Drallverluste werden hier vernachlässigt. Die Betz'sche Optimalauslegung eines Rotors beruht darauf, dass in jedem Ringschnitt der kreisförmigen Rotorfläche dem Wind die maximal mögliche Leistung entnommen wird. Wird die gesamte Rotorfläche in Teilstücke unterteilt, so hat jedes Teilstück eine Profiltiefe $t(r)$ mit der Breite Δr (Bild 17.1).

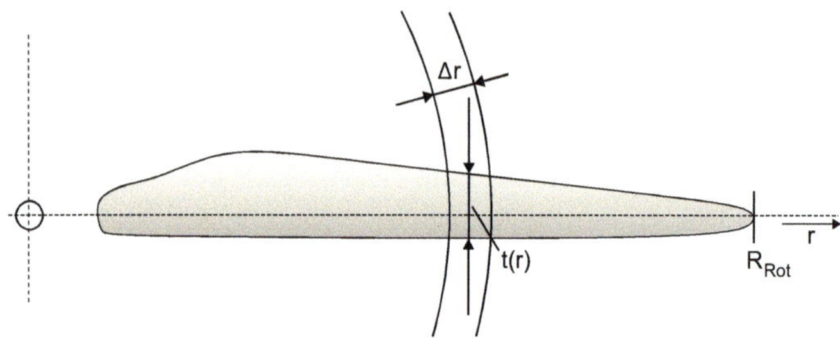

Bild 17.1 Zerlegung des Rotorblatts in Teilstücke

Für jedes Teilstück kann die dem Wind maximal entnehmbare Leistung nach Betz bestimmt werden (siehe Kapitel 9):

$$\Delta P_{Rot,max} = c_{p,max} \cdot \Delta P_W = \frac{16}{27} \cdot \rho_{Luft} \cdot \pi \cdot r \cdot \Delta r \cdot v_W^3$$

Diese maximal entnehmbare Leistung lässt sich andererseits auch aus der antreibenden Tangentialkraft ΔF_B (siehe Kapitel 16), der Anzahl der Rotorblätter n_{RB} und der Umfangsgeschwindigkeit $u(_r)$ des betrachteten Blattelements bestimmen:

$$\Delta P_{Rot,max} = n_{RB} \cdot \Delta F_B \cdot u(r)$$

Bei Profilen mit hohen Gleitzahlen kann die Vereinfachung durchgeführt werden, dass nur die von der Auftriebskraft ΔF_A generierte Tangentialkraft ΔF_B berücksichtigt wird und die Widerstandskraft ΔF_W vernachlässigt wird (Bild 17.2).

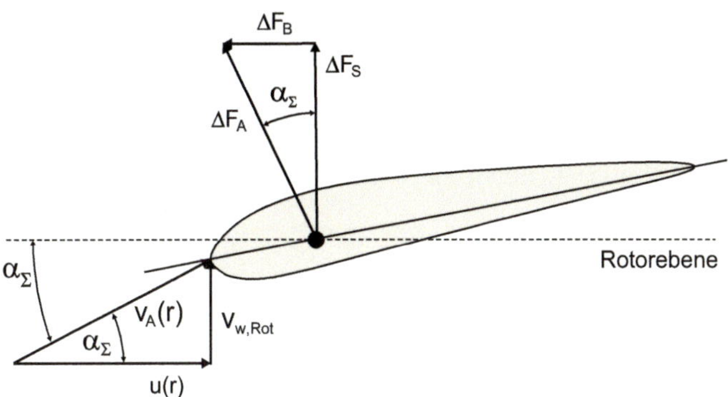

Bild 17.2 Vereinfachte Verhältnisse am Rotorblattelement

Wird ein von der radialen Komponente unabhängiger (konstanter) Auftriebsbeiwert c_A angenommen, gilt (siehe Kapitel 16):

$$\Delta F_B = \Delta F_A \cdot \sin(\alpha_\Sigma) = \frac{1}{2} \cdot \rho_{Luft} \cdot c_A \cdot v_A(r)^2 \cdot t(r) \cdot \Delta r \cdot \sin(\alpha_\Sigma)$$

Mit der Umfangsgeschwindigkeit: $u(r) = \Omega_{Rot} \cdot r$ und dem Sinus des Summenwinkels

$$\sin(\alpha_\Sigma) = \frac{v_{w,Rot}}{v_A(r)} = \frac{\frac{2}{3} \cdot v_w}{v_A(r)}$$

folgt:

$$\Delta P_{Rot,max} = n_{RB} \cdot \frac{1}{2} \cdot \rho_{Luft} \cdot c_A \cdot v_A(r)^2 \cdot t(r) \cdot \Delta r \cdot \frac{\frac{2}{3} \cdot v_w}{v_A(r)} \cdot \Omega_{Rot} \cdot r$$

Durch Gleichsetzen der Ausdrücke für die maximale Rotorleistung am Rotorblattelement erhält man

$$\frac{16}{9} \cdot \pi \cdot v_w^2 = n_{RB} \cdot c_A \cdot v_A(r) \cdot t(r) \cdot \Omega_{Rot}$$

Für das Produkt aus der Anzahl der Rotorblätter und der Profiltiefe des Teilstücks an der Position r ergibt sich

$$n_{RB} \cdot t(r) = \frac{16}{9} \cdot \pi \cdot \frac{v_w^2}{c_A \cdot v_A(r) \cdot \Omega_{Rot}}$$

Mit der Beziehung (siehe Kapitel 16)

$$v_A(r) = \sqrt{u(r)^2 + v_{w,Rot}^2} = \sqrt{u(r)^2 + \left(\frac{2}{3} \cdot v_w\right)^2}$$

und der Einführung der Schnelllaufzahl

$$u(r)=\Omega_{Rot}\cdot r=\frac{\lambda\cdot v_W}{R_{Rot}}\cdot r$$

ergibt sich die Funktion der Profiltiefe abhängig von der Schnelllaufzahl:

$$n_{RB}\cdot t(r)=\frac{16}{9}\cdot\pi\cdot\frac{R_{Rot}}{c_A\cdot\lambda\cdot\sqrt{\left(\frac{\lambda\cdot r}{R_{Rot}}\right)^2+\frac{4}{9}}}$$

Für Rotorblätter moderner Windenergieanlagen, die als Schnellläufer ($\lambda \geq 6$) ausgelegt sind, kann folgende Näherung angenommen werden:

$$\left(\frac{\lambda\cdot r}{R_{Rot}}\right)^2\gg\frac{4}{9}$$

Die Funktion der Profiltiefe ergibt sich dann zu

$$n_{RB}\cdot t(r)=\frac{16}{9}\cdot\pi\cdot R_{Rot}^2\cdot\frac{1}{c_A}\cdot\frac{1}{\lambda^2}\cdot\frac{1}{r}$$

Die Gesamtprofiltiefe für n_{RB} Rotorblätter ist somit mit guter Näherung hyperbolisch von der radialen Komponente r abhängig. Für Windenergieanlagen mit gleichem Rotordurchmesser, die für eine definierte Schnelllaufzahl λ ausgelegt werden und den gleichen Auftriebsbeiwert c_A besitzen, ist das Produkt aus der Anzahl der Rotorblätter und der Profiltiefe identisch. Das bedeutet, je mehr Rotorblätter verbaut werden, desto schlanker im Profil wird das einzelne Rotorblatt.

Aus der vorangegangenen Beziehung ist ebenfalls erkennbar, dass die optimale Schnelllaufzahl sinken muss, je mehr gleichartige Rotorblätter verbaut werden. In Bild 17.3 ist der Leistungsbeiwert von Anlagen mit einer unterschiedlichen Anzahl von Rotorblättern über die Schnelllaufzahl aufgetragen [1.2]. Es ist zu erkennen, dass für die auf der Erde herrschenden Windverhältnisse Anlagen mit drei Rotorblättern am besten geeignet sind.

In Bild 17.3 ist auch der relativ geringe Leistungszuwachs bei einer Erhöhung der Rotorblattanzahl erkennbar. Während der Leistungszuwachs von einem auf zwei Rotorblätter noch ca. 10 % beträgt, liegt der Zuwachs an Leistung von zwei auf drei Rotorblättern bei ca. 3 – 4 %. Ein viertes Rotorblatt bringt nur noch einen Leistungszuwachs von 1 – 2 % [1.2].

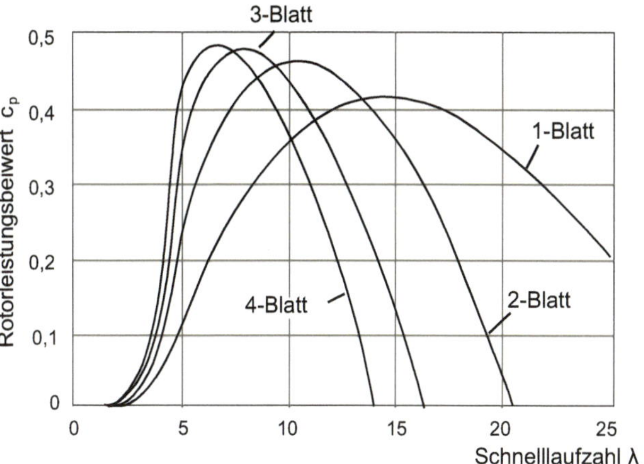

Bild 17.3 Leistungsbeiwerte über der Schnelllaufzahl (angelehnt an [1.2])

Bei Rotoren mit sehr großer Blattanzahl, wie z. B. dem amerikanischen Windrad, nimmt der Leistungsbeiwert wieder ab, da sich bei großer Blattflächendichte komplizierte aerodynamische Strömungsverhältnisse ergeben, die hier nicht weiter beschrieben werden. Ältere Windmühlen oder Windräder haben daher vier oder mehr Rotorblätter, weil es wichtig war, gerade bei sehr geringem Wind eine hohe mechanische Leistung zu erzeugen. Bei hohen Windgeschwindigkeiten wurden die Anlagen dann aus dem Wind gedreht, um Beschädigungen zu vermeiden.

Mit der vorangegangenen Gleichung kann näherungsweise die Profiltiefe eines Rotorblatts berechnet werden. Für eine beispielhafte Windenergieanlage mit einem Rotordurchmesser von R_{Rot} = 75 Meter, einer optimalen Schnelllaufzahl von λ_{Opt} = 8,5 und einem Auftriebsbeiwert von c_A = 1,2 ergibt sich der in Bild 17.4 gezeigte Verlauf der Profiltiefe $t(r)$ für eine Windenergieanlage mit zwei bzw. drei Rotorblättern.

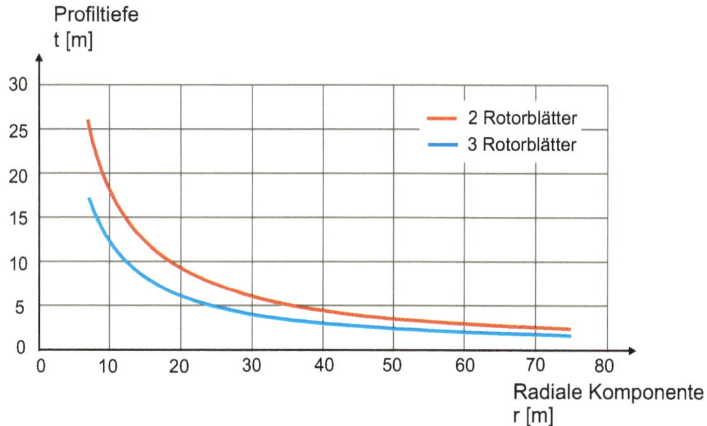

Bild 17.4 Profiltiefe abhängig von der radialen Komponente

Für Windenergieanlagen, die an Land aufgestellt werden, sind die Transportabmessungen von entscheidender Bedeutung. So darf bei einem einteiligen Rotorblatt die maximale Rotorblatttiefe bei einem Straßentransport 4 Meter nicht überschreiten. In unserem Beispiel bedeutet das, dass für eine Anlage mit drei Rotorblättern erst ab ca. 30 Metern die optimale Profiltiefe umgesetzt werden kann, bei einer zweiblättrigen Anlage erst ab ca. 46 Metern. Eine größere Blatttiefe in Nabennähe kann nur mit einem separat zu transportierenden Hinterkantensegment (Bild 17.5) erreicht werden, das dann während der Errichtung der Anlage an das Rotorblatt montiert wird (siehe auch Kapitel 21).

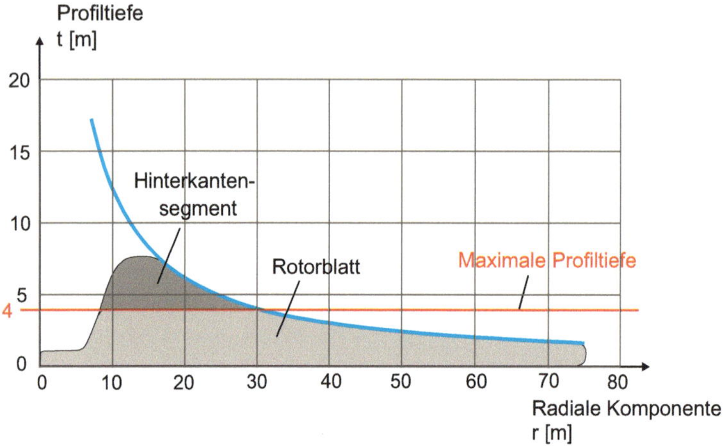

Bild 17.5 Bessere Ausnutzung der optimalen Profiltiefe mittels eines Hinterkantensegments in Blattwurzelnähe

Fazit

Die Abweichung von der optimalen Profiltiefe ist immer mit einer Reduzierung des Leistungsbeiwerts und der damit verbunden generierten Leistung verbunden. Aufgrund dieser doch erheblichen Leistungseinbuße werden zweiblättrige Windenergieanlagen heute sehr selten gebaut. Zusammenfassend kann man also sagen, dass drei Rotorblätter sowohl einen stabilen Rundlauf mit relativ wenig Wechsellasten gewährleisten und das ökonomische Optimum darstellen, das sich einerseits aus Leistungsausbeute bei den herrschenden Windverhältnissen und andererseits aus den Kosten für zusätzliche Rotorblätter ergibt.

18 Wie kann die tangentiale Windkomponente bei der Rotorauslegung berücksichtigt werden?

Die Betz'sche Optimalauslegung eines Rotorblattprofils (siehe Kapitel 17) ging davon aus, dass die Windgeschwindigkeit $v_{w,1}$ weit vor der Windenergieanlage durch den Rotor auf $v_{w,2} = v_{w,1}/3$ hinter der Anlage verzögert wird, ohne dass sich ihre axiale Richtung ändert (siehe Kapitel 9). Durch die Drehung des Rotors wird der Luftmassenstrom jedoch entgegen der Drehrichtung des Rotors abgelenkt (Bild 18.1).

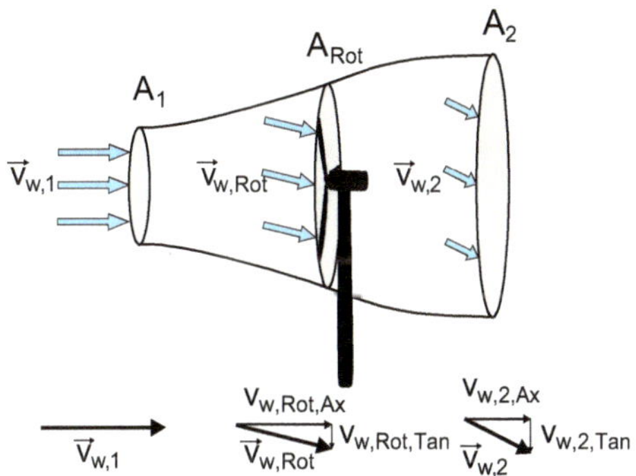

Bild 18.1 Luftmassenstromänderung aufgrund der Ablenkung durch den Rotor

Die Nachlaufströmung verfügt somit neben der axialen Komponente $v_{w,2,Ax}$ auch über eine tangentiale Komponente $v_{w,2,Tan}$, die im ungestörten Luftmassenstrom weit vor der Windenergieanlage nicht vorhanden ist ($v_{w,1,Tan} = 0$). Der arithmetische Mittelwert der tangentialen Luftmassenströmung in der Rotorebene ergibt sich zu

$$v_{w,Rot,Tan} = \frac{1}{2} \cdot v_{w,2,Tan}$$

Eine Darstellung der Größen am Rotorblattelement zeigt Bild 18.2. Dabei wird (wie in Kapitel 17) die Widerstandskraft ΔF_W zunächst vernachlässigt.

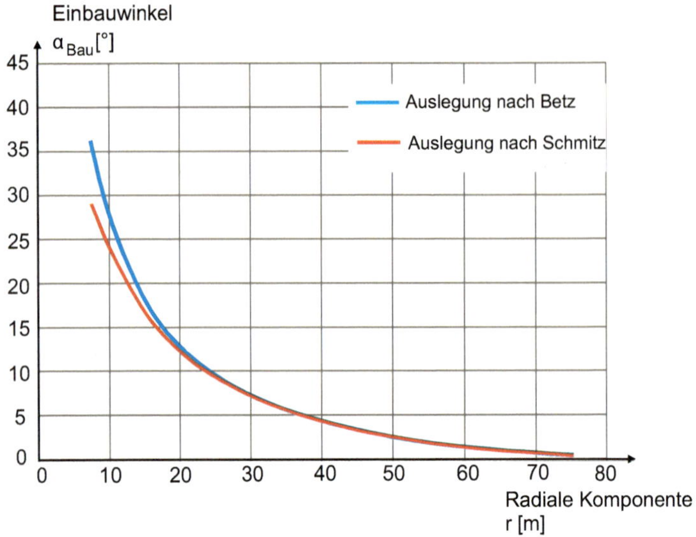

Bild 18.4 Bauwinkelkennlinie (Auslegung nach Betz und Auslegung nach Schmitz)

Die Gesamttiefenprofilkennlinie unterscheidet sich ebenfalls und lautet [1.1]:

$$n_{RB} \cdot t(r) = \frac{16 \cdot \pi \cdot r}{c_A} \cdot sin^2\left(\frac{1}{3} \cdot arctan\left(\frac{R_{Rot}}{\lambda \cdot r}\right)\right)$$

Die nach Schmitz ermittelten Profiltiefen sind insbesondere für geringe Werte von r kleiner als die nach Betz berechneten Werte (Bild 18.5).

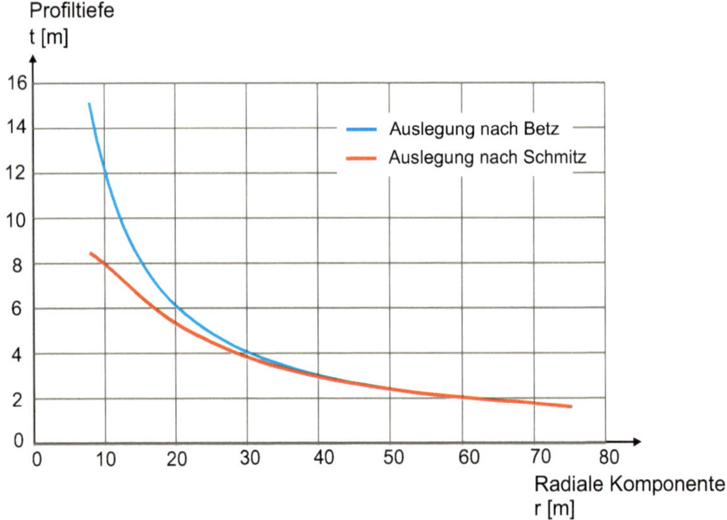

Bild 18.5 Profiltiefenkennlinie (Auslegung nach Betz und Auslegung nach Schmitz)

Zusammenfassend führt die Berücksichtigung der Drallverluste nach Schmitz zu einer Modifikation sowohl der Bauwinkelkennlinie $\alpha_{Bau}(r)$ als auch der Profiltiefenkennlinie $t(r)$ gegenüber der Auslegung nach Betz.

In den bisherigen Betrachtungen wurde die **Widerstandskraft** vernachlässigt. Nach [1.1] kann diese dadurch berücksichtigt werden, dass der Leistungsbeiwert c_p mit dem Faktor $\left(1-\frac{\lambda}{\epsilon}\right)$ multipliziert wird. Je höher die Profilgüte und damit die Gleitzahl ε ist, desto näher liegt dieser Faktor an dem Wert 1.

Die **Rotorblattspitzenverluste** können nach [1.1] zusätzlich mittels des Faktors

$$\left(1-\frac{0{,}92}{n_{RB}\cdot\sqrt{\lambda^2+\frac{4}{9}}}\right)$$

berücksichtigt werden. Je mehr Rotorblätter die Windenergieanlage besitzt, desto dichter liegt dieser Faktor an dem Wert 1.

Die Verfahren nach Betz bzw. nach Schmitz bieten in erster Näherung eine gute mathematische Auslegung des aerodynamischen Profils der Rotorblätter. Viele Eigenschaften werden aber nur unzureichend oder gar nicht berücksichtigt. So ist der Auftriebsbeiwert c_A über die gesamte Rotorblattlänge nicht konstant, und eine Durchbiegung des Rotorblattes bleibt unberücksichtigt, was insbesondere beim Trend, immer längere Rotorblätter zu verwenden, zu Ungenauigkeiten führt. Auch passive Elemente zur Strömungsbeeinflussung, wie Serrations, Winglets oder Grenzschichtzäune (siehe Kapitel 21) werden nicht abgebildet. Die Hersteller von Windenergieanlagen verwenden daher heute geeignete Simulationsprogramme, um das aerodynamische Profil des Rotorblattes zu optimieren [4.5].

Mit der Finite-Volumen-Methode (FVM) können solche Problemstellungen simuliert werden. Die FV-Methode basiert darauf, dass das Berechnungsgebiet mithilfe eines Gitternetzes in eine große Zahl kleiner, aber endlich vieler Volumina unterteilt wird. Je gröber und größer das Raster ist, desto ungenauer sind die ermittelten Werte.

19 Welche Kräfte und Momente werden vom Rotor erzeugt?

Generell können die Kräfte, die am Rotor entstehen, in Kräfte mit aerodynamischen Ursachen und Kräfte mit mechanischen Ursachen unterteilt werden. Diese überlagern sich und erzeugen das (erwünschte) Antriebsmoment sowie die (unerwünschten) Lasten auf die Windenergieanlage.

Über die Pitchlager werden die vom Rotor generierten Kräfte und Momente in die Nabe übertragen. Daher sind insbesondere für die Dimensionierung und Auslegung des Pitchsystems die dort herrschenden Verhältnisse von wesentlicher Bedeutung. Pro Rotorblatt wird daher ein Koordinatensystem $K_{SRA} \ldots K_{SRC}$ verwendet, das seinen Ursprung im Mittelpunkt des jeweiligen Pitchlagers besitzt (Bild 19.1):

- Die **Blattachse** (z_B) liegt in der Drehachse des Rotorblatts.
- Die **Schwenkachse** (x_B) liegt parallel zur Rotorachse und passiert die Mitte des Pitchlagers.
- Die **Schlagachse** (y_B) bildet mit den beiden anderen Achsen ein rechtsdrehendes Koordinatensystem.

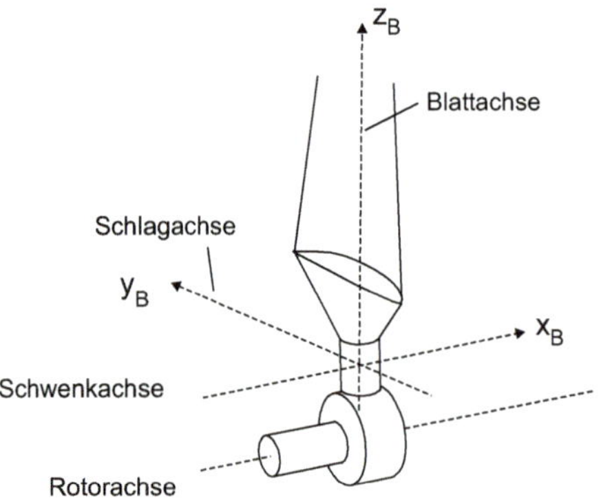

Bild 19.1
Achsen im Mittelpunkt des Blattflansches

Werden alle resultierenden Kräfte und Momente im Mittelpunkt des Blattflansches zusammengefasst, ergeben sich die Momente nach Bild 19.2. Der Tiltwinkel δ_{Tilt} und der Konuswinkel υ_{Konus} (siehe Kapitel 6) werden zunächst auf null gesetzt:

- Das Moment um die Blattachse (M_{zB}, **Pitchmoment**) entspricht dem Lastmoment auf das Pitchsystem und ist für die Auslegung desselben von entscheidender Bedeutung.
- Das Moment um die Schlagachse (M_{yB}, **Schlagmoment**) wirkt als Belastung der Komponenten und sollte möglichst gering gehalten werden.
- Aus den Momenten um die Schwenkachse (M_{xB}, **Schwenkmoment**) resultiert das Moment um die Rotorachse, das den Rotor in Bewegung versetzt.

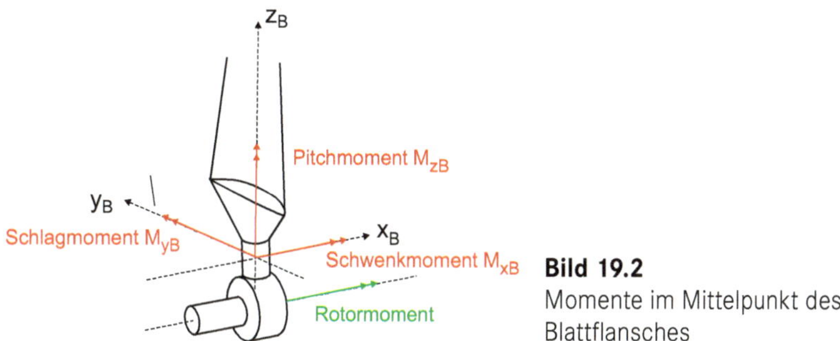

Bild 19.2
Momente im Mittelpunkt des Blattflansches

Mechanische Ursachen der Lasten

Das Eigengewicht der Rotorblätter erzeugt aufgrund der **Gewichtskraft** ($F_g = m_{Blatt} \cdot g$) über den gesamten Rotorumlauf wechselnde Zug- und Druckkräfte in Blattlängsrichtung sowie wechselnde Biegemomente um die Schwenkachse (Bild 19.3).

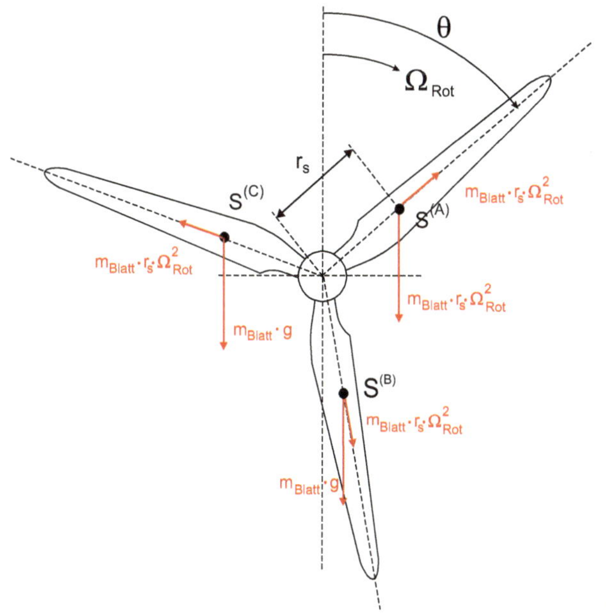

Bild 19.3
Mechanische Kräfte am Rotor einer Windenergieanlage

Da sich die Richtung der Schwerkraft relativ zum Rotorblatt bei einer sich drehenden Anlage ständig ändert, ist eine umlauffrequente (1 Ω_{Rot}) Wechsellast am Blattflansch die Folge.

Fliehkräfte ($F_{Flieh} = m_{Blatt} \cdot r_s \cdot \Omega^2_{Rot}$) verursachen bei einem idealen Rotorblatt (ausgewuchtet und Schwerpunkt auf der Blattachse) nur stationäre Zugbeanspruchungen. Auf die Drehachse des Rotors bezogen, gleichen sich diese Kräfte wieder aus (Bild 19.4). Diese Zugbeanspruchung spielt jedoch eine Rolle bei der Beanspruchung des Pitchlagers und der auftretenden Reibung innerhalb des Lagers (siehe Kapitel 27).

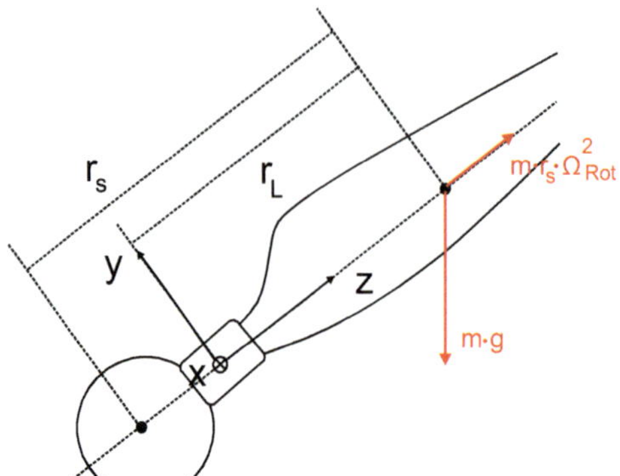

Bild 19.4 Mechanische Kräfte am Rotorblatt einer Windenergieanlage

Eine Massenunwucht der Rotorblätter oder Fertigungstoleranzen erzeugen zusätzlich eine umlaufende (1 Ω_{Rot}) Erregungskraft, die entsprechend überlagernd wirkt.

Bezogen auf das Koordinatensystem im Blattflansch K_{SR} ergeben sich die im Blattflansch wirkenden Kräfte und Momente, die aus den mechanischen Ursachen entstehen, näherungsweise wie folgt:

$$F_y^{(K_{SR})} = -m_{Blatt} \cdot g \cdot \sin(\theta)$$

$$F_z^{(K_{SR})} = m_{Blatt} \cdot r_s \cdot \Omega^2_{Rot} - m_{Rot} \cdot g \cdot \cos(\theta)$$

$$M_x^{(K_{SR})} = m_{Blatt} \cdot g \cdot r_L \cdot \sin(\theta) \left[\text{Schwenkmoment}\left(\text{mechanische Ursache}\right)\right]$$

Aerodynamische Ursachen

Aufgrund der Anströmung des Rotorblattes durch den Wind entstehen Kräfte, die über das gesamte Rotorblattprofil wirken (Bild 19.5):

- Die **Schubkraftverteilung** beschreibt die wirkenden Kräfte in Windrichtung. Ist diese Verteilung bekannt, kann der Rotorblattschub F_A berechnet werden, der rechnerisch im Schwerpunkt des Rotorblattes angreift. Die Summe der drei Rotorblattschübe ergibt den Rotorgesamtschub der Anlage. Da der Schub nicht in nutzbare Energie gewandelt werden kann, ist dieser als unerwünschte Belastung der Anlage einzuordnen.
- Die **Umfangskraftverteilung** beschreibt die wirkenden Kräfte senkrecht zur Windrichtung. Aus der Umfangskraft der drei Rotorblätter resultiert das erwünschte Antriebsmoment um die Rotorachse.

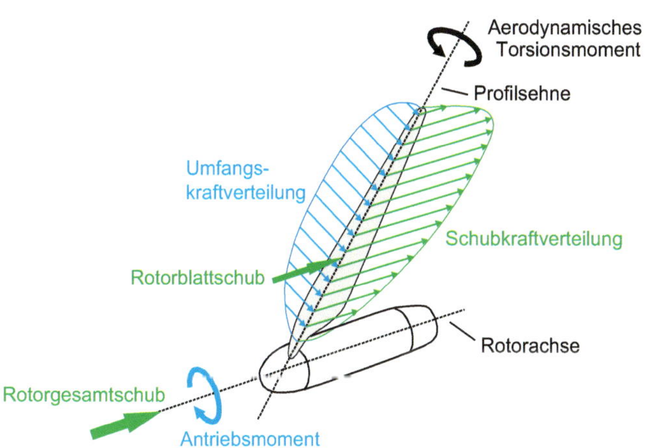

Bild 19.5 Kräfte mit aerodynamischen Ursachen am Rotorblatt

Die Kraftverteilungen werden heute mit entsprechenden Simulationstools berechnet. Es werden Kennfelder generiert, die für die weitere Berechnung verwendet werden können. Das Momentenkennfeld, das aus der Umfangskraftverteilung resultiert, wurde bereits in Kapitel 14 beschrieben. Das Antriebsmoment des Rotors ergibt sich danach zu

$$M_{Rot} = \frac{1}{2} \cdot c_m(\lambda, \alpha_{ist}) \cdot \rho_{Luft} \cdot \pi \cdot R_{Rot}^3 \cdot v_w^2$$

Für die **Schubkraftverteilung** kann in gleicher Form ein Kennfeld erzeugt werden, das den Schubbeiwert c_t einer Windenergieanlage abhängig von der aktuellen Schnelllaufzahl λ und dem aktuell eingestellten Pitchwinkel α_{ist} angibt. Ein solches Kennfeld zeigen Bild 19.6 und Bild 19.7.

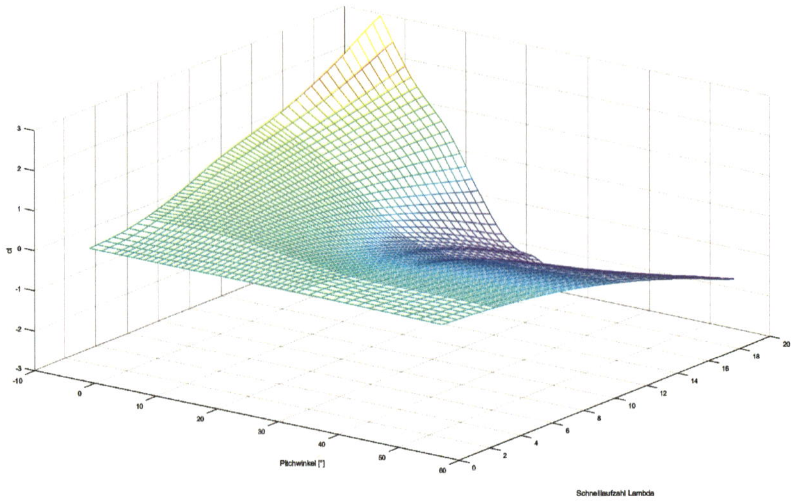

Bild 19.6 Schubbeiwertkennfeld einer Windenergieanlage

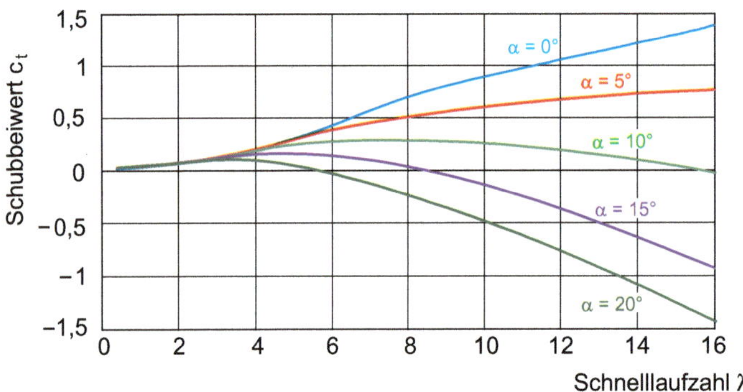

Bild 19.7 Schubbeiwerte für unterschiedliche Pitchwinkel

Die auf die Windenergieanlage wirkende Gesamtschubkraft (Bild 19.8) berechnet sich zu

$$F_{Schub} = \frac{\pi}{2} \cdot \rho_{Luft} \cdot R_{Rot}^2 \cdot v_w^2 \cdot c_t\left(\lambda, \alpha_{ist}\right)$$

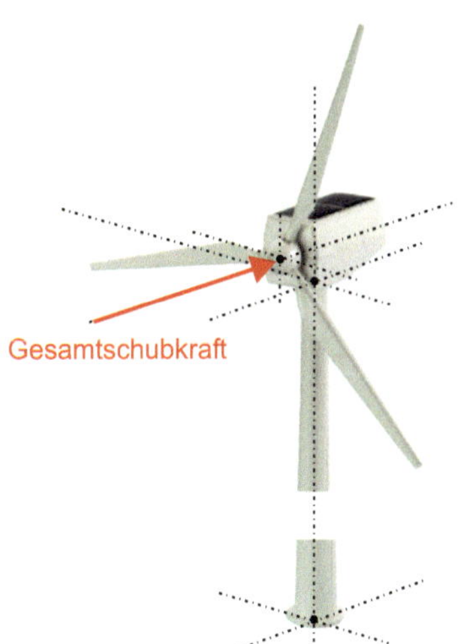

Bild 19.8
Gesamtschubkraft

Berücksichtigung des Tilt- und des Konuswinkels

Werden bei der Berechnung der Kräfte und der Momente der Tiltwinkel δ_{Tilt} und der Konuswinkel υ_{Konus} (siehe Kapitel 6) berücksichtigt, so muss die wirkende Gravitationskraft vom globalen Koordinatensystem G mittels der angegebenen Transformationsmatrix in die jeweiligen Blattkoordinatensysteme K transformiert werden:

$$F^{(K)} = F^{(G)} \cdot \begin{pmatrix} -\cos(\delta_{Tilt}) \cdot cos(\theta) \cdot sin(\upsilon_{Konus}) - sin(\delta_{Tilt}) \cdot \cos(\upsilon_{Konus}) \\ \cos(\delta_{Tilt}) \cdot sin(\theta) \\ \cos(\delta_{Tilt}) \cdot cos(\theta) \cdot \cos(\upsilon_{Konus}) - sin(\delta_{Tilt}) \cdot sin(\upsilon_{Konus}) \end{pmatrix}$$

$$F^{(G)} = (0, 0, -m_{Blatt} \cdot g)$$

Die Momente im Blattflansch, die aus der Gravitation resultieren, können mittels Kreuzprodukt berechnet werden:

$$\begin{pmatrix} M_{x,g}^{(K_{SR})} \\ M_{y,g}^{(K_{SR})} \\ M_{z,g}^{(K_{SR})} \end{pmatrix} = \begin{pmatrix} 0 \\ 0 \\ r_L \end{pmatrix} \times F^{(K)}$$

Es ergibt sich:

$$\begin{pmatrix} M_{x,g}^{(K_{SR})} \\ M_{y,g}^{(K_{SR})} \\ M_{z,g}^{(K_{SR})} \end{pmatrix} = m_{Blatt} \cdot g \cdot r_L \cdot \begin{pmatrix} \cos(\delta_{Tilt}) \cdot sin(\theta) \\ \cos(\delta_{Tilt}) \cdot cos(\theta) \cdot sin(\upsilon_{Konus}) + sin(\delta_{Tilt}) \cdot \cos(\upsilon_{Konus}) \\ 0 \end{pmatrix}$$

Im bereits vorangehend beschriebenen Sonderfall, dass der Konus- und der Tiltwinkel gleich null sind, ergibt sich, dass das aus der Gravitation resultierende Schwenkmoment ($M_{x,g}$) einen Sinusverlauf besitzt, während das Schlagmoment ($M_{y,g}$) zu null wird (siehe oben):

$$\begin{pmatrix} M_{x,g}^{(K_{SR})} \\ M_{y,g}^{(K_{SR})} \\ M_{z,g}^{(K_{SR})} \end{pmatrix} = m_{Blatt} \cdot g \cdot r_L \cdot \begin{pmatrix} sin(\theta) \\ 0 \\ 0 \end{pmatrix} für: \quad \delta_{Tilt} = \upsilon_{Konus} = 0$$

Zusammenfassung

Werden die resultierenden Kräfte und Momente aus den mechanischen und den aerodynamischen Ursachen zusammengefasst, ergibt sich:

$$\begin{pmatrix} M_{x}^{(K_{SR})} \\ M_{y}^{(K_{SR})} \\ M_{z}^{(K_{SR})} \end{pmatrix} = \begin{pmatrix} M_{x,g}^{(K_{SR})} \\ M_{y,g}^{(K_{SR})} \\ 0 \end{pmatrix} - \begin{pmatrix} \frac{1}{3} \cdot \frac{R_{Rot}}{2} \cdot F_{Schub} \\ \frac{1}{3} \cdot M_{Rot} \\ 0 \end{pmatrix}$$

Ein weiteres Moment, das noch zu berücksichtigen ist, entsteht um die Blattachse (M_z) und ist für die Auslegung des Pitchsystems relevant (siehe Kapitel 27).

Diese vereinfachte Betrachtung kann nur die prinzipielle Verteilung der Kräfte und Momente am Rotorblatt darstellen. Windenergieanlagenhersteller nutzen heute moderne Simulationstools (siehe Kapitel 21), um die herrschenden Kräfte und Momente sehr exakt zu berechnen.

20 Wie sind Rotorblätter aufgebaut?

Um den Aufbau von Rotorblättern beschreiben zu können, ist die Einführung mehrerer Bezeichnungen am Rotorblatt sinnvoll (Bild 20.1). Die Blattspitze wird Tip genannt, wogegen die Seite des Rotorblatts, die mit der Nabe verbunden wird, als Wurzel (oder englisch *Root*) bezeichnet wird. Des Weiteren ist die dem Wind zugewandte Seite die Druckseite (DS) und die dem Wind abgewandte Seite die Saugseite (SS) des Rotorblatts. Die vom Wind angeströmte Seite bzw. Kante wird als Nasenkante (NK) bezeichnet. Der Auslauf des Profils ist die Endkante (EK), die auch Fahnenkante oder Hinterkante genannt wird. Das eingezeichnete Schlagmoment M_{yB} dreht um die Y_B-Achse. Dieses Moment ist die betragsmäßig größte Belastung und entspricht in der Regel der dimensionierenden Last.

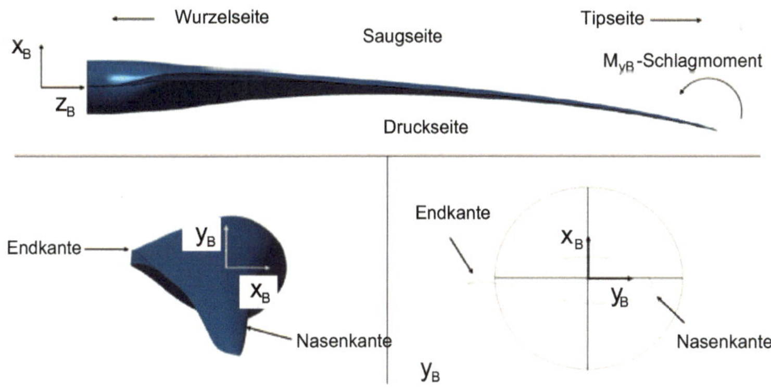

Bild 20.1 Aufbau eines Rotorblatts (© Nordex/Acciona SE)

Rotorblätter sind Bauteile, bei denen verschiedene Werkstoffe in hybrider Bauweise zum Einsatz kommen. Dabei wird im Hinblick auf Wirtschaftlichkeit, Festigkeit und Gewicht ein ideales Bauteil erzeugt. Rotorblätter für Windenergieanlagen sind im Allgemeinen ähnlich aufgebaut. Grundsätzlich wird zwischen zwei Bauformen unterschieden: Bei der Integralbauweise (Bild 20.2) werden Stege und Gurte in die Schale integriert, bei der Differenzialbauweise (Bild 20.3) ein tragender Holm.

Bild 20.2 Integralbauweise (© Nordex/Acciona SE)

Bild 20.3 Differenzialbauweise (© Nordex/Acciona SE)

Die meisten Hersteller verwenden das Konzept der Integralbauweise, da es etwas einfacher herzustellen ist. Der Aufbau eines solchen Rotorblatts in Integralbauweise ist in Bild 20.4 dargestellt.

Die Gurte (Hauptgurte und Endkantengurte), die die lasttragenden Komponenten sind, werden im Regelfall aus Carbonfasern gefertigt. Die Stege (Hauptstege und Endkantenstege) bestehen zum großen Teil aus leichtem Sandwichmaterial (meistens Schaumkerne aus PVS, PET oder PU), das von einigen Schichten Glasfaser bedeckt ist. Stege und Gurte bilden somit einen geschlossenen Holm zur Lastaufnahme, der bei geringem Gewicht hohe Steifigkeiten und Festigkeiten erreichen kann. Die Schalen, die die aerodynamische Hülle des Blattes bilden, bestehen aus GFK (teilweise in Sandwichbauweise).

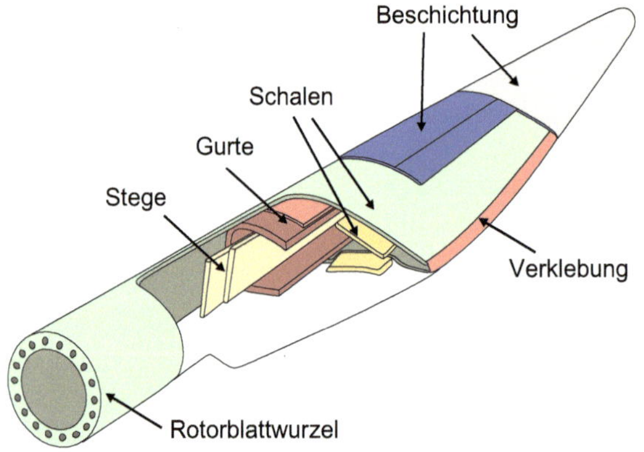

Bild 20.4 Komponenten eines Rotorblatts (© Nordex/Acciona SE)

Da die Rotorblätter immer länger werden und der Transport insbesondere durch stark besiedelte Gebiete immer schwieriger und damit teurer wird, geht der Trend dahin, Rotorblätter zu teilen und sie dann erst auf der Baustelle zusammenzusetzen. Dabei wird das Rotorblatt in zwei Segmente, das Wurzelsegment und das Tipsegment, geteilt. Aus dem Tipsegment ragt dann beispielsweise ein Holm heraus, der in das Wurzelsegment geschoben wird und dort mithilfe von Verbindungstechniken verschraubt wird (Bild 20.5).

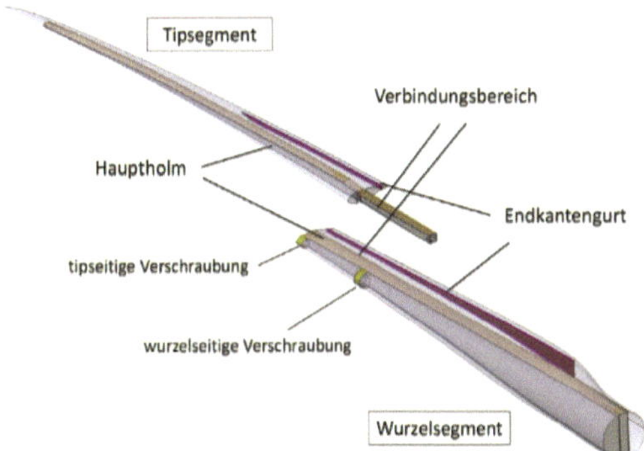

Bild 20.5 Grundaufbau eines segmentierten Rotorblatts (© Nordex/Acciona SE)

Die Ober- und die Unterschale des Rotorblatts werden üblicherweise im Vakuum-Infusionsverfahren getrennt hergestellt. Dabei werden Glasfasermatten in der jeweiligen Form ausgelegt und unter Vakuum mit Harz getränkt. Stege, Gurte und Flanscheinlege werden in der Regel als einzelne Bauteile vorgefertigt. Die Stege bzw. die Holme werden mit den Schalen verklebt. Anschließend werden die Ober- und die Unterschale an Vorder- und Hinterkante sowie an den Stegen miteinander verklebt (Bild 20.6).

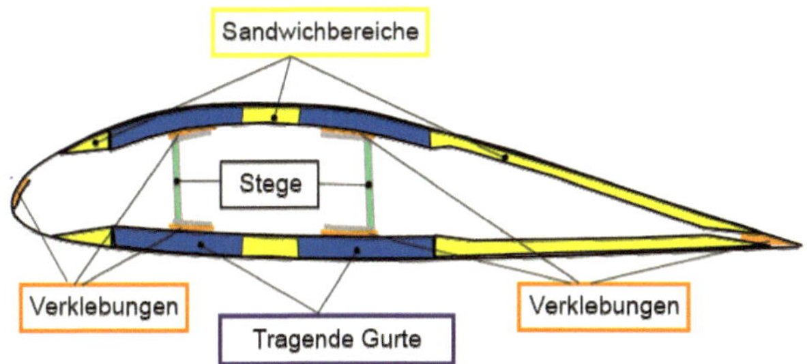

Bild 20.6 Verklebung der Bauteile in einem Rotorblatt (© Nordex/Acciona SE)

In den letzten Jahren wurden viele Produktionsschritte in der Rotorblattfertigung automatisiert (Bild 20.7 bis Bild 20.9), so beispielsweise das Einlegen der Glasfasermatten in die Formen und die anschließende Oberflächenbehandlung. Dadurch konnte die Qualität der Rotorblätter gesteigert werden, insbesondere hinsichtlich der Vergleichmäßigung von Gewicht und Position des Massenschwerpunkts.

Bild 20.7
Vakuuminfusionsverfahren
(© Nordex/Acciona SE)

Bild 20.8
Montage der Stege (© Nordex/Acciona SE)

Bild 20.9
Verkleben der Halbschalen
(© Nordex/Acciona SE)

21 Welche Maßnahmen werden ergriffen, um Rotorblätter aerodynamisch zu optimieren?

In den letzten Jahren sind an den Rotorblättern von Windenergieanlagen unterschiedlichste Maßnahmen ergriffen worden, um die aerodynamischen Eigenschaften der Rotorblätter zu optimieren. Das wichtigste Ziel ist dabei, die **strömungsinduzierte Schallemission** zu reduzieren. Dies ist insbesondere bei Windenergieanlagen, die in der Nähe von bewohnten Gebieten aufgestellt werden, von entscheidender Bedeutung [4.1].

Außerdem kann sowohl eine **Reduzierung** als auch eine bessere Kontrolle **der strukturellen Lasten** erreicht werden. Eine verbesserte Lastenkontrolle führt zu Werkstoffeinsparungen an den Rotorblättern und erlaubt eine Reduzierung möglicher Schäden. Daraus ergibt sich eine Erhöhung der Verfügbarkeit und somit der Lebensdauer einer Windenergieanlage.

Eine **aerodynamische Leistungssteigerung** durch Verminderung der aerodynamischen Verluste und Steigerung des aerodynamischen Wirkungsgrads kann ebenso Ziel der Maßnahmen sein. Die damit einhergehende Steigerung der Leistung wirkt sich positiv auf den Energieertrag aus.

Generell wird zwischen aktiven und passiven Maßnahmen zur Strömungsbeeinflussung unterschieden. Passive Maßnahmen benötigen im Gegensatz zu aktiven Elementen keine Leistungsbereitstellung zum Betrieb von mechanischen oder elektrischen Aktuatoren. Aktuell werden bei Windenergieanlagen nur passive Maßnahmen eingesetzt. Aktive Systeme, wie beispielsweise eine steuerbare Rückstromklappe, sind entweder zu kostenintensiv, zu schwierig in der Fertigung oder reduzieren die Lebensdauer der Anlage.

Winglets sind eine Form von Endscheiben, die an den Rotorblattspitzen angebracht werden und es erlauben, über die geometrische Form des Rotorblattendes die Aerodynamik passiv zu beeinflussen (Bild 21.1). Bei Flugzeugen werden Winglets zur Reduzierung des induzierten Widerstandes und dadurch zur Treibstoffersparnis bereits seit Jahrzehnten eingesetzt. Dort sind ein- oder beidseitige Winglets verbreitet.

Bei Windenergieanlagen werden Winglets stets einseitig gerichtet und in Richtung der Druckseite des Rotorblattes (luvseitige Positionierung) verbaut (Bild 21.1).

Bild 21.1 Winglet eines Rotorblatts (© Wikipedia, User: TraceyR)

Durch den Einsatz von Winglets erreichen die Anlagen eine geringfügige Leistungserhöhung, die auf die Reduzierung des induzierten Widerstands zurückzuführen ist. Damit geht eine Schubkrafterhöhung einher, die dem Verlust der Schlankheit des Blatts an der Spitze geschuldet ist. Der wesentliche Vorteil dieser Maßnahme liegt jedoch darin, dass die aerodynamischen Schallemissionen vermindert werden, da die Verwirbelungen, die am Rotorblattende entstehen, reduziert werden. Winglets sind heute Stand der Technik und werden an fast allen modernen Windenergieanlagen verbaut.

Durch ein sogenanntes **Hinterkantensegment** können die aerodynamischen Eigenschaften der Rotorblätter in der Nähe der Gondel optimiert werden (Bild 21.2). Wie in Kapitel 17 beschrieben, kann die optimale Profiltiefe aufgrund von maximalen Transportabmessungen in der Nähe der Nabe nicht realisiert werden. Hinterkantensegmente werden einzeln gefertigt und auf der Baustelle mit dem Rotorblatt verbunden. Dadurch verbessern sich die aerodynamischen Eigenschaften des Rotorblatts, woraus ein höherer Energieertrag resultiert. Da die Kosten und der zusätzliche Aufwand relativ hoch sind, ist es eine herstellerspezifische Entscheidung, ob der Nutzen der Hinterkantensegmente den notwendigen Aufwand rechtfertigt.

Bild 21.2 Windenergieanlage mit Hinterkantensegment (© ENERCON GmbH)

Weitere passive Maßnahmen zielen darauf ab, die aerodynamische Grenzschicht zu beeinflussen. Die Grenzschichttheorie teilt eine Strömung in der Umgebung eines Körpers in zwei Bereiche auf: eine Außenströmung, bei der die Reibung des Fluides (hier die Luft) vernachlässigt werden kann, und eine Grenzschichtströmung, wo die Reibung berücksichtigt werden muss, da sie Einfluss auf die Strömung besitzt.

Bis zu einer gewissen Strömungsgeschwindigkeit der Grenzschichtströmung strömt die Luft in Schichten, die sich nicht miteinander vermischen, am Rotorblatt vorbei. Die Stromlinien verlaufen also quasi parallel zueinander, weshalb nur wenig Reibung auftritt und der aerodynamische Widerstand gering ist. Dieses Verhalten wird als laminare Grenzschichtströmung bezeichnet [4.2, 4.3] (Bild 21.3). Ab einer gewissen Strömungsgeschwindigkeit treten Verwirbelungen auf und die Luftmoleküle bewegen sich chaotisch in alle Richtungen. Obwohl sich die Luftmoleküle makroskopisch weiterhin in Strömungsrichtung bewegen, erhöhen sich die Reibung und damit der aerodynamische Widerstand. Dieser Zustand, der turbulente Grenzschichtströmung (Bild 21.4) genannt wird, ist aber nicht mit einem Strömungsabriss zu verwechseln, bei dem die Grenzschicht sich vom Körper ablöst.

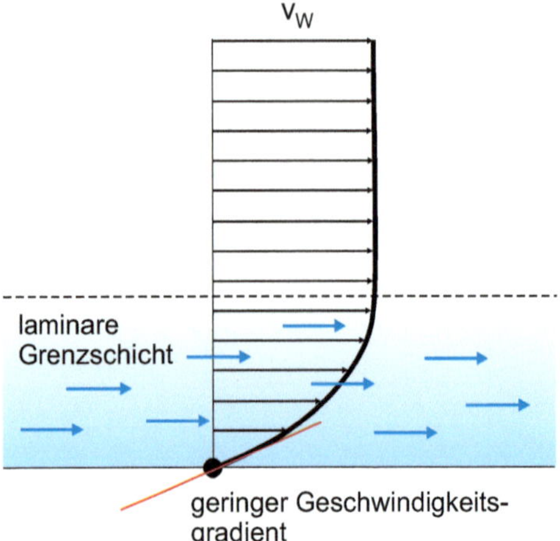

Bild 21.3
Laminare Grenzschicht

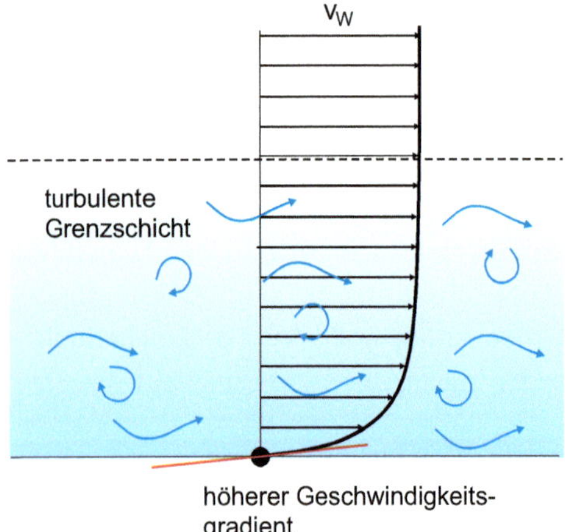

Bild 21.4
Turbulente Grenzschicht

Die laminare Grenzschichtströmung ist vergleichsweise dünn, hat eine geringe Strömungsgeschwindigkeit und damit eine geringe kinetische Energie. Von Vorteil ist der geringe Reibungswiderstand, dagegen steht eine relativ hohe Ablösungsneigung.

Die turbulente Grenzschichtströmung ist dicker, hat eine höhere Strömungsgeschwindigkeit und damit einen höheren Reibungswiderstand. Der wesentliche Vorteil liegt darin, dass sich diese Form der Grenzschicht weniger schnell vom Rotorblatt löst und es damit zu keinem Strömungsabriss kommt.

Betrachtet man die Verhältnisse am Rotorblatt, so sollte die laminare Grenzschicht so lange wie möglich aufrechterhalten bleiben, da die Reibung sehr niedrig ist. Bevor sich die laminare Grenzschicht ablöst, sollte diese in eine turbulente Grenzschicht überführt werden, die so lange aufrechterhalten wird, bis diese die Rotorblatthinterkante passiert hat, sodass es zu keinem Strömungsabriss auf dem Rotorblatt kommt (Bild 21.5).

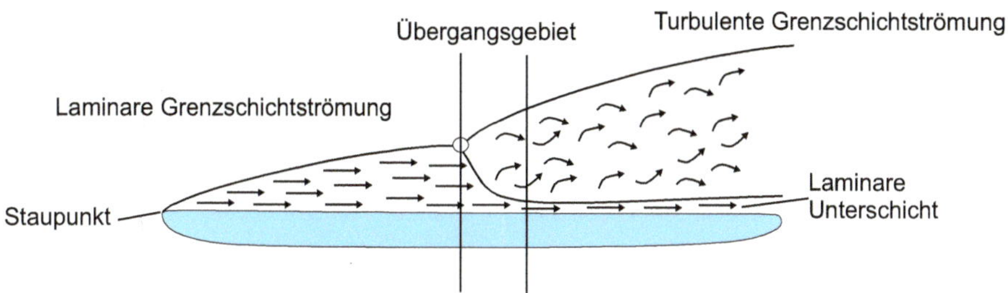

Bild 21.5 Verhältnisse der Grenzschichten an einem Rotorblatt

Serrations, auf Deutsch auch Hinterkantenkämme genannt (Bild 21.6), sind in der Luftfahrt schon länger verbreitet und wurden der Natur abgeschaut. So besitzt beispielsweise die Eule an der Rückseite ihrer Flügel kammartig angeordnete, weiche und fransige Federn, die ihr einen nahezu lautlosen Flug ermöglichen.

Löst sich die turbulente Grenzschicht an der Rotorblatthinterkante vom Rotorblatt, so erzeugen die Luftwirbel das typische, breitbandige Geräusch während der Bewegung (Hinterkantenschall). Mittels der Serrations werden die großen Wirbel in kleinere Wirbel aufgelöst, wodurch sich das Blattgeräusch vermindert. In der Praxis sind Reduzierungen des Schallleistungspegels zwischen 1 dB und 4 dB erreicht worden.

Bild 21.6 Serrations (© Wikipedia, User: Michael Pätzold)

Bei **Vortex-Generatoren** handelt es sich um kleine Finnen, die oft nur einige Zentimeter hoch sind und auf das Rotorblatt mittels eines Spezialklebers aufgebracht werden (Bild 21.7). Diese Finnen sind abwechselnd um einige Grad nach links und rechts geneigt (Bild 21.8) und erzeugen einen kleinen, turbulenten Luftstrom auf der Rotorblattoberfläche. Die Finnen werden so positioniert, dass sie den Abriss der turbulenten Grenzschicht verzögern und sich diese genau erst an der Rotorblatthinterkante ablöst.

Bild 21.7 Vortex-Generatoren an einem Rotorblatt (© Wikipedia, User: Verne2017)

Bild 21.8 Vortex-Generatoren (Wikipedia, © User: Williamborg)

Grenzschichtzäune sind schon seit Langem aus dem Flugzeugbau bekannt. Sie werden auf der Saugseite des Rotorblatts angebracht und vermindern die tangentialen Strömungsverluste (siehe Kapitel 18), indem sie den Luftmassenstrom „führen" (Bild 21.9 und Bild 21.10). Grenzschichtzäune werden jedoch relativ selten bei Windenergieanlagen verwendet.

Bild 21.9 Grenzschichtzäune an einem Rotorblatt (Quelle: [4.6])

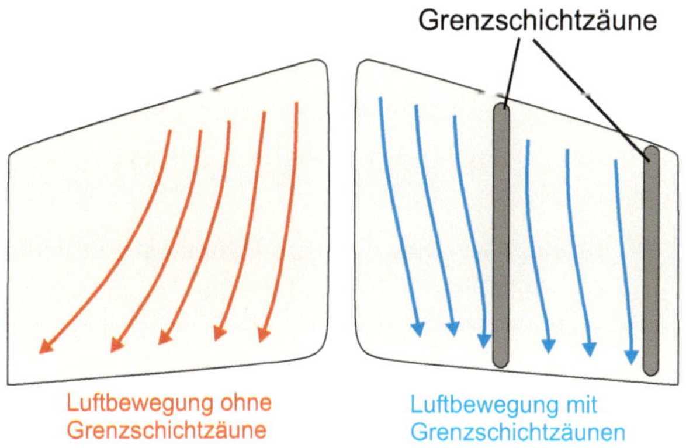

Bild 21.10 Prinzip der Grenzschichtführung

22 Welche Beanspruchungen treten bei Windenergieanlagen auf?

Der Begriff der Beanspruchung fasst die Auswirkungen der äußeren Belastungen auf die Windenergieanlage zusammen. Dabei geht es nicht nur um die Standfestigkeit der Anlagen bei schweren Stürmen bzw. Orkanen, sondern auch um dynamische, im Allgemeinen wechselnde Belastungen, die das Material ermüden. Da eine Windenergieanlage ein schwingungsfähiges Mehrkörpersystem ist, deren Teilsysteme untereinander in Wechselwirkung stehen, können Schwingungen auch angeregt bzw. verstärkt werden und hohe dynamische Belastungsanteile erzeugen [1.2]. Generell werden die Komponenten der Windenergieanlage so dimensioniert, dass diese Beanspruchungen zu jedem Zeitpunkt und für die gesamte Lebensdauer (in der Regel 20 Jahre, teilweise auch 25 oder 30 Jahre) zu keiner Fehlfunktion und keinem Versagen führen. Dabei sind drei unterschiedliche Ziele zu erreichen:

- Es muss sichergestellt werden, dass die Anlage den **Extrembelastungen** standhält, d. h., die Bauteile müssen den höchsten vorkommenden Belastungen gewachsen sein. Für die entsprechenden Bauteile muss eine Grenzlast- oder Bruchfestigkeitsprüfung entsprechend der WEA-Klasse (nach IEC, siehe Kapitel 8, oder DIBt), durchgeführt werden.
- Die Komponenten müssen so ausgelegt werden, dass die **Dauerfestigkeit** für die Lebensdauer gewährleistet ist. Hier sind insbesondere die dynamischen, periodisch wiederkehrenden Belastungen zu berücksichtigen. Eine entsprechende Ermüdungs- oder Dauerfestigkeitsprüfung ist durchzuführen.
- Die Steifigkeiten der Bauteile sind aufeinander abzustimmen, um **Schwingungen** zu vermeiden bzw. zu reduzieren und gefährliche Resonanzen zu verhindern. Eine Steifigkeits- bzw. Schwingungsprüfung entsprechend den geltenden Normen ist durchzuführen.

In [1.2] wird eine Kategorisierung der Beanspruchungen nach Typ, Herkunft und Betriebszustand vorgenommen (Tabelle 22.1).

Tabelle 22.1 Kategorisierung der Beanspruchungen

Ursprung/ Zeitverlauf	Typ	Herkunft	Betriebszustand
quasistationär	Schwerkraft Fliehkraft Schubkraft	Gewicht Rotordrehung mittlerer Wind	Normalbetrieb
regelmäßig (periodisch)	aerodynamische Kräfte	Unwucht Turmvorstau Schräganströmung Blattpassage	Normalbetrieb Störungen
regellos (stochastisch)	aerodynamische und hydrodynamische Kräfte	Windturbulenz Seegang Erdbeben	Normalbetrieb
kurzzeitig (transient)	Reibungs- und Bremskräfte aerodynamische Kräfte	Stoppen der Anlage Gieren der Gondel	Manöver Störungen Extrembedingungen

Für Windenergieanlagen ist eine hohe Anzahl von Betriebsstunden, gekoppelt mit einer sehr ungleichförmigen Belastung, charakteristisch. Letztere ergibt sich aus der permanenten Änderung der Windgeschwindigkeit, der Turbulenz des Windes und der Elastizität der Struktur. Für schwingungsfreudige, immer mehr am Leichtbau orientierte Windenergieanlagen stehen vor allem Ermüdungsprobleme im Vordergrund, da aufgrund der hohen Schwingbelastung mit einer deutlich erniedrigten Festigkeit aller Materialien im Laufe der Zeit zu rechnen ist. Daher wird für Windenergieanlagen neben dem Tragsicherheitsnachweis auch ein Betriebsfestigkeitsnachweis verlangt.

Grundlage für die Bemessung gegen Ermüdung aller am Kraftfluss beteiligten Komponenten ist die lineare Schadensakkumulation. Dabei wird versucht, die Belastungen zu berücksichtigen, die die Anlage während ihrer gesamten Betriebszeit erfahren wird. Die Betriebsfestigkeitslasten werden dabei entsprechend ihrer Häufigkeit in Lastkollektiven berücksichtigt. Der entsprechende Lastfall und seine angenommene Häufigkeit beeinflussen sehr stark die Form der Lastkollektive und haben daher bestimmenden Einfluss auf die Bemessung bzw. die Dimensionierung der untersuchten Komponente.

Die zur Zertifizierung notwendigen Lastfälle sind in der Norm DIN EN IEC 61400-1 in sogenannten DLCs *(Design Load Case)* eingeteilt und entsprechen einem speziellen Lastfall, auf den das Gesamtsystem bzw. die Komponenten untersucht werden müssen. Es wird in der Norm zwischen zwei Typen unterschieden:

- Auslegung nach Ermüdung *(fatigue loads)*
- Auslegung nach Extremlast *(ultimate loads)*

Den prinzipiellen Ablauf zur Untersuchung eines solchen Lastfalls zeigt Bild 22.1:

(1) Als Erstes wird der Initialwert einer mittleren Windgeschwindigkeit v_w ermittelt, die unterhalb der Einschaltwindgeschwindigkeit der Windenergieanlage liegt.

(2) Die mittlere Windgeschwindigkeit wird schrittweise um ein Intervall Δv_m erhöht.

(3) Es wird eine Windzeitreihe für v_m erstellt, in der der Zeitverlauf der mittleren Windgeschwindigkeit über eine definierte Dauer bestimmt ist.

(4) Aus der Windzeitreihe wird für jeden Zeitschritt ein turbulentes Windfeld simuliert.

(5) Für jeden Zeitschritt werden die zu ermittelnden Belastungen mittels geeigneter Mehrkörpersimulationsmodelle ermittelt.

(6) Aus dem Antwortverlauf der Struktur wird beispielsweise eine Spannungszeitreihe erzeugt. Dabei wird die Spannung σ über die Zeit aufgetragen.

(7) Mittels Rainflow-Zählung wird die Spannungszeitreihe ausgewertet. Minima und Maxima werden in einer From-to-Matrize gelistet. Dabei geht die Reihenfolge der Belastung verloren.

(8) Die Berechnung wird so lange wiederholt, bis die Ausschaltgeschwindigkeit der Windenergieanlage erreicht ist.

(9) Mithilfe der Rayleigh- oder Weibull-Verteilung werden alle Matrizen nach ihrer Häufigkeit gewichtet und auf die Lebensdauer der Windenergieanlage hochgerechnet.

(10) Die Werte werden im Beanspruchungskollektiv aufgetragen: auf der x-Achse die Anzahl der Schwingspiele N und auf der y-Achse die Spannungsschwingweite $\Delta\sigma$. Dabei gehen die Mittelwerte des Schwingspiels verloren.

(11) Die Schadensrechnung erfolgt anhand der linearen Schadensakkumulation nach der Miner-Regel und mithilfe materialabhängiger Wöhlerlinien.

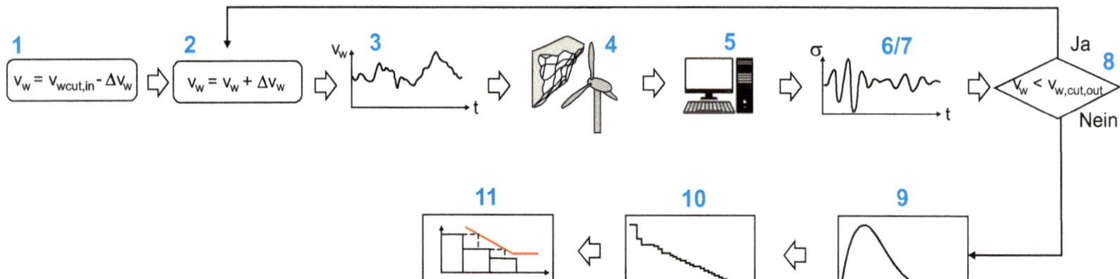

Bild 22.1 Prinzipieller Ablauf der Lastfalluntersuchungen

Diese aufwendigen Berechnungen werden heute mittels Mehrkörpersimulationsprogrammen, wie beispielsweise Bladed von DVN GL Garrad Hassan, Flex 5 der TU Kopenhagen oder ALASKA des IFM aus Chemnitz (Bild 22.2), durchgeführt.

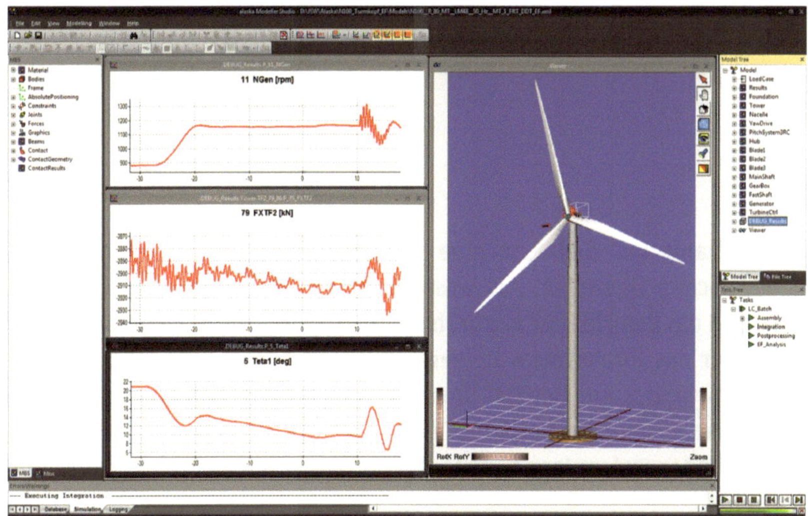

Bild 22.2 Bedienoberfläche des Simulationstools ALASKA (© Nordex/Acciona SE)

Die entsprechenden Ergebnisse der Lastfallsimulationen dienen sowohl der Auslegung der Komponenten bzw. der Bauteile einer Windenergieanlage als auch dem Nachweis für die Zertifizierung.

Das **Nicken** betrifft alle Windenergieanlagentypen in gleicher Weise. Hier wird die Gondel um eine Strecke z_{TK} ausgelenkt (Bild 23.3). Die Hauptanregung besteht in der Änderung der Schubkraft auf die Anlage, die beispielsweise aus einer Veränderung der Windgeschwindigkeit resultiert. Stark veränderliche Windgeschwindigkeiten, wie extreme Böen, sind hier maßgeblich.

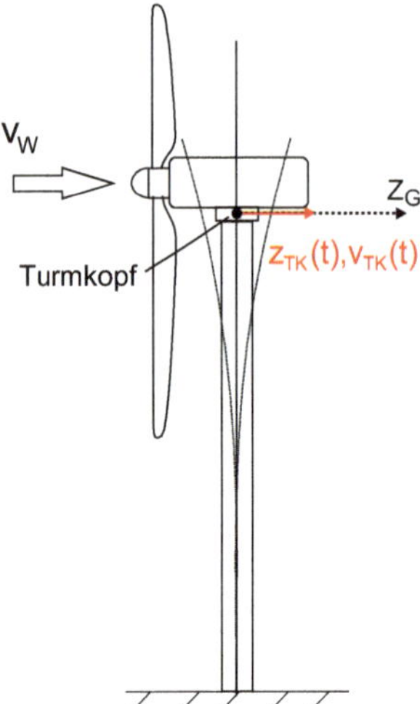

Bild 23.3
Nicken einer Windenergieanlage

Eine weitere Anregung resultiert aus einem schnellen Verfahren der Rotorblätter (Drehung in bzw. aus dem Wind). Auch in diesem Fall treten hohe Werte der Schubkraftänderung auf, die die Windenergieanlage zum Nicken bringen. Gründe für das schnelle Verfahren sind beispielsweise eine Notverstellung der Anlage (siehe Kapitel 28) oder eine schnelle Leistungsreduktion, die vom Windparkregler eingefordert wird (siehe Kapitel 51).

Rotorblätter sind ebenfalls schwingende Komponenten, die im Produktionsbetrieb ständig angeregt werden. Für die Untersuchungen der Gesamtanlage sind insbesondere die Schwingungen im Blattflanschlager von Bedeutung (siehe Kapitel 19).

Entscheidend für die Schwingungsuntersuchungen des Gesamtsystems Windenergieanlage sind die Eigenfrequenzen um die Schwenkachse (Schwenkbiegeeigenfrequenz) und um die Schlagachse (Schlagbiegeeigenfrequenz). Die Schwingungen in der Blattachse hingegen werden so weit wie möglich vom Pitchsystem mit geeigneten Regelverfahren unterdrückt und spielen bei der Untersuchung des Gesamtverhaltens nur eine geringe bis keine Rolle.

Die ersten Eigenfrequenzen und Eigenformen bezüglich der Schwingungen im Blattflanschlager treten bei Windenergieanlagen meist in folgender Reihenfolge auf:

- $\omega_{0,1}$: erste Schlagbiegeeigenfrequenz
- $\omega_{0,2}$: erste Schwenkbiegeeigenfrequenz
- $\omega_{0,3}$: zweite Schlagbiegeeigenfrequenz
- $\omega_{0,4}$: zweite Schwenkbiegeeigenfrequenz
- $\omega_{0,5}$, $\omega_{0,6}$: Eigenfrequenzen mit starker Torsionsbeteiligung

Der **mechanische Triebstrang** einer Windenergieanlage ist ebenfalls schwingungsfähig. Insbesondere dann, wenn ein Getriebe verbaut ist, sind die Schwingungen des Triebstranges nicht mehr zu vernachlässigen (siehe Kapitel 36).

Die Auswirkungen dieser unterschiedlichen Schwingungen auf eine Windenergieanlage werden mithilfe von Campbell-Diagrammen analysiert. Wie exemplarisch in Bild 23.4 gezeigt, werden die Umlauffrequenzen (1 Ω, 3 Ω, …) über der Rotordrehzahl aufgetragen.

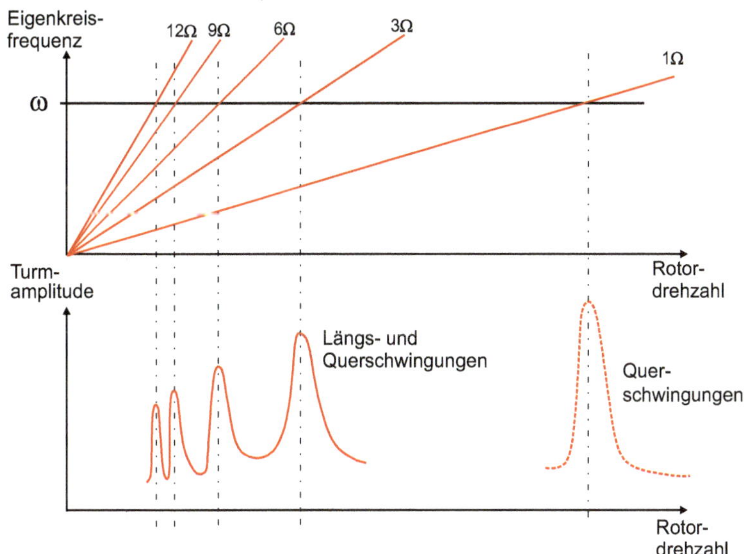

Bild 23.4 Campbell-Diagramm zur Darstellung der Schwingungen an einer Windenergieanlage

Tabelle 23.1 zeigt die Eigenfrequenzen einer realen Anlage in aufsteigender Reihenfolge.

Tabelle 23.1 Eigenfrequenzen einer Windenergieanlage (Beispiel)

Name	Eigenfrequenz [Hz]
1. Turmeigenfrequenz längs	0,34
1. Turmeigenfrequenz quer	0,34
1. Schlagbiegeeigenfrequenz	1,09
1. Schwenkbiegeeigenfrequenz	1,96
Turmtorsion	1,97
2. Turmeigenfrequenz längs	2,6
2. Turmeigenfrequenz quer	2,6
Hauptwelle Torsionseigenfrequenz	2,82
2. Schlagbiegeeigenfrequenz	3,12
Hauptwelle Biegeeigenfrequenz	4,74
Schwenkbiegeeigenfrequenz	7,09

Das zugehörige Campell-Diagramm zeigt Bild 23.5.

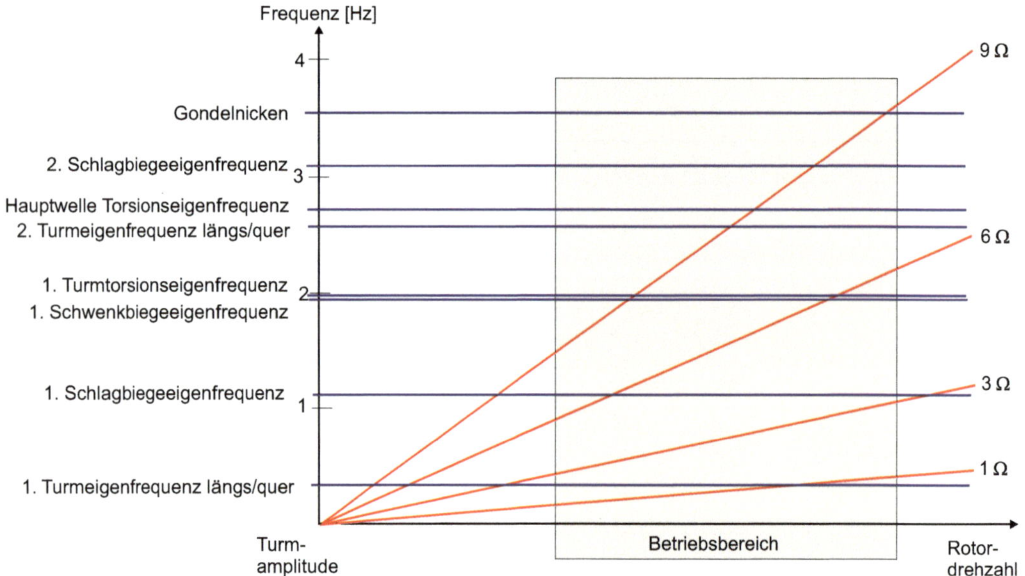

Bild 23.5 Campbell-Diagramm zur Darstellung der Schwingungen an einer realen Windenergieanlage

Die Zusammenstellung der Eigenfrequenzen der Teilsysteme in einem Campbell-Diagramm ermöglicht Aufschluss über die Gefahr von „dicht" beieinanderliegenden Eigenfrequenzen und deren Resonanzen. Zu bemerken ist, dass in der Realität die Eigenfrequenzen selbst abhängig von der Rotordrehzahl und somit keine exakten Geraden sind.

Moderne Mehrkörpersimulationsprogramme können die Strukturdynamik der Gesamtanlage abbilden. Hierfür wird oftmals die Modalanalyse verwendet, da sie im Vergleich zur Finiten-Elemente-Methode (FEM) geringere Rechenzeiten benötigt. Zur Erstellung des modalen Modells wird die Windenergieanlage in einzelne Komponenten zerlegt und diese werden zunächst voneinander getrennt betrachtet. Ein Teil der Komponenten wird als starre Körper betrachtet, andere wie Rotorblätter oder Turm als flexible Biegebalken bzw. als Elemente von flexiblen Biegebalken. Ein Beispiel für eine Windenergieanlage mit Planetengetriebe zeigt Bild 23.6.

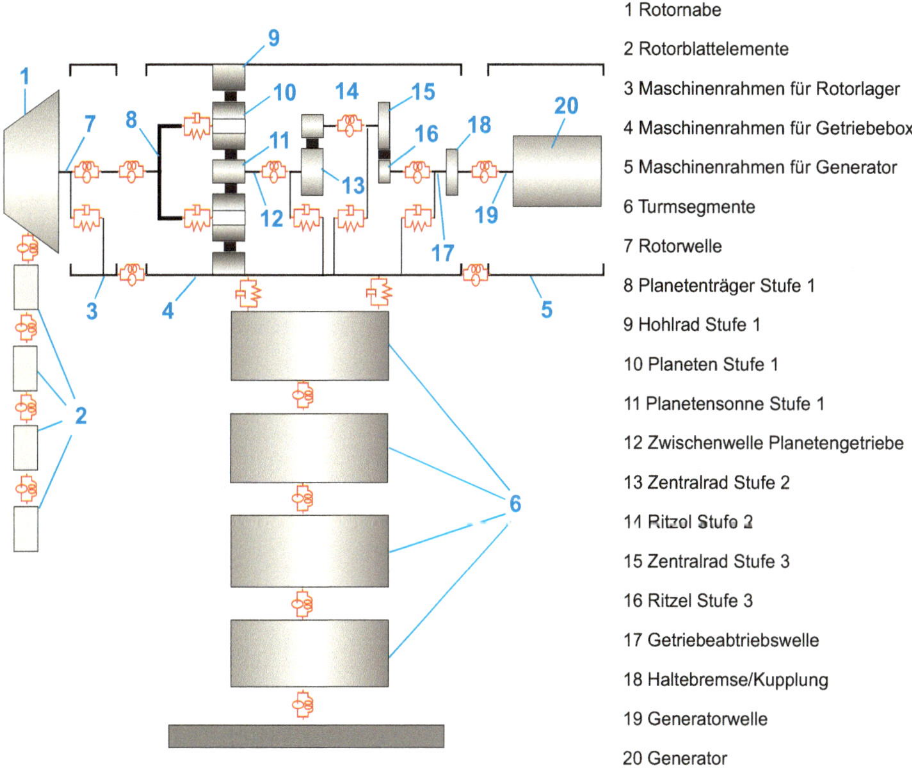

Bild 23.6 Modell einer Windenergieanlage mit Planetengetriebe für die Modalanalyse

Im Mehrkörpersimulationsprogramm (siehe Kapitel 22) werden diese Komponenten wieder zusammengesetzt, um die Wechselwirkungen zu simulieren. Das Gesamtsystem besitzt eine hohe Anzahl von Freiheitsgraden. Die resultierenden Bewegungsgleichungen werden mittels eines expliziten Runge-Kutta-Nyström-Verfahrens, wie beispielsweise in [1.6] beschrieben, aufgelöst.

24 Was macht ein Azimutsystem?

Der Wind ist eine unvorhersehbare und stochastische Größe, die auch die Windrichtung in Bezug auf die Ausrichtung einer Windenergieanlage permanent ändert. Die optimale Energieausbeute des Windes ist nur dann gewährleistet, wenn die Windenergieanlage optimal in den Wind gedreht wird, d.h., dass die Hauptwindrichtung des Windes senkrecht auf den Rotor trifft.

Das **Azimutsystem** ist eine Windrichtungsnachführung, die sich am Verbindungspunkt zwischen Turm und Gondel befindet und die gesamte Gondel der Windrichtung nachführt. Der Name Azimut kommt aus der Astronomie, in der der Azimutwinkel für die Beschreibung der Himmelsrichtungen verwendet wird. Idealerweise stimmen der Azimutwinkel des Windes (γ_{Wind}) und der der Gondel (γ_{Gondel}) überein (Bild 24.1).

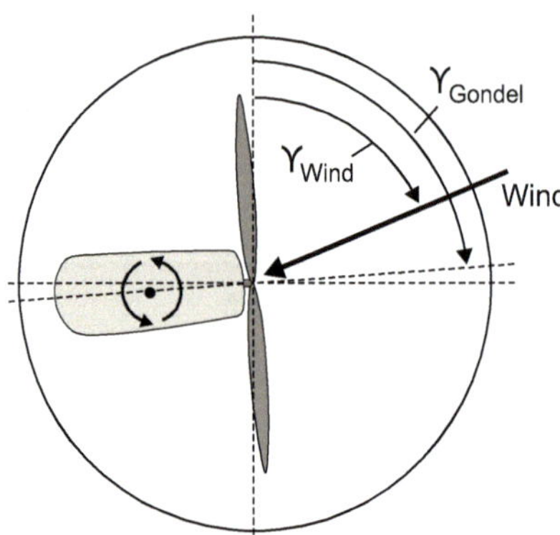

Bild 24.1
Azimutwinkel des Windes (γ_{Wind}) und Azimutwinkel der Gondel (γ_{Gondel})

Generell wird zwischen passiven und aktiven Systemen unterschieden. Passive Systeme, wie z.B. eine Windfahne, werden heute bei sehr kleinen Anlagen bis zu einem Rotordurchmesser von wenigen Metern verwendet. Auch Windmühlen aus dem 18. Jahrhundert besaßen ein passives Windnachführungssystem: Die sogenannte Rosette war ein senkrecht zum Hauptrotor der Windmühle angebrachter Hilfsrotor, der bei Seitenwind das Mühlenhaus über ein Schneckengetriebe zurück in den Wind drehte.

Aufgrund der hohen Turmkopfmasse und eines unkontrollierten Bewegungsvorganges, der zu sehr hohen Lasten führen würde, sind moderne Windenergieanlagen heute alle mit einem aktiven Azimutsystem ausgestattet, das die Windrichtung über ein Messsystem erfasst und die Gondel mittels mehrerer Antriebe nachführt.

Als Azimutantriebe werden bei fast allen Windenergieanlagen mehrere mit dem Maschinenträger verschraubte Drehstrommotoren eingesetzt. Aufgrund der großen Trägheit des mechanischen Triebstrangs wird ein sehr hohes Antriebsmoment benötigt, das nur mit hochübersetzenden Getrieben zu realisieren ist. In der Regel werden daher heute Asynchronmotoren mit mehrstufigen Planetengetrieben und einer integrierten Haltebremse eingesetzt (Bild 24.2).

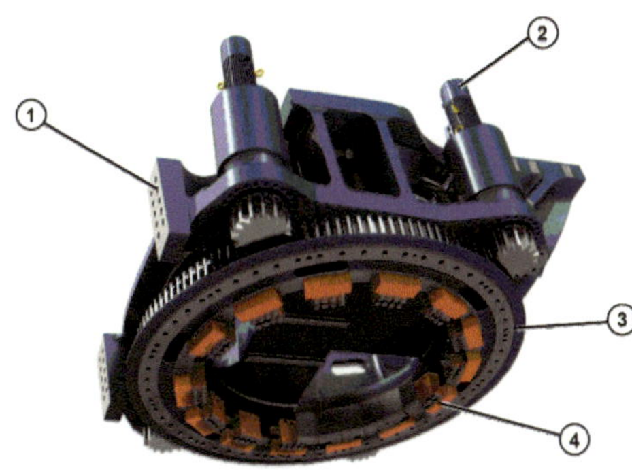

Bild 24.2
Aufbau eines Azimutsystems:
(1) Maschinenträger, **(2)** Azimutantriebe,
(3) Azimutdrehverbindung und
(4) Bremssattel (© Nordex/Acciona SE)

Die Azimutdrehverbindung ist ein Großwälzlager mit Innen- oder Außenverzahnung, in das die Zahnritzel der Getriebemotoren direkt eingreifen. Da der Ring der Azimutdrehverbindung fest mit dem Turmkopf verbunden ist, kann das Maschinenhaus um die Turmachse gedreht werden.

Um die Azimutposition halten zu können, werden zwei unterschiedliche Konzepte realisiert:

- Es wird ein Scheibenbremssystem eingesetzt, das zusätzlich zu den Haltebremsen der Azimutantriebe wirkt (Bild 24.3). Dieses besteht aus einer mit dem Ring des Azimutlagers verschraubten Bremsscheibe und mehreren mit Bremsbelägen versehenen Bremssätteln, die mit dem Maschinenträger verbunden sind. Im Haltezustand sind die Antriebe unbestromt und die Bremsen mit dem maximalen Druck beaufschlagt. Während des Bewegungsvorgangs wird der Bremsdruck nur reduziert, um einen Teil der von außen aufgeprägten Schwingungen zu dämpfen.
- Beim Motorverspannkonzept werden mehrere Motoren gegeneinander verspannt, d. h., die Hälfte der Azimutmotoren erzeugt ein linkslaufendes, die andere Hälfte ein rechtslaufendes Drehmoment. Durch diese Verspannung wird erreicht, dass kaum noch Zahnspiel im Azimutsystem herrscht. Die mechani-

sche Belastung des Zahnkranzes und der Azimutanriebe verringert sich stark. Das Bremsen erfolgt über die Azimutmotoren, was eine hohe Selbsthemmung der Lagerung voraussetzt. Ein weiterer Vorteil liegt darin, dass bei entsprechender Dimensionierung die hydraulische Bremse entfallen kann.

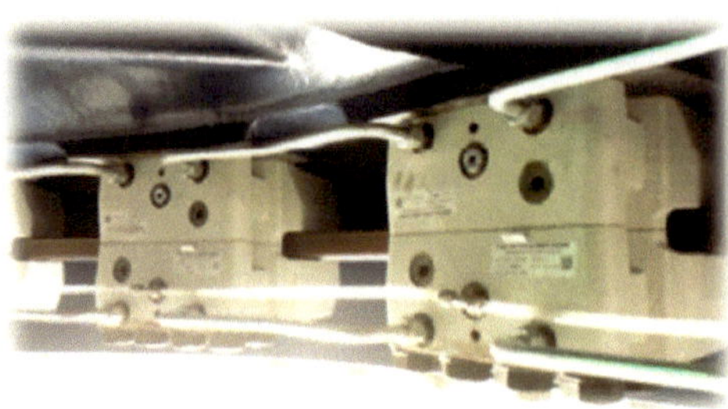

Bild 24.3
Hydraulische Bremse eines Azimutsystems (© Nordex/Acciona SE)

Für die Windrichtungsnachführung ist eine genaue Messung der Windrichtung und Windgeschwindigkeit erforderlich. In der Regel werden für die Windmessung ein Schalenkreuzanemometer oder/und ein Ultraschallanemometer verwendet (Bild 24.4). Bei einem Ultraschallanemometer wird mithilfe von kreuzförmig angeordneten Ultraschalleinheiten die Windgeschwindigkeit und Windrichtung gemessen. Die Ultraschalleinheiten dienen als Empfänger und Sender für einen Ultraschallimpuls. Durch die Auswertung zweier Messstrecken können der Winkel und die Geschwindigkeit des Windes vom Messgerät bestimmt werden. Bei einem Schalenkreuzanemometer wird die Drehung des Schalenkreuzes elektronisch aufgezeichnet. Eine Windfahne, die hinter dem Schalenkreuzanemometer angebaut ist, misst die Windrichtung. Die Windfahne sollte regelmäßig überprüft werden, da schon geringe Abweichungen bei der Messung für hohe Ertragsverluste sorgen können. Je nach Anlagentyp sind die Messsysteme beheizbar, um Eisansatz zu verhindern.

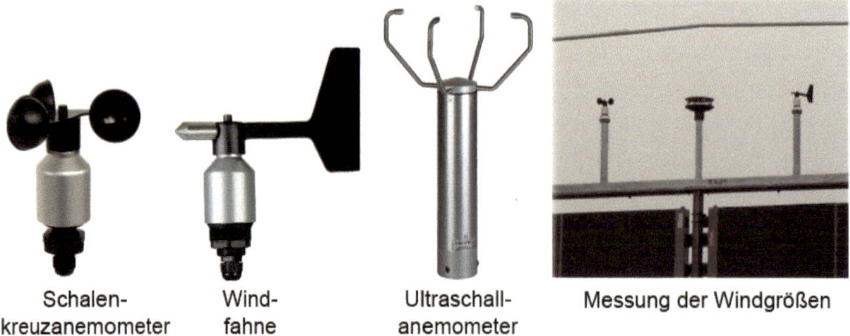

Bild 24.4 Windmesssysteme (© Nordex/Acciona SE)

Die gemessene Windrichtung wird ausgewertet und die Gondel entweder im Uhrzeigersinn (cw) oder entgegen dem Uhrzeigersinn (ccw) bewegt. Die Regelung der Windrichtungsnachführung wird dabei von einem Zielkonflikt beherrscht: Auf der einen Seite soll die Windrichtungsabweichung des Rotors so gering wie möglich sein, um Leistungsverluste zu vermeiden. Andererseits darf die Nachführung nicht zu sensibel reagieren, um zu vermeiden, dass permanente kleine Regel- und damit Bewegungsvorgänge die Lebensdauer der mechanischen Komponenten herabsetzen.

Aus diesem Grund werden die Abweichungen der Windrichtung von der Gondelausrichtung in Sektoren kategorisiert, wie Bild 24.5 zeigt.

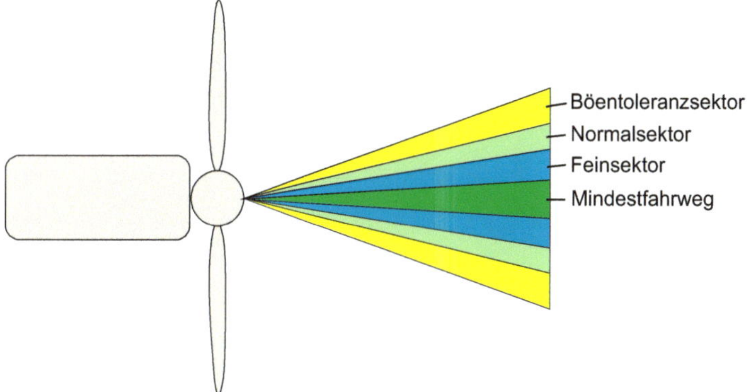

Bild 24.5 Sektoren der Ausrichtungsabweichung

Je nachdem, wie lange die Abweichung im jeweiligen Sektor besteht und wie lange der letzte Verfahrvorgang zeitlich zurückliegt, wird eine Bewegung eingeleitet, die die Gondel wieder zur Windrichtung ausrichtet. Im kleinesten Sektor, hier der Mindestfahrweg, wird in der Regel kein Verfahrvorgang durchgeführt.

25 Was sind die Anforderungen an ein Pitchsystem?

Eine Rotorblattverstelleinheit, auch Pitchsystem genannt, hat die Aufgabe, ein Rotorblatt um die Blattachse auf einen definierten Wert zu verstellen. Der normale Verstellbereich umfasst die Bewegung von 90° Blattwinkel (das Rotorblatt ist aus dem Wind gedreht) bis 0° Blattwinkel (das Rotorblatt ist in den Wind gedreht) (Bild 25.1).

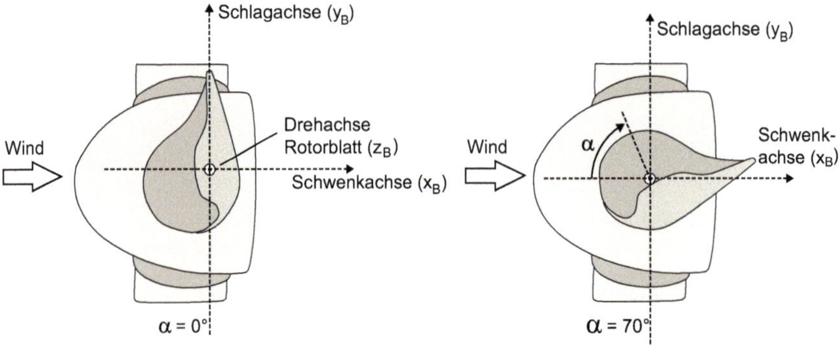

Bild 25.1 Produktionsbetrieb: Rotorblattwinkel liegt zwischen ca. 30° und 0° und kein Produktionsbetrieb; Rotorblattwinkel liegt zwischen ca. 60° - 70° (Trudeln) und 90° (Bremsen)

Moderne Windenergieanlagen besitzen pro Rotorblatt mindestens eine unabhängige Blattwinkelverstelleinheit. Diese Einheit ist in der rotierenden Nabe untergebracht (Bild 25.2) und muss daher den extremen Belastungen (dauerhafter, rotierender Betrieb und hohe Temperaturunterschiede) gewachsen sein.

Bild 25.2
Pitchsystem in der Rotornabe
(© Nordex/Acciona SE)

Die wesentlichen Aufgaben des Pitchsystems können Sie Tabelle 25.1 entnehmen.

Tabelle 25.1 Wesentliche Aufgaben des Pitchsystems

Normaler Betrieb der Windenergieanlage	Bereitstellung von speziellen Zuständen	Lastreduktion
▪ Einstellen des näherungsweisen optimalen Blattwinkels beim Hochfahren (maximales Moment für schnelle Beschleunigung des Rotors) ▪ Einstellen der optimalen Blattwinkel im Teillastbereich zur Generierung der optimalen Leistung ▪ Begrenzung der Rotordrehzahl auf Nenndrehzahl im Volllastbereich	▪ manuelles Verfahren im Servicebetrieb ▪ sicheres Verfahren der Rotorblätter aus dem Wind bei einer Notverstellung	▪ Reduzierung der Blattflanschlasten ▪ Reduzierung der Turm- und Fundamentlasten ▪ Reduzierungen von Schwingungen von Turm und Rotorblättern

Innerhalb des Pitchsystems sind diverse Berechnungen notwendig, um die notwendigen Funktionalitäten sicherzustellen. Unabhängig von der Realisierung kann das System funktional in mehrere Teilsysteme untergliedert werden (Bild 25.3).

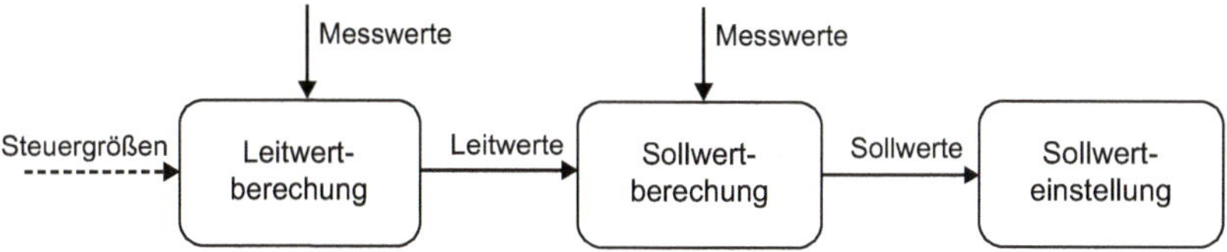

Bild 25.3 Funktionale Teilsysteme des Pitchsystems

Das Teilsystem **Leitwertberechnung** wertet die Steuergrößen der Betriebsführung aus und berechnet unter Berücksichtigung von zusätzlichen Messgrößen die Leitwerte für die Sollwertberechnung. Diese Leitwerte sind in der Regel abhängig vom Betriebszustand der Windenergieanlage sowie der Umgebungsbedingungen. Zu den Leitwerten zählen beispielsweise (abhängig vom Hersteller):

- Leitwert für den minimalen Pitchwinkel
- gewünschter Status des Drehzahlreglers
- Leitwert der maximalen Rotordrehzahl
- maximaler Wert der Pitchgeschwindigkeit
- maximale Rotordrehzahländerung

Innerhalb des Moduls Sollwertberechnung werden zunächst verschiedene Messgrößen ausgewertet. Zu diesen Messwerten zählen folgende:

- aktuelle Rotordrehzahl
- Luftdichte
- Außentemperatur
- Windrichtung
- Windgeschwindigkeitssignal des Anemometers
- verschiedene Betriebszustände der Windenergieanlage

Abhängig von diesen Werten und den Leitwerten werden die Sollwerte berechnet, die für die Sollwerteinstellung notwendig sind.

Die **Sollwerteinstellung** hat die Aufgabe, sicherzustellen, dass diese Sollwerte eingestellt werden. Hierfür sind die Ansteuersignale für die Aktuatorik zu generieren und die notwendigen Sicherheitsfunktionen bereitzustellen.

Pitchsysteme unterscheiden sich generell darin, wo die einzelnen Berechnungen ausgeführt werden. Die Realisierung eines **zentralen Konzepts** zeigt Bild 25.4. Sowohl die Leitwertberechnung als auch die Sollwertberechnungen finden in einer zentralen Regelungs- und Steuereinheit im Maschinenhaus statt. Die Sollwerte werden über ein Bussystem, das über den Schleifring in die Rotornabe geführt wird, den jeweiligen Regel- und Steuereinheiten zur Sollwerteinstellung zur Verfügung gestellt.

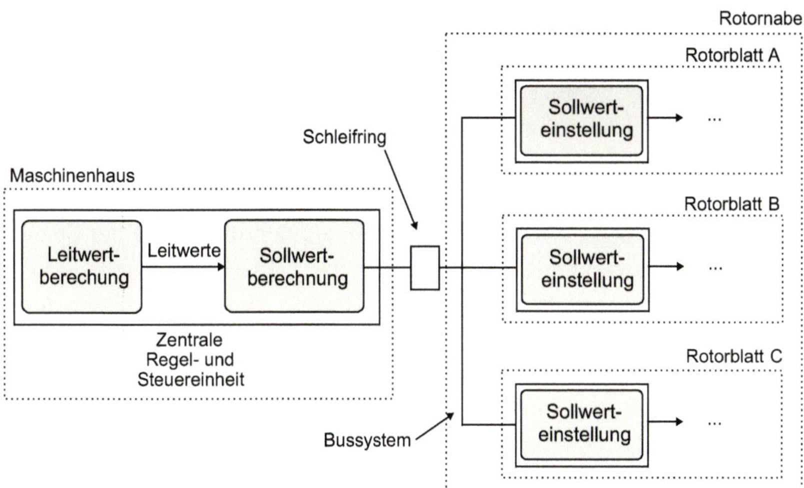

Bild 25.4 Zentrales Pitchkonzept

Beim **dezentralen Konzept** ist nur noch die Leitgrößenberechnung in der zentralen Einheit im Maschinenhaus untergebracht. Statt der Sollwerte werden die Leitwerte über den Bus geführt. Die Sollgrößenberechnung wird dezentral in der Regel- und Steuereinheit der jeweiligen Rotorblätter in der Nabe ausgeführt. Auf jeder dezentralen Einheit werden also die gleichen redundanten Berechnungen durchgeführt. Aus Sicherheitsgründen ist es vorteilhaft, ein Bussystem einzusetzen, über das Informationen zwischen den dezentralen Steuer- und Regeleinheiten ausgetauscht werden können (Bild 25.5).

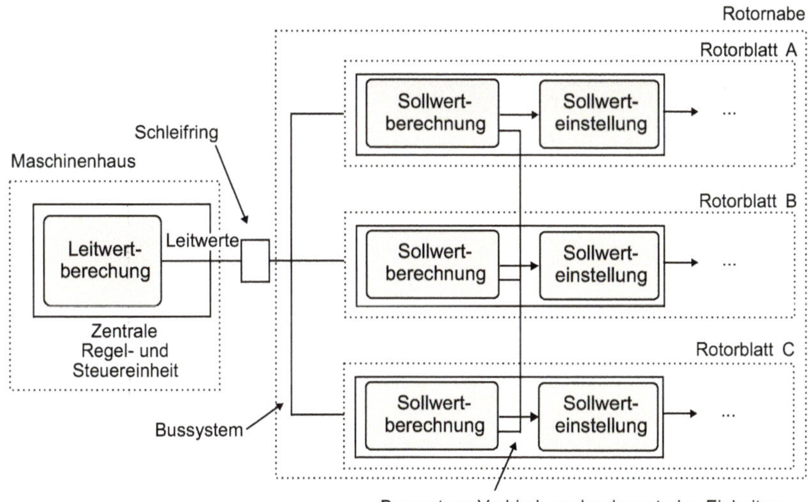

Bild 25.5 Dezentrales Pitchkonzept

Sowohl das zentrale als auch das dezentrale Pitchkonzept werden aktuell bei Windenergieanlagen verwendet. Der wesentliche Unterschied besteht darin, welche Signale über den Schleifring geführt werden. Hier ist insbesondere der unvermeidliche Zeitversatz zu berücksichtigen. Der Vorteil beim dezentralen Konzept ist, dass nur sich relativ langsam verändernde Signale (wie beispielsweise die Rotordrehzahl oder die Leitwerte) über den Schleifring geführt werden. Sensorsignale, die direkt in der rotierenden Nabe erzeugt werden, können direkt mit der Steuereinheit des Pitchsystems verbunden werden, d. h., der Zeitversatz ist sehr gering. So können beispielsweise Signale von Beschleunigungs- oder Dehnungssensoren im Rotorblatt (siehe Kapitel 39) ohne Umweg über den Schleifring direkt vom Pitchregler verarbeitet werden. Von Nachteil ist, dass der Pitchregler und der Momentenregler (siehe Kapitel 30) auf unterschiedlichen Recheneinheiten ausgeführt werden. Wenn diese beiden Regler einen sehr schnellen Informationsaustausch benötigen (wie beispielsweise bei einer Mehrgrößenregelung), so ist der Zeitversatz über den Schleifring entsprechend zu berücksichtigen.

26 Wie sind Pitchsysteme aufgebaut?

In Windenergieanlagen werden sowohl elektrische (Bild 26.1) als auch hydraulische (Bild 26.2) Pitchsysteme verwendet.

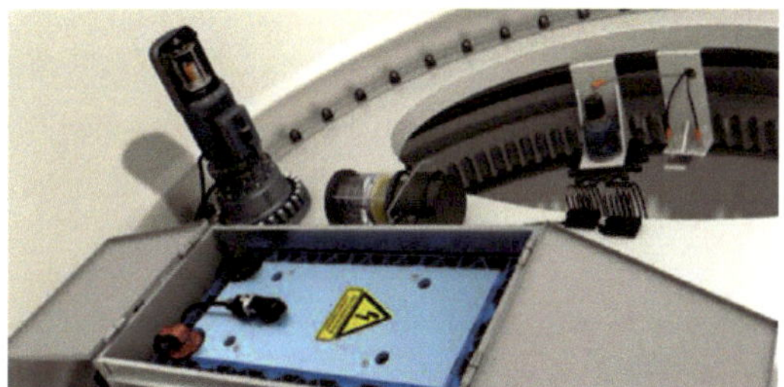

Bild 26.1 Elektrisches Pitchsystem (© ifm electronic gmbh)

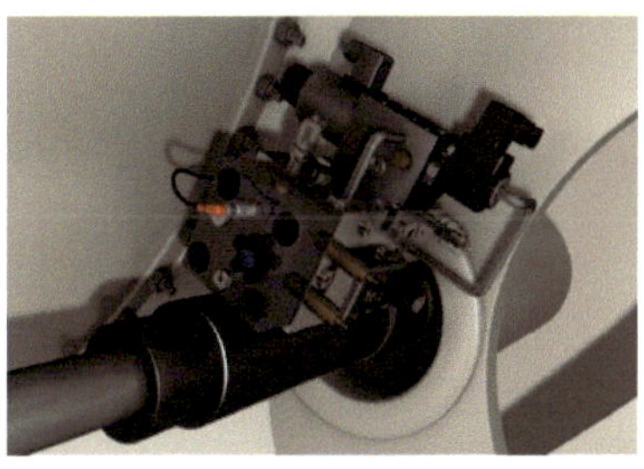

Bild 26.2 Hydraulisches Pitchsystem (© ifm electronic gmbh)

Bei **hydraulischen Pitchsystemen** besteht eine Blattverstelleinheit aus einem oder zwei Hydraulikzylindern, bei denen der Hub des Kolbens auf den drehbar gelagerten Innenring des Pitchlagers übertragen wird. Als Energiespeicher dienen Blasen- oder Kolbenspeicher, die direkt mit dem Hydraulikzylinder verbunden sind (Bild 26.3).

Bild 26.3
Hydraulikeinheit mit zwei Druckzylindern
(© Nordex/Acciona SE)

Da sich das Hydraulikaggregat typischerweise in der Gondel befindet, muss die Hydraulikflüssigkeit in einer Leitung, die durch eine Bohrung in der Rotorwelle und eine hydraulische Drehdurchführung geführt wird, übertragen werden (Bild 26.4).

Bild 26.4 Hydraulik-Drehdurchführung (© Deublin GmbH)

Hydraulische Systeme haben den Vorteil, dass sie keinen zusätzlichen externen Energiespeicher brauchen, der für die Notverstellung notwendig ist, wenn die Stromversorgung zum Pitchsystem unterbrochen ist. Von Vorteil ist weiterhin, dass die hydraulische Mechanik prinzipiell gedämpft läuft, also schonend für die beweglichen Bauteile ist.

Ein **elektrisches Pitchsystem** verfügt in der Regel über die in Bild 26.5 dargestellten Komponenten. Da das gesamte System in der Rotornabe untergebracht ist und mit dem Rotor rotiert, müssen alle Kommunikations- und Versorgungsleitungen über einen Schleifring vom Maschinenhaus in die Nabe geführt werden.

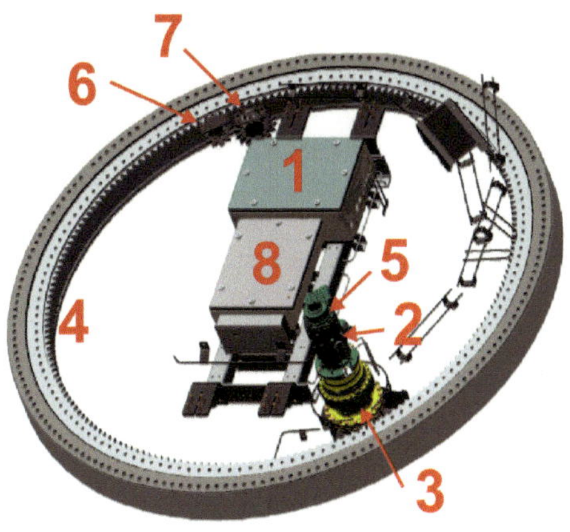

Bild 26.5
Wesentliche Komponenten eines elektrischen Pitchsystems

Eine Steuereinheit **(1)** steuert den Pitchmotor **(2)** an, der über das Übersetzungsgetriebe **(3)** mit dem Zahnkranz **(4)** mechanisch gekoppelt ist. Der motorseitige Drehgeber **(5)** wird zur Positionierung des Rotorblattes verwendet. Zusätzliche Komponenten, wie der redundante Absolutwertgeber am Zahnkranz **(6)** sowie die Endabschalter **(7)** werden zur Überwachung sowie, falls notwendig, zum gesteuerten Verfahren in die Fahnenposition benötigt. Der Energiespeicher **(8)** wird als Energiequelle für die Notverstellung verwendet (siehe Kapitel 29).

Tabelle 26.1 zeigt die heute marktrelevanten Motorentypen sowie deren Vor- und Nachteile für Blattverstellsysteme.

Tabelle 26.1 Vor- und Nachteile marktrelevanter Motorentypen für Pitchsysteme

	Synchronmotor mit Permanenterregung	Asynchronmotor	Gleichstrommotor
Marktpräsenz	+	++	-
Anschaffungskosten	+	++	-
Bauraum und Gewicht	++	+	-
Wartung	+	++	-
Leistungsdichte	++	+	o
Spitzenmoment	++	+	o
Wirkungsgrad bei kleinen Drehzahlen	+	–	o
Feldschwächung	++	+	+

Tabelle 26.1 Vor- und Nachteile marktrelevanter Motorentypen für Pitchsysteme *(Fortsetzung)*

	Synchronmotor mit Permanenterregung	Asynchronmotor	Gleichstrommotor
Betrieb ohne Geber	++	+	+
Betrieb ohne Leistungselektronik	–	–	++

Bilder: © OAT OsterholzAntriebsTechnik GmbH

Der Asynchronmotor weist von allen vorangehend genannten Motoren ökonomisch die besten Werte auf. Bedingt durch seinen Aufbau ist er extrem wartungsarm, robust und zudem am Markt vergleichsweise kostengünstig erhältlich. Aus diesen Gründen ist er heute in vielen Windenergieanlagen im Einsatz. Nachteilig ist ein starker Abfall des Wirkungsgrads bei niedrigen Drehzahlen. Grund hierfür sind Magnetisierungsverluste im Rotor des Motors. Ein weiterer Nachteil ist das relativ niedrige Spitzenmoment, da dieses quadratisch von der Statorspannung abhängig ist. Dieses führt dazu, dass die Asynchronmotoren auf niedrige Spannungen ausgelegt werden, wodurch der Strombedarf relativ hoch ist. Der Trend geht daher dahin, Synchronmotoren mit Permanenterregung zu verwenden, die zwar teurer sind, jedoch die vorangehend genannten technischen Vorteile bieten.

Da die Blattverstellung geringe Drehzahlen, aber ein hohes Drehmoment erfordert, kommen in der Regel hochübersetzende, mehrstufige **Planetengetriebe** zum Einsatz (Bild 26.6). Die Übersetzungsverhältnisse der Getriebe liegen im Bereich von 1/200, wozu noch eine Übersetzung von ca. 1/10 kommt, da das Zahnritzel der Getriebeausgangswelle direkt in den Blattzahnkranz eingreift.

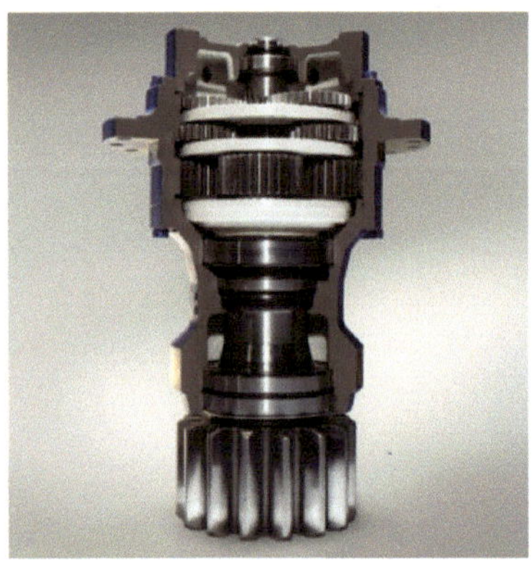

Bild 26.6
Mehrstufiges Getriebe für ein Pitchsystem
(© Firma NSK Deutschland GmbH)

Bei jeder Getriebestufe, also jedem Zahneingriff innerhalb dieser mehrstufigen Übersetzung, insbesondere beim letzten Eingriff in den Blattzahnkranz, kann es zu Getriebespiel kommen, das auch als Getriebelose bezeichnet wird.

Durch diese Getriebelose, die zwangsläufig bei einer Evolventenverzahnung auftreten, kommt es zu einer erhöhten Belastung der Mechanik. Da im Teillastbetrieb in der Regel ein Pitchwinkel in der Nähe von $\alpha = 0°$ eingestellt wird, ist eine Verzahnung besonders belastet. Diese sogenannte 0°-Verzahnung ist auslegungsrelevant, da sie von allen Verzahnungen die höchste Dauerbelastung besitzt.

Bei sehr starken Stößen können Risse in den Zahnfüßen auftreten und sogar einzelne Zähne reißen (Bild 26.7). Diese Schäden sind allerdings bei entsprechender Auslegung sehr unwahrscheinlich. Problematisch ist vielmehr die Alterung aufgrund des Abriebs der Zahnflanken, was auch als Pitting bezeichnet wird (Bild 26.8).

Bild 26.7
Zahnbruch (Quelle: [8.2])

Bild 26.8
Pitting (Quelle: [8.1])

Eine Variante (wie sie beispielsweise die Fa. Vensys verwendet), die die Problematik der 0°-Verzahnung umgeht, besteht darin, die Kraftübertragung auf den Blattzahnkranz mittels eines Zahnriemens zu realisieren. Dieser verbindet das Zahnritzel mit dem drehbar gelagerten Außenring des Pitchlagers (Bild 26.9).

Bild 26.9
Zahnriemen (© VENSYS Energy AG)

Als **Pitchlager** werden sowohl Vierpunktlager als auch Doppelvierpunktlager und dreireihige Zylinderrollenlager eingesetzt und mit innen- oder außenliegender Verzahnung verwendet (Bild 26.10).

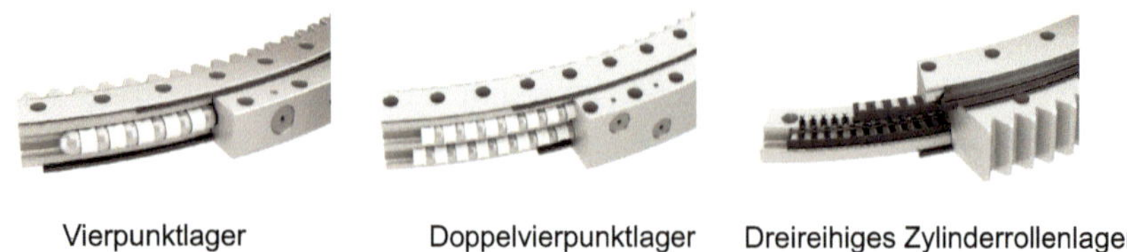

Bild 26.10 Ausführungsformen von Pitchlagern (© thyssenkrupp rothe erde Germany GmbH)

Zur Einstellung des gewünschten Rotorblattwinkels wird in der Regel ein motorseitiger **Absolutwertgeber** verwendet, der als Resolver ausgeführt ist. Resolver haben den Vorteil, dass sie kostengünstige und robuste Geber sind, die bauformbedingte Absolutwerte bereitstellen. Diese Absolutwerte der Motorposition werden innerhalb der Pitchsteuerung auf die Rotorblattposition umgerechnet und für die entsprechende Lageregelung verwendet.

Aus Gründen der funktionalen Sicherheit wird zusätzlich ein Absolutwertgeber als **Blattgeber** (Bild 26.11) verwendet, der in der Regel mit einem Geberritzel in den Blattzahnkranz eingekuppelt ist (Bild 26.12). Diese Blattgeber werden als Multiturn-Geber ausgeführt, damit eine Referenzierung der Rotorblattposition entfallen kann.

Bild 26.11
Multiturn-Blattgeber (© TWK-ELEKTRONIK GmbH)

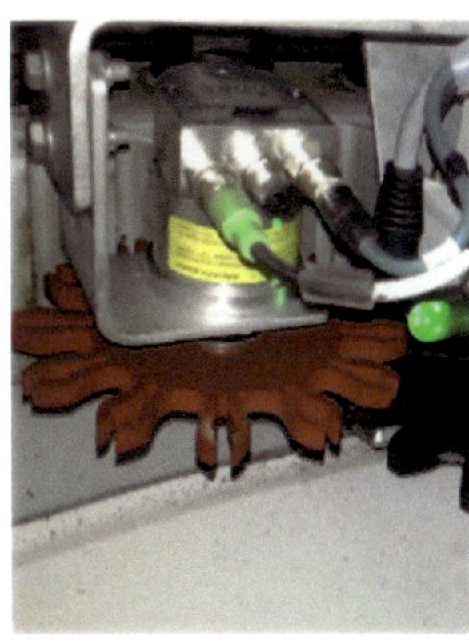

Bild 26.12
Blattgeber in der Nabe (© Nordex/Acciona SE)

Die Werte des motorseitigen Absolutgebers und des Blattgebers werden in der Betriebsführung der Windenergieanlage ständig auf Plausibilität hin miteinander verglichen. Überschreitet die Abweichung einen festgelegten Grenzwert, wird in der Regel direkt eine Notverstellung eingeleitet.

Um die Motoren zu entlasten und die Mechanik zu schonen, kann auf der Motorausgangswelle eine Magnetbremse als **Haltebremse** verbaut werden. Verändert sich der Sollwert des Blattwinkels über längere Zeit nicht, so kann die Bremse den Antrieb so lange festsetzen, bis ein neuer Sollwert anliegt, der ein Verfahren erfordert. Die Haltebremse fällt immer zu, wenn eine Notverstellung abgeschlossen wurde (siehe Kapitel 11) und das Rotorblatt bezüglich der Drehung um die Rotorachse fixiert wird.

Endlagenschalter (Bild 26.13) sind wichtige Sicherheitselemente, die bei Erreichen bzw. Überfahren eines bestimmten Pitchwinkels auslösen. Typische Werte liegen bei -2°, 90° und 95° Pitchwinkel, was aber je nach Hersteller unterschiedlich sein kann. Die Signale der Endlagenschalter werden für die Überwachung und die Notverstellung (siehe Kapitel 27) verwendet.

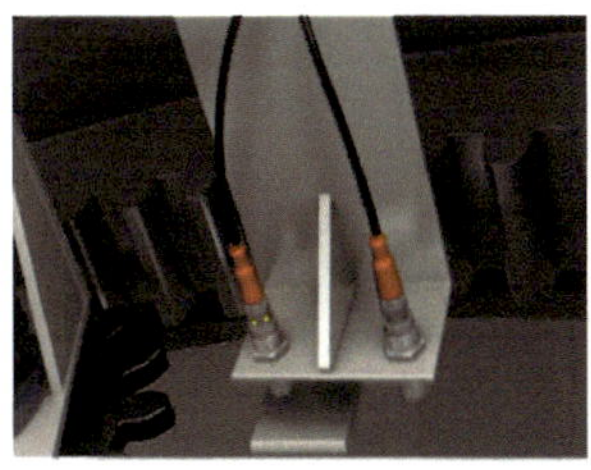

Bild 26.13
Endlagenschalter (© ifm electronic gmbh)

Zentrales Element des Pitchsystems ist die **Steuer- und Regeleinheit**. Da diese in der rotierenden Nabe untergebracht ist, muss sie unempfindlich gegen Schock und Vibrationen sein, der geltenden Schutzklasse entsprechen und bei Temperaturen im Bereich von ca. -30 °C bis +50 °C voll funktionsfähig sein. Ebenso muss die elektromagnetische Verträglichkeit den geltenden Vorschriften genügen. So weist beispielsweise der PitchOne der Firma Keba (Bild 26.14) die IP 20 als Schutzklasse aus, der Arbeitstemperaturbereich reicht von -30 ... +65 °C.

Bild 26.14
Steuer- und Regeleinheit eines Pitchsystems (PitchOne)
(© KEBA Industrial Automation Germany GmbH)

27 Wie wird ein Pitchsystem ausgelegt?

Entscheidend für die Auslegung der Komponenten des Pitchsystems, wie Motor, Pitchgetriebe oder Haltebremse, sind die wirkenden Kräfte und Momente im Blattflanschlager. Diese werden im Rahmen der Lastensimulation ermittelt. Hierfür stehen geeignete Simulationsprogramme zur Verfügung, in denen ein vollständiges Modell der Strukturdynamik hinterlegt ist (siehe Kapitel 23). Diese Simulation wird auch zur Zertifizierung der Pitchkomponenten gemäß der GL-Richtlinie (GL - Germanischer Lloyd) benötigt.

Die zur Zertifizierung notwendigen Simulationsläufe sind in sogenannten DLCs *(Design Load Case)* eingeteilt und entsprechen einem speziellen Lastfall, auf den das Gesamtsystem bzw. die Komponenten ausgelegt werden müssen. Es wird zwischen zwei Typen unterschieden (siehe Kapitel 22):

- Auslegung nach Ermüdung *(fatigue loads)*
- Auslegung nach Extremlast *(ultimate loads)*

Welche Art der Auslegung zur Anwendung kommt, hängt von der jeweils zu dimensionierenden Komponente und ihrer Belastungsart ab. Für ein Pitchsystem sind die relevanten Lastfälle in Tabelle 27.1 abgelegt.

Tabelle 27.1 Relevante Lastfälle zur Auslegung von Pitchsystemen

Betriebsbedingung	Lastfall	Relevanz	Kommentar
Produktionsbetrieb	DLC 1.1-DLC 1.15	++	thermische Auslegung
Produktionsbetrieb und Fehler	DLC 2.1 DLC 2.2	++	Spitzendrehmoment
Start	DLC 3.1 DLC 3.2	o	erfüllt mit DLC 1.x, DLC 5.1
normale Abschaltung	DLC 4.1 DLC 4.2	o	erfüllt mit DLC 5.1
Notabschaltung	DLC 5.1	++	Spitzenleistung
Parken, Stillstand oder Leerlauf	DLC 6.1-DLC 6.4	+	Auslegung der Haltebremse

Tabelle 27.1 Relevante Lastfälle zur Auslegung von Pitchsystemen *(Fortsetzung)*

Betriebsbedingung	Lastfall	Relevanz	Kommentar
Parken und Fehler	DLC 7.1	++	Auslegung der Haltebremse
Transport, Wartung und Reparatur	DLC 8.1-DLC 8.5	-	erfüllt mit DLC 1.x
extreme Betriebs-bedingungen	DLC 9.1-DLC 9.8	(++)	standort- und typabhängig

Eine entscheidende Größe zur Auslegung ist somit das notwendige Drehmoment M_{ZB}, das das Pitchsystem aufbringen muss, um das Rotorblatt zu halten bzw. zu positionieren. Es setzt sich im Wesentlichen aus vier unterschiedlichen Anteilen zusammen:

$$M_{ZB} = M_{ZB,Aero} + M_{ZB,GV} + M_{ZB,FR} + M_{ZB,TR}$$

Das Drehmoment $M_{ZB,Aero}$ entsteht durch die am Rotorblatt entstehenden aerodynamischen Kräfte. Es resultiert daraus, dass die Fläche des Rotorblattes links und rechts der Profilsehne unterschiedlich ist. Trifft der Wind auf diese unterschiedlichen Flächen, entsteht ein Moment um die Blattachse, das das Rotorblatt in Drehung um die eigene Achse versetzen würde.

Dieses Moment $M_{ZB,Aero}$ kann mithilfe eines Kennfelds beschrieben werden. Dieses Kennfeld wird aus dem aerodynamischen Profil des Rotorblattes abgeleitet und beschreibt den Pitchmomentenbeiwert c_{Mz} abhängig von der Schnelllaufzahl λ und der mittleren Windgeschwindigkeit v_w. Ein Auszug eines solchen Kennfelds eines Rotorblatts zeigt Bild 27.1.

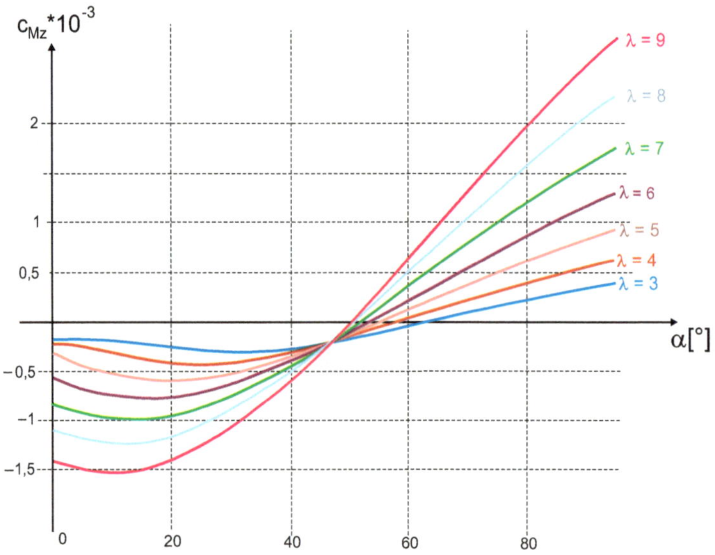

Bild 27.1 Pitchmomentenbeiwerte einer Windenergieanlage

Mithilfe dieser Kennfelder lässt sich die Belastung des Pitchsystems durch aerodynamische Ursachen recht gut darstellen. Es gilt:

$$M_{ZB,Aero} = \frac{\pi}{2} \cdot c_{M,z}\left(\lambda, \alpha_{ist}\right) \cdot \rho_{Luft} \cdot R_{Rot}^{3} \cdot v_{w}^{2}$$

Es ist zu beachten, dass das Kennfeld nur für eine bestimmte aerodynamische Form des Rotorblatts bestimmt wird. Im Betrieb verändern sich die aerodynamischen Eigenschaften des Rotorblatts jedoch beispielsweise durch Biegung unter Belastung.

Das Drehmoment $M_{ZB,GV}$ kennzeichnet den Gravitationseinfluss, dessen Ursache die Durchbiegung der Rotorblätter unter Last ist. Es kommt zu einer Verschiebung des Rotorblattschwerpunkts (Bild 27.2), was eine Hebelwirkung aus der Pitchachse heraus erzeugt und somit zu einem Drehmoment in der Pitchachse führt. Da dieses Moment relativ klein ist, kann es in erster Näherung vernachlässigt werden.

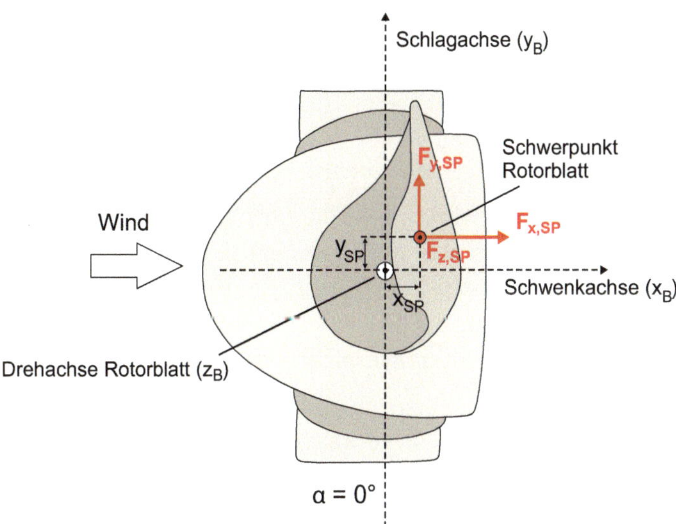

Bild 27.2 Veränderung des Schwerpunkts des Rotorblatts in der Rotorachse

Ein weiterer, sehr wesentlicher Beitrag besteht in der Reibung im Blattlager, aus dem das Reibemoment $M_{ZB,FR}$ resultiert (Bild 27.3). Derzeit wird dieses Moment in den Lastannahmen durch die sogenannte Rothe-Erde-Formel berücksichtigt, die vom gleichnamigen Unternehmen bereitgestellt wurde.

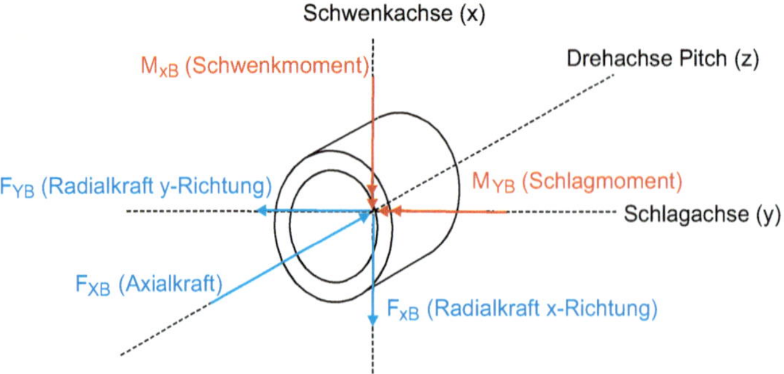

Bild 27.3 Kräfte und Momente im Pitchlager

Für Kugeldrehverbindungen gilt:

$$M_{ZB,FR} = \frac{\mu_{Reib}}{2}\left(4{,}4\cdot\sqrt{M_{XB}^2 + M_{YB}^2} + F_{XB}D_L + 2{,}2\cdot\sqrt{F_{XB}^2 + F_{YB}^2}\cdot D_L\cdot 1{,}73\right)$$

Für Rollendrehverbindungen gilt:

$$M_{ZB,FR} = \frac{\mu_{Reib}}{2}\left(4{,}1\cdot\sqrt{M_{XB}^2 + M_{YB}^2} + F_{XB}D_L + 2{,}05\cdot\sqrt{F_{XB}^2 + F_{YB}^2}\cdot D_L\right)$$

Die Größe D_L stellt den Lagerdurchmesser dar, μ_{Reib} den Reibungskoeffizienten, der vom Hersteller des Lagers angegeben wird. Die Kräfte und Momente können den Lastberechnungen (siehe Kapitel 22) entnommen werden. Erfahrungen zeigen, dass diese Gleichungen dem schlechtesten Fall (Worst Case) entsprechen, der erst nach vielen Jahren Betrieb und Alterung der Lager der Realität entspricht. In den ersten Jahren kann daher von einem wesentlich niedrigeren Reibmoment ausgegangen werden.

Außerdem muss das Trägheitsmoment J_{Pitch} berücksichtigt werden, das das Pitchsystem bewegen muss. Dieses resultiert im Wesentlichen aus der Trägheit des Rotorblatts um die Rotorachse, muss aber aufgrund der sehr hohen Übersetzungsverhältnisse auch die Trägheit des Motors und des Pitchgetriebes beinhalten.

Da sich die Form des Rotorblattes unter Last verändert, ist die Trägheit nicht konstant, sondern abhängig vom Betriebszustand und insbesondere vom Pitchwinkel α. Es gilt somit:

$$M_{ZB,TR} = J_{Pitch}(\alpha,\lambda)\cdot\ddot{\alpha}$$

Mittels dieser Berechnungen werden Lastbedarfe der einzelnen Lastfälle generiert, die wiederum die Basis für die Auslegung des Pitchsystems bilden.

28 Wie wird eine Notverstellung realisiert?

Im Fall einer Notverstellung (siehe Kapitel 11) müssen sich die betroffenen Rotorblätter unverzüglich aus dem Wind drehen. Es wird dabei auf eine externe Energieversorgung umgestellt, die den Betrieb des Pitchsystems ohne Energieversorgung aus dem Netz aufrechterhält. Die Energie dieser Speicher ist in der Regel so bemessen, dass mindestens drei nacheinander stattfindende Notverstellungen unter allen Umständen realisiert werden könnten. Je nachdem, ob bei elektrischen Pitchsystemen Gleichstrommotoren (Bild 28.1) oder Drehstrommotoren (Bild 28.2) eingesetzt werden, unterscheidet sich die Realisierung.

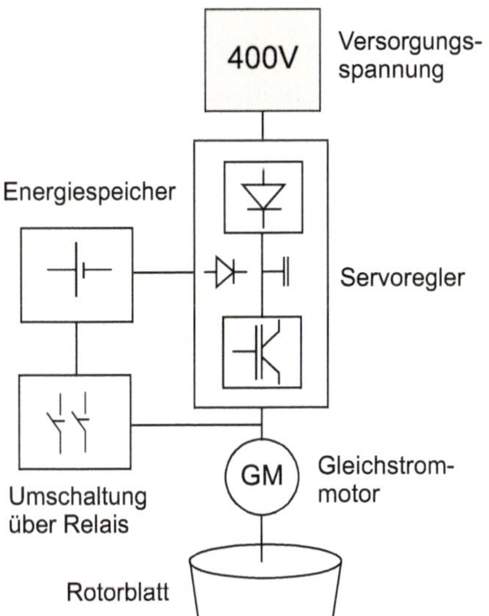

Bild 28.1
Prinzipielle Realisierung des elektrischen Pitchsystems mit Gleichstrommotoren

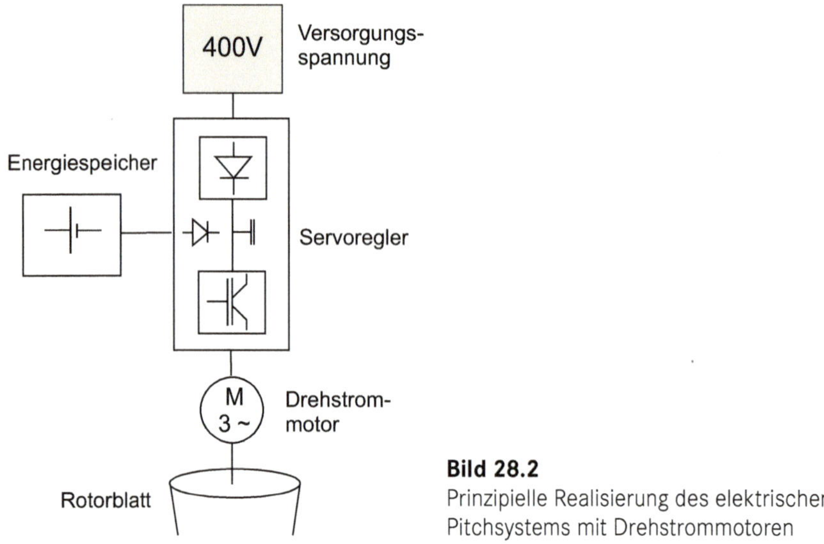

Bild 28.2
Prinzipielle Realisierung des elektrischen Pitchsystems mit Drehstrommotoren

Im **Normalbetrieb** werden bei Gleichstrommotoren typischerweise der Erregerstrom und damit der Erregerfluss konstant gehalten. Die Motordrehzahl wird über die Höhe der Ankerspannung eingestellt. Gespeist wird die Ankerspannung über einen 4-Quadrantensteller, der die notwendige Energie aus dem Zwischenkreis des Umrichters bezieht.

Wird eine **Notverstellung** eingeleitet, werden durch das Abfallen mehrerer Relais sowohl die Erreger- als auch die Ankerwicklung direkt auf den autarken Energiespeicher umgeschaltet. Um während der Notverstellung der Forderung nach einem hohen Anzugsmoment nachzukommen, werden folgende Maßnahmen beim Umschalten von Normalbetrieb auf Notfahrbetrieb ergriffen:

- Umschalten des Gleichstrommotors vom Reihen- in das Nebenschlussverfahren
- Erhöhung des Ankerwiderstands durch Zuschalten eines Vorwiderstandes im Ankerkreis
- Erhöhung der Ankerinduktivität durch Zuschalten einer Compound-Induktivität im Ankerkreis
- Verringerung der Feldinduktivität durch Veränderung der Verschaltung

Bei der Auslegung ist zu berücksichtigen, dass im Laufe der Notverstellung die Feld- und die Ankerspannung gleichermaßen abfallen, da der Energiespeicher kontinuierlich entleert wird.

Wird eine Notverstellung eingeleitet, so verfährt der Gleichstrommotor das Rotorblatt ungeregelt Richtung 90° Pitchwinkel, bis der entsprechende Endschalter auslöst. Dann wird die Energieversorgung aus dem Energiespeicher getrennt, sodass sich der Gleichstrommotor im stromlosen Zustand befindet. Anschließend wird die Haltebremse angezogen.

Bei **Drehstrommotoren** wird die Bewegung der Motorwelle und somit der Rotorblätter im Normalbetrieb mittels des Servoreglers entsprechend den Vorgaben geregelt. Im Fall einer Notverstellung wird lediglich die Energieversorgung so umgeschaltet, dass diese dann aus dem Energiespeicher bezogen wird. Daraus folgt, dass der Servoregler auch im Fall einer Notverstellung ein Teil der aktiven Sicherheitsfunktion ist.

Wenn ein Fehler innerhalb eines Servoreglers detektiert wird und eine Notverstellung eingeleitet werden muss, kann die Achse, bei der der Fehler aufgetreten ist, unter Umständen das Rotorblatt nicht mehr aus dem Wind drehen. Da es aber ausreicht, bereits ein Rotorblatt aus dem Wind zu drehen, um die Drehung des Rotors zum Stoppen zu bringen, wird die Sicherheit im Sinne der Norm dennoch erfüllt.

Dass der Servoregler während der Notverstellung ein Teil der aktiven Sicherheitsfunktion ist, kann im Vergleich zum System mit Gleichstrommotoren als Nachteil gesehen werden. Der Vorteil der Systeme mit Gleichstrommotoren ist, dass keine leistungselektronischen Komponenten mehr während der Notverstellung beteiligt sind. Der Gleichstrommotor wird in diesem Fall direkt aus dem autarken Energiespeicher gespeist.

Der Nachteil beim Einsatz von Gleichstrommotoren ist das ungeregelte Verfahren des Rotorblatts, das zu hohen Belastungen der mechanischen Komponenten führt. Im Gegensatz dazu kann im Servoregler eines Systems mit Drehstrommotoren ein (lastschonendes) Notfahrprofil hinterlegt werden, mit dem die Bewegung des Rotorblatts gesteuert wird. Damit werden die Lasten auf die Windenergieanlage im Fall einer Notverstellung reduziert. Dieses Notfahrprofil wird in der Regel direkt im Servoregler platziert, damit dieser die Notverstellung autark durchführen kann. Mittels eines identischen Notfahrprofils, das in der Betriebsführung hinterlegt ist, wird die Bewegung der Rotorblätter überwacht. Werden Abweichungen festgestellt, werden geeignete Maßnahmen ergriffen.

Bei **hydraulischen Pitchsystemen** ist die Energie, die für die Notverstellung notwendig ist, im Druckbehälter für die Hydraulikflüssigkeit gespeichert. Ein zusätzlicher Energiespeicher ist somit nicht notwendig. Die Notverstellung wird ähnlich wie bei den elektrischen Pitchsystemen mit Gleichstrommotoren durchgeführt: Über Relais wird der Druck aus dem Druckbehälter direkt auf die Hydraulikzylinder geschaltet, um die Rotorblätter ungeregelt aus dem Wind zu bewegen. Ist die 90°-Position erreicht, wird die Druckzufuhr getrennt.

29 Welche Energiespeicher werden in Pitchsystemen verbaut?

Energiespeicher werden benötigt, um das Pitchsystem mit Leistung zu versorgen, wenn die normale Energieversorgung über das Netz ausgefallen ist. Hierzu werden die entsprechenden Versorgungsleistungen mittels abfallender Relais auf den Energiespeicher umgeschaltet. Wie bereits in Kapitel 28 beschrieben, ist bei hydraulischen Systemen kein zusätzlicher Energiespeicher notwendig. Die folgenden Ausführungen beziehen sich daher auf elektrische Pitchsysteme.

Die (elektrischen) Energiespeicher können separat verbaut sein oder werden mit der Steuereinheit in einem gemeinsamen Gehäuse untergebracht (Bild 29.1). Bei elektrischen Pitchsystemen werden heute drei unterschiedliche Varianten eingesetzt, die im Folgenden vorgestellt werden.

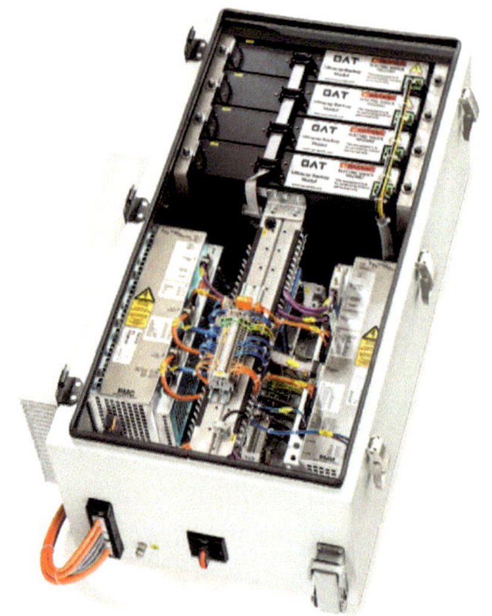

Bild 29.1
Pitchbox mit Steuerungseinheit und integriertem Energiespeicher
(© OAT OsterholzAntriebsTechnik GmbH)

Blei-Gel-/Blei-Säure-Batterien

Dieser Energiespeichertyp war lange Zeit der Standard bei Pitchsystemen. Es ist ein sehr robuster, kostengünstiger Batterietyp mit geringen Wartungskosten. Das Recycling ist relativ einfach möglich. Einzelne Blei-Gel-Batterieeinheiten liefern Zellspannungen von etwa 2 V und müssen so verschaltet werden, dass die notwendige Spannung erreicht wird und die gespeicherte Energie für mehrere Notfahrten ausreicht.

Vorteil ist die hohe Sicherheit und dass hohe Stromstärken innerhalb kurzer Zeit bereitgestellt werden können. Außerdem tritt kein Memory-Effekt auf, wodurch die Batterie unabhängig vom Entladezustand immer wieder geladen werden kann. Die Lebensdauer liegt zwischen sieben und zehn Jahren, die Batterie muss daher in entsprechenden Zeitintervallen im Zuge der Wartung ausgetauscht werden.

Nachteilig ist die geringe Energiedichte. Blei-Säure-Batterien sind bei gleicher Kapazität ungefähr viermal schwerer und deutlich größer als Lithium-Ionen-Batterien. Auch die relativ schnelle Selbstentladung ist nachteilig: Je nach Batterietyp und Alter kann diese bei Temperaturen von 20 °C bis zu 30 % pro Monat betragen. Dieser Effekt verstärkt sich mit steigender Temperatur. Die monatliche Selbstentladung liegt bei offenen Blei-Säure-Batterien bei etwa 5 bis 10 % und bei Gelbatterien bei etwa 3 bis 5 % [8.5].

Auch sind Blei-Säure-Batterien nicht gut für eine Lagerung geeignet - zumindest nicht ohne eine ständige Wartung und regelmäßiges Nachladen. Vor allem dürfen sie nicht lange entladen gelagert werden, sonst laufen im Inneren chemische Reaktionen ab, die die Batterien dauerhaft zerstören.

Ultracaps

Ultracaps, auch Supercaps, Boostcaps oder Powercaps genannt, sind elektrochemische Doppelschichtkondensatoren (DSK), bei denen die Energie im Feld der elektrochemischen Doppelschicht gespeichert wird (Bild 29.2).

Bild 29.2 Ultracaps-Einheit (© OAT OsterholzAntriebsTechnik GmbH)

Ultracaps zeichnen sich durch eine im Vergleich zu Batterien hohe Leistungsdichte und durch extrem große Zyklenstabilität aus. Mehr als 500 000 Lade-/Entladezyklen mit voller Entladungstiefe werden für DSK spezifiziert. Die Energiedichte der Doppelschichtkondensatoren ist allerdings deutlich geringer als die der Batterien [8.5].

Ein wichtiger Aspekt beim Einsatz von Ultracaps ist die relativ kleine Nennspannung der Einzelzellen. In Blattverstellsystemen werden Spannungen von mehreren 100 V verlangt, sodass viele Ultracaps in Reihe geschaltet werden müssen, ohne dass die Nennspannung an den einzelnen Zellen überschritten wird. Ultracaps vertragen kurzzeitige Überspannungen von ca. 10 %, bei längerer Überspannung altern die Kondensatoren allerdings deutlich. Die Ursache einer ungleichen Spannungsverteilung auf die einzelnen Zellen sind unterschiedliche Innenwiderstände und/oder unterschiedliche Kapazitäten der Einzelzellen. Die Reihenschaltung vieler Einzelzellen erfordert einen erhöhten Leistungselektronikaufwand zur Symmetrierung der Spannungsbeanspruchung.

Lithium-Ionen-Batterien

Relativ neu ist der Einsatz von Lithium-Ionen-Batterien (Bild 29.3) in Pitchsystemen von Windenergieanlagen. Diese Batterien zeichnen sich durch eine hohe Energiedichte aus (ungefähr viermal höher als die von Bleibatterien). Die Zellspannungen liegen bei ca. 3 – 4 V, was bedeutet, dass weniger Zellen sowie weniger Verbindungen zwischen den Zellen und Elektronik benötigt werden, um Hochspannungsbatterien herzustellen.

Bild 29.3
Einheit von Lithium-Ionen-Batterien
(© OAT OsterholzAntriebsTechnik GmbH)

Lithium-Ionen Batterien vertragen hohe Entladeströme. Damit ist eine Schnellentladung möglich. Die Batterien können fast komplett entleert werden, ohne die Zyklusdauer, die Lebensdauer oder die Hochstromabgabe zu beeinflussen. Sie besitzen eine geringe Selbstentladungsrate (3 bis 5 % pro Monat, kann Elektrizität bis zu zehn Jahre lang speichern) und einen hohen Coulomb'schen Wirkungsgrad (Entlade-/Ladekapazität fast 100 %). Man kann also nahezu die gesamte Energie, die man in die Batterie geladen hat, wieder entnehmen.

Nachteilig ist die Empfindlichkeit gegenüber Tiefentladung und Überladung. Außerdem besitzen sie eine recht hohe Empfindlichkeit gegen hohe oder niedrige Temperaturen: Die ideale Betriebstemperatur liegt zwischen etwa 10 und 35 °C. Gerade bei tiefen Temperaturen unter dem Gefrierpunkt lässt die Leistung der Batterien stark nach. Es ist somit ein leistungsfähiges Batteriemanagementsystem notwendig, das unter anderem Heizmatten und Kühler besitzt.

Da die Preise für Lithium-Ionen-Batterien in letzter Zeit gefallen sind, wird dieser Batterietyp für Windenergieanlagen zunehmend attraktiv.

30 Welche wesentlichen Regelkreise zur Anlagenregelung existieren?

Um diese Frage zu beantworten, ist die Anzahl der Stellgrößen, die das generelle dynamische Verhalten der Windenergieanlage beeinflussen können, von entscheidender Bedeutung. Die Schwierigkeit der Regelung einer Windenergieanlage bezüglich der Beeinflussung ihrer Dynamik insbesondere im Produktionsmodus ist, dass nur zwei bzw. vier (bei IPC, siehe Kapitel 39) Stellgrößen existieren:

- die Blattverstellwinkel (Pitchwinkel α) der Rotorblätter
- das elektrische Drehmoment M_D (bzw. das Generatormoment), das dem Rotormoment entgegengesetzt wird

Beide Größen sind in gewissen Grenzen stufenlos einstellbar und beeinflussen das dynamische Verhalten der Windenergieanlage wesentlich. Mittels dieser beiden Stellgrößen müssen unterschiedlichste Anforderungen erfüllt werden:

- Im Teillastbetrieb sollten sich Rotordrehzahl und Pitchwinkel so einstellen, dass immer die optimale Leistungsausbeute erreicht wird.
- Im Volllastbereich darf die Rotordrehzahl den Nennwert nur kurzzeitig und die Abschaltdrehzahl gar nicht überschreiten (siehe Kapitel 10).
- Bei einer Leistungsreduktion (z.B. durch den Netzbetreiber) ist die Wirkleistung zu begrenzen.
- Turmschwingungen sind zu reduzieren.
- Schwingungen des mechanischen Triebstranges sind zu reduzieren.
- Die erzeugte Wirkleistung muss einen möglichst „glatten“ Verlauf aufweisen.
- Generell sind die Lasten so weit wie möglich zu reduzieren, insbesondere bei Ereignissen wie einer Notverstellung oder einem kurzzeitigen Netzfehler.
- Über die erzeugte Wirkleistung soll eine Frequenzstützung des Versorgungsnetzes erreicht werden.
- Eine exzessive Stellaktivität (z.B. der Pitchantriebe) ist zu vermeiden.

Die Auslegung der Regelung ist somit immer ein Kompromiss, der geschlossen werden muss, um die genannten Anforderungen möglichst gut zu erfüllen. Zunächst werden die beiden Stellgrößen näher betrachtet.

Pitchwinkel

Die **Pitchwinkel** können in der Regel separat pro Rotorblatt stufenlos von 0° (Rotorblatt ist vollständig in den Wind gedreht) bis etwas über 90° (Rotorblatt ist aus dem Wind gedreht, es wird ein negatives, bremsendes Rotormoment erzeugt) eingestellt werden. Um die Lasten auf die Anlage nicht zu groß werden zu lassen, ist die Änderungsgeschwindigkeit der Pitchwinkel in der Regel auf einen Wert begrenzt (üblicherweise zwischen ±5 bis ±9°/s bei modernen Windenergieanlagen).

Mittels der aktuellen Pitch-Istwinkel α_{ist} werden die vom Rotor erzeugten Kräfte und Momente wesentlich beeinflusst. In Kapitel 14 wurde gezeigt, dass für das Rotormoment ohne Berücksichtigung der Turmschwingungen gilt:

$$M_{Rot} = \frac{\pi}{2} \cdot c_m \left(\lambda, \alpha_{ist}\right) \cdot \rho_{Luft} \cdot R_{Rot}^3 \cdot v_w^{\,2}$$

Eine Verstellung der Pitchwinkel erzeugt also eine direkte Änderung des Rotormoments und damit eine indirekte Veränderung der Rotordrehzahl.

Die daraus resultierende Schubkraft wird ebenfalls als Folge der Pitchwinkelverstellung verändert:

$$F_{Schub} = \frac{\pi}{2} \cdot c_t \cdot \left(\lambda, \alpha_{ist}\right) \cdot \rho_{Luft} \cdot R_{Rot}^2 \cdot v_w^{\,2}$$

Generell führen Pitchwinkelverstellungen also zu Rotordrehzahländerungen und Veränderung der Lasten, wie beispielsweise Schlag- und Schwenkmomente (siehe Kapitel 19).

Elektrisches Drehmoment

Mittels des **elektrischen Drehmomentes** M_D wird im Wesentlichen die Rotordrehzahl der Windenergieanlage beeinflusst. Wird dem Rotormoment M_{Rot} ein geringeres Drehmoment entgegengesetzt, so erhöht sich die Rotordrehzahl der Windenergieanlage, bis das Rotormoment wieder soweit abgesunken ist, dass ein Gleichgewicht zwischen Rotor- und elektrischem Drehmoment herrscht. Ist das Drehmoment größer als das Rotormoment, so vermindert sich die Rotordrehzahl entsprechend. Dabei greift die vereinfachte Annahme, dass der mechanische Triebstrang durch ein System 1. Ordnung der Gesamtträgheit J_{Ges} approximiert wird und keine Verluste auftreten.

$$\Omega_{Rot} = \frac{1}{J_{Ges}} \cdot \frac{d\left(M_{Rot} - M_D\right)}{dt}$$

Die von der Anlage erzeugte **elektrische Wirkleistung** P ist als weitere wesentliche Ausgangsgröße des Systems direkt abhängig von dem elektrischen Drehmoment. Es gilt vereinfacht (ohne Verluste und Erzeugung von Blindleistung):

$$P = M_D \cdot \Omega_{Rot}$$

Zusammenfassend ergeben sich (sehr vereinfacht) zwei wesentliche Regelkreise bezüglich der Dynamik einer Windenergieanlage im Produktionsbetrieb, die über die Regelstrecke (Windenergieanlage - WEA) miteinander gekoppelt sind (siehe Bild 30.1):

- Der **Pitchregelkreis** beeinflusst die Regelstrecke über die Stellung der Rotorblätter (Pitchwinkel). Als wesentliche Eingangsgrößen dienen die Rotorkreisfrequenz bzw. die Rotordrehzahl und die entsprechenden Leitwerte.
- Der **Leistungs- bzw. Momentenregelkreis** besitzt die Stellgröße des elektrischen Drehmoments (Generatormoment). Wesentliche Eingangsgrößen sind ebenfalls die Rotordrehzahl und die zugehörigen Leitwerte.

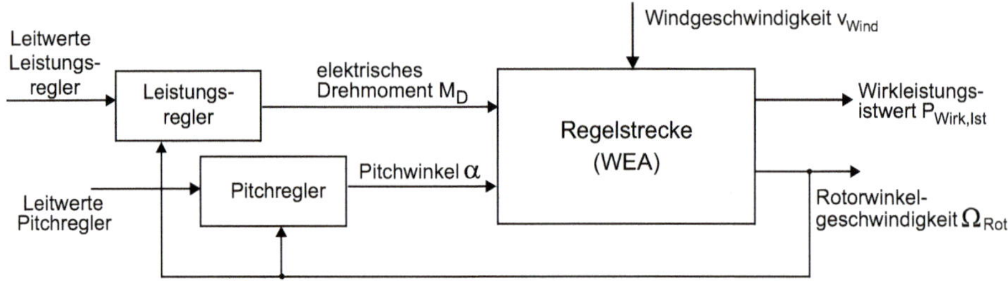

Bild 30.1 Die beiden wesentlichen Regelkreise einer Windenergieanlage

Die gemessene Windgeschwindigkeit (siehe Kapitel 23) wird nicht für die Regelung im Produktionsbetrieb verwendet, da sie zu ungenau ist. Mehrgrößenregler, wie sie beispielsweise in [5.11] oder [5.12] beschrieben werden, werden hier nicht behandelt, da die in Bild 30.1 gezeigte Reglerstruktur (nach meinem Wissen) heute Stand der Technik ist und in dieser Form bei der überwiegenden Zahl der Windenergieanlagen eingesetzt wird.

31 Wie funktioniert der Pitchregler im Produktionsbetrieb einer Windenergieanlage?

Zum besseren Verständnis des Pitchregelkreises wird zunächst das grundsätzliche Konzept der Regelung anhand einer idealisierten Windenergieanlage aufgezeigt. Zur Vereinfachung wird die Istwerteinstellung durch das Pitchsystem als ideales PT1-Glied mit der Verzögerungszeitkonstante T_M angenommen, d. h., der Pitchwinkelistwert folgt dem Pitchwinkelsollwert leicht verzögert. Als Leitwerte werden im Wesentlichen der minimale Pitchwinkel (α_{min}) und die Rotornenndrehzahl ($n_{Rot,nenn}$) verwendet. Außerdem werden alle Rotorblätter für diese Betrachtung einen identischen Pitchwinkel besitzen.

Ausgehend von dem Ziel, den Pitchwinkel der Rotorblätter gemäß den Anforderungen einzustellen, werden zunächst die zwei wichtigsten Anforderungen an die Regelung formuliert:

- Der Istwert der Rotordrehzahl ($n_{Rot,ist}$) ist auf die Rotornenndrehzahl ($n_{Rot,nenn}$) zu begrenzen, um dauerhafte oder zu große Überdrehzahlen, die zur Beschädigung der Windenergieanlage führen können, zu vermeiden (siehe Kapitel 10).
- Der Blattwinkel α_{ist} darf einen bestimmten Mindestpitchwinkel α_{min} nicht unterschreiten. Ein geringerer Wert kann im schlimmsten Fall zum Strömungsabriss am Rotorblatt führen und die Anlage beschädigen (siehe Kapitel 21).

Eine vereinfachte Grundstruktur der Pitchregelkreise zeigt Bild 31.1.

Es ist zu erkennen, dass der Pitchregler aus zwei (Regler-)Anteilen besteht:

- Der **Mindestpitchwinkelregler** bewirkt eine Begrenzung des Blattwinkels α_{ist} auf den vorgegebenen Mindestblattwinkel α_{min}. Im einfachsten Fall ist dieser Leitwert konstant und entspricht dem optimalen Pitchwinkel (z. B. 0°). Dieser Regler erzeugt als Ausgang eine Sollgeschwindigkeit des Pitchwinkels.
- Der **Drehzahlregler** hat die Aufgabe, die Rotordrehzahl zu begrenzen. Im einfachsten Fall ist der Leitwert für diesen Regler die Rotor- oder die Generatornenndrehzahl der Windenergieanlage und somit konstant. Der Istwert der Rotordrehzahl kann über geeignete Sensoren gemessen werden. Als Ausgang wird ebenfalls eine Sollgeschwindigkeit des Blattwinkels erzeugt.

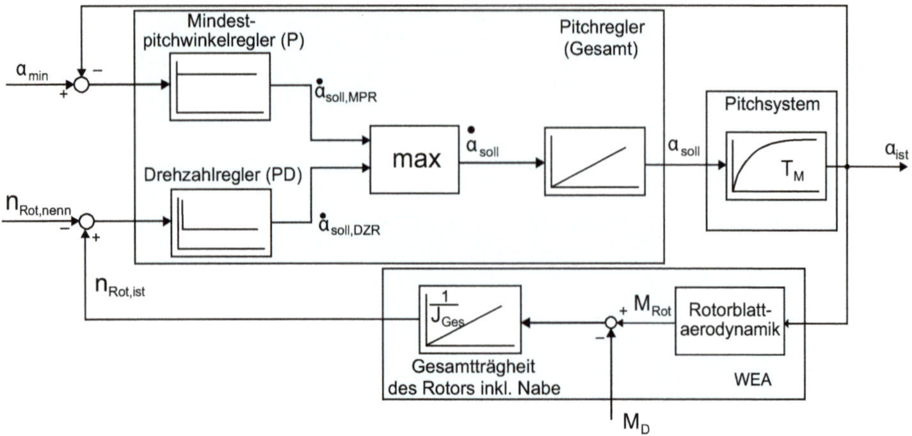

Bild 31.1 Prinzipieller Aufbau der Pitchregelkreise

Aus den Ausgängen beider Regler wird das Maximum gebildet. Da eine positive Verstellgeschwindigkeit ein Drehen aus dem Wind und eine negative Verstellgeschwindigkeit ein Drehen in den Wind bedeuten, „gewinnt" also derjenige Regler, der

- die Rotorblätter schneller aus dem Wind (Richtung 90°) fährt bzw.
- die Rotorblätter langsamer in den Wind (Richtung 0°) verfährt.

Das Verfahren aus dem Wind hat somit immer Vorrang gegenüber dem Verfahren in den Wind.

Mindestpitchwinkelregelkreis

Als Regler wird ein P-Regler mit dem Verstärkungsfaktor K_{MPR} (MPR – Mindestpitchregler) verwendet. Die Gesamtübertragungsfunktion des Mindestpitchregelkreises im Bildbereich ergibt sich dann zu

$$F_{G,MPR} = \frac{1}{\frac{T_M}{K_{MPR}} s^2 + \frac{1}{K_{MPR}} s + 1}$$

wobei die Kontante T_M (in idealisierter Form) die Zeitverzögerung repräsentiert, die aus dem verzögerten Aufbau der Pitchwinkelgeschwindigkeit resultiert. Als weitere Vereinfachungen werden während dieser Betrachtung eine ideal steife Mechanik und keine Lasten angenommen.

Da der Pitchwinkel unter keinen Umständen den Mindestpitchwinkel unterschreiten darf, ist eine Auslegung des Regelkreises auf eine Dämpfung von $D = 1$ sinnvoll. Der Verstärkungsfaktor des Mindestpitchwinkelreglers (P-Verhalten) ergibt sich somit zu

$$K_{MPR} = \frac{1}{4T_M}$$

Rotordrehzahlregelkreis

Aufgrund des doppelt integralen Verhaltens innerhalb der Regelstrecke wird ein (idealer) PD-Regler verwendet. Zur Auslegung des Reglers werden einige Annahmen getroffen:

- Als Stellgröße des Drehzahlreglers wird nur für die Auslegung nicht die Pitchwinkelsollgeschwindigkeit, sondern der Pitchwinkelsollwert verwendet. Statt eines PD-Reglers wird dann ein PI-Regler ausgelegt. Aus den Parametern dieses PI-Reglers kann dann wieder auf die Parameter des PD-Reglers rückgeschlossen werden. Die Regelstrecke hat dann nur noch ein einfaches (verzögertes) integrales Verhalten.
- Das aerodynamische Verhalten des Rotorblatts und des Gegenmoments wird durch eine Linearisierung im Arbeitspunkt vereinfacht. Es wird angenommen, dass das Differenzmoment aus Rotormoment und elektrischem Drehmoment im stationären Zustand gleich null ist und in erster Näherung nur vom eingestellten Pitchwinkel abhängig ist. Hierfür wird der Verstärkungsfaktor $V_{MKF} = \frac{M_{Rot} - M_D}{\alpha_{ist}}$ eingeführt.

Es ist zu beachten, dass dem Istwert der Rotordrehzahl der Sollwert abgezogen wird, d.h., liegt die Rotordrehzahl unter der Solldrehzahl, so wird ein negativer Stellwert erzeugt (das Rotorblatt wird in den Wind, Richtung 0° gedreht).

Mithilfe dieser Vereinfachungen ergibt sich eine Regelstrecke mit IT_1-Verhalten. Für diese Strecke kann ein PI-Regler nach dem Standardverfahren des symmetrischen Optimums ausgelegt werden (Bild 31.2).

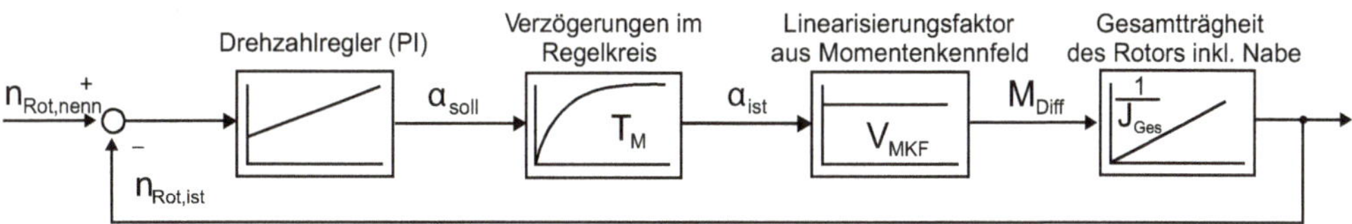

Bild 31.2 Drehzahlregelkreis

Der PI-Regler hat folgende Übertragungsfunktion:

$$F_{DZR,PI} = K_{DZR}\left(1 + \frac{1}{T_{DZR} \cdot s}\right)$$

Mittels Auslegung nach dem symmetrischen Optimum ergeben sich für die Regelparameter

$$K_{DZR} = \frac{J_{Ges}}{a \cdot V_{MKF} \cdot T_M} \quad und: \quad T_{DZR} = a^2 \cdot T_M$$

wobei a den Entwurfsparameter darstellt. Die Streckenfunktion lautet somit:

$$F_{S,DZR} = \frac{a^2 T_M s + 1}{a^3 T_M^2 s^2 \left(T_M s + 1\right)}$$

Die Übertragungsfunktion des geschlossenen Regelkreises ergibt sich zu

$$F_{G,DZR} = \frac{a^2 T_M s + 1}{a^3 T_M^3 s^3 + a^3 T_M^2 s^2 + a^2 T_M s + 1}$$

$$= \frac{s + \frac{1}{a^2 T_M}}{\left(s + \frac{1}{a T_M}\right) \cdot \left(a T_M^2 s^2 + (a-1) T_M s + \frac{1}{a}\right)}$$

Diese ist durch folgende Eigenschaften gekennzeichnet:

- stationäre Verstärkung = 1 (keine bleibende Regelabweichung)
- eine reelle Nullstelle bei $-\frac{1}{a^2 T_M}$
- eine reelle Polstelle bei $-\frac{1}{a T_M}$
- ein konjugiert komplexes Polpaar mit der Eigenfrequenz $\omega_0 = \frac{1}{a T_M}$ und der Dämpfung $D = \frac{a-1}{2}$

Die Rückrechnung der Parameter auf den verwendeten PD-Regler ergibt

$$F_{DZR,PD} = K_{DZR} \cdot T_{DZR} \cdot \left(T_{DZR} s + 1\right) = \frac{J_{Ges} \cdot a}{V_{MKF}} \cdot \left(a^2 T_M s + 1\right)$$

Mit diesem Entwurfsverfahren kann der Drehzahlregler so eingestellt werden, dass beispielsweise nur ein geringes Überschwingen der Rotordrehzahl zugelassen wird. Der Verstärkungsfaktor V_{MKF} und der Entwurfsparameter a werden abhängig vom Betriebspunkt bestimmt (sogenanntes Gain Scheduling).

Kopplung der Regelkreise über die Max-Funktion

Bild 31.3 soll das Zusammenspiel der beiden Regelkreise verdeutlichen. Für eine ideale Windenergieanlage wird die Windgeschwindigkeit sprunghaft von 0 m/s auf einen Wert, der eine höhere Rotordrehzahl als die Rotornenndrehzahl zur Folge hat, gesteigert. Zu Beginn befindet sich die Anlage im Zustand des Trudelns ($\alpha = 60°$).

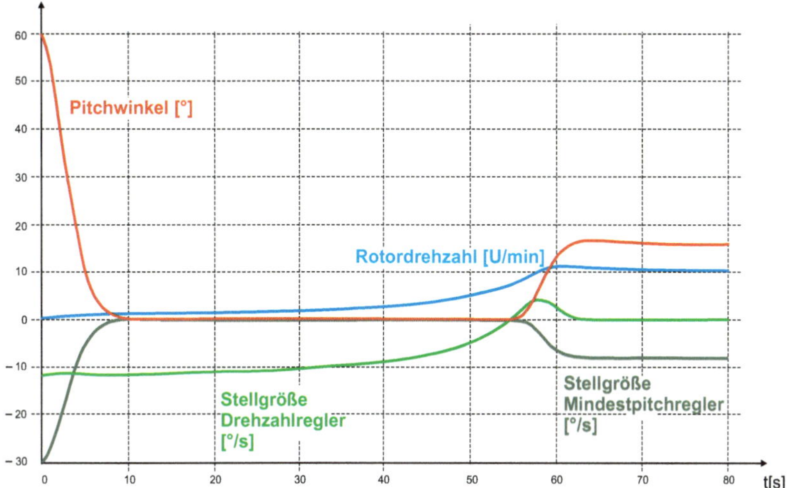

Bild 31.3 Zusammenspiel der Pitchregelkreise

Zu Beginn erzeugen beide Regler eine negative Stellgröße. Beide Regler wollen das Rotorblatt in den Wind drehen, da

- die aktuelle Rotordrehzahl kleiner als die Nenndrehzahl ist und
- der aktuelle Pitchwinkel größer als der minimale Pitchwinkel ist.

Zunächst wird der Stellwert des Drehzahlreglers durchgeschaltet, da dieser größer als der Stellwert des Mindestpitchreglers ist. Die Rotorblätter werden in den Wind gedreht (Richtung 0°), und die Rotordrehzahl steigt langsam an. Da die Verstellung des Pitchwinkels sehr schnell geschieht, wird nach ca. 3 Sekunden auf den Stellwert des Mindestpitchreglers umgeschaltet. Nachdem der Mindestpitchwinkel erreicht wurde (nach ca. 10 Sekunden) wird zunächst keine weitere Verstellung des Rotorblattes durchgeführt.

Nähert sich die Rotordrehzahl nun der Rotornenndrehzahl (ca. bei 10 U/min), übernimmt der Drehzahlregler und beginnt das Rotorblatt aus dem Wind zu drehen, bis die Rotornenndrehzahl erreicht ist. Der Regler ist so ausgelegt, dass ein geringes Überschwingen der Rotordrehzahl zugelassen wird. Die Stellgröße des Mindestpitchreglers hat also im Volllastbereich keinen Einfluss mehr auf die Rotorblattposition, da diese Stellgröße kleiner als die Stellgröße des Drehzahlreglers ist.

Wie zu erkennen, ist der Mindestpitchwinkelregelkreis nicht unbedingt notwendig. Über ihn werden die Rotorblätter nur schneller in den Wind gedreht, als es nur mit dem Drehzahlregelkreis der Fall wäre. Manche Hersteller von Windenergieanlagen verzichten daher auf den Mindestpitchwinkelregelkreis.

32 Was ist die optimale Steuerkurve?

Die neben den Pitchwinkeln zweite Steuergröße ist das elektrische Drehmoment, also das Moment, das der Generator dem Rotormoment entgegensetzt. Im einfachsten Fall besteht der Momenten- bzw. der Leistungsregler nur aus einer Steuerkurve, die den Zusammenhang zwischen dem Sollwert des elektrischen Drehmoments und der aktuellen Rotordrehzahl beschreibt. Eine andere Variante ist die direkte Drehzahlregelung (siehe Kapitel 35), bei der ebenfalls diese Beziehung benötigt wird.

Die **optimale Steuerkurve** beschreibt den Zusammenhang, bei dem die Windenergieanlage für eine beliebige Windstärke die maximal mögliche Energie wandelt. Die dem Wind entzogene Leistung ist dann maximal, wenn die Windenergieanlage im Produktionsbetrieb mit dem maximalen Leistungsbeiwert betrieben wird (die Turmschwingungen werden in den folgenden Betrachtungen zunächst vernachlässigt):

$$P_{Rot,max} = \frac{\pi}{2} \cdot \rho_{Luft} \cdot R_{Rot}^2 \cdot v_w^3 \cdot c_{p,max}$$

Im stationären Zustand und ohne Verluste ist das elektrische Drehmoment gleich dem Rotormoment. Somit gilt:

$$M_{D,Stat} = M_{Rot,Stat} = \frac{\pi}{2} \cdot \rho_{Luft} \cdot R_{Rot}^3 \cdot v_w^2 \cdot c_{m,opt}$$

Es ist zu beachten, dass der optimale Momentenbeiwert nicht dem globalen Maximum des Momentenbeiwertkennfelds entspricht, sondern der Momentenbeiwert ist, der sich am Arbeitspunkt des maximalen Leistungsbeiwerts einstellt:

$$c_{m,opt} = \frac{c_{p,max}}{\lambda_{opt}}$$

Mit der umgestellten Gleichung für die Schnelllaufzahl

$$v_w = \frac{2\pi \cdot R_{Rot} \cdot n_{Rot}}{60 \cdot \lambda}$$

ergibt sich somit die von der Windgeschwindigkeit unabhängige ideale Steuerkurve:

$$M_{D,opt} = \frac{2\,\pi^3 \cdot \rho_{Luft} \cdot R_{Rot}^5 \cdot c_{p,max}}{60^2 \cdot \lambda_{opt}^3} \cdot n_{Rot}^2$$

Das erwünschte elektrische Drehmoment steigt also quadratisch zur Rotordrehzahl an. Der Maximalwert der optimalen Steuerkurve wird jedoch durch zwei Bedingungen begrenzt:

- Die Rotordrehzahl darf die Nenndrehzahl ($n_{Rot,max} = n_{Nenn}$) nicht (bzw. nur kurzzeitig) überschreiten.
- Die Generatorleistung ist begrenzt, d. h., die Rotorleistung kann nur bis zu einem maximalen Wert gewandelt werden. In dieser Betrachtung ohne Verluste wird vereinfacht angenommen, dass dieser Wert der Nennleistung des Generators entspricht: $P_{Gen,max} = P_{Gen,nenn}$.

Unter der Annahme, dass beide Begrenzungen am Übergang vom Teillastbereich in den Volllastbereich gleichzeitig eintreten sollen, hat die optimale Steuerkurve ohne Einschränkungen die in Bild 32.1 gezeigte Form.

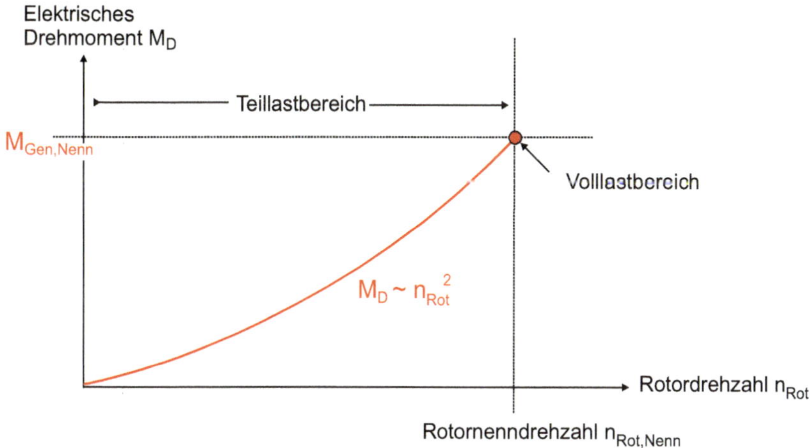

Bild 32.1 Optimale Steuerkurve ohne Einschränkungen

Es ist zu erkennen, dass die optimale Steuerkurve in dieser Form durchgängig im Teillastbereich nur dann gilt, wenn die Windenergieanlage so ausgelegt ist, dass Rotornenndrehzahl und Generatornennleistung bei gleicher Windgeschwindigkeit erreicht werden, was in der Praxis nicht der Fall ist (siehe Kapitel 33).

Dessen ungeachtet soll zum weiteren Verständnis im Folgenden die Beziehung hergeleitet werden, die gelten muss, damit dieser Fall erreicht wird, das heißt die Generatornennleistung und die Rotornenndrehzahl bei gleicher Windgeschwindigkeit erreicht werden.

Aus der Gleichung für die dem Wind entnehmbare Leistung

$$P_{Rot} = \frac{\pi}{2} \cdot \rho_{Luft} \cdot R_{Rot}^2 \cdot v_W^3 \cdot c_p$$

ergibt sich, dass die Rotorleistung bei gegebenem Rotordurchmesser und konstanter und bekannter Luftdichte für jede Windgeschwindigkeit maximal ist, wenn der Leistungsbeiwert c_p den globalen Maximalwert besitzt. Unter der Annahme, dass über den gesamten Windbereich immer der optimale Pitchwinkel eingestellt wird, sollte die Windenergieanlage idealerweise im gesamten Teillastbereich mit der optimale Schnelllaufzahl $\lambda = \lambda_{Opt}$ betrieben werden.

Aus der Definition der Schnelllaufzahl

$$\lambda = \frac{2\pi \cdot R_{Rot} \cdot n_{Rot}}{60 \cdot v_w} \quad bzw. \quad v_w = \frac{2\pi \cdot R_{Rot} \cdot n_{Rot}}{60 \cdot \lambda}$$

ergibt sich durch Einsetzen in die vorangegangene Gleichung für die dem Wind maximal entnehmbare Leistung:

$$P_{Rot,max} = \frac{4 \cdot \pi^4}{60^3} \cdot \rho_{Luft} \cdot R_{Rot}^5 \cdot c_{p,max} \cdot \left(\frac{n_{Rot}}{\lambda_{opt}} \right)^3$$

Die dem Wind maximal entnehmbare Leistung ist also proportional zur dritten Potenz der Rotordrehzahl, wenn mit der optimalen Schnelllaufzahl gefahren wird. Das maximale Rotormoment ergibt sich dann (ohne Berücksichtigung der Verluste) zu

$$M_{Rot,max} = \frac{P_{Rot,max} \cdot 60}{2 \cdot \pi \cdot n_{Rot}} = \frac{2 \cdot \pi^3 \cdot \rho_{Luft} \cdot R_{Rot}^5 \cdot c_{p,max}}{60^2 \cdot \lambda_{opt}^3}$$

Wenn die Rotornenndrehzahl und die Nennleistung des Generators bei der gleichen Windgeschwindigkeit erreicht werden sollen (entspricht dem Übergang vom Teillastbereich in den Volllastbereich), kann bei gegebenem Rotordurchmesser und gegebener Nennleistung des Generators diese Beziehung nur über den Wert der optimalen Schnelllaufzahl erreicht werden. Es gilt:

$$\lambda_{Opt} = \frac{n_{Rot,nenn}}{60} \cdot \sqrt[3]{\frac{4 \cdot \pi^4 \cdot \rho_{Luft} \cdot R_{Rot}^5 \cdot c_{p,max}}{P_{Gen,Nenn}}}$$

Ein Beispiel soll dies verdeutlichen. Eine Windenergieanlage besitzt einen Rotordurchmesser von D = 150 m. Der Generator besitzt eine Nennleistung von 5 MW. Das globale Maximum des Leistungsbeiwertes liegt bei $c_{p,max}$ = 0,47. Außerdem ist gefordert, dass die Blattspitzengeschwindigkeit einen Wert von 77 m/s nicht überschreitet.

Zunächst wird die Rotornenndrehzahl berechnet:

$$n_{Rot,nenn}\left[\frac{1}{min}\right]=\frac{77\left[\frac{m}{s}\right]\cdot 60}{2\,\pi\cdot 75\left[m\right]}=9{,}8$$

Die optimale Schnelllaufzahl (bei Normluftdichte) ergibt sich zu

$$\lambda_{Opt}=\frac{9{,}8\left[\frac{1}{min}\right]}{60}\cdot\sqrt[3]{\frac{4\cdot\pi^4\cdot 1{,}2041\left[\frac{kg}{m^3}\right]\cdot 75^5\left[m^5\right]\cdot 0{,}47}{5e^6\left[\frac{kg\ m^2}{s^3}\right]}}=7{,}7$$

Die Rotorblätter sollten also aerodynamisch so ausgelegt werden, dass das globale Maximum des Leistungsbeiwerts bei der optimalen Schnelllaufzahl λ_{Opt} = 7,7 liegt.

Die optimale Steuerkurve dieser Windenergieanlage ergibt sich dann zu

$$M_D\left[Nm\right]=\frac{2\cdot\pi^3\cdot\rho_{Luft}\cdot R_{Rot}^5\cdot c_{p,max}}{60^2\cdot\lambda_{opt}^3}\cdot n_{Rot}^2$$

$$=\frac{2\cdot\pi^3\cdot 1{,}2041\left[\frac{kg}{m^3}\right]\cdot 75^5\left[m^5\right]\cdot 0{,}47}{60^2\cdot 7{,}7^3}\cdot n_{Rot}^2\left[\frac{1}{min^2}\right]$$

$$M_D\left[Nm\right]=50672\cdot n_{Rot}^2\left[\frac{1}{min^2}\right]$$

Werden für diesen Fall die wesentlichen Größen dieser „idealen" Windenergieanlage über die Windgeschwindigkeit aufgetragen, ist zu erkennen, dass im Teillastbereich durchgängig mit der optimalen Schnelllaufzahl verfahren wird. Während sich die Rotordrehzahl linear zur Windgeschwindigkeit ändert, erhöht sich die Generatorleistung bei steigender Windgeschwindigkeit kubisch zur selben. Am Übergang vom Teillastbereich in den Volllastbereich erreichen beide Größen ihre Nennwerte. Um die Nennwerte nicht zu überschreiten, müssen im Volllastbereich die Rotorblätter mittels des Pitchsystems aus dem Wind gedreht werden. Dann sinkt die Schnelllaufzahl im Volllastbereich bei höheren Windgeschwindigkeiten linear ab (Bild 32.2).

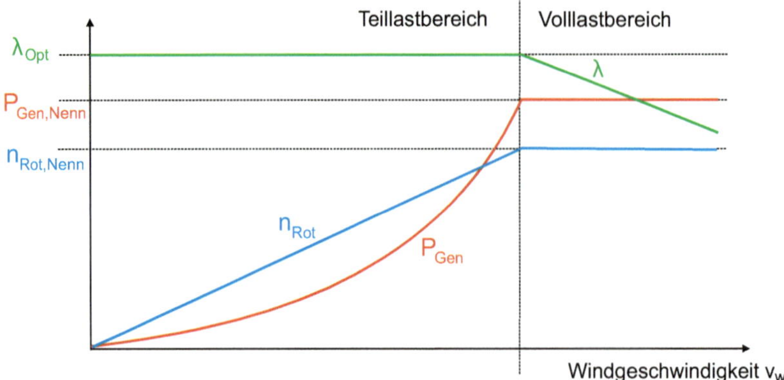

Bild 32.2 Verhalten der Windenergieanlage beim Fahren auf der optimalen Steuerkurve

Aus der Gleichung für das elektrische Drehmoment ist des Weiteren zu erkennen, dass dieses proportional zur aktuell herrschenden Luftdichte ρ_{Luft} ist. Da die Luftdichte je nach Wetterverhältnis schwanken kann, muss die optimale Steuerkurve entsprechend angepasst werden.

So wird bei höherer **Luftdichte** mehr und bei niedrigerer Luftdichte weniger elektrisches Drehmoment benötigt, um im optimalen Betriebspunkt verfahren zu können (Bild 32.3). Daher werden Steuerkurven bei modernen Windenergieanlagen nicht mehr in Tabellen abgelegt, sondern das elektrische Drehmoment wird abhängig von der Luftdichte und der Rotordrehzahl mittels einer Gleichung berechnet.

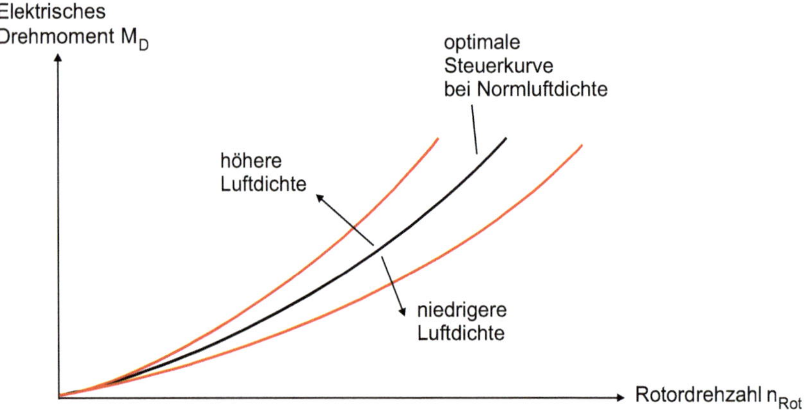

Bild 32.3 Veränderung der idealen Steuerkurve bei unterschiedlichen Luftdichten

Aufgrund von **Verlusten** speist eine Windenergieanlage weniger Leistung in das elektrische Netz ein als sie dem Wind entnimmt.

Bild 32.4 zeigt beispielhaft die Verluste einer Windenergieanlage mit Getriebe. Dabei sind mechanische und elektrische Verlustleistung über der Sollabgabeleistung aufgetragen. Je nach Konzept variieren die entstehenden Kurven. So entfällt bei getriebelosen Anlagen die mechanische Verlustleistung fast vollständig.

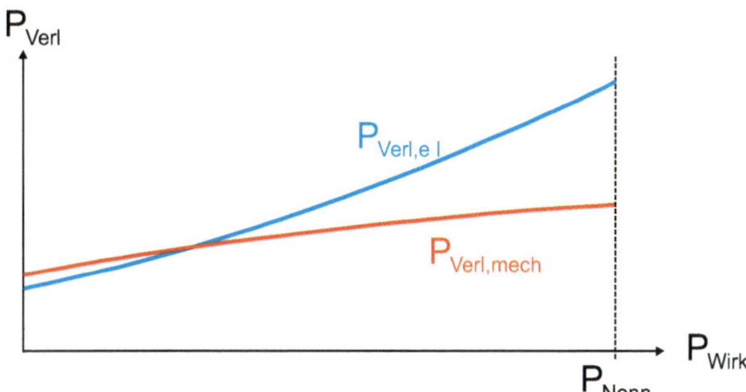

Bild 32.4 Prinzipieller Verlauf der Leistungsverluste einer WEA

Aufgrund der Leistungsverluste wird bei gleicher Rotordrehzahl weniger Moment auf der Generatorwelle generiert. Damit muss das elektrische Drehmoment um den gleichen Betrag reduziert werden, um die Rotordrehzahl halten zu können. Für die Berechnung der optimalen Steuerkurve bedeutet dies, dass das Verlustmoment abgezogen werden muss. Somit ergibt sich eine modifizierte Steuerkurve, wie in Bild 32.5 dargestellt.

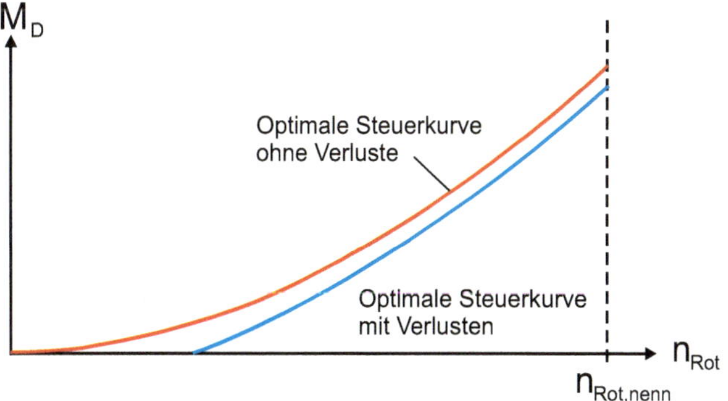

Bild 32.5 Veränderung der idealen Steuerkurve aufgrund von Leistungsverlusten

33 Welchen Einfluss haben die Anlagenparameter auf die optimale Steuerkurve?

In der Praxis ist der ideale Zusammenhang zwischen optimaler Schnelllaufzahl, dem Rotordurchmesser und der Generatornennleistung, wie in Kapitel 32 beschrieben, nicht gegeben. Daher muss die Steuerkurve entsprechend angepasst werden. Theoretisch existieren zwei Fälle mit jeweils zwei Optionen.

Fall 1

Die Windenergieanlage wird so ausgelegt, dass auf der optimalen Steuerkurve die Generatornennleistung vor der Rotornenndrehzahl erreicht wird. Theoretisch sind zwei Optionen möglich:

- Die Rotordrehzahl wird nach Erreichen der Generatornennleistung weiter bis zur Rotornenndrehzahl erhöht. Die dem Wind entnommene Leistung wird dann größer als die im Generator gewandelte Leistung. Der Leistungsüberschuss muss also abgeführt werden, was praktisch nicht möglich ist. Eine Beschädigung des Generators wäre die Folge.
- Die Rotordrehzahl wird nach Erreichen der Generatornennleistung durch Zurückfahren der Rotorblätter reduziert. Die Windenergieanlage erreicht nicht die Nenndrehzahl. Folge ist eine erhebliche Leistungseinbuße.

Beide Optionen sind daher zu vermeiden.

Fall 2

Die Windenergieanlage wird so ausgelegt, dass die Rotornenndrehzahl vor der Generatornennleistung erreicht wird. Auch hier sind zwei Optionen möglich:

- Ab Erreichen der Rotornenndrehzahl werden die Rotorblätter aus dem Wind gefahren, um die Rotornenndrehzahl zu halten. Die Generatornennleistung wird erst bei höheren Windgeschwindigkeiten erreicht. Dieses ist jedoch mit einer erheblichen Leistungseinbuße verbunden, da ab Erreichen der Rotornenndrehzahl der Leistungsbeiwert durch Verringerung der Schnelllaufzahl und Erhöhung des Pitchwinkels stark sinkt.
- Vor Erreichen der Rotornenndrehzahl setzt der Generator dem Rotormoment mehr Moment entgegen, als er im Idealfall sollte. Dadurch sinken Rotordreh-

zahl und Schnelllaufzahl etwas ab. Folge ist eine geringe Leistungseinbuße, bis Rotornenndrehzahl und Generatornennleistung wieder erreicht werden.

In der Praxis wird durchgehend der zweite Fall angewendet, was zur Folge hat, dass die optimale Steuerkurve im Teillastbereich nicht durchgängig verwendet werden kann.

Des Weiteren wurde der Bereich des Trudelns (siehe Kapitel 12) noch nicht berücksichtigt. In dieser Betriebsart dreht die Windenergieanlage bereits mit einer geringen Drehzahl, bei der der Generator noch keine Energie wandeln kann. Deshalb muss das elektrische Drehmoment bis zu einer Einschaltdrehzahl null sein und dann auf die optimale Steuerkurve gebracht werden.

Das Prinzip der angepassten Steuerkurve zeigt Bild 33.1:

- **Bereich 0 (Trudelbetrieb):** Der Generator kann aufgrund der geringen Rotordrehzahl noch keine Energie wandeln. Der Sollwert des elektrischen Drehmoments ist null.
- **Bereich I (Teillastbereich):** Ab einer vom Hersteller festgelegten Einschaltdrehzahl (Generatorumrichtersystem wird aktiviert) wird das elektrische Drehmoment so lange linear erhöht, bis die optimale Steuerkurve erreicht wird. Die Windenergieanlage beginnt, Energie zu wandeln.
- **Bereich II (Teillastbereich):** Das elektrische Drehmoment folgt der optimalen Steuerkurve, um die maximale Energie wandeln zu können.
- **Bereich III (Teillastbereich):** Es wird mehr elektrisches Drehmoment entgegengesetzt, als wenn auf der optimalen Steuerkurve gefahren werden würde. Ab einer Rotordrehzahl, die unterhalb der Rotornenndrehzahl liegt, wird das elektrische Drehmoment linear erhöht, bis der Volllastbereich erreicht ist.

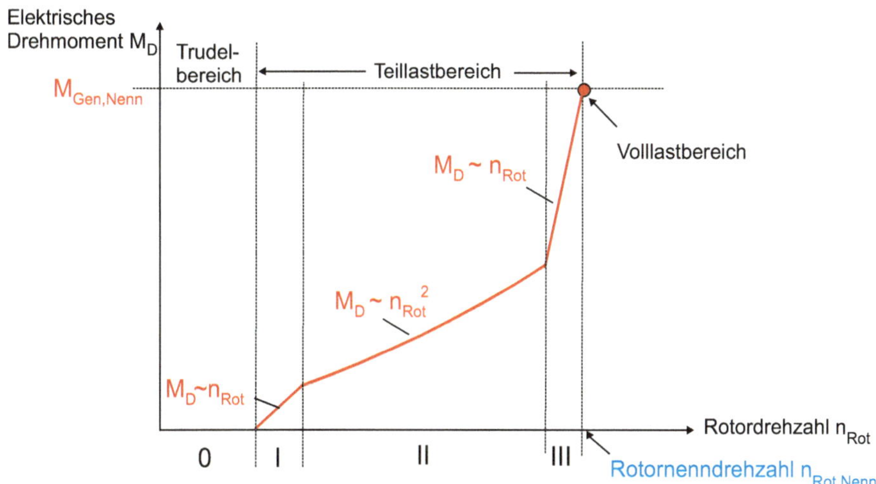

Bild 33.1 Steuerkurve unter Berücksichtigung der Anlagenparameter

Werden die Größen Schnelllaufzahl, Rotordrehzahl und Generatorleistung über der Windgeschwindigkeit aufgetragen, so ergibt sich Bild 33.2, wobei die Werte, die sich bei der Führung über die optimale Steuerkurve einstellen würden, gestrichelt dargestellt sind (optimaler Betrieb):

- **Bereich 0 (Trudelbetrieb):** Da das elektrische Drehmoment null ist, wird keine Generatorleistung erzeugt. Die Rotordrehzahl steigt schneller als im optimalen Betrieb, weshalb die Schnelllaufzahl mit steigender Windgeschwindigkeit ebenfalls ansteigt.
- **Bereich I (Teillastbereich):** Über das elektrische Drehmoment werden die Rotordrehzahl und die Generatorleistungen wieder auf ihre optimalen Werte geführt. Die Schelllaufzahl sinkt auf die optimale Schnelllaufzahl ab.
- **Bereich II (Teillastbereich):** Alle Größen sind im optimalen Betrieb. Es wird auf der optimalen Steuerkurve verfahren.
- **Bereich III (Teillastbereich):** Da mehr elektrisches Drehmoment entgegengesetzt wird als im optimalen Betrieb, steigt die Rotordrehzahl nicht so schnell wie im optimalen Betrieb. Dadurch sinkt die Schnelllaufzahl ab und ein geringer Verlust an Generatorleistung ist die Folge.
- **Volllastbereich:** Rotordrehzahl und Generatorleistung werden auf ihre Nennwerte begrenzt. Bei weiter steigenden Windgeschwindigkeiten sinkt die Schnelllaufzahl weiter ab.

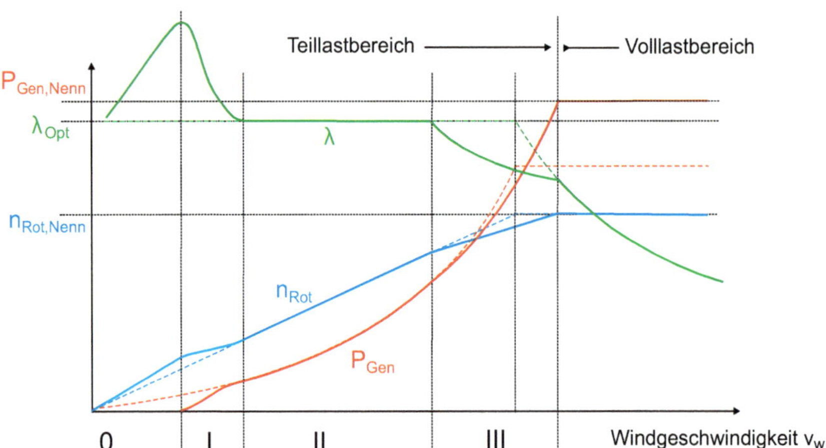

Bild 33.2 Verhalten der Windenergieanlage beim Fahren auf der angepassten Steuerkurve

Die resultierende Steuerkurve zeigt Bild 33.3. Wesentlich für die Steuerkurve ist die Bestimmung der Eckpunkte E0 bis E2. Die Bestimmung dieser Eckpunkte wird vom Hersteller der Windenergieanlage vorgenommen.

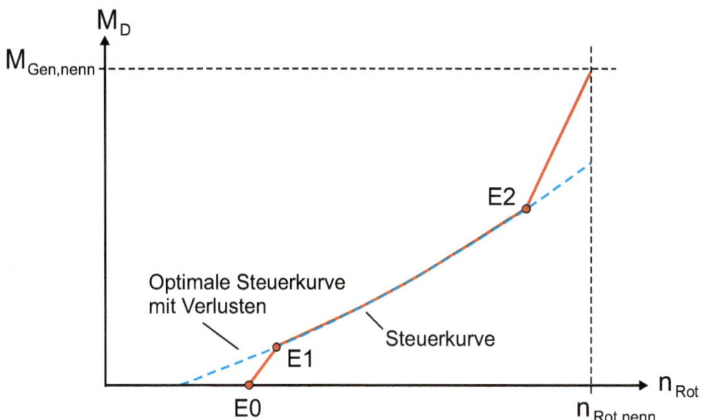

Bild 33.3 Angepasste Steuerkurve (1)

Im oberen Bereich der Steuerkurve werden in der Regel noch zwei weitere Anpassungen vorgenommen, um das System zu optimieren:

- Der bisherige Endpunkt der Steuerkurve wird etwas unterhalb der Rotornenndrehzahl gesetzt. Der Grund hierfür ist, dass der Pitchregler die Rotorblätter bereits kurz vor Erreichen der Rotornenndrehzahl beginnt, die Rotorblätter aus dem Wind zu drehen. Diese Verlegung optimiert das Zusammenspiel zwischen Momentenregler und Pitchregler.
- Bei Rotordrehzahlen oberhalb der Rotornenndrehzahl muss das elektrische Drehmoment herabgesetzt werden, um die Generatornennleistung nicht zu überschreiten. Da kurzfristige Rotordrehzahlüberhöhungen erlaubt sind, ist dieses in der Steuerkurve entsprechend zu berücksichtigen.

Aus diesen Gründen wird die Steuerkurve, wie in Bild 33.4 dargestellt, um die Eckpunkte E3 und E4 erweitert. Weitere Änderungen an der Steuerkurve, wie beispielsweise eine Hysterese, sind herstellerspezifische Besonderheiten.

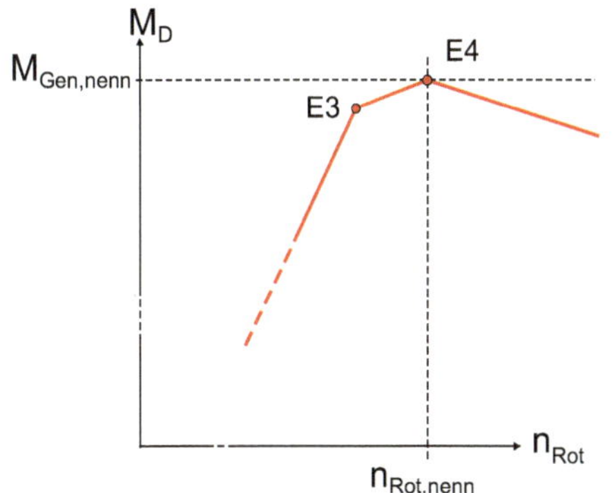

Bild 33.4 Angepasste Steuerkurve (2)

34 Was sind „reduzierte Modi“?

Im „normalen“ Produktionsmodus verfahren Windenergieanlagen im Teillastbereich auf der in Kapitel 33 beschriebenen Steuerkurve. Wird der Volllastbereich erreicht, bewegt das Pitchsystem die Rotorblätter aus dem Wind, und die Rotornenndrehzahl wird gehalten.

Neben der Sturmabschaltung (siehe Kapitel 12) existieren zwei weitere Modi, die eine Änderung dieses Verhaltens erzwingen:

- der schallreduzierte Modus
- der leistungsreduzierte Modus

Der **schallreduzierte Modus** wird verwendet, um die Geräuschemission der Windenergieanlage zu reduzieren. Wie in Kapitel 3 beschrieben, entstehen die wesentlichen Geräusche aus der aerodynamischen Umströmung des Rotors. Entscheidend ist dabei die Blattspitzengeschwindigkeit der Rotorblätter. Um Geräusche zu reduzieren ist somit die Absenkung der maximalen Blattwinkelgeschwindigkeit und damit verbunden eine Verminderung der maximal erreichbaren Rotordrehzahl notwendig.

Über eine Veränderung der Steuerkurve kann dieses Verhalten erreicht werden. Dazu werden die Eckpunkte *E2* bis *E4* zu einer geringeren Rotordrehzahl hin verschoben. Die optimale Steuerkurve wird im Punkt *E2,Red* bei einer geringeren Rotordrehzahl verlassen und bewegt sich über den Punkt *E3,Red* in den Eckpunkt *E4,Red*, in dem die maximale Rotordrehzahl im schallreduzierten Modus erreicht wird. In der Regel ist das elektrische Drehmoment im Punkt *E4,Red* etwas höher als im Punkt *E4*, da die maximale Rotordrehzahl und somit auch die maximale Generatordrehzahl verringert werden und sichergestellt werden muss, dass der Generator im Volllastbereich die Nennleistung erreicht (Bild 34.1).

Nachteilig an diesem Modus ist, dass dieser eine (geringe) Leistungseinbuße im Vergleich zum „normalen“ Modus zwischen den Punkten *E2,Red* und *E4,Red* zur Folge hat, da der Leistungsbeiwert umso schlechter wird, je weiter sich die Steuerkurve von der optimalen Steuerkurve entfernt.

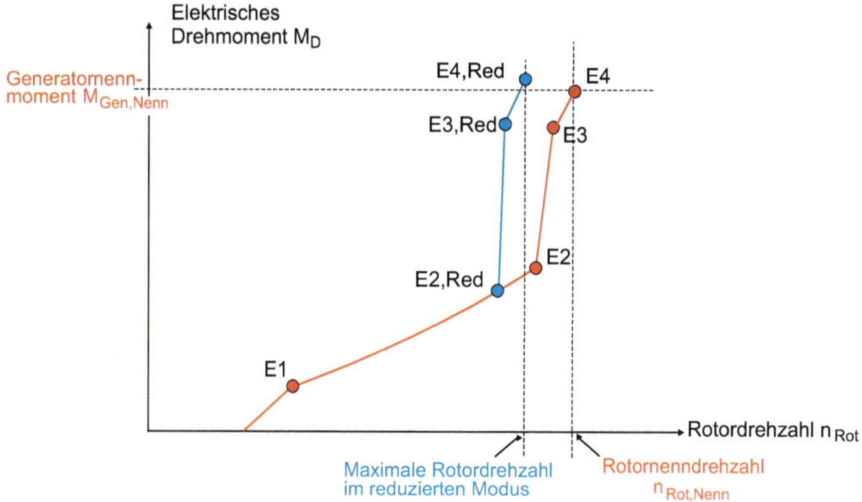

Bild 34.1 Prinzipielle Veränderung der Steuerkurve im schallreduzierten Modus

Ausgehend von den maximal zulässigen Schalldruckpegeln des jeweiligen reduzierten Schallmodus werden zunächst die maximal zulässigen Blattspitzengeschwindigkeiten ermittelt und daraus die maximal zulässigen Rotordrehzahlen für jeden Modus errechnet. Für jeden Schallmodus werden die reduzierten Eckpunkte *E2,Red* bis *E4,Red* bestimmt und in der Steuerung als Parameter hinterlegt. Abhängig davon, welcher Schallmodus aktiv geschaltet wird, werden die entsprechenden Parameter zur Berechnung der Steuerkurve verwendet.

Im **leistungsreduzierten Modus** wird die von der Windenergieanlage erzeugte Wirkleistung begrenzt. Dies kann beispielsweise über den Windparkregler erfolgen, wenn der Netzbetreiber eine entsprechende Anforderung stellt (siehe Kapitel 51). Da eine Windenergieanlage dann weniger Leistung erzeugt, als sie bei dem vorhandenen Windangebot erzeugen könnte, reicht es aus, die Rotorblätter mittels Pitchsystem aus dem Wind zu drehen.

Wenn keine Leistungslimitierung angefordert wird, ist die maximale Rotordrehzahl, die die Windenergieanlage erreichen darf, gleich der Rotornenndrehzahl und somit ein fester Parameter. Ist eine Leistungslimitierung aktiv, so muss eine entsprechend neue maximale Rotordrehzahl bestimmt werden. In Kapitel 13 wurde bereits der Zusammenhang zwischen der Rotorleistung und der Rotordrehzahl im optimalen Arbeitspunkt ($c_p = c_{p,max}$) beschrieben:

$$P_{Rot} = \frac{4 \cdot \pi^4}{60^3} \cdot \rho_{Luft} \cdot R_{Rot}^5 \cdot c_{p,max} \cdot \left(\frac{n_{Rot}}{\lambda_{opt}} \right)^3$$

Ohne Berücksichtigung der Verluste ist im stationären Zustand die Rotorleistung gleich der Leistung, die von der Windenergieanlage erzeugt wird. Nach Umstellen der Gleichung ergibt sich dann die reduzierte Rotordrehzahl $n_{Rot,Red}$, die bei einer Leistungslimitierung über den Wert $P_{Gen,Red}$ einzustellen ist:

$$n_{Rot,Red} = \sqrt[3]{\frac{60^3 \cdot \lambda_{opt}^3 \cdot P_{Gen,Red}}{4 \cdot \pi^4 \cdot \rho_{Luft} \cdot R_{Rot}^5 \cdot c_{p,max}}}$$

Die reduzierte Rotordrehzahl ersetzt somit im Fall einer Leistungsreduzierung in der Steuerung die Rotornenndrehzahl als Leitwert, womit sichergestellt wird, dass die geforderte reduzierte Wirkleistung nicht überschritten wird.

35 Wie funktioniert eine direkte Drehzahlregelung?

Das in Kapitel 33 beschriebene Verfahren zur Vorgabe des elektrischen Drehmoments über eine Steuerkurve hat den Nachteil, dass bei einer schnellen Veränderung der Windgeschwindigkeit das Gesamtsystem relativ träge reagiert.

Betrachtet wird eine Windenergieanlage im Teillastbetrieb. Tritt beispielsweise eine schnelle Veränderung der Windgeschwindigkeit auf, so erhöht sich das Rotormoment fast ebenso schnell, da näherungsweise gilt: $M_{Rot} \sim v_w^2$. Da das Generatorsollmoment aus der Steuerkurve berechnet wird und somit nur von der Rotordrehzahl abhängig ist, erhöht es sich relativ langsam, da das Differenzmoment aus Rotor- und Generatormoment erst den mechanischen Triebstrang beschleunigen muss.

Das Konzept der direkten Drehzahlregelung besteht darin, das Generatorsollmoment in einem solchen Fall kurzzeitig zu reduzieren, um zu Beginn ein möglichst großes Differenzmoment zu erhalten und dann die Rotordrehzahl möglichst schnell auf den optimalen Wert (bestimmt durch die optimale Schnelllaufzahl) zu bringen. Die kurzfristige Leistungsminderung durch die Reduzierung des Generatormoments wird dabei in Kauf genommen, da die Leistungssteigerung, die daraus resultiert, dass sich die Windenergieanlage sehr schnell wieder im optimalen Zustand befindet, überwiegt.

Für dieses Verfahren muss ein Regler eingesetzt werden, der die Differenz aus der aktuellen und der gewünschten Rotordrehzahl berechnet und das Sollmoment für den Generator entsprechend vorgibt. Dazu werden die gewünschte und die aktuelle kinetische Energie E_{Rot} des mechanischen Triebstrangs (inklusive Rotor) aus den entsprechenden Rotorwinkelgeschwindigkeiten berechnet. In der Gesamtträgheit J_{Ges} sind dabei die Trägheiten aller drehenden Komponenten zusammengefasst (Bild 35.1).

Zu beachten ist, dass der direkte Drehzahlregler in geeigneter Form mit der Pitchregelung koordiniert werden muss, um gegenseitige Beeinflussungen, die zu Schwingungen führen könnten, zu vermeiden.

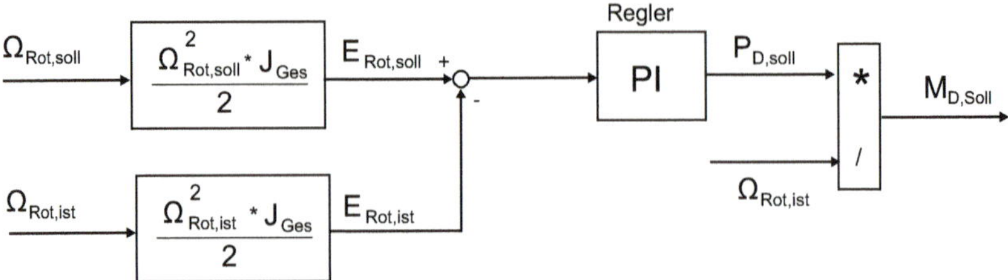

Bild 35.1 Regler für eine direkte Drehzahlregelung

Während der Istwert der Rotorwinkelgeschwindigkeit (bzw. der Rotorkreisfrequenz) über geeignete Messsysteme sehr genau ermittelt werden kann, ist der Sollwert der Rotorwinkelgeschwindigkeit bzw. die gewünschte Rotordrehzahl zu bestimmen.

Ist die aktuell herrschende Windgeschwindigkeit bekannt, so lässt sich die gewünschte Rotordrehzahl für den Teillastbereich einfach berechnen (siehe Kapitel 13).

$$n_{Rot,Soll} = \frac{60 \cdot \lambda_{Opt} \cdot v_w}{2\pi \cdot R_{Rot}}$$

Um die aktuelle Windgeschwindigkeit zu bestimmen, wird ein sogenannter **Windschätzer** verwendet. Der Messwert des Anemometers ist zu ungenau und daher keine geeignete Information für die Regelung. Daher wird die Information über die Windgeschwindigkeit aus der Bewegung des Rotors ermittelt. Ausgangspunkt für den Windschätzer ist die Berechnung der aktuellen Leistung des Rotors:

$$P_{Rot} = P_{Gen} + P_V + J_{Ges} \cdot \Omega_{Rot} \cdot \frac{d\Omega_{Rot}}{dt}$$

Die aktuelle Leistung des Rotors kann somit aus der erzeugten (und gemessenen) Wirkleistung des Generators P_{Gen}, den berechneten Verlusten P_V und der Rotorkreisfrequenz Ω_{Rot} bzw. dessen Ableitung (also der Beschleunigung bzw. Verzögerung des Rotors) bestimmt werden.

Ein Vergleich mit der Berechnung der Rotorleistung aus der Windgeschwindigkeit liefert

$$P_{Gen} + P_V + J_{Ges} \cdot \Omega_{Rot} \cdot \frac{d\Omega_{Rot}}{dt} = \frac{\pi}{2} \cdot c_p\left(\lambda, \alpha_{ist}\right) \cdot \rho_{Luft} \cdot R^2_{Rot} \cdot v^3_w$$

Umgestellt mit $\lambda = \frac{R_{Rot} \cdot \Omega_{Rot}}{v_w}$ ergibt sich

$$c_p\left(\frac{R_{Rot} \cdot \Omega_{Rot}}{v_w}, \alpha_{ist}\right) \cdot v_w^3$$
$$= \frac{2}{\pi \cdot \rho_{Luft} \cdot R_{Rot}^2} \cdot \left(P_{Gen} + P_V + J_{Ges} \cdot \Omega_{Rot} \cdot \frac{d\Omega_{Rot}}{dt}\right)$$

In dieser Gleichung sind alle Größen bis auf die Windgeschwindigkeit bekannt. Eine analytische Lösung ist nicht möglich, daher werden in der Regel entweder ein iterativer Algorithmus oder entsprechende Tabellen verwendet, um die Windgeschwindigkeit zu ermitteln. Voraussetzung hierfür ist die exakte Kenntnis des Leistungsbeiwertkennfelds (siehe Kapitel 14).

Das zugehörige Blockschaltbild der Regelung zeigt Bild 35.2.

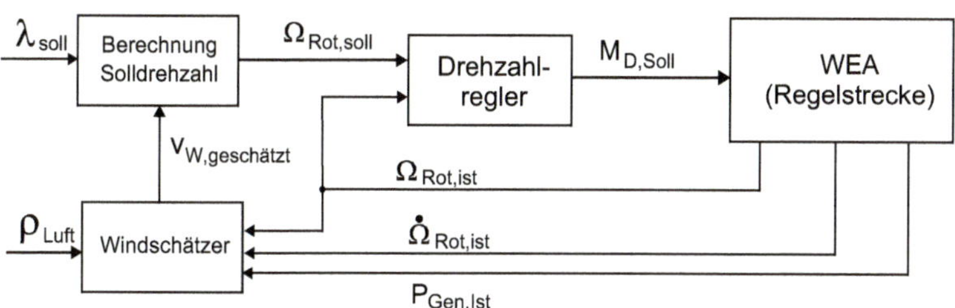

Bild 35.2 Direkte Regelung der Rotordrehzahl im Teillastbereich

36 Wie funktioniert eine Triebstrangdämpfung?

Bei Windenergieanlagen mit Getriebe ist der mechanische Triebstrang ein schwach gedämpftes schwingungsfähiges System, da insbesondere das Getriebe eine Elastizität ausweist. Obwohl im Normalfall mehr als eine Eigenfrequenz vorhanden ist, dominiert die erste Eigenfrequenz und liegt somit primär im Fokus der Regelung. Durch das Rotormoment wird der mechanische Triebstrang permanent angeregt und die aus dieser Anregung resultierende Bewegung überlagert sich mit der Schwingung aus der ersten Eigenfrequenz des mechanischen Triebstrangs. Bei einer Anregung mit der Eigenfrequenz kann es im schlechtesten Fall sogar zu Resonanzerscheinungen kommen.

Die Ziele der aktiven Triebstrangdämpfung lauten somit wie folgt:

- Die aus der Eigenfrequenz des mechanischen Triebstranges resultierenden Schwingungen sollen gedämpft bzw. getilgt werden.
- Die Triebstrangdämpfung soll nicht auf Drehzahländerungen, die aus der Dynamik des Windes resultieren, reagieren, um eine optimale Energieausbeute und ein Vermeiden von Überleistung zu gewährleisten.

Die Grenze, unter der Drehzahlschwankungen als Resultat einer Windböendynamik angesehen werden können, kann erfahrungsgemäß mit 1 Hz festgelegt werden. Als Stellgröße für die aktive Triebstrangdämpfung dient das Generatormoment, das von der Betriebsführung berechnet und im Generator erzeugt wird.

Ein Ansatz für die Modellierung besteht darin, nur die langsame (rotorseitige) Welle als elastisch anzunehmen, während die schnelle (generatorseitige) Welle starr ist. Diese Annahme lässt sich durch das Verhältnis der geometrischen Eigenschaften der beiden Wellen begründen: Die schnelle Welle ist im Verhältnis zur langsamen sehr kurz. Alle Massen werden konzentriert zu zwei Massenträgheitsmomenten zusammengefasst, die jeweils an den Enden des mechanischen Triebstrangs angenommen werden. Das Getriebe wird als idealer Übersetzer mit der Übersetzung i angenommen. Zahnradspiel und Lagerreibung können vernachlässigt werden.

Somit kann das System auf die Kernkomponenten reduziert werden, wie in Bild 36.1 gezeigt.

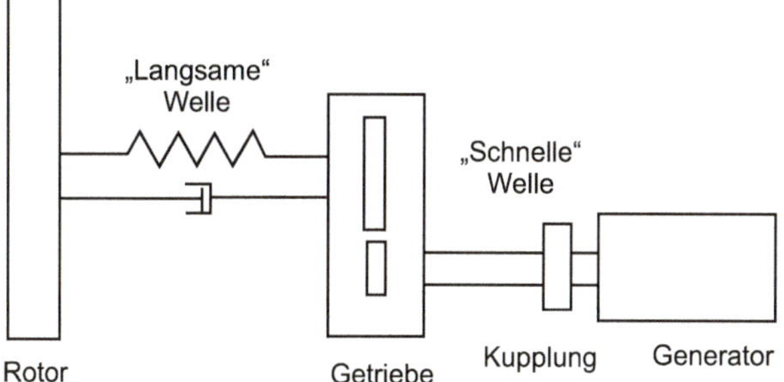

Bild 36.1 Vereinfachtes Modell des mechanischen Triebstrangs einer Windenergieanlage mit Getriebe (1)

Alle Größen können nun auf die schnelle Seite des Triebstrangs umgerechnet werden, wodurch das in Bild 36.2 gezeigte Modell entsteht:

- J_L (L = langsam) beinhaltet die Massenträgheitsmomente der Nabe, der Rotorblätter, der langsamen Welle und des Getriebes.
- J_S (S = schnell) setzt sich aus dem Massenträgheitsmoment des Generatorläufers und der schnellen Welle zusammen.

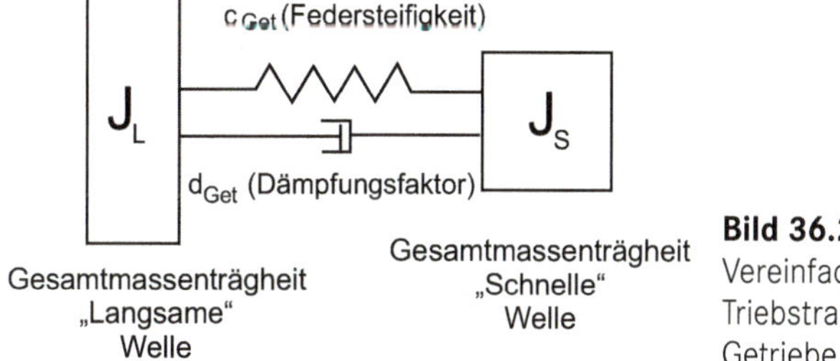

Bild 36.2 Vereinfachtes Modell des mechanischen Triebstranges einer Windenergieanlage mit Getriebe (2)

Der mechanische Triebstrang als Zweimassenschwinger kann im Blockschaltbild, das in Bild 36.3 zu sehen ist, dargestellt werden, wobei i die Getriebeübersetzung ist.

Für die weitere Berechnung werden die Größen der langsamen Welle auf die der schnellen Welle umgerechnet:

$$J_L' = \frac{J_L}{i^2},\quad c_{Get}' = \frac{c_{Get}}{i^2},\quad d_{Get}' = \frac{d_{Get}}{i^2},\quad M_{Rot}' = \frac{M_{Rot}}{i},\quad \Omega_{Rot}' = \frac{\Omega_{Rot}}{i}$$

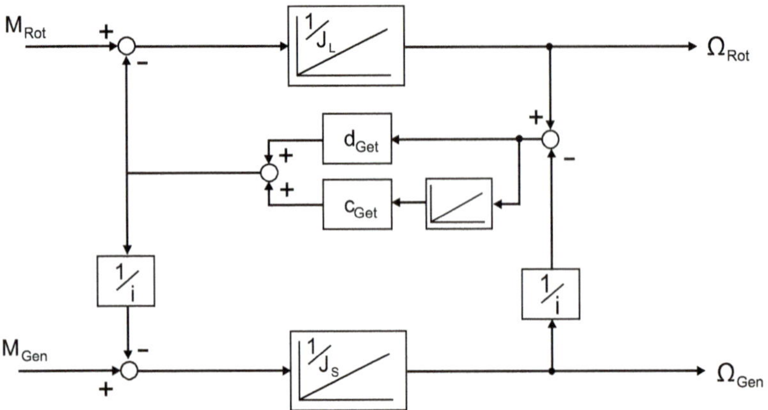

Bild 36.3 Blockschaltbild des mechanischen Triebstrangs als Zweimassenschwinger

Wird das vom Rotor ausgehende Moment M_{Rot} als Störgröße aufgefasst und auf null gesetzt, so erhält man die Übertragungsfunktion des Triebstrangs zwischen Generatormoment und Generatorkreisfrequenz, bezogen auf die schnelle Welle:

$$F_{TS} = \frac{\Omega_{Gen}(s)}{M_{Gen}(s)} = \frac{1}{\left(J_S + J_L'\right) \cdot s} \cdot \frac{1 + \frac{d_{Get}'}{c_{Get}'} s + \frac{J_L'}{c_{Get}'} s^2}{1 + \frac{d_{Get}'}{c_{Get}'} s + \frac{J_S \cdot J_L'}{c_{Get}' \cdot \left(J_S + J_L'\right)} s^2}$$

Der erste Term der Übertragungsfunktion $\frac{1}{\left(J_S + J_L'\right) \cdot s}$ stellt die Bewegungsgleichung des starren Triebstrangs dar. Der zweite Term repräsentiert den Einfluss der flexiblen Verbindung als PT_2-Element mit einem komplexen Nullstellenpaar im Zählerpolynom.

Aus den Zielen der Regelung ergibt sich, dass nur auf Frequenzen reagiert werden soll, die im Bereich der Resonanzerhöhung um die erste Eigenfrequenz $\omega_{0,Get}$ liegen. Wie aus der Übertragungsfunktion abzuleiten ist, liegt diese bei

$$\omega_{0,Get} = \sqrt{\frac{c_{Get}' \cdot \left(J_S + J_L'\right)}{J_S \cdot J_L'}}$$

Alle anderen Frequenzen und speziell die, die niedriger als die Eigenfrequenz liegen, müssen als Resultat der Winddynamik angesehen werden. Aus diesem Grund muss das Auftreten von Schwingungen mit Frequenzen in einem relativ schmalen Band um die Eigenfrequenz herum detektiert werden.

Diese Detektion kann über die Resonanz herbeigeführt werden. Dabei wird der Wert der aktuellen Generatordrehzahl auf ein schwingungsfähiges PT_2-Element gegeben, das seine Eigenfrequenz im Bereich der ersten Eigenfrequenz des mechanischen Triebstrangs hat (Bild 36.4). Wenn der Triebstrang mit der Eigenfrequenz schwingt, erfolgt durch die Resonanz eine überproportionale Verstärkung dieses Signals und die unerwünschte Frequenz kann detektiert werden. Wird dieses verstärkte Signal mit dem Originalsignal verglichen, so ergibt sich bei Frequenzen im Bereich der Eigenfrequenz eine Regeldifferenz.

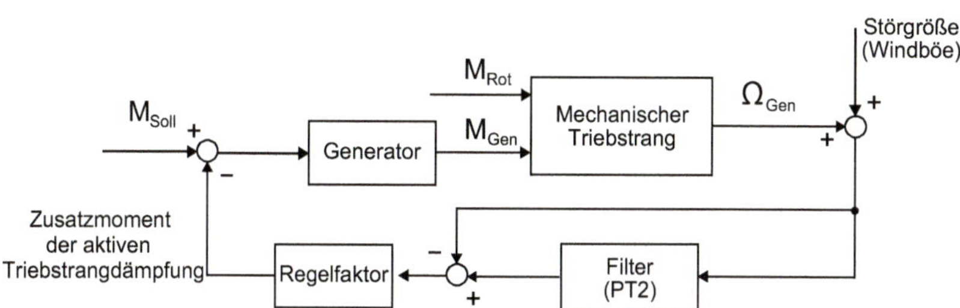

Bild 36.4 Regelkreis der aktiven Triebstrangdämpfung

Diese Regeldifferenz wird mit einem Regelfaktor beaufschlagt und vom Sollmoment abgezogen. Dieses Zusatzmoment der aktiven Triebstrangdämpfung wirkt somit Schwingungen, die im Bereich der ersten Eigenfrequenz des mechanischen Triebstrangs auftreten, entgegen und erhöht die Dämpfung des Systems in diesem Frequenzbereich.

37 Wie können Turmschwingungen reduziert werden?

Wie in Kapitel 22 beschrieben, kann eine Windenergieanlage insbesondere durch instationäre bzw. dynamische Belastungen zu Schwingungen angeregt werden. Als instationäre oder dynamische Belastungen sind Änderungen der Anregung anzusehen, die in der Nähe der Eigenfrequenzen des Gesamtsystems oder einer angeregten Komponente liegen. Änderungen der Anregung werden hier als stationär angesehen, wenn der Zeitraum der Änderung deutlich größer ist als die niedrigste Eigenschwingungsperiode des Gesamtsystems oder einer der angeregten Komponenten ist, d. h., wenn die Anregungen so langsam erfolgen, dass das System nicht zu Schwingungen angeregt wird.

Der Turm einer Windenergieanlage wird durch folgende Vorgänge dynamisch belastet:

- eine Änderung des Turmwiderstands, die aus den Anströmungsänderungen resultiert
- schnelle Änderungen der aus kurzfristigen Anströmungsverhältnissen resultierenden Belastungen von Rotorblättern, Gondel oder Turm
- Fremdanregung durch Schwingungen der Rotorblätter, des Generators oder der Gondel
- Schwingungsanregung durch periodische Wirbelablösungen am Turm (Kármán'sche Wirbelstraße)

Aus regelungstechnischer Sicht müssen die Auswirkungen der dynamischen Anregungen minimiert werden. Insbesondere dann, wenn Anregungsfrequenzen und die Eigenfrequenzen des Gesamtsystems oder der angeregten Komponenten zusammenfallen, können im Falle einer ungedämpften oder schwach gedämpften Schwingung im Resonanzfall die Ausschläge so groß werden, dass die Standsicherheit nicht mehr gewährleistet ist. Resonanzbereiche sind daher im stationären Zustand der Anlage unbedingt zu vermeiden bzw. im dynamischen Zustand möglichst schnell zu durchfahren oder die Ausbildung der Eigenschwingungen aktiv zu dämpfen.

Turmdynamik

Im Folgenden wird nur die erste Eigenfrequenz des Turms betrachtet, sodass die Turmdynamik mit einer gedämpften Bewegungsgleichung 2. Ordnung beschrieben wird, was sich in der Praxis in den meisten Fällen als ausreichend erwiesen hat. Interessant sind im Wesentlichen (siehe Kapitel 23)

- die Bewegungen des Maschinenhauses (Gondel) um die Z_G-Achse (Nicken) und
- die Bewegung um die Y_G-Achse (Rollen).

Dabei können aufgrund des Turmaufbaus die gleichen Systemparameter verwendet werden.

Ein wichtiger Parameter der Turmdynamik ist die effektive Turmkopfmasse, die die zu bewegende Masse rechnerisch in dem Turmkopfmittelpunkt konzentriert. Aus Erfahrung hat es sich bewährt, die Turmmasse m_{Turm} zu 25 % in die effektive Turmkopfmasse einfließen zu lassen. Somit ergibt sich für die effektive Turmkopfmasse:

$$m_{T,eff} = \frac{1}{4} \cdot m_{Turm} + 3 \cdot m_{Rotorblatt} + m_{Gondel} + m_{Nabe}$$

Bild 37.1 zeigt das Nicken der Windenergieanlage um die Y_G-Achse, wobei der Turm durch einen Biegebalken mit der effektiven Turmkopfmasse approximiert wird.

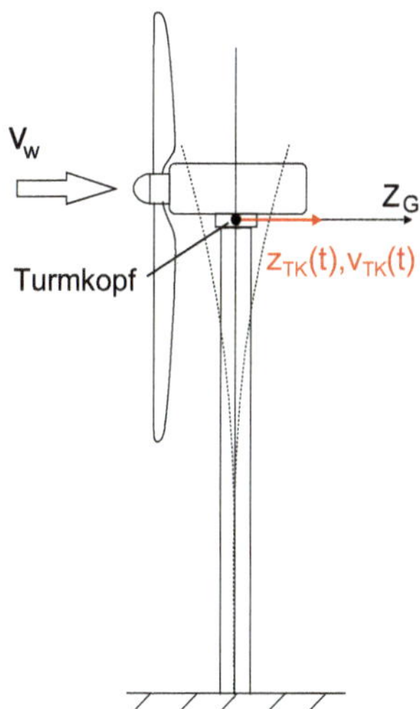

Bild 37.1
Nicken einer Windenergieanlage

Die allgemeine Bewegungsgleichung des Turmkopfes in Z_G-Richtung ergibt sich zu

$$m_{T,eff} \cdot \ddot{z}_{TK}(t) + d_{Turm} \cdot \dot{z}_{TK}(t) + c_{Turm} \cdot z_{TK}(t) = F_{Schub}$$

Die Federkonstante c_{Turm} ergibt sich aus der Eigenfrequenz des Turms und der effektiven Turmkopfmasse:

$$c_{Turm} = m_{T,eff} \cdot \omega_{0,Turm}^2 = m_{T,eff} \cdot \left(2\pi \cdot f_{0,Turm}\right)^2$$

Typische Eigenfrequenzen von Türmen der Windenergieanlagen liegen typischerweise im Bereich von $f_{0,Turm} = 0{,}1$ Hz bis $f_{0,Turm} = 0{,}4$ Hz.

Die Dämpfungskonstante d_{Turm} des Turms lässt sich aus dem Lehr'schen Dämpfungsmaß bestimmen:

$$d_{Turm} = 2 \cdot D \cdot m_{T,eff} \cdot \omega_{0,Turm}$$

Da die Türme von Windenergieanlagen sehr schwach gedämpft sind, sind Werte von $D = 0{,}002$ bis $D = 0{,}004$ durchaus realistisch.

Das Nicken steht in direkter Interaktion mit dem Rotor der Windenergieanlage. Wird die Gondel mit einer Geschwindigkeit v_{TK} in Windrichtung ausgelenkt, so verändert sich die auf den Rotor auftreffende resultierende Windgeschwindigkeit. Bewegt sich die Gondel einer Windenergieanlage in Richtung des Windes, so wird die resultierende Windgeschwindigkeit, die auf den Rotor trifft, im Vergleich zur mittleren Windgeschwindigkeit vermindert. Schwingt die Gondel wieder zurück, so erhöht sich die resultierende Windgeschwindigkeit.

Die mittlere Windgeschwindigkeit v_w kennzeichnet den nicht von der Windenergieanlage beeinflussten Luftmassenstrom und bezieht sich auf die Ebene weit vor dem Rotor. Die Geschwindigkeit der Gondel v_{TK} hingegen wirkt direkt in der Rotorebene (siehe Kapitel 9). Um die resultierende Geschwindigkeit zu ermitteln, muss die Geschwindigkeit der Gondel auf die Ebene weit vor dem Rotor transferiert werden. Eine gute Näherung ergibt sich mittels der Beziehung

$$v_{W,Res} = v_W - \frac{3}{2} \cdot v_{TK}$$

Die Turmschwingungen in Z_G-Richtung haben somit direkten Einfluss auf die Rotordrehzahl und die aktuelle Schnelllaufzahl λ. Die Schubkraft wiederum ist direkt abhängig von der Schnelllaufzahl und der resultierenden Windgeschwindigkeit. Für das resultierende Blockschaltbild wird die allgemeine Bewegungsgleichung des Turmkopfes in Z_G-Richtung umgestellt:

$$\frac{F_{Schub}}{m_{T,eff}} = \ddot{z}_{TK}\left(t\right) + 2 \cdot D \cdot \omega_{0,Turm} \cdot \dot{z}_{TK}\left(t\right) + \omega_{0,Turm}^2 \cdot z_{TK}\left(t\right)$$

Die Transformation in den Bildbereich ergibt die Übertragungsfunktion für die Auslenkung der Gondel abhängig von der Schubkraft:

$$\frac{z_{TK}(s)}{F_{Schub}(s)} = \frac{\omega_{0,Turm}^2}{m_{T,eff}} \cdot \left(\frac{1}{\frac{1}{\omega_{0,Turm}^2} \cdot s^2 + \frac{2D}{\omega_{0,Turm}} \cdot s + 1} \right)$$

Die Übertragungsfunktion für die Gondelauslenkungsgeschwindigkeit abhängig von der Schubkraft ergibt ein DT_2-Verhalten:

$$\frac{v_{Turm,z}(s)}{F_{Schub}(s)} = \frac{\omega_{0,Turm}^2}{m_{T,eff}} \cdot \left(\frac{s}{\frac{1}{\omega_{0,Turm}^2} \cdot s^2 + \frac{2D}{\omega_{0,Turm}} \cdot s + 1} \right)$$

Hieraus ergibt sich das Blockschaltbild für die Turmkopfgeschwindigkeit in Z_G-Richtung (Bild 37.2).

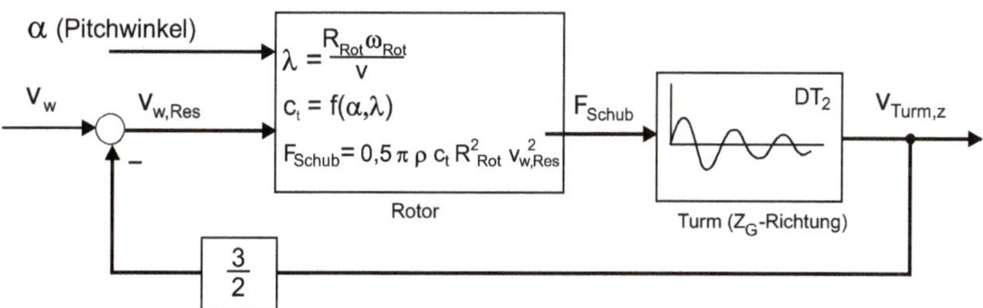

Bild 37.2 Blockschaltbild für die Bewegung in Z_G-Richtung (Nicken)

Die Rückkopplung über die Turmkopfgeschwindigkeit bewirkt, dass sich die Pole der Übertragungsfunktion des Turms in Richtung der realen Achse verschieben, d. h., die Dämpfung wird höher. Das resultierende Lehr'sche Dämpfungsmaß D ist somit kein konstanter Parameter, sondern ändert sich mit dem Betriebszustand der Windenergieanlage.

Ein **aktiver Eingriff** in das System, um die Turmschwingungen zu dämpfen, ist nur über den Rotor der Windenergieanlage möglich. Ausgehend von der Gleichung

$$F_{Schub} = c_t(\alpha, \lambda) \cdot \frac{\pi}{2} \cdot \rho_{Luft} \cdot R_{Rot}^2 \cdot v_{w,Res}^2$$

ist zu erkennen, dass nur eine Veränderung des Schubbeiwerts c_t zum Ziel führen kann. Dieses kann über folgende Stellgrößen geschehen (siehe Kapitel 30):

- eine Variation der Pitchwinkel α
- eine Veränderung der Rotordrehzahl und damit der Schnelllaufzahl λ über das elektrische Drehmoment M_D

Veränderung der Pitchwinkel α

Über eine Veränderung der Pitchwinkel kann eine Dämpfung der Turmschwingungen erreicht werden, indem ein Offset auf den aktuellen Pitchsollwinkel addiert wird, der direkt von der Beschleunigung des Turmkopfes abhängig ist. Die Beschleunigung wird mit geeigneten Beschleunigungssensoren, die im Turm verbaut werden, gemessen. So wird bei einer positiven Beschleunigung der Offset positiv und die Rotorblätter werden etwas aus dem Wind gedreht. Dadurch verringert sich die Schubkraft, was der Turmbewegung entgegenwirkt (Bild 37.3).

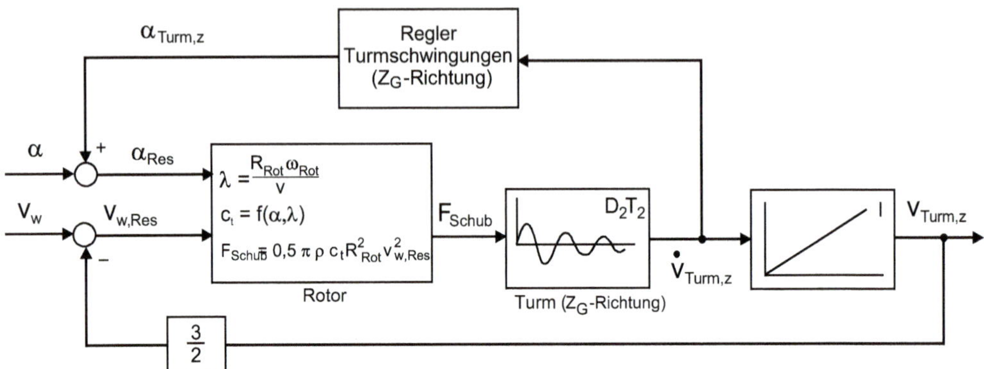

Bild 37.3 Pitchregelkreis zur Verringerung der Turmschwingungen in z-Richtung

Der Pitchregler für die Turmschwingungen besteht in der Regel aus einem Faktor, der abhängig von dem Betriebszustand der Windenergieanlage innerhalb der Steuerung berechnet wird.

Veränderung mittels des elektrischen Gegenmoments

Eine weitere Möglichkeit zur Dämpfung der Turmschwingungen besteht darin, die Rotordrehzahl und somit die Schnelllaufzahl λ zu verändern. Dies kann durch einen Momentenoffset $M_{Turm,z}$ erreicht werden, der auf das elektrische Drehmoment M_D addiert wird. Hierdurch verändert sich die Rotorkreisfrequenz Ω_{Rot} und somit die Schubkraft F_{Schub}. Bei einer korrekten Einstellung der Reglerparameter wirkt diese Schubkraftveränderung der Turmkopfbewegung entgegen (Bild 37.4).

Der Momentenoffset wird direkt aus der Turmkopfgeschwindigkeit ermittelt, die mit einem Faktor verrechnet wird, der wiederum abhängig von dem Betriebszustand der Windenergieanlage ist. Nachteilig an diesem Verfahren ist, dass die erzeugte Wirkleistung mit Schwingungen der ersten Eigenfrequenz des Turms beaufschlagt wird, da der Momentenoffset proportional zur Turmkopfgeschwindigkeit ist. Daher ist in der Praxis immer ein guter Kompromiss zu finden, um einerseits die Turmschwingungen zu reduzieren und andererseits einen relativ „glatten" Verlauf der erzeugten Wirkleistung zu erreichen.

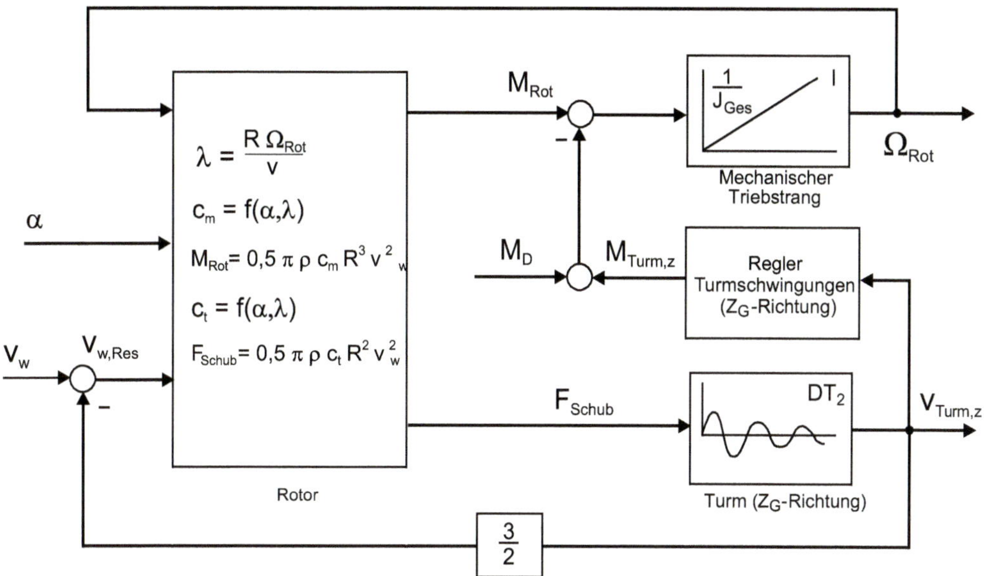

Bild 37.4 Momentenregelkreis zur Verringerung der Turmschwingungen in z-Richtung

Beide vorangehend beschriebenen Verfahren werden in der Praxis verwendet, wobei Parameter steuern, welches Verfahren zum Einsatz kommt. Eine Möglichkeit besteht darin, erst ab gewissen Schwellenwerten für die Turmkopfgeschwindigkeit die Verfahren zu aktivieren:

- Ab einem Schwellenwert 1 wird der Momentenregelkreis zur Verringerung der Turmschwingungen aktiviert.
- Ab einem Schwellenwert 2 wird zusätzlich der Pitchregelkreis zur Verringerung der Turmschwingungen aktiviert.
- Ab einem Schwellenwert 3 wird eine Notverstellung eingeleitet, um die Windenergieanlage vor Beschädigungen zu schützen.

Bild 37.5 zeigt das **Rollen der Gondel** um die Z_G-Achse. Dieses Rollen erzeugt im Wesentlichen eine Auslenkung in der Y_G-Achse. Laut Konvention wird der Rollwinkel $\varphi_{G,y}$ dabei im Uhrzeigersinn gezählt, während die Auslenkung $y(t)$ nach links positiv ist. Ein positiver Rollwinkel entspricht somit einer Auslenkung der Gondel nach rechts (negative y-Richtung).

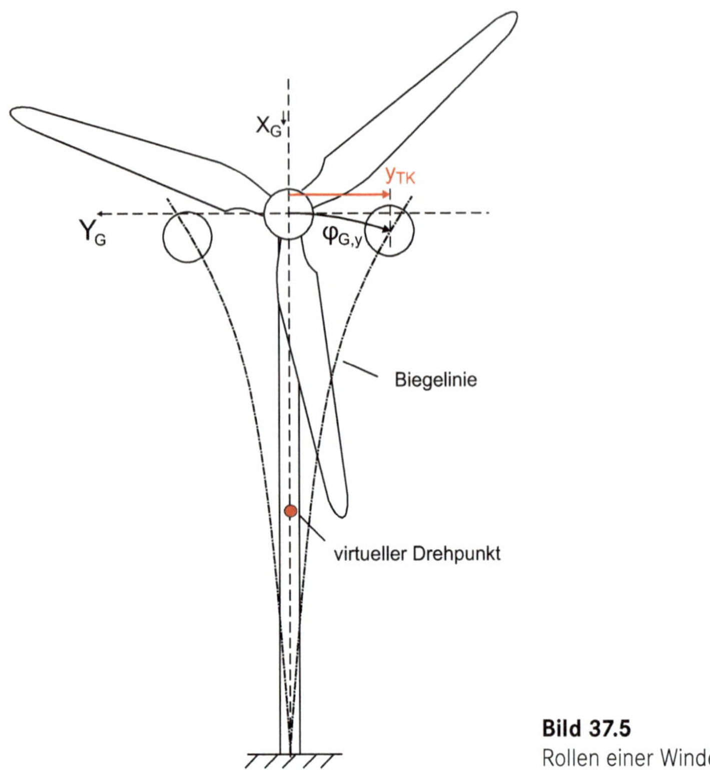

Bild 37.5
Rollen einer Windenergieanlage

Die Beziehung zwischen dem Rollwinkel $\varphi_{G,y}(t)$ und der Auslenkung $y_{TK}(t)$ wird durch die Biegelinie des Turms bestimmt. Sie hängt neben den Geometrie- und Materialdaten auch davon ab, ob eine Kraft oder ein Moment als Belastung am Turmkopf angenommen wird.

In der Praxis wird mit einem aus den Geometriedaten des Turms ermittelten Umrechnungsfaktor K_φ gerechnet, der das Verhältnis zwischen Neigungswinkel und Auslenkung bestimmt, wenn der Turm durch ein Moment am Turmkopf belastet wird:

$$K_\varphi = \frac{\varphi_{G,y}(t)}{y_{TK}(t)}$$

Der Kehrwert dieses Faktors bestimmt anschaulich, wie weit der „virtuelle Drehpunkt“ der Bewegung unterhalb des Turmkopfes liegt. Ein Faktor von K_φ = 0,018 rad/m bedeutet beispielsweise, dass sich der virtuelle Drehpunkt 55,56 m (= $1/K_\varphi$) unterhalb des Turmkopfes befindet.

Ein Rollen der Gondel tritt insbesondere bei Windenergieanlagen mit Getriebe auf, da der schwingungsfähige Turm in Interaktion mit dem elastischen Getriebe steht. Dies wird in Bild 37.6 deutlich.

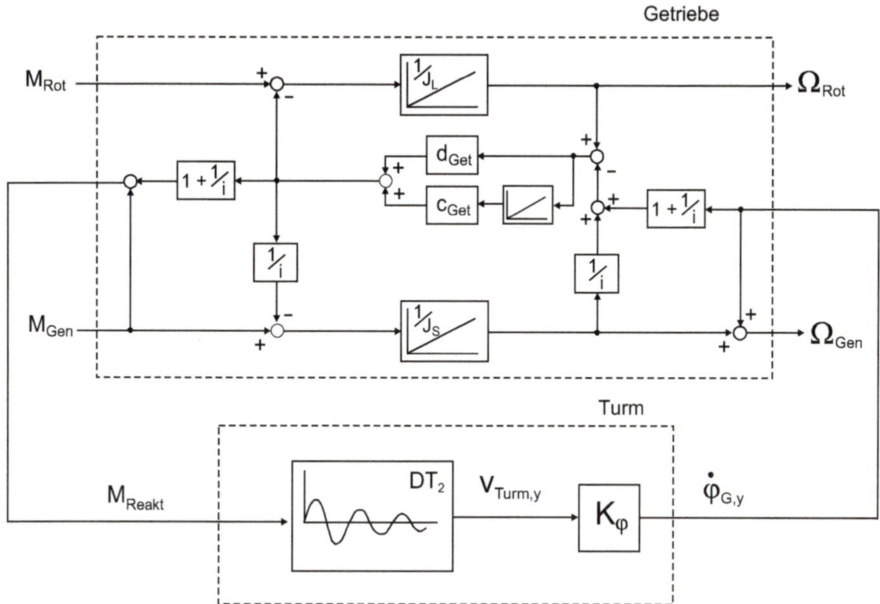

Bild 37.6 Interaktion von schwingungsfähigem Turm und elastischem Getriebe (nur erste Eigenfrequenzen)

Das Modell des elastischen Getriebes mit der Getriebeübersetzung i (siehe Kapitel 36) wird um den Einfluss der Rollgeschwindigkeit des Turmkopfes $\dot{\varphi}_{G,y}$ erweitert. Außerdem wird das Reaktionsmoment des Getriebes M_{Reakt} eingeführt, das den Turm zu Schwingungen in y-Richtung anregt.

Eine aktive Dämpfung der Turmschwingungen in y-Richtung ist nur durch die Veränderung des Generatormoments bzw. des elektrischen Drehmoments möglich. Hierfür wird die Turmkopfgeschwindigkeit in y-Richtung mittels eines geeigneten Sensors gemessen und einem Regler zugeführt. Dieser berechnet einen Drehmomentenoffset $M_{Turm,y}$, der auf das das elektrische Drehmoment M_D addiert wird (Bild 37.7). Da sowohl die erste Eigenfrequenz des Turms als auch die des Getriebes ein fester Wert sind, reicht ein konstanter Verstärkungsfaktor in der Regel aus, um die Turmschwingungen in y-Richtung zu reduzieren.

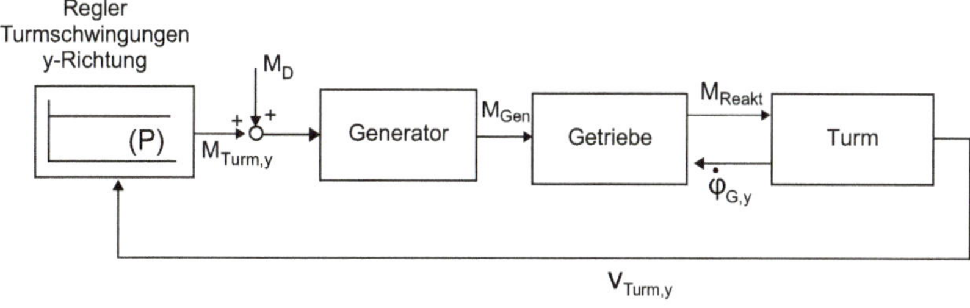

Bild 37.7 Momentenregelkreis zur Verringerung der Turmschwingungen in y-Richtung

Trotz aller dieser Maßnahmen zur Reduktion der Turmschwingungen sollte vermieden werden, den Turm mit seiner Eigenfrequenz anzuregen. Diese Anregung erfolgt in der Regel durch den drehenden Rotor der Windenergieanlage. Hat eine Windenergieanlage beispielsweise eine Rotornenndrehzahl von n_{Nenn} = 12 U/min, so ergibt sich hieraus eine maximale Anregungsfrequenz von 0,2 Hz. Türme, deren Eigenfrequenz oberhalb dieses Werts liegen, sind unkritisch und werden als „harte" Türme bezeichnet. Speziell zu berücksichtigen sind somit Türme, deren erste Eigenfrequenz unterhalb dieses Wertes liegt und als „weiche" Türme betitelt werden.

Mit einer Rotordrehzahl, die der ersten Eigenfrequenz eines „weichen" Turms entspricht, sollte daher nicht im Produktionsbetrieb verfahren werden. Dies kann durch eine Adaption der Steuerkennlinie erreicht werden, wenn zwei neue Eckpunkte (T1 und T2) verwendet werden, die einen Rotordrehzahlbereich um den kritischen Wert der Eigenfrequenz aussparen. Eine entsprechende Steuerkennlinie zeigt Bild 37.8.

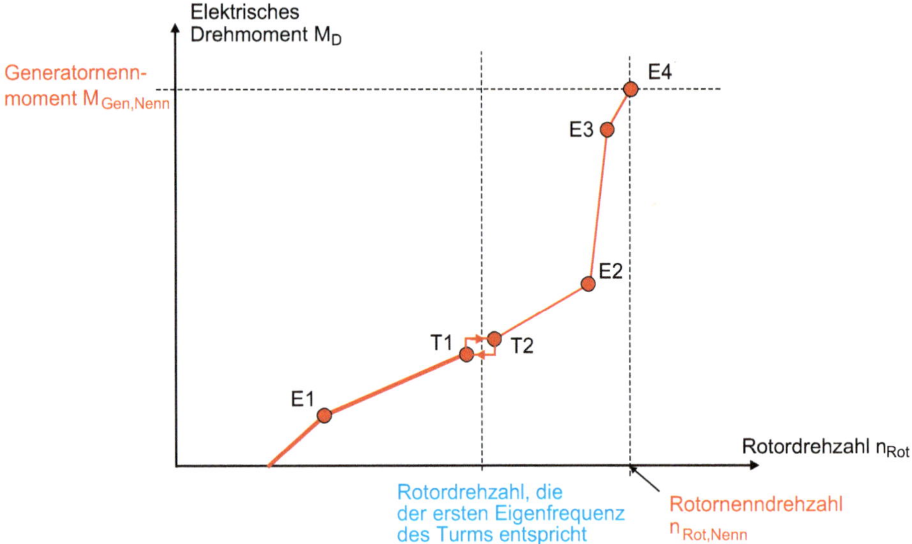

Bild 37.8 Berücksichtigung eines „weichen" Turms in der Steuerkennlinie der Windenergieanlage

Mit dieser Adaption wird sichergestellt, dass keine Rotordrehzahlen auftreten, die eine Anregung des Turms mit seiner ersten Eigenfrequenz bedingen.

38 Was ist der Stall-Effekt?

Bei hohen Windgeschwindigkeiten und ungünstigen Pitchwinkeln kann die Luftströmung der Profilgeometrie auf der Saugseite (Oberseite des Profils) nicht mehr folgen. Es kommt zu einem Strömungsabriss (englisch *Stall*) (Bild 38.1). Dies führt zu schlechteren Leistungsbeiwerten des Rotorblatts.

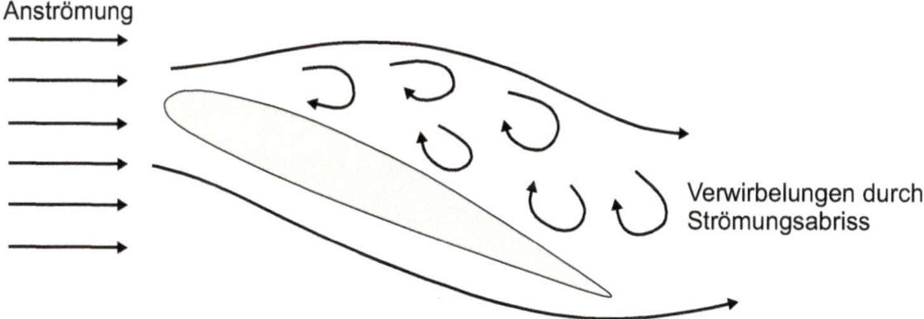

Bild 38.1 Stall-Effekt

Dieser **Stall-Effekt** wurde bei älteren Anlagen zur Drehzahlbegrenzung verwendet. Die Stall-Regelung ist das einfachste und das älteste Regelungssystem bei Windkraftanlagen und wurde in den 1950er-Jahren von Johannes Juul in Dänemark entwickelt (Prototyp: Gedser-Anlage 1957, siehe Kapitel 1). Es basiert darauf, dass bei zu hohen Windgeschwindigkeiten der dann einsetzende Strömungsabriss die Rotordrehzahl wieder verlangsamt, d.h. die maximale Rotordrehzahl stellt sich genau an der Grenze zum Strömungsabriss selbstständig ein.

Moderne Windenergieanlagen verwenden diese Regelung nicht mehr, sondern regeln die Rotordrehzahl über das elektrische Drehmoment des Generators und das Pitchsystem. Normalerweise verfährt die Anlage dann auf der Steuerkennlinie (siehe Kapitel 33), die sich in genügendem Abstand von der sogenannten Stall-Front befindet. Die Stall-Front bezeichnet den Bereich, in dem es zu einem Strömungsabriss kommen würde (Bild 38.2).

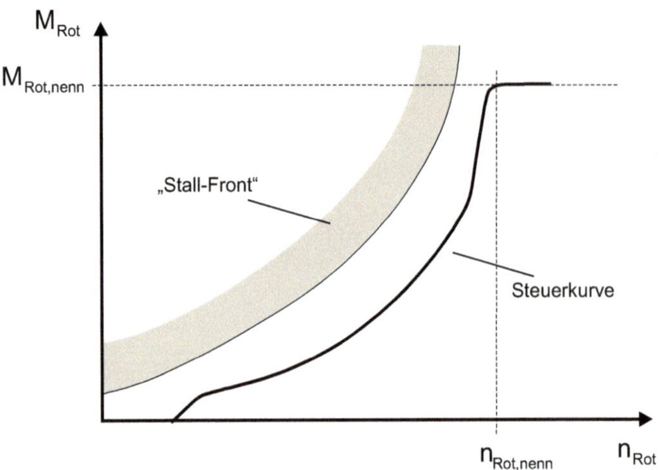

Bild 38.2 Stall-Front

Heutige Regelungen müssen aber trotzdem sicherstellen, dass sich der Betriebszustand einer Windenergieanlage aufgrund nicht vorhersehbarer Ereignisse außerhalb der Stall-Front befindet. Die Kombination der implementierten Regelung und des Strömungsabrisses kann zu Schwingungen und im schlechtesten Fall zum Verlust der Standsicherheit führen.

Hierfür werden Algorithmen in der Steuerung implementiert, die permanent den Abstand zur Stall-Front berechnen und bei drohender Gefahr geeignete Gegenmaßnahmen, wie das Zurückfahren der Rotorblätter, einleiten.

39 Was ist IPC?

IPC bedeutet Individual Pitch Control (auf Deutsch individuelle Blattverstellung). In den bisherigen Betrachtungen hatten alle Rotorblätter den gleichen Pitchwinkel, d.h. sie wurden in identischer Weise verstellt. Dieses Verfahren wird auch als Collective Pitch Control bezeichnet. Bei IPC hingegen wird der Pitchwinkel jedes Rotorblatts individuell verstellt.

IPC eignet sich im Wesentlichen dazu, die Lasten auf die Windenergieanlagenstruktur zu reduzieren. Ziel ist es, die Materialermüdungen im Bereich der Rotorblatt-, Naben-, Maschinenhaus- und Turmstruktur zu vermindern [5.4]. Wie in Kapitel 22 beschrieben, wirken verschiedene Lasten auf die Windenergieanlage. Eine wesentliche Ursache ist ein inhomogenes bzw. turbulentes Windfeld, das sich umso stärker auswirkt, je länger die Rotorblätter sind. So resultieren sowohl aus dieser Windscherung (siehe Kapitel 9) und auch aus der Veränderung der Aerodynamik im Turmschatten asymmetrische Belastungen des Rotors (Bild 39.1).

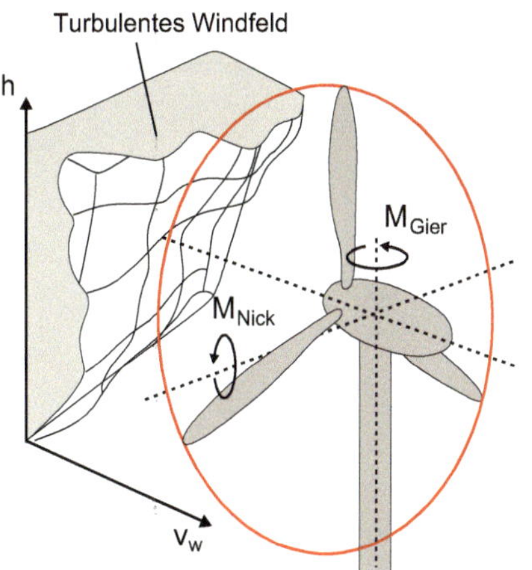

Bild 39.1
Belastung der Windenergieanlage aus inhomogenem (turbulentem) Windfeld

Die Rotorblätter sind also periodischen Belastungen ausgesetzt, die sich in Biegungen in Schlag- und in Schwenkrichtung äußern (siehe Kapitel 19). Insbesondere die Biegemomente übertragen sich durch die mechanischen Komponenten auf die Nabe, den Triebstrang, das Hauptlager und den Turm.

In der Literatur existieren unterschiedliche Zielsetzungen, mittels IPC die Lasten auf die Windenergieanlage zu reduzieren. Es hat sich gezeigt, dass es praktikabel ist, nur eine Zielsetzung in den Vordergrund zu stellen. Ein Ziel kann es sein, die oszillierenden Biegemomente der 1. Harmonischen zu reduzieren. Dazu müssen die Biegemomente mittels geeigneter Sensoren gemessen werden. Das Sensorsystem misst die Dehnungen bzw. Stauchungen im Rotorblattwurzelbereich und rechnet diese in die auftretenden (periodischen) Lasten um. Diese Werte werden der IPC-Regeleinheit übergeben. Es erfolgt eine Transformation der individuellen Schlag- und Biegemomente der einzelnen Rotorblätter aus dem rotierenden Rotorblatt-Bezugssystem in das ruhende Naben-Bezugssystem der Windenergieanlage. Hierfür werden die aktuellen Pitchwinkel und die Rotorposition benötigt.

Die transformierten Lasten werden als Tilt- oder Giermoment und als Yaw- oder Nickmoment bezeichnet (siehe Kapitel 19). Der IPC-Regler berechnet die notwendigen Kompensationsmomente, die in individuelle Offsetwerte der einzelnen Pitchwinkel rücktransformiert werden. Diese Offsetwerte werden dann auf den gemeinsamen Pitchwinkelmittelwert ($\alpha_{coll,soll}$) addiert (Bild 39.2).

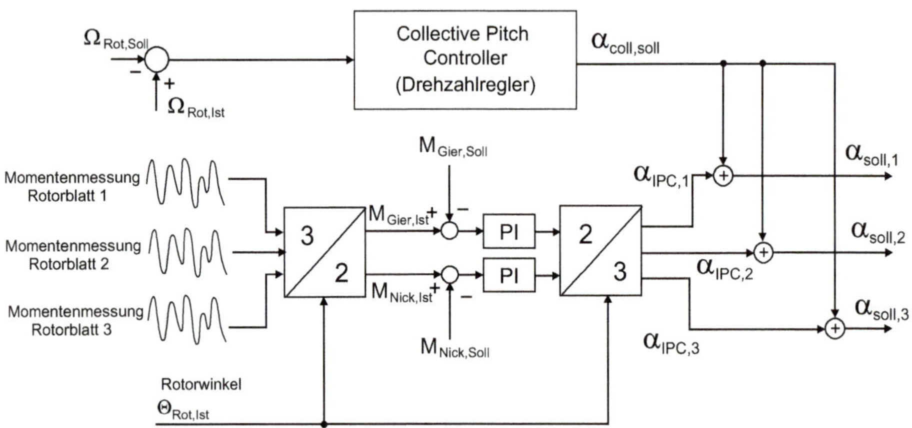

Bild 39.2 IPC-Regler zur Regelung von Gier- und Nickmoment

Um die Biegemomente zu bestimmen, war es lange Zeit Stand der Technik, mehrere elektrische Dehnungssensoren (DMS) zu applizieren. Diese werden auf zwei Ebenen in allen drei Rotorblättern nahe der Rotorblattwurzel im Blattflansch von innen oder außen auf die Blattoberfläche geklebt (Bild 39.3).

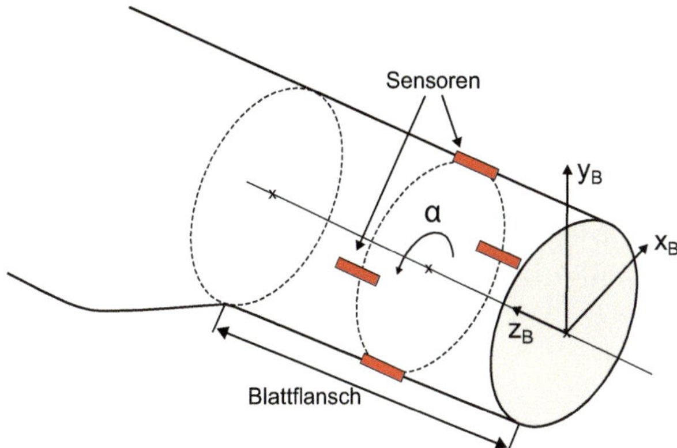

Bild 39.3 Positionierung von Sensoren im Blattflansch eines Rotorblatts

Hiermit wird eine zweidimensionale Messung der Blattbiegemomente frei von Torsionsmomenten ermöglicht. Die dehnenden bzw. stauchenden Verformungen führen zu Veränderungen des Widerstands der DMS. Aus den elektrischen Signalen können dann mit der entsprechenden Umrechnung die Biegemomente bestimmt werden. Wichtig ist hierbei eine Temperaturkompensation, um die Messergebnisse nicht zu verfälschen.

In den letzten Jahren werden vermehrt faseroptische Beschleunigungs- und Dehnungssensoren verwendet. Diese optischen Sensoren erlauben wesentlich mehr Lastzyklen als die DMS, haben keine EMV- oder Isolationsprobleme und erlauben als wesentlichen Vorteil längere Übertragungsstrecken. Des Weiteren gibt es keine Probleme bei einem möglichen Blitzeinschlag, wodurch sich die Sensoren bis in die Rotorblattspitze hinein installieren lassen.

Das Messprinzip beruht darauf, dass Lichtstrahlen, die vom Sender zum Empfänger laufen, reflektiert werden und bei mechanischen Dehnungen oder Stauchungen eine Wellenlängenänderung erkannt wird. Damit können Vibrationen und Biegemomente erkannt werden. Neben dem Einsatz zur Lastreduktion mittels IPC können diese Sensoren noch für folgende weitere Aufgaben verwendet werden:

- Eiserkennung
- Erkennung einer Unwucht des Rotors
- strukturelle Zustandsüberwachung
- Lebensdauerüberwachung

Bild 39.4 zeigt das Innere eines Rotorblatts, in dem vier faseroptische Sensoren verbaut sind.

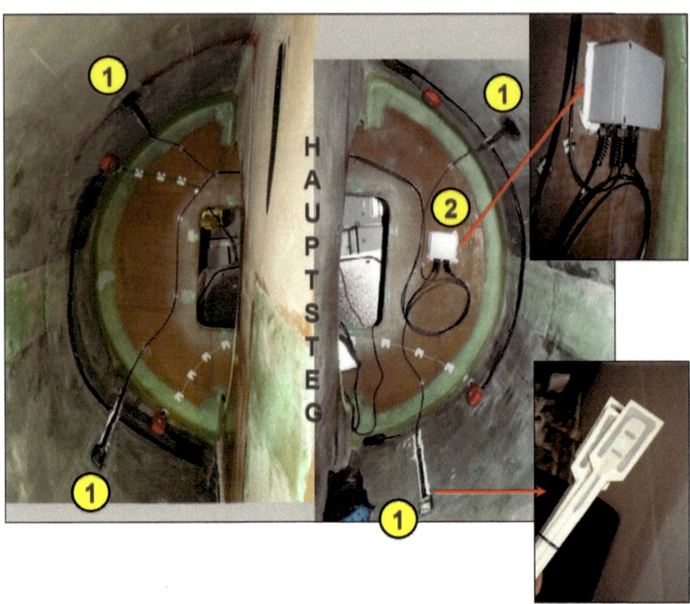

Bild 39.4 Einbau von faseroptischen Dehnungssensoren: **(1)** Sensoren, **(2)** Verteilerbox (© Nordex/Acciona SE)

In der Regel wird ein Verbund von faseroptischen Sensoren (meist vier Sensoren pro Verbund) in der Nähe der Rotorblattwurzel verbaut. Um mehr Informationen über den aktuellen Stand des Rotorblatts zu erhalten, können auch mehrere Verbünde pro Rotorblatt verbaut werden. Zusätzlich kann noch ein faseroptischer Beschleunigungssensor in der Nähe der Blattspitze integriert werden.

Der hier beschriebene Ansatz von IPC mit der Zielsetzung, Gier- und Nickmomente zu beeinflussen, stellt nicht den einzigen Ansatz dar, der unter den Begriff IPC fällt. Ansätze mit anderen Zielsetzungen werden in der entsprechenden Literatur beschrieben [z. B. 5.10].

Potenzial wird dem IPC-Verfahren in Kombination mit einem LiDAR-System bescheinigt [5.11]. Die LiDAR-Messtechnik (Light Detection and Ranging) ist ein Verfahren, das eingesetzt werden kann, um Windrichtungen sowie horizontale und vertikale Windgeschwindigkeiten zu messen. Mittels eines Laserstrahls wird die Verschiebung von Luftpartikeln, sogenannten Aerosolen, gemessen. Der Laserstrahl wird dabei an den Aerosolen reflektiert und in veränderter Frequenz zum Messgerät zurückgestreut (sogenannter Dopplereffekt). Es dient heute der ersten Abklärung des Windpotenzials an einem spezifischen Standort mit oft komplexen Geländebedingungen.

LiDAR-Systeme, die direkt in oder auf der Windenergieanlage untergebracht sind, könnten hingegen direkt die Windsituation erfassen, die in Kürze auf die Anlage wirken wird (Bild 39.5).

Bild 39.5
WindCube® – LiDAR-System zur Messung der Windsituation direkt vor der Windenergieanlage
(© GWU-Umwelttechnik GmbH)

Intelligente Regelungen könnten dann prädiktiv wirken, also beispielsweise die Rotorblattverstellung besser dem kommenden Wind anzupassen. Mögliche Vorteile bestehen darin, den Energieertrag zu steigern und/oder die Lasten auf die Windenergieanlage zu verringern.

Bisher verhindern die hohen Kosten der LiDAR-Systeme den Einsatz in einer einzelnen Windenergieanlage. Mehrere aktuelle Forschungsprojekte haben das Ziel, die Kosten für diese Systeme zu reduzieren und somit die Attraktivität für den Einsatz von LiDAR-Systemen in Windenergieanlagen zu steigern [5.8].

40 Wie ist das Steuerungssystem einer Windenergieanlage aufgebaut?

Die zentrale Einheit des Steuerungssystems einer Windenergieanlage ist die Betriebsführung. Sie kommuniziert sowohl mit den steuerungsrelevanten Hauptsystemen (Pitchsystem, Generatorumrichtersystem und Azimutsystem) als auch mit den Peripheriegeräten, wie Sensoren, Aktuatoren, Bedienelementen und Signalgebern (Bild 40.1).

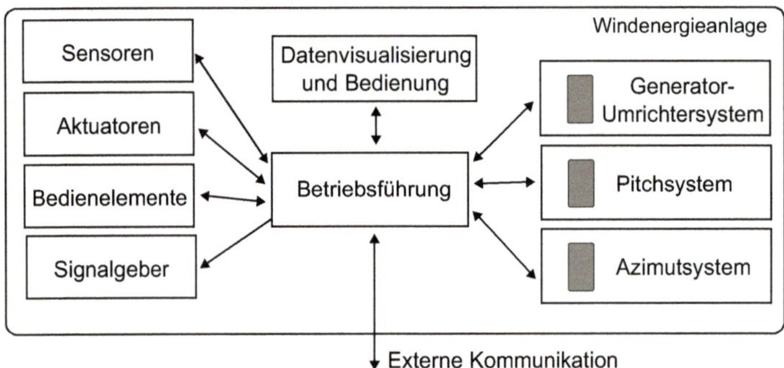

Bild 40.1 Betriebsführung als zentrales Element des Steuerungssystems

Die Betriebsführungseinheit muss über eine hohe Rechenleistung verfügen, um die notwendigen Steuerungs- und Regelungsfunktionen in Echtzeit abarbeiten zu können. Meist sind diese Einheiten speicherprogrammierbare Steuerungen (SPS) (Bild 40.2), es kommen aber auch Mikroprozessor-Boards oder Embedded-PCs mit einem Echtzeit-Betriebssystem zum Einsatz. Die Betriebsführungseinheit befindet sich meist im Turmfuß der Windenergieanlage und wird über das interne Bussystem mit den Einheiten in der Gondel verbunden. Aufgrund der großen Leitungslängen kommen in der Regel Lichtwellenleiter als Übertragungsmedium zum Einsatz.

Bild 40.2
Betriebsführungseinheit (SPS) (© Nordex/Acciona SE)

Im Hinblick auf das verwendete Bussystem muss grundsätzlich zwischen Systemen innerhalb einer einzelnen Windenergieanlage und den Vernetzungen der Anlage bzw. der Anbindung der Anlagen an externe Systeme unterschieden werden:

- Innerhalb der Anlage gibt es relativ klar abgegrenzte Komponenten (wie Pitchsystem, Hauptumrichter oder Azimutsystem), womit jede Lösung möglich ist, solange sie die spezifischen Anforderungen erfüllt. Proprietäre Bussysteme sind möglich und werden auch eingesetzt. Werden Komponenten, die über ein Bussystem angeschlossen werden, von einem oder gar mehreren Zulieferern bereitgestellt, sollten standardisierte Busse zum Einsatz kommen. Während man bei weniger performanten Verbindungen häufig CAN oder Profibus antrifft, setzen Anlagenbetreiber in Bereichen, in denen es auf große Dynamik und geringen Jitter ankommt, vorwiegend auf echtzeitfähige Ethernet-Protokolle, wie z. B. Powerlink® oder ProfiNet-RT®.
- Die Verbindung einer Windenergieanlage nach außen erfolgt in den meisten Fällen über Ethernet. Für die verschiedenen Aufgaben werden jedoch unterschiedliche Mechanismen und Protokolle verwendet. Für Visualisierungen findet man oftmals Webservices oder beispielsweise OPC-UA®. Für die Fernwirkaufschaltung existieren eigene IEC-Normen, wie z. B. die IEC 61400-25 oder auch die Standards IEC 61850-7-410 oder IEC 61870-7-420. Doch auch andere Kommunikationsmechanismen auf TCP/IP-Basis finden Verwendung (siehe Kapitel 52).

41 Was sind sicherheitsrelevante Funktionen?

Alle Maschinen, zu denen auch Windenergieanlagen zählen, die in der Europäischen Union vertrieben werden, müssen die Maschinenrichtlinie 2006/42/EG erfüllen. In dieser ist ein strukturierter Prozess beschrieben, der die Produktsicherheit gewährleistet (Bild 41.1):

> *„Die funktionale Sicherheit (abgekürzt auch FuSi) bezeichnet den Teil der Sicherheit des Systems, der von der korrekten Funktion des sicherheitsbezogenen Systems und anderer risikomindernder Maßnahmen abhängt. Nicht zur funktionalen Sicherheit gehören u. a. elektrische Sicherheit, Brandschutz oder Strahlenschutz.“*[1]

Aus der Risikobeurteilung ergeben sich funktionale Maßnahmen im Steuerungs- und Sicherheitssystem. Wesentlich für die Realisierung entsprechender notwendiger Sicherheitsfunktionen ist der sogenannte Performance Level (PL), der den Gefährdungsgrad einschätzt und in der Risikoanalyse bestimmt wird.

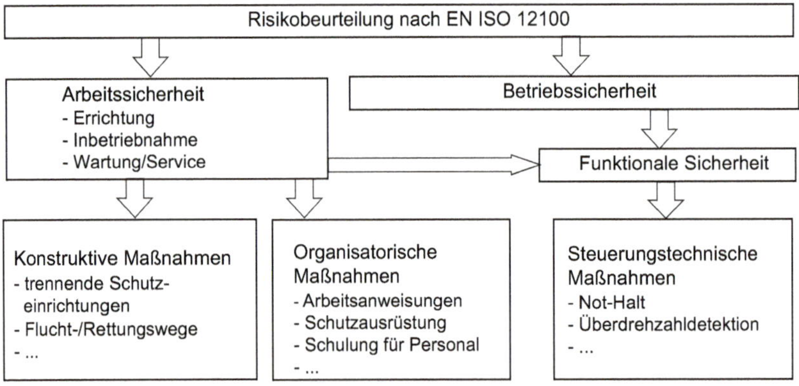

Bild 41.1 Übergeordneter Prozess der Produktsicherheit

Kategorien klassifizieren sicherheitsbezogene Teile einer Steuerung in Bezug auf ihre Widerstandsfähigkeit gegen Fehler und ihr Verhalten im Fehlerfall, basierend

[1] *https://de.wikipedia.org/wiki/Funktionale_Sicherheit*

auf der Zuverlässigkeit und/oder der strukturellen Anordnung der Teile. Eine höhere Kategorie und damit eine höhere Widerstandsfähigkeit gegenüber Fehlern bedeutet eine höhere mögliche Risikoreduzierung (Bild 41.2 bis Bild 41.5). Windenergieanlagenhersteller müssen daher die notwendigen sicherheitsrelevanten Funktionen entsprechend der Kategorie auslegen, die gewährleistet, dass der geforderte Performancelevel erreicht wird.

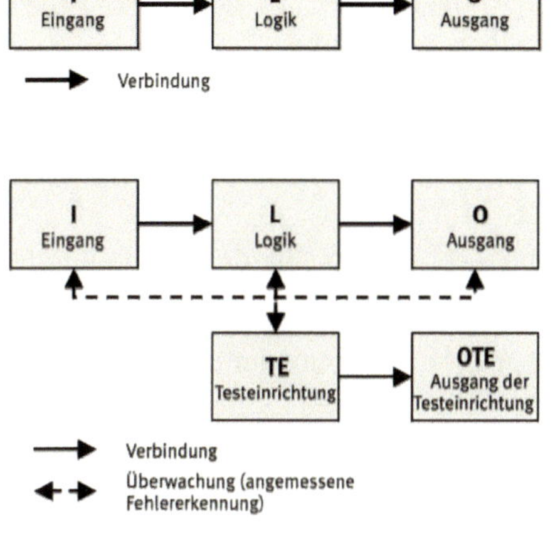

Bild 41.2
Architektur der Signalkette nach Kategorie 1

Bild 41.3
Architektur der Signalkette nach Kategorie 2

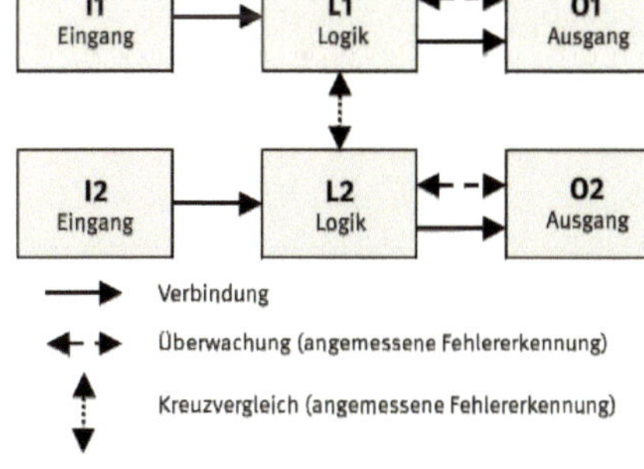

Bild 41.4
Architektur der Signalkette nach Kategorie 3

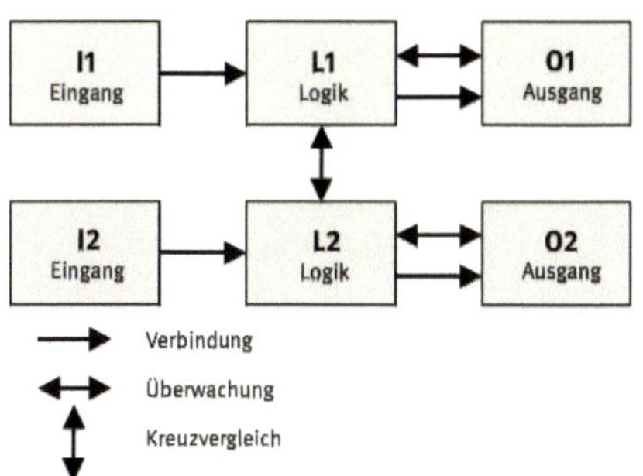

Bild 41.5
Architektur der Signalkette nach Kategorie 4

Die sicherheitsrelevanten Funktionen einer Windenergieanlage lassen sich generell in drei Bereiche unterteilen.

Handlungen im Notfall: Ein manuell ausgelöster Not-Halt über einen Not-Halt-Taster muss Aktionen auslösen, die die Windenergieanlage in einen sicheren Zustand überführen. Dazu gehören beispielsweise

- Sicherheitsfahrt des Pitchsystems,
- Sperren des Azimutsystems,
- Rotorbremse auslösen,
- Leistungsschalter des Hauptumrichtersystems öffnen und
- Teilbereiche elektrisch freischalten.

Bedienfunktionen beziehen sich im Wesentlichen auf den Schutz von Personen in der Anlage und deren Umfeld:

- Schutz vor mechanischen Gefährdungen bei Arbeiten in der Windenergieanlage durch Bewegungen des Triebstrangs und des Azimutsystems
- Schutz vor Verlust der strukturellen Integrität und Schutz der Personen in der Anlage und deren Umfeld

Bedienfunktionen werden durch manuelle Aktionen ausgelöst und sind beispielsweise das Stillsetzen des Azimutsystems, die Überwachung der Wartungsbedingungen oder das Stillsetzen des Triebstrangs.

Schutzfunktionen sind innerhalb der Steuerung realisiert und schützen das System Windenergieanlage vor Gefahren. Beispiele sind

- Endlagenabschaltung Azimutsystem,
- Überwachung der Rotordrehzahl,
- Überwachung der Pitchgeschwindigkeit,
- Überwachung der Turmschwingungen,
- Überwachung der Rotorblattwinkel,
- Überwachung der Außentemperatur,
- Überwachung der Windgeschwindigkeit,
- Überwachung der IPC-Funktionalität und
- Übertemperaturerkennung der Blattheizung.

Für die Realisierung einer Sicherheitsfunktion müssen neben der Umsetzung der Sicherheitskategorie auch die Hardware und die Software entsprechend sicher gestaltet sein. Dazu gehört ein sicheres Bussystem, das eine funktional sichere Kommunikation gewährleistet, sowie die entsprechend sicheren Sensoren und Aktoren. Diese Komponenten sind in der Regel in gelber Farbe ausgeführt. Es wird somit zwischen einem „gelben“ Teil unterschieden, der die Sicherheitsfunktionen in Sinne der funktionalen Sicherheit ausführt, und einem „grauen“ Teil, der die weiteren Funktionen übernimmt (Bild 41.6).

Bild 41.6
IO-Baugruppe mit einem grauen und einem gelben Teil
(© Phoenix Contact GmbH & Co. KG)

Die Steuerung selbst muss ebenfalls sicher sein. In modernen Steuerungssystemen wird die Signalverarbeitung aufgeteilt: Den „grauen“ (Standard-)Umfang der Berechnungen übernimmt eine CPU. Zusätzlich werden zwei weitere CPUs verwendet, die Berechnungen für die Sicherheitsfunktionen übernehmen (Bild 41.7). Beide „sicheren Steuerungen“ führen die gleichen Tätigkeiten bzw. Programmdurchläufe durch und sind somit redundant. Zwischen der Standardsteuerung und der sicheren Steuerung werden regelmäßig Signale und Zustände auf Plausibilität hin geprüft.

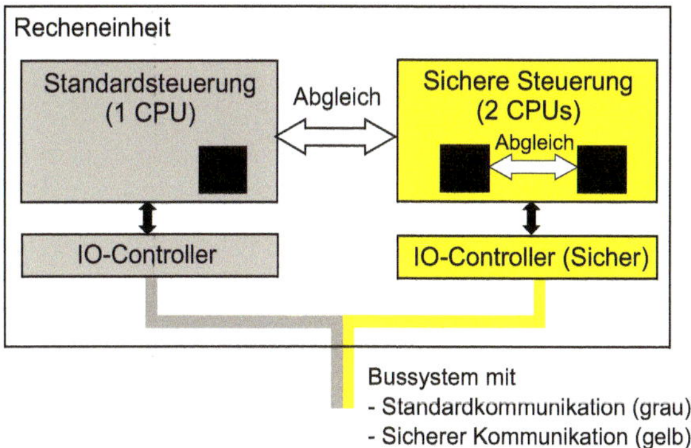

Bild 41.7 Prinzipieller Aufbau einer sicheren Steuerung

Als Beispiel eines Teils einer sicherheitsrelevanten Funktion wird eine Möglichkeit zur Überwachung der Rotordrehzahl in Bild 41.8 gezeigt.

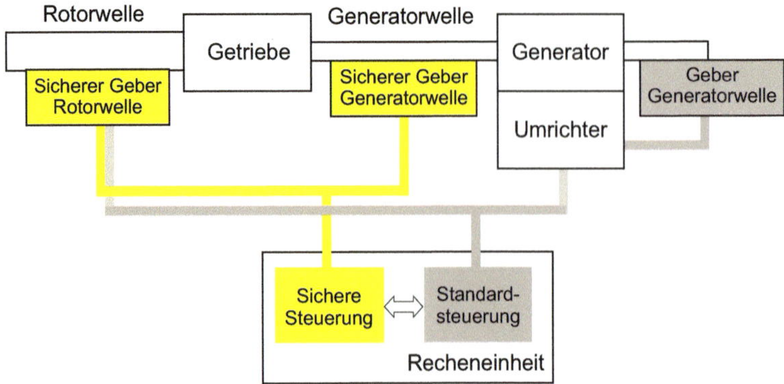

Bild 41.8 Möglicher Aufbau zur Überwachung der Rotordrehzahl

In diesem Beispiel sind drei Messsysteme verbaut. Zwei sichere Geber zur Messung der Rotor- und der Generatordrehzahl sowie ein Geber, der die Drehzahl der Generatorwelle misst und Teil des Generatorumrichtersystems ist. Die Signale werden über ein Bussystem mit Standardkommunikation (grau) und sicherer Kommunikation (gelb) an die Recheneinheit übertragen:

- Die sichere Steuerung überprüft die Rotordrehzahl und die mittels der Getriebeübersetzung auf die Rotorseite umgerechnete Generatordrehzahl auf Plausibilität hin.
- Die Standardsteuerung erhält die Signale der Rotor- und der Generatordrehzahl, überprüft ebenfalls auf Plausibilität hin und benutzt diese Signale für die Regelungs- und Steuerungsfunktionen (Normalbetrieb).
- Zwischen Standardsteuerung und sicherer Steuerung findet permanent ein Austausch bezüglich der Signale statt. Überschreitet die Signalwertdifferenz beider Steuerungen einen festgelegten Grenzwert, so werden entsprechende Maßnahmen eingeleitet.
- Überschreitet die Rotordrehzahl die Nenndrehzahl, so erkennt das die Standardsteuerung und regelt entsprechend ein. Die sichere Steuerung leitet keine Aktionen ein.
- Ein Überschreiten der Abschaltdrehzahl (siehe Kapitel 10) wird sowohl von der Standardsteuerung als auch von der sicheren Steuerung erkannt, und die entsprechende Sicherheitsfunktion wird ausgelöst.

Die Hersteller von Windenergieanlagen müssen jede identifizierte Sicherheitsfunktion so aufbauen, dass der ermittelte Performancelevel erreicht wird. Im Rahmen des Zertifizierungsprozesses erfolgt final eine Überprüfung durch die Zertifizierungsstelle.

42 An welche Versorgungsnetze werden Windenergieanlagen angeschlossen?

Wurden die ersten Windkraftanlagen noch als einfache Asynchronmaschinen mit kleiner Leistung direkt an das Niederspannungsnetz angeschlossen, so bewegt sich die Leistung von heutigen Windparks in Größenordnungen, die dies nicht mehr zulassen. Windenergieanlagen und Windparks werden heute wie andere dezentrale Energieerzeugungsanlagen auch an das Mittelspannungsnetz (MS), das Hochspannungsnetz (HS) oder das Höchstspannungsnetz (UHS) angeschlossen. Durch ihre Energieeinspeisung bewirken Windenergieanlagen Rückwirkungen durch Spannungsbeeinflussungen im Netz an den Netzanschlusspunkten (NAP) und an den Verknüpfungspunkten (VP) für andere Netze und anderen dezentrale Energieerzeugungsanlagen. Die zulässigen Spannungsbeeinflussungen sind jedoch begrenzt, um das Netz nicht zu destabilisieren. In den geltenden Richtlinien (siehe Kapitel 44) wird beschrieben, welche elektrischen Eigenschaften Windenergieanlagen aufweisen müssen und wie diese nachgewiesen werden müssen. Für die Hersteller von Anlagen besteht die Schwierigkeit darin, dass diese Richtlinien international uneinheitlich sind und (die zum Teil widersprüchlichen Anforderungen) alle erfüllt werden müssen, um die Zulassung in den entsprechenden Regionen zu erhalten.

Der Netzanschluss (siehe Bild 42.1) erfolgt

(1) für Einzelanlagen und kleine Windparks über bestehende MS-Sammelschienen,

(2) für kleine Windparks an einer MS-SS einer bestehenden Umspannstation,

(3) für mehrere Windparks über Sammelschienen und zusätzliche Umspannstationen am HS,

(4) für große Windparks über eigene Umspannstation am HS und

(5) für sehr große Windparks über eigene Umspannstation am UHS.

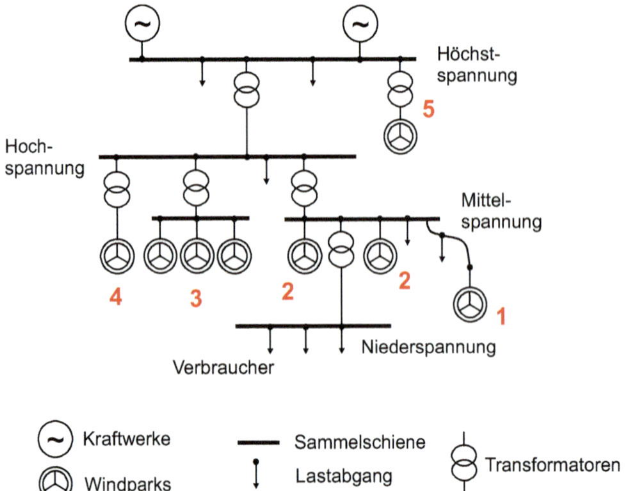

Bild 42.1 Aufbau eines Versorgungsnetzes mit unterschiedlichen Spannungsebenen

Die einzelnen Spannungsebenen sind wie in Tabelle 42.1 gekennzeichnet.

Tabelle 42.1 Spannungsebenen Netzanschluss

Bezeichnung	Abkürzung	Netzart	Spannungsbereich	Typische Werte in Deutschland	Anmerkungen
Höchstspannung oder Ultra-Hochspannung	UHS	Übertragungsnetz	≥ 220 kV	3 x 220 kV oder 3 x 380 kV	Anschluss von Großkraftwerken und Energieübertragung über große Strecken
Hochspannung	HS	Übertragungsnetz	220 kV > U ≥ 60 kV	3 x 110 kV	Anschluss von Erzeugern und Verbrauchern großer Leistung und Energieübertragung
Mittelspannung	MS	Verteilnetz	60 kV > U ≥ 1 kV	3 x 20 kV	Anschluss von Erzeugern und Verbrauchern mittlerer Leistung und Energieübertragung
Niederspannung	NS	Verteilnetz	1 kV > U	3 x 400 V 1 x 230 V	Anschluss von Erzeugern und Verbrauchern kleiner Leistung

In Deutschland existieren zurzeit (Stand 2020) ca. 1000 Netzbetreiber, davon

- vier Übertragungsnetzbetreiber,
- ca. 70 regionale Netzbetreiber,
- ca. 25 große Stadtwerke,
- ca. 700 mittlere und kleine Stadtwerke sowie
- mehr als 100 private Netzbetreiber.

In Deutschland haben sich die vier Übertragungsnetzbetreiber (ÜNB: Amprion, TransnetBW, Tennet TSO und 50Hertz) zum deutschen Netzregelverbund zusammengeschlossen (Bild 42.2).

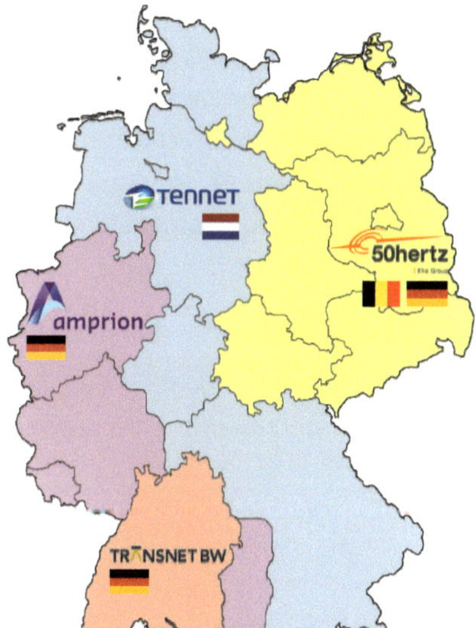

Bild 42.2
Übertragungsnetzbetreiber in Deutschland
(Quelle: Wikipedia, © User: Francis McLloyd)

Auf europäischer Ebene haben sich viele Übertragungsnetzbetreiber, die für das Höchstspannungs-Verbundnetz zuständig sind, im Verband ENTSO-E formiert. Dieses vertritt die Netzbetreiber auch gegenüber der europäischen Kommission.

43 Was sind die wesentlichen Aufgaben eines Netzbetreibers?

Um aktuell und zukünftig eine gleichbleibend gute Qualität des elektrischen Versorgungsnetzes gewährleisten zu können, werden insbesondere seitens der Übertragungsnetzbetreiber (ÜNB, siehe Kapitel 42) Anschlussbedingungen zur Netzintegration von Energieerzeugeranlagen definiert. Insbesondere vor dem Hintergrund, dass die Anzahl der dezentralen Erzeugereinheiten in Zukunft sehr wahrscheinlich weiter ansteigen wird, erfolgen in regelmäßigen Abständen Aktualisierungen, um die Netzanschlussbedingungen den aktuellen strukturellen und netzqualitativen Bedingungen anzupassen.

Im Wesentlichen sind drei Aufgaben des Übertragungsnetzbetreibers zu nennen:

- Zuverlässigkeit der Energieerzeugung:
  - Ein Zusammenbruch des gesamten Versorgungsnetzes muss vermieden werden.
  - Fehler im Netz dürfen nur lokale Auswirkungen haben.
- Stabilität der Netzfrequenz:

  Verbrauchte und erzeugte Energie müssen ausgeglichen sein, d. h., es muss immer so viel Energie erzeugt werden, wie gerade verbraucht wird. Wird mehr Energie erzeugt als verbraucht, so steigt die Netzfrequenz an. Die Netzfrequenz sinkt, wenn mehr Energie verbraucht als erzeugt wird.
- Stabilität der Netzspannung:

  Induktive und kapazitive Blindleistung müssen ausgeglichen sein, um die Spannungsstabilität zu gewährleisten.

Werden diese Anforderungen nicht erfüllt, so kann es zu einem Ausfall des Versorgungsnetzes führen. So gab es am 4. November 2006 einen europaweiten Netzausfall, von dem für 1,5 Stunden ca. 15 Millionen Verbraucher betroffen waren. Grund hierfür war, dass ein neues Kreuzfahrtschiff den Fluss Ems passierte und der Übertragungsnetzbetreiber hierfür die Höchstspannungsleitung über die Ems abschaltete. Die Änderungen in den Lastflüssen führten zur Überlast in anderen Leitungen und verursachten deren automatische Abschaltung. Weitere Abschaltungen folgten kaskadenförmig, und das europäische Netz zerfiel in drei Teile (Bild 43.1).

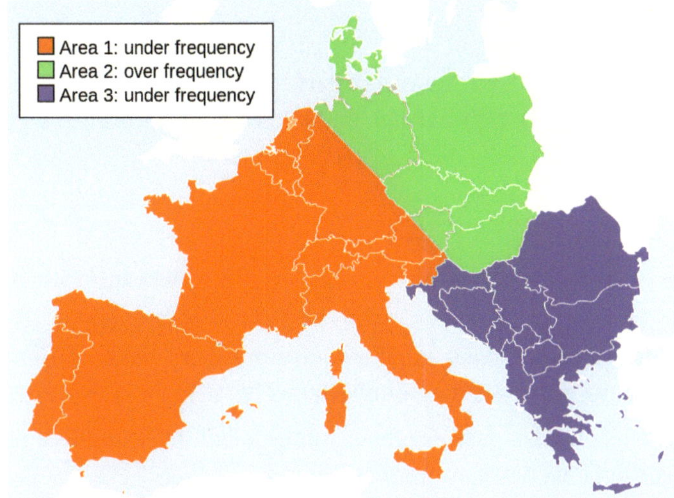

Bild 43.1 Ausfall des Versorgungsnetzes am 04. 11. 2006 (Quelle: Wikipedia, © User: wdwd)

Der Übertragungsnetzbetreiber selbst stellt Systeme und Dienstleistungen zur Erfüllung der vorangehend genannten Anforderungen zur Verfügung:

- **Netzbereitstellung:** Der ÜNB ist für die technische Übertragung der elektrischen Energie zwischen Erzeugern und Verbrauchern verantwortlich. Hierfür stellt er sein Netz zur Verfügung.
- **Ausbauplanung:** Der ÜNB ist verantwortlich, die Ausbauplanung seines Netzes darauf auszurichten, eine für die Zukunft zuverlässige Versorgung zu sichern.
- **Verlustdeckung:** Der ÜNB ist für die Deckung der durch die Energieübertragung verursachten Netzverluste zuständig.

Des Weiteren bietet er unterschiedliche Systemdienstleistungen an:

- **Betriebsführung:** Der ÜNB hat die Verantwortung für die Betriebsführung des Netzes (z. B. Überwachung, Sicherheit, Systeme).
- **Frequenzhaltung:** Der ÜNB hat für ein Ausgleichen von Abweichungen in der Netzfrequenz zu sorgen.
- **Spannungshaltung:** Der ÜNB hat die Aufgabe, die Spannung seines Netzes in einem bestimmten Spannungsband einzuhalten.
- **Versorgungswiederaufnahme:** Um Störungen im Netz zu vermeiden, hat der ÜNB in Kooperation mit den benachbarten ÜNB im Verbundbetrieb Strategien

und Konzepte zu entwickeln, die verhindern, dass Gefahrenzustände entstehen, und die gewährleisten, dass der Normalbetrieb im Störfall möglichst schnell wiederhergestellt wird.

Notwendigkeit der Frequenzhaltung

Zur Einhaltung der Frequenz auf ihren Nennwert darf im elektrischen Netz das Gleichgewicht zwischen Erzeugung (P_G) auf der einen Seite und Verbrauch (P_L) und Verlusten (P_V) auf der anderen Seite nicht gestört werden:

$$P_G - \left(P_L - P_V\right) = 0$$

Sobald das Gleichgewicht gestört wird, ist das Ergebnis der Gleichung nicht mehr null:

- Ein positives Ergebnis bedeutet, dass es einen Leistungsüberschuss im Netz gibt und die Netzfrequenz höher als die Nennfrequenz ist.
- Ein negatives Ergebnis bedeutet, dass es ein Leistungsdefizit im Netz gibt und die Netzfrequenz geringer als die Nennfrequenz ist.

Mehrere Gründe können für die Störung des Gleichgewichts verantwortlich sein:

- **Lastrampe:** Der Grund für eine Lastrampe ist der variierende Tagesganglinienverlauf des Leistungsbedarfs der Verbraucher. Solche Laständerungen sind vorsehbar und geschehen relativ langsam. Daher können diese Laständerungen manuell oder mithilfe eines Lastfolgereglers nachgefahren werden.
- **Lastschwankungen:** Der Grund hierfür ist das gleiche Verbraucherverhalten, das durch zufälliges Ab- und Zuschalten von Verbrauchern entsteht. Angesichts der Tatsache, dass solche Laständerungen kleine Amplituden im Sekundenbereich haben, sind die entstehenden Auswirkungen sehr gering und werden hingenommen.
- **Lastsprünge:** Die Ursachen hierfür sind Kraftwerksausfälle oder das Ab- oder Zuschalten von großen Lasten. Solche Laständerungen können das Gleichgewicht zwischen Erzeugung und Last stören und Abweichung der Frequenz von ihrem Nennwert verursachen.
- **Angebotsabhängige Einspeisungen:** Dazu gehört vornehmlich die Einspeisung von Energie durch Solar- und Windenergieanlagen. Aufgrund der Abhängigkeit von den Wetterverhältnissen kann die eingespeiste Leistung aus solchen Anlagen von ihrem erwarteten Wert abweichen. Dies kann ein Leistungsdefizit oder einen Leistungsüberschuss im Netz verursachen und zur Frequenzabweichung führen.

Um die verursachte Frequenzabweichung in den letzten beiden Fällen (Lastsprünge und angebotsabhängige Einspeisungen) zu beschränken und die Frequenz wieder auf ihren Nennwert zurückzusetzen, ist die Unterstützung der Frequenzhaltung durch den Einsatz der Regelleistung erforderlich.

Notwendigkeit der Spannungshaltung

Mit der Spannungshaltung werden zwei Zielstellungen verfolgt:

- **Stationäre Spannungshaltung:** Damit es nicht zu Überschlägen zwischen spannungsführenden Netzteilen und der Erde kommt, dürfen die Belastungsgrenzen der Netzelemente nicht überschritten werden (Isolationsspannung). Gleichzeitig muss die Spannung hoch genug sein, damit alle Verbraucher und Netzelemente ihre Funktion sicher erfüllen können.
- **Dynamische Spannungshaltung:** Bei einem plötzlichen Ausfall einer Spannungsquelle, einer Leitung oder eines Verbrauchers muss die Spannung innerhalb eines definierten Betriebsbereichs verbleiben. Andernfalls besteht das Risiko, dass es zu einem kaskadenartigen Ausfall von Erzeugern, Verbrauchern und Netzelementen kommt, an dessen Ende ein Blackout steht.

Kompensationsanlagen, wie Drosselspulen oder STATCOM-Einheiten (siehe Kapitel 46), und Erzeugeranlagen, wie beispielsweise Windparks, setzen Blindleistung ein, um einen Beitrag zur Spannungshaltung zu liefern. Generell gilt, dass die Summe an „erzeugter“ und „verbrauchter“ Blindleistung immer ausgeglichen sein muss, um die Spannungsstabilität gewährleisten zu können (siehe Kapitel 45).

Welche Richtlinien und Normen gelten für den Netzanschluss?

Bis Anfang der 2000er-Jahre wurden Windenergieanlagen als „negative Verbraucher“ eingestuft, da ihr Anteil an der Stromversorgung relativ gering war. Es bestanden nur technische Mindestanforderungen, wie Schutzeinstellungen oder Anforderungen an die Spannungsqualität. So wurde bespielweise eine sofortige Abschaltung der Anlagen bei Unterspannung gefordert.

Um dem Zuwachs des Anteils der erneuerbaren Energieerzeugereinheiten gerecht zu werden, veröffentlichte die E.ON Netz GmbH am 1. Dezember 2001 ergänzende Netzanschlussregeln [6.1]. Am 1. Januar 2003 wurden diese verpflichtend gültig. Diese Regeln beinhalteten erstmals Anforderungen an die Bereitstellung von Blindleistung am Netzanschlusspunkt, stellten Forderungen nach einer Leistungsreduzierung bei Überfrequenz und dem Durchfahren von Spannungseinbrüchen infolge von Netzfehlern. Weitere Netzbetreiber folgten mit vergleichbaren Anforderungen.

Die Einhaltung der geltenden Netzanschlusskriterien (englisch *Grid Codes*) sind Voraussetzung für die elektrische Konformitätserklärung und somit für das Einheiten- bzw. Anlagenzertifikat, ohne die die Windenergieanlage bzw. der Windpark nicht am Netz betrieben werden darf (siehe Kapitel 4).

Die Richtlinien zu den Netzanschlussanforderungen regeln insbesondere Folgendes:

- Anschlussbedingungen:
  - anschlussrelevante Unterlagen
  - Festlegung des Anschlusspunkts
  - Bemessung der Betriebsmittel
  - zulässige Spannungsanhebung bei Betrieb der Anlage
- Netzverträglichkeit:
  - zulässige Leistungsspitzen
  - erforderliche Blindleistung bzw. Leistungsfaktor
  - Oberschwingungen bis 9 kHz

  - Kommutierungseinbrüche
  - Tonfrequenzbeeinflussung
  - Störspannungen > 9 kHz
  - Flicker
  - zulässige Schalthandlung und Netzschutz
  - zulässige Spannungsänderungen beim Zu- und Abschalten
- Beitrag der Windenergieanlage bzw. des Windparks zur statischen Spannungsstabilisierung (Verhalten bei Spannungs- und Frequenzabweichung)
- Beitrag der Windenergieanlage bzw. des Windparks zur dynamischen Spannungsstabilisierung (Verhalten bei Spannungseinbruch und automatische Wiedereinschaltung)

Die Beurteilung der Anschlussmöglichkeit erfolgt für den Netzanknüpfungspunkt (NAP), also den Übergabepunkt der Erzeugerleistung an den Netzbetreiber (Bild 44.1).

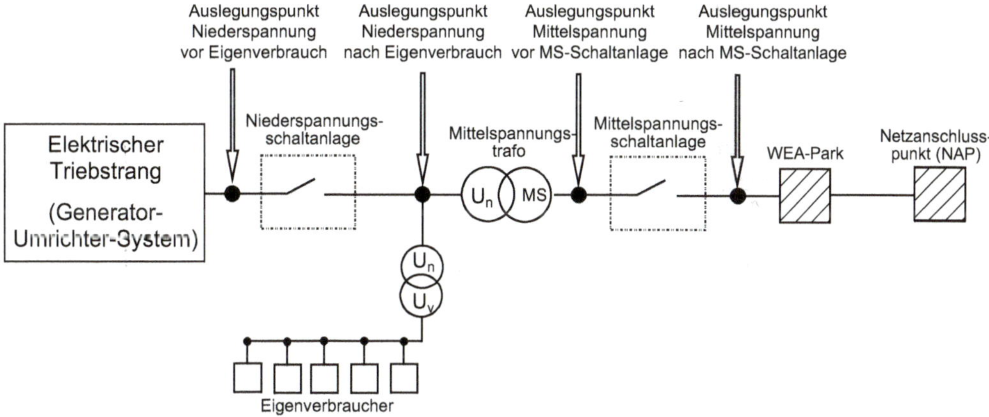

Bild 44.1 Auslegungspunkte einer Windenergieanlage (elektrisch)

In Deutschland wurden im Oktober 2018 neue Regelwerke für den Netzanschluss von Erzeugungsanlagen veröffentlicht. Diese gelten für Mittelspannung (VDE-AR-N 4110), Hochspannung (VDE-AR-N 4120) und Höchstspannung (VDE-AR-N 4130) [6.2, 6.3, 6.4]. Sie waren ab dem 27.04.2019 für neue Erzeugungseinheiten und -anlagen einzuhalten (Bild 44.2). Aufgrund einer gesetzlich geregelten Übergangsfrist konnten in besonderen Fällen die Erzeugungsanlagen bis zum 30.06.2020 noch nach den „alten“ Netzanschlussregeln (wie der BDEW-Mittelspannungsrichtlinie oder der TAB HS, VDE-AR-N 4120:2015) in Betrieb genommen und zertifiziert werden.

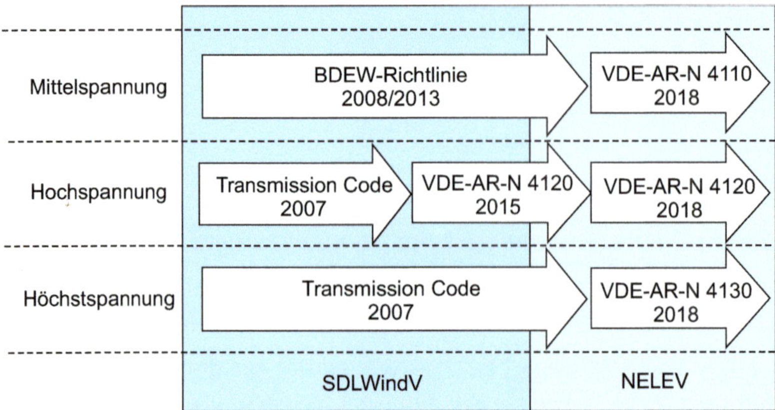

Bild 44.2 Richtlinien für den Netzanschluss (Stand 2020)

Der Rahmen für diese Regelwerke ist in der NELEV (Verordnung zum „Nachweis von elektrotechnischen Eigenschaften von Energieanlagen“) geregelt. Inhalt der NELEV sind keine neuen Anforderungen an Energieerzeugungsanlagen, sondern vielmehr Regelungen, wie ein Nachweisdokument zu erbringen ist. Die Nachweisdokumente (wie Anlagenzertifikat und EZA-Konformitätserklärung) müssen von einer akkreditierten Zertifizierungsstelle ausgestellt werden.

Am 01.07.2017 trat diese NELEV-Verordnung in Kraft und ersetzte damit die bis zum 30.06.2017 verbindliche SDLWindV (Systemdienstleistungsverordnung für Windenergieanlagen). Die SDLWindV regelte bis dahin das Nachweisverfahren und die Vergütung ausschließlich von Windenergieanlagen. Die NELEV gilt im Gegensatz zu ihrem Vorgänger für alle dezentralen Energieerzeugungsanlagen, einschließlich Windenergie, Photovoltaik und Wasserkraft sowie Speicher. Sie regelt die Nachweismodalitäten für neu in Betrieb genommene dezentrale Eigenversorgungsanlagen über die Einhaltung der technischen Mindestanforderungen nach § 19 Energiewirtschaftsgesetz (EnWG).

45 Was ist Blindleistung und warum ist sie so wichtig?

Bei Gleichstrom sind die Verhältnisse einfach: Als Leistung *P* mit der Einheit Watt wird das Produkt aus der Spannung *V* (Einheit Volt) und dem Strom *I* (Einheit Ampere) bezeichnet. Bei Wechsel- bzw. Drehstrom hingegen sind die Verhältnisse etwas anders: Stärke und Richtung von Strom und Spannung ändern sich regelmäßig. Im Versorgungsnetz haben beide Größen einen sinusförmigen Verlauf mit einer Frequenz von 50 Hz (z.B. in Deutschland) oder 60 Hz (z.B. in den USA). Das Produkt aus dem pulsierenden Strom und der pulsierenden Spannung ergibt somit auch eine pulsierende Leistung.

Die Art der Wechselstromleistung ist davon abhängig, ob und wie die sinusförmigen Ströme und Spannungen zueinander phasenverschoben sind. Ohne Phasenverschiebung erreichen Strom und Spannung die Maximal- und Minimalwerte gleichzeitig. Im zeitlichen Mittel ergibt sich damit ein positiver Leistungswert und somit ausschließlich Wirkleistung (Bild 45.1). Bei einer Phasenverschiebung von 90° nimmt die Leistung hingegen abwechselnd positive und negative Werte an. Das zeitliche Mittel der Leistung ist null. Man spricht hier von Blindleistung *Q*, die quasi in den Leitungen hin- und herpendelt (Bild 45.2).

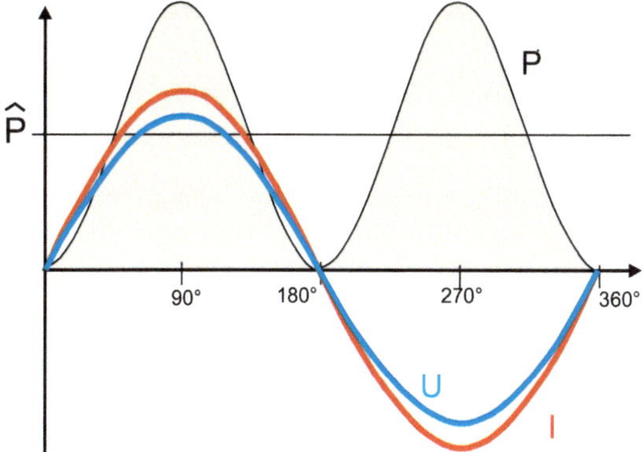

Bild 45.1 Strom- und Spannungsverläufe bei reiner Wirkleistung

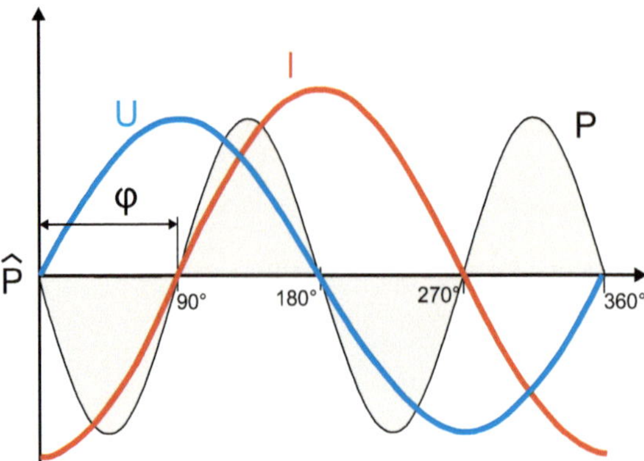

Bild 45.2 Strom- und Spannungsverläufe bei reiner Blindleistung

Durch die Phasenverschiebung von Strom und Spannung ergibt sich also eine Mischung von Wirk- und Blindleistung. Die Summe beider wird als Scheinleistung bezeichnet:

$$S = \sqrt{P^2 + Q^2}$$

Oft rechnet man mit dem Verschiebungsfaktor $cos(\varphi)$, mit dem sich ein einfacher Zusammenhang zwischen Wirk- und Scheinleistung ergibt: Ein Wert von $cos(\varphi)$ = 0,95 bedeutet, dass 95 % der Scheinleistung als Wirkleistung nutzbar sind. Der Rest „steckt" in der Blindleistung.

Von **induktiver Blindleistung** spricht man, wenn die Stromphase der Spannungsphase folgt. Der Strom eilt der Spannung also nach. Im umgekehrten Fall, wenn der Strom der Spannung vorauseilt, spricht man hingegen von **kapazitiver Blindleistung**. Praktisch alle elektrischen Bauelemente der Verbraucher im Netz wirken als kapazitive oder induktive Blindwiderstände. So verhalten sich lange Kabel aufgrund der dicht beieinanderliegenden Leiter wie Kondensatoren (wirken also als kapazitive Verbraucher), während die in Transformatoren oder Elektromotoren verbauten Spulen als induktive Blindwiderstände dienen (induktive Verbraucher). Verbraucher erzeugen somit eine unerwünschte Phasenverschiebung im Netz, wenn sie dem Netz Leistung entnehmen. Diese Phasenverschiebung ist zu kompensieren, da Blindleistung das Netz belastet, ohne einen Beitrag zum Energietransport zu liefern, denn nur Wirkleistung kann als Nutzleistung „verbraucht", also in andere nutzbare Energieformen umgesetzt, werden.

Das Netz selbst wird für die Scheinleistung ausgelegt, denn die elektrischen Verluste beim Energietransport entstehen abhängig von der Scheinleistung. Jede zusätzliche Blindleistung führt daher zu größeren Transportverlusten. Wenn die Blindleistung gegen null geregelt wird, verringert man die Transportverluste, da das Netz nur noch mit Wirkleistung belastet wird und die frei werdenden Übertragungsressourcen für den Transport zusätzlicher Wirkleistung genutzt werden können.

Aufgrund der Eigenschaft eines Windparks als dezentrale Erzeugeranlage bietet es sich an, dass elektrische Größen und Systemeigenschaften für eine Erzeugercharakteristik definiert werden (Bild 45.3). Aus diesem Grund beziehen sich im weiteren Verlauf die elektrischen Größen auf das Erzeugerzählpfeilsystem.

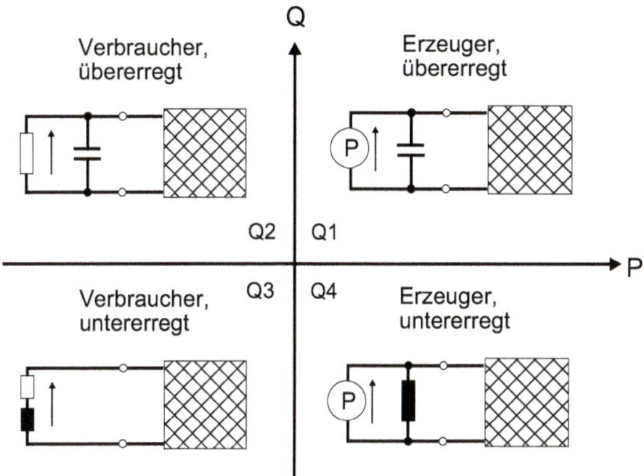

Bild 45.3 Charakteristik von Erzeugern und Verbrauchern im Erzeugerpfeilsystem

Bild 45.3 zeigt, dass jeder Betriebszustand anhand der gemessenen sowie vorzeichenbehafteten Wirk- und Blindkomponenten abgeleitet werden kann. Zusammenfassend können die vier Betriebsquadranten wie folgt beschrieben werden:

- **Übererregter Erzeugerbetrieb (Q1):**
  - Die Wirkleistung *P* wird an das Netz abgegeben.
  - Die induktive Blindleistung *Q* wird an das Netz abgegeben. Der Erzeuger wirkt kapazitiv und somit spannungshebend.
- **Übererregter Betrieb als Verbraucher (Q2):**
  - Die Wirkleistung *P* wird von dem Netz bezogen.
  - Die induktive Blindleistung *Q* wird an das Netz abgegeben. Der Erzeuger wirkt kapazitiv und somit spannungshebend.
- **Untererregter Betrieb als Verbraucher (Q3):**
  - Die Wirkleistung *P* wird von dem Netz bezogen.
  - Die induktive Blindleistung *Q* wird von dem Netz bezogen. Der Erzeuger wirkt induktiv und somit spannungssenkend.
- **Untererregter Erzeugerbetrieb (Q4):**
  - Die Wirkleistung *P* wird an das Netz abgegeben.

- Die induktive Blindleistung Q wird von dem Netz bezogen. Die EZA wirkt induktiv und somit spannungssenkend.

Die Spannungsstabilisierung eines Versorgungsnetzes wird im Wesentlichen durch die Blindleistungsbilanz bestimmt. Aus dem Netz entnommene, induktive Blindleistung führt zu Spannungsabsenkungen. In das Netz eingespeiste, kapazitive Blindleistung führt hingegen zu Spannungserhöhungen (siehe Kapitel 45). Um einen gewünschten Spannungsbereich gewährleisten zu können, muss eine Erzeugeranlage (z. B. ein Windpark) und damit die einzelne Erzeugereinheit (z. B. eine Windenergieanlage) die erzeugte Blindleistung auf Anforderung des Netzbetreibers verändern können.

Der entsprechende Sollwert wird vom Netzbetreiber vorgegeben und vom Windparkregler und dem nachfolgenden Sollwertverteiler (siehe Kapitel 51) den Erzeugereinheiten übermittelt. Die Sollwertvorgabe des Netzbetreibers kann direkt als $cos(\varphi)$, als Funktion $cos(\varphi) = f(P)$, als Blindleistung Q oder als Funktion $Q(U)$ erfolgen. Der entsprechende Istwert wird von den Erzeugereinheiten zurückgemeldet. Die Vorgaben bezüglich der Bereitstellung der maximalen Blindleistung beziehen sich in der Regel auf den Auslegungspunkt vor der Niederspannungsschaltanlage (siehe Kapitel 44).

Generell sind die Grundanforderungen bezüglich des notwendigen Stellbereichs der Blindleistung in den entsprechenden Richtlinien (siehe Kapitel 44) festgelegt. Abweichungen von diesen technischen Regeln können jedoch vertraglich vereinbart werden. Bild 45.4 bis Bild 45.6 zeigen den geforderten Bereich der Blindleistung von Erzeugereinheiten bei Wirkleistungseinspeisung nach den entsprechenden Richtlinien für das Mittel-, Hoch- und Höchstspannungsnetz.

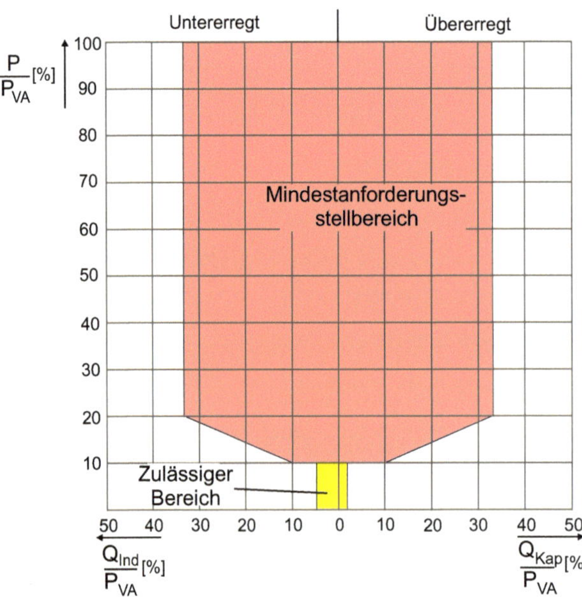

Bild 45.4
Stellbereich der Blindleistung im Mittelspannungsnetz nach VDE-AR-N 4110 [6.2]

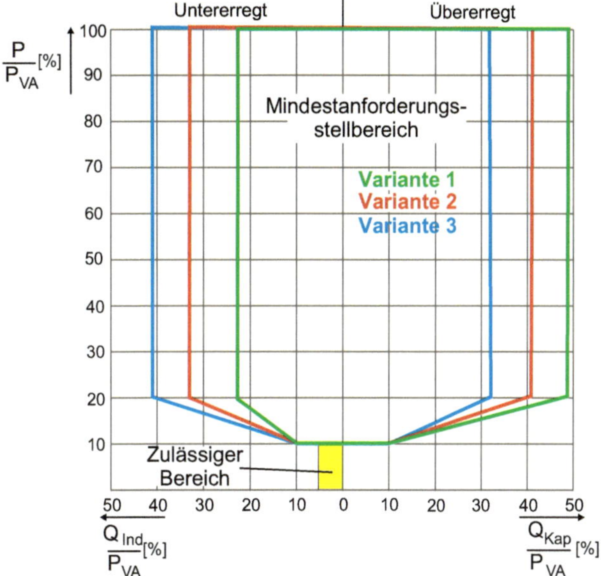

Bild 45.5 Stellbereich der Blindleistung im Hochspannungsnetz nach VDE-AR-N 4120 [6.3]

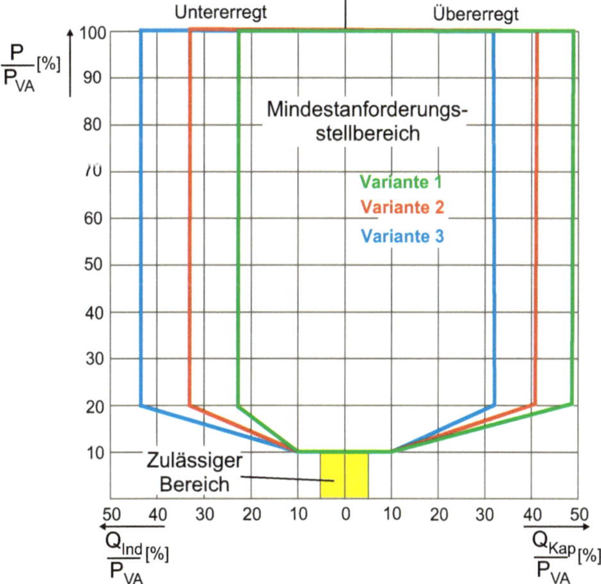

Bild 45.6 Stellbereich der Blindleistung im Höchstspannungsnetz nach VDE-AR-N 4130 [6.3]

Auf der Ordinate ist der Wert der von der Erzeugeranlage erzeugten Wirkleistung P in Relation zu dem verfügbaren Anteil der vereinbarten Anschlussleistung P_{VA} auftragen. Ist beispielsweise eine Anschlussleistung von 100 MW vereinbart und der Windpark erzeugt eine Wirkleistung von 50 MW, so beträgt der Wert der Ordinate 50 %. Auf der Abszisse kann dann der Wert für den Mindestanforderungsbereich der Blindleistung abgelesen werden. Dieser bezieht sich ebenfalls auf die vereinbarte Anschlussleistung.

Um zu ermitteln, ob die Erzeugeranlage (z. B. ein Windpark) den geforderten Mindeststellbereich der Blindleistung in jedem Betriebszustand einhalten kann, muss die Fähigkeit der einzelnen Windenergieanlage bezüglich ihres eigenen Mindeststellbereichs bekannt sein (siehe Kapitel 46).

Die bisher genannten Anforderungen gelten für den Betrieb, bei dem die momentan erzeugte Wirkleistung P kleiner als die Bemessungswirkleistung $P_{b,inst}$ ist, d. h., dass sich alle oder mehrere Windenergieanlage eines Windparks im Teillastbetrieb befinden. Ist die aktuell erzeugte Wirkleistung gleich der Bemessungswirkleistung, so schreibt die Norm vor, dass die Blindleistung abhängig von der Netzspannung bereitgestellt werden muss. Als Beispiel einer solchen Anforderung ist für den Mittelspannungsbereich in Bild 45.7 gezeigt, in welchem Bereich eine Wirkleistungsreduktion zugunsten einer Blindleistungsanforderung zulässig ist.

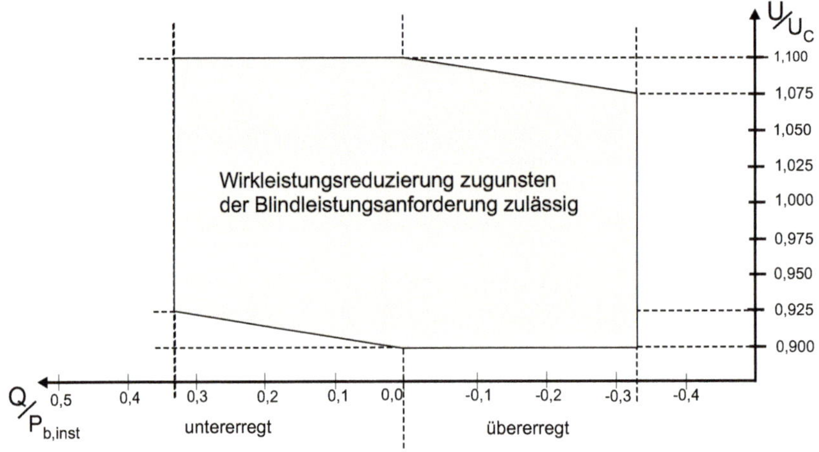

Bild 45.7 Bereich der zulässigen Wirkleistungsreduktion zugunsten einer Blindleistungsanforderung für den Mittelspannungsbereich nach VDE-AR-N 4110 [6.2]

Für die Hoch- und die Höchstspannungsebene sind Varianten zulässig. Jede Erzeugungsanlage muss in der Lage sein, diese Anforderungen am Netzanschlusspunkt nach einer der gezeigten Varianten zu erfüllen (Bild 45.8). Der Netzbetreiber wählt aufgrund der jeweiligen Netzanforderungen eine der Varianten im Zuge der Planung des Netzanschlusses aus und gibt diese dem Anschlussnehmer vor. Änderungen im Laufe des späteren Betriebs sind vertraglich zwischen Netzbetreiber und Anlagenbetreiber zu vereinbaren.

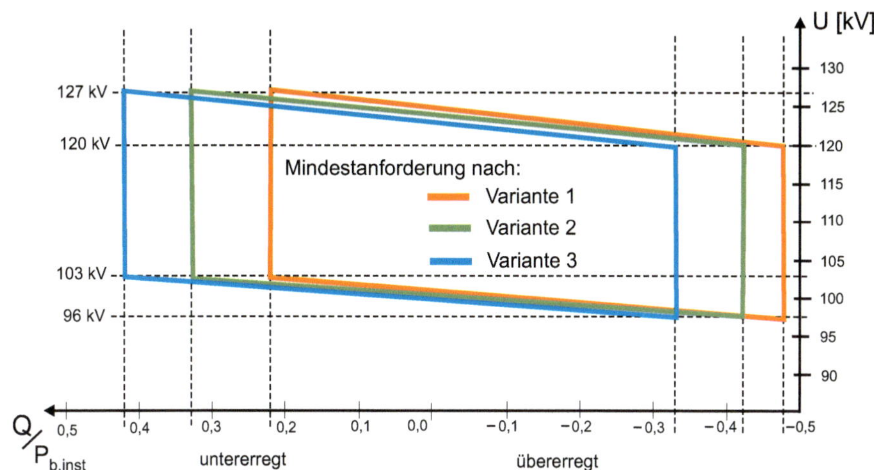

Bild 45.8 Bereich der zulässigen Wirkleistungsreduktion zugunsten einer Blindleistungsanforderung für den Hochspannungsbereich nach VDE-AR-N 4120 [6.3]

46 Was sind FACTS und STATCOM?

Der Begriff FACTS ist das englische Akronym für Flexible AC Transmission Systems. Es handelt sich um Transportnetze für elektrische Energie, die aufgrund des Einsatzes von FACTS-Betriebsmitteln bzw. FACTS-Reglern höhere statische und dynamische Übertragungskapazitäten besitzen und somit weniger anfällig für Netzengpässe sind.

FACTS-Regler erlauben eine sehr schnelle, gezielte Steuerung der Leitungsströme (insbesondere bei Störungen) und kommen daher mit geringen Reserven aus. Die Steuerung geschieht durch Veränderungen der Leitungslängs- und der Leitungsquerimpedanzen sowie durch Entkopplung von Reihenspannungen in Leitungen und Injektion von Querströmen in Netzknoten. FACTS-Regler ermöglichen somit den Betrieb des Netzes nahe seiner technischen Belastbarkeit und seiner Stabilitätsgrenzen. Eine Nachrüstung bestehender Netze ist somit gleichbedeutend mit einer Erhöhung der Übertragungskapazität. Wesentliche Vorteile sind:

- Steuerung der Leistungsflüsse und damit Erhöhung der Übertragungskapazität
- Minimierung der Verluste im Netz durch Vermeidung von Maschenströmen
- Wahrung der Verfügbarkeit bei Störungen
- Dämpfung
- Beherrschung von subsynchronen Resonanzen
- Erhöhung der Spannungsstabilität

FACTS-Geräte verwenden netzgeführte Leitungshalbleiter, um passive Kompensationsimpedanzen flexibel zu schalten oder selbstgeführte Halbleiter, um Strom und Spannung direkt mit einem Umrichter zu regeln.

FACTS-Geräte werden in der ersten Ebene nach Art der Einbindung an das Versorgungsnetz kategorisiert (Bild 46.1). Sie können in Reihenschaltung (Series Compensation) oder in Parallelschaltung (Shunt Compensation) verbunden werden. Auf der zweiten Ebene wird nach Art des verwendeten Halbleiters klassifiziert.

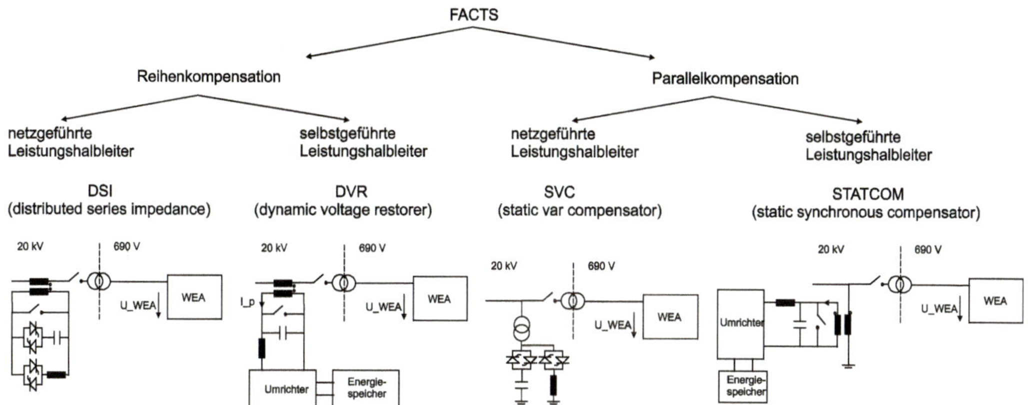

Bild 46.1 Klassifizierung von FACTS-Geräten nach Typ der Anbindung und Typ der verwendeten Leistungshalbleiter nach [6.7]

Windenergieanlagen sind heute umrichterbasierte Erzeugereinheiten (Voll- oder Teilumrichter), die am Versorgungsnetz angeschlossen werden. Durch die IGBT-basierte Leistungselektronik ist eine hohe Flexibilität bei der Wirk- und Blindleistungseinspeisung möglich. Diese Fähigkeit in Verbindung mit der Anlagenregelung erzielt eine Dynamik, die der herkömmlicher FACTS-Geräte entspricht. Dieses Leistungsmerkmal einer Windenergieanlage wird daher als FACTS-Eigenschaft bezeichnet.

Des Weiteren stellt eine Windenergieanlage in der Standardkonfiguration bei Betriebspunkten zwischen 20 % und 100 % der Nennwirkleistung einen weiten Stellbereich an Blindleistung - unabhängig von der Wirkleistung - zur Verfügung. Unterhalb von 20 % der Nennwirkleistung ist der Blindleistungsstellbereich deutlich geringer.

Durch den Einsatz eines leistungsfähigeren Umrichters können zwei Optionen realisiert werden, wodurch mehr Blindleistung erzeugt werden kann:

- Der Blindleistungsstellbereich wird erhöht (Q+-Option).
- Die STATCOM-Option wird eingesetzt (STATCOM: Static Synchronous Compensator).

Um den entsprechenden Stellbereich der Blindleistungsbereitstellung aufzuzeigen, stellen Windenergieanlagenhersteller sogenannte PQ-Diagramme zur Verfügung (Bild 46.2). Diese Eigenschaft bezieht sich in der Regel auf den Auslegungspunkt vor der Niederspannungsschaltanlage.

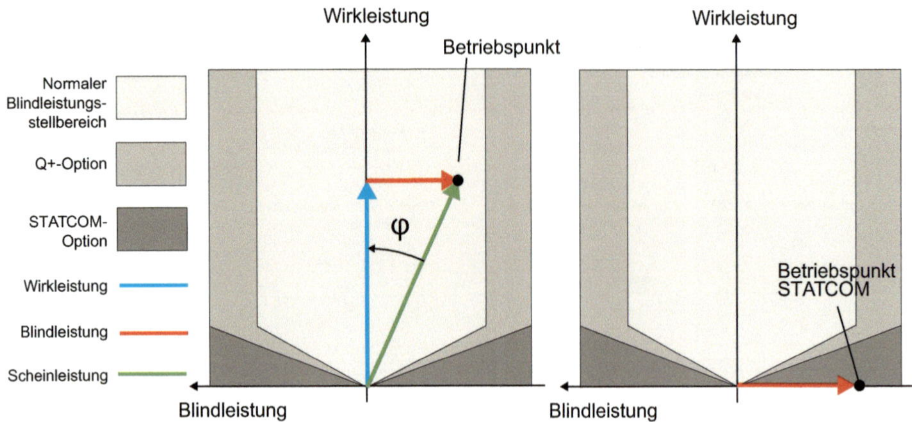

Bild 46.2 Wirk- und Blindleistungsstellbereich einer Windenergieanlage

Mittels der Q+-Option wird somit der normale Blindstellleistungsbereich erweitert, während mit der STATCOM-Funktion ein erweiterter Blindleistungsbereich auch im Bereich unter 20 % der Nennwirkleistung zur Verfügung steht. Damit kann auch bei Windstille vom Netzbetreiber Blindleistung zur Spannungsstützung oder zur Spannungsabsenkung am Netzanschlusspunkt angefordert und genutzt werden. Diese Eigenschaft kann sowohl bei Windenergieanlagen mit Vollumrichtern (Bild 46.3) als auch mit Teilumrichtern (Bild 46.4) realisiert werden.

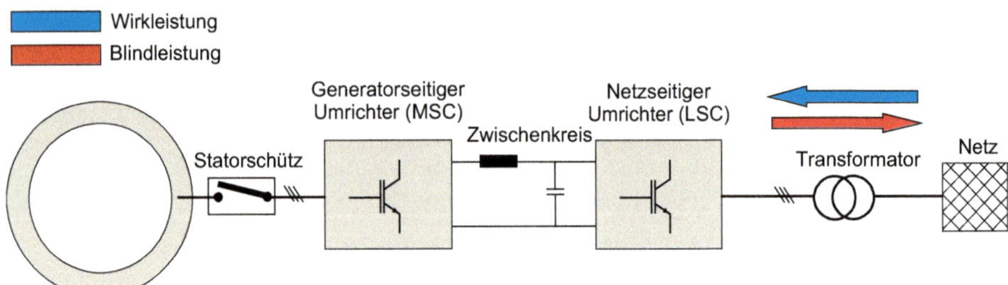

Bild 46.3 STATCOM-Operationsmodus einer WEA mit Vollumrichtersystem bei Windstille

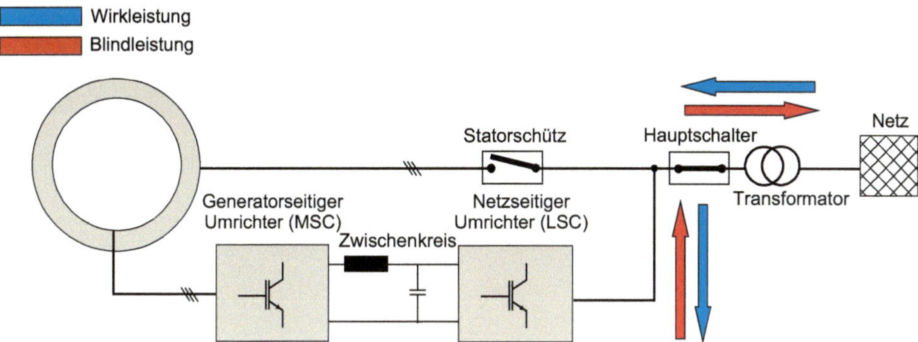

Bild 46.4 STATCOM-Operationsmodus einer WEA mit Teilumrichtersystem bei Windstille

STATCOM ist somit eine wesentliche FACTS-Eigenschaft einer Windenergieanlage, die hilft, Blindleistung im Netz zu kompensieren, während keine oder nur sehr wenig Wirkleistung generiert wird. Die Windenergieanlage wirkt also wie ein „Phasenschieber“ im Netz.

Wann muss eine Windenergieanlage vom Netz getrennt werden?

Die Qualität der Versorgungsspannung wird im Wesentlichen durch ihre Frequenz, Amplitude, Kurvenform und Symmetrie beschrieben. Netzfehler lassen sich durch eine oder mehrere Abweichungen dieser Eigenschaften charakterisieren, die aus verschiedenen Gründen entstehen können, wie beispielsweise

- symmetrischer oder asymmetrischer Kurzschluss sowie Erdschluss,
- Abschaltung oder Zuschaltung großer Lasten,
- Trennung der Spannungsversorgung sowie
- ungünstige Regelung seitens der Netzbetreiber oder Ausfall technischer Sicherheitsmittel.

In der Anfangszeit der dezentralen Einspeisung von regenerativen Energieerzeugereinheiten wurden die Windenergieanlagen beim Auftreten dieser Netzfehler direkt vom Netz getrennt. Bei der heutigen Anzahl von dezentralen Einheiten würde dieses Verhalten das Versorgungsnetz weiter belasten und unter Umständen zu einer Kettenreaktion einer Abschaltung von weiteren dezentralen Energieerzeugereinheiten führen. Trotzdem ist es aus Gründen des Eigenschutzes notwendig, die Anlagen vom Netz zu trennen, wenn gewisse Grenzwerte überschritten werden, die die Anlagen gefährden würden.

In der Norm EN 50160 werden die Fehlercharakteristiken in Bezug auf die Spannungen beschrieben (Bild 47.1).

In den entsprechenden Richtlinien (VDE-AR-N 4110 bis VDE-AR-N 4130) wird definiert, wie lange Erzeugungsanlagen bei Abweichungen von den Nennwerten am Netz bleiben müssen. So muss innerhalb eines gewissen Toleranzbands im quasistationären Betrieb ein dauerhafter Netzparallelbetrieb entsprechend der zeitlichen Mindestanforderungen gewährleistet sein (Bild 47.2).

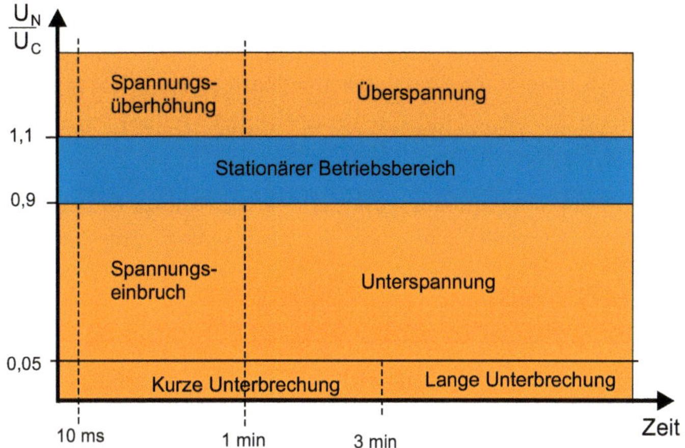

Bild 47.1 Relevante Fehlercharakteristiken nach der Norm EN 50160

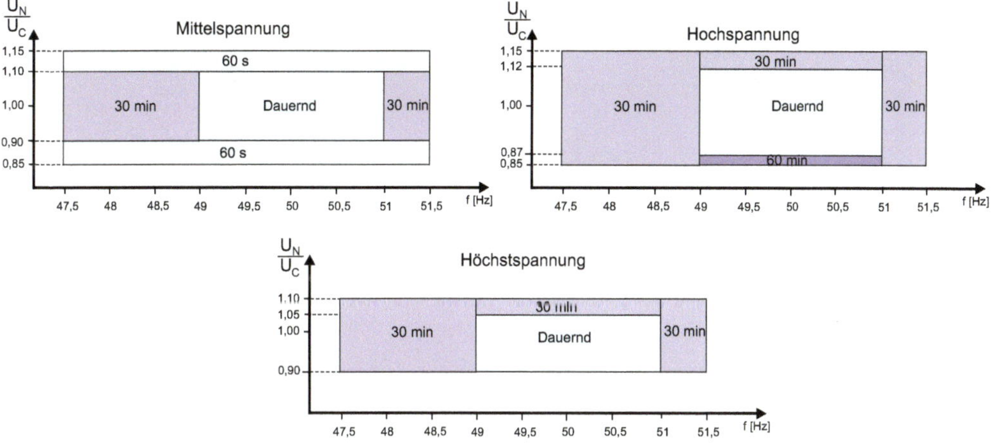

Bild 47.2 Anforderungen an den quasistationären Betrieb von Erzeugungsanlagen nach VDE-AR-N 4110 bis VDE-AR-N 4130 [6.2, 6.3, 6.4]

Der quasistationäre Betrieb ist definiert durch einen Spannungsgradienten von < 5 % U_C/min und einen Frequenzgradienten von < 0,5 % f_n/min. Er gilt somit nur für relativ langsame Änderungen von Spannung und Frequenz. Bezüglich der Netzspannungen machen Bild 47.1 und Bild 47.2 keine Aussage über

- den Fall einer schnellen, sprunghaften Spannungsänderung mit einem Spannungsgradienten von ≥ 5 % U_C/min. sowie
- die Spannungen über dem Grenzwert (U_C > 115 % bzw. 110 %) und unterhalb des Grenzwerts (U_C < 85 % bzw. 90 %).

Die Behandlung dieser Netzfehler wird als dynamische Netzstützung bezeichnet. Für diese Fehlerfälle sind in den Normen vorgegebene Grenzen festgelegt, innerhalb der sich Erzeugungsanlagen bei Über- bzw. Unterspannungsereignissen nicht von Netz trennen dürfen. Bezugspunkt für diese Anforderungen an die Robustheit gegenüber Netzfehlern ist der Netzanschlusspunkt (NAP).

Die Grenzkurven für ein Mittelspannungsnetz zeigt Bild 47.3. Innerhalb des geltenden Trichters müssen die Erzeugereinheiten am Netz verbleiben. Zur Beurteilung der Grenzkurven bei Spannungsrückgang ist jeweils die kleinste der drei Leiter-Leiter-Spannungen am Netzanschlusspunkt heranzuziehen, bei Spannungssteigerung die größte der drei Leiter-Leiter-Spannungen.

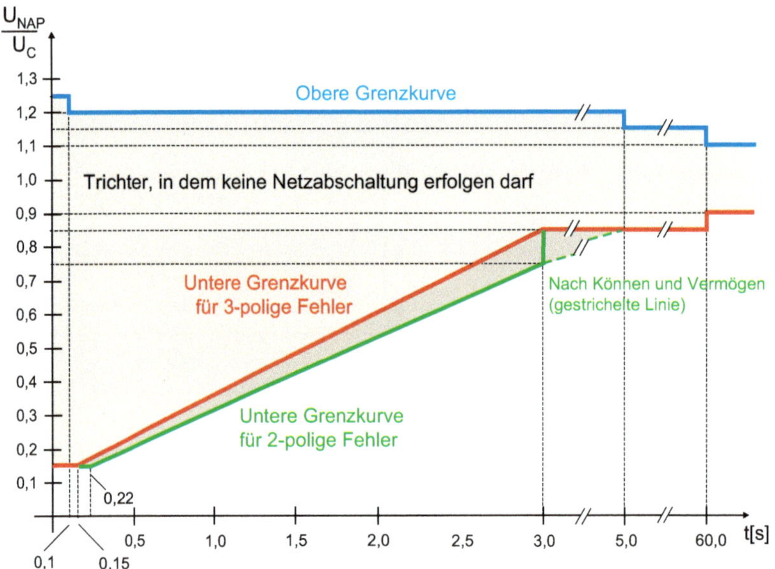

Bild 47.3 Grenzkurventrichter für das Mittelspannungsnetz nach VDE-AR-N 4110 [6.2]

Unterschieden wird dabei zwischen dreiphasigen Fehlern (auch symmetrische Fehler genannt), bei denen sich alle drei Phasen der Spannung verändern, und asymmetrischen Fehlern, bei denen nur zwei oder eine Phase der Spannung eine Veränderung aufweisen. Die entsprechenden Grenzkurven für das Hoch- und das Höchstspannungsnetz zeigen Bild 47.4 und Bild 47.5.

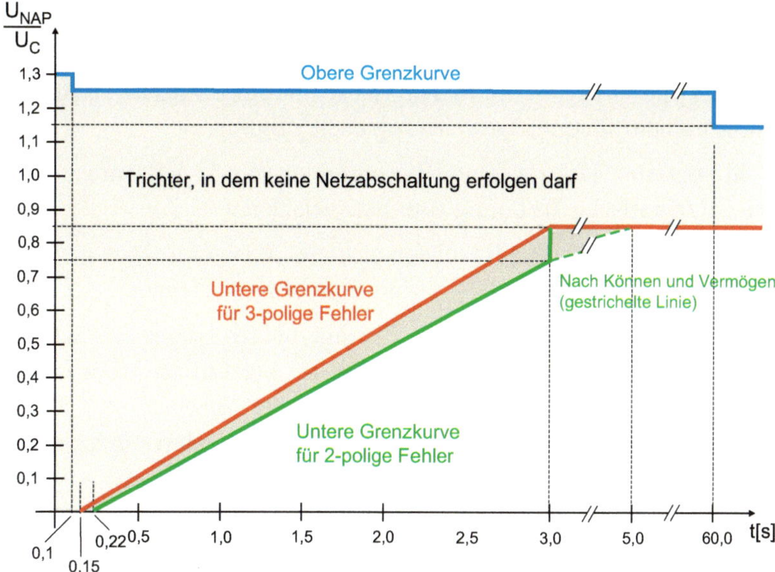

Bild 47.4 Grenzkurventrichter für das Hochspannungsnetz nach VDE-AR-N 4120 [6.3]

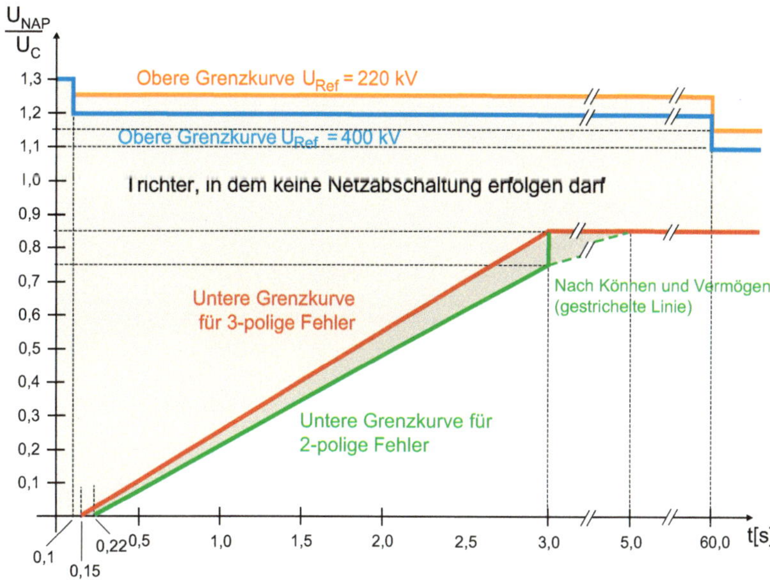

Bild 47.5 Grenzkurventrichter für das Höchstspannungsnetz nach VDE-AR-N 4130 [6.3]

Bezüglich der Netzfrequenz (hier Nennnetzfrequenz von 50 Hz) sind die Vorgaben für alle Netzspannungsebenen gleich (siehe auch Kapitel 48):

- Bei Frequenzen zwischen 47,5 Hz und 51,5 Hz ist eine automatische Trennung vom Netz aufgrund der Frequenzabweichung nicht zulässig.
- Bei Unterschreiten von 47,5 Hz bzw. Überschreiten von 52,5 Hz muss eine unverzögerte, automatische Trennung vom Netz erfolgen.
- Im Bereich von 51,5 Hz und 52,5 Hz dürfen sich die Erzeugeranlagen bzw. Erzeugereinheiten aus Gründen des Eigenschutzes vom Netz trennen.

Ein weiterer Grund für die Abschaltung einer Erzeugeranlage ist der Q-U-Schutz. Dieser überwacht das systemgerechte Verhalten der Erzeugeranlage nach einem Fehler im Netz. Wenn diese Anlagen den Wiederaufbau der Netzspannung durch die Aufnahme von induktiver Blindleistung aus dem Netz behindern, müssen sie vom Netz getrennt werden.

48 Wie wird die Netzfrequenzstabilisierung unterstützt?

Wie in Kapitel 43 beschrieben, resultieren Abweichungen von der Netznennfrequenz (im Folgenden 50 Hz) aus einem Ungleichgewicht in der Wirkleistungsbilanz. Ein Wirkleistungsüberschuss erhöht die Netzfrequenz, während ein Wirkleistungsdefizit im Versorgungsnetz eine Verminderung der Netzfrequenz zur Folge hat. Zur statischen Frequenzstützung des Netzes muss die Steuerung der Erzeugeranlage daher bei Abweichungen von der Nennfrequenz geeignete Maßnahmen ergreifen, um diesen Abweichungen entgegenzuwirken.

Bei **Überfrequenz** müssen Erzeugeranlagen in der Lage sein, bis maximal 51,5 Hz den Wirkleistungsarbeitspunkt anzupassen. Es wird eine Gesamtwirkleistungsreduktion gefordert, die der Windparkregler über den Sollwertverteiler auf die einzelnen Windenergieanlagen verteilt (siehe Kapitel 51). Diese setzen die Anforderung um, indem sie die Rotorblätter um den entsprechenden Wert aus dem Wind drehen.

Der Frequenzwert für den Beginn der frequenzabhängigen Wirkleistungsreduktion muss von 50,2 Hz bis 50,5 Hz einstellbar sein. Wenn der Netzbetreiber keine anderweitigen Vorgaben macht, ist der Wert von 50,2 Hz zu verwenden.

Sofern der Netzbetreiber keine anderen Vorgaben macht, gilt für den Wert der Leistungsreduktion:

$$\Delta P = 50\ P_{Ref} \cdot \frac{50{,}2\ Hz - f_{Netz}}{50\ Hz}$$

P_{Ref} ist der Wert der Wirkleistung, den die Erzeugeranlage bei Beginn der Frequenzüberschreitung hatte. Diese Vorgabe bewirkt, dass sich die Erzeugeranlage hinsichtlich ihrer Wirkleistungseinspeisung permanent auf der Frequenzkennlinie auf und ab bewegt („Fahren auf der Kennlinie"). Oberhalb von 51,5 Hz sollen die Erzeugeranlagen in der Lage sein, für weitere 5 Sekunden am Netz zu bleiben und weiterhin auf der Kennlinie zu fahren, können aber aufgrund des Eigenschutzes eine Trennung vom Netz vornehmen.

Bei einer **Unterfrequenz** ist eine Wirkleistungserhöhung der Erzeugereinheit notwendig, um der Unterfrequenz entgegenzuwirken. Dies ist jedoch nicht möglich, wenn bereits die maximale Leistung generiert wird, der Windpark also im nicht reduzierten Zustand betrieben wird. Daher gilt in der Norm eine Einschränkung für Windenergieanlagen. Dazu wird zunächst die Summe der Bemessungswirkleistungen aller generatorisch im Betrieb befindlichen Erzeugereinheiten gebildet ($P_{b,inst}$). In der Regel ist dies die Nennleistung des Windparks. Abhängig von der noch verfügbaren Wirkleistungseinspeisung P_{Verf} gilt:

- Ist $P_{Verf} \geq 0{,}5 \times P_{b,inst}$, so ist auf eine Änderung der Netzfrequenz schnellstmöglich, höchstens jedoch mit einer Anschwingzeit von 5 Sekunden zu reagieren.
- Ist $P_{Verf} < 0{,}5 \times P_{b,inst}$, ist ein möglichst schnelles Regelverhalten je nach Können und Vermögen des Herstellers umzusetzen.

Zusammenfassend zeigt Bild 48.1 die aus der Norm entnommene Kennlinie für die Änderung der Wirkleistung abhängig von der Frequenzabweichung.

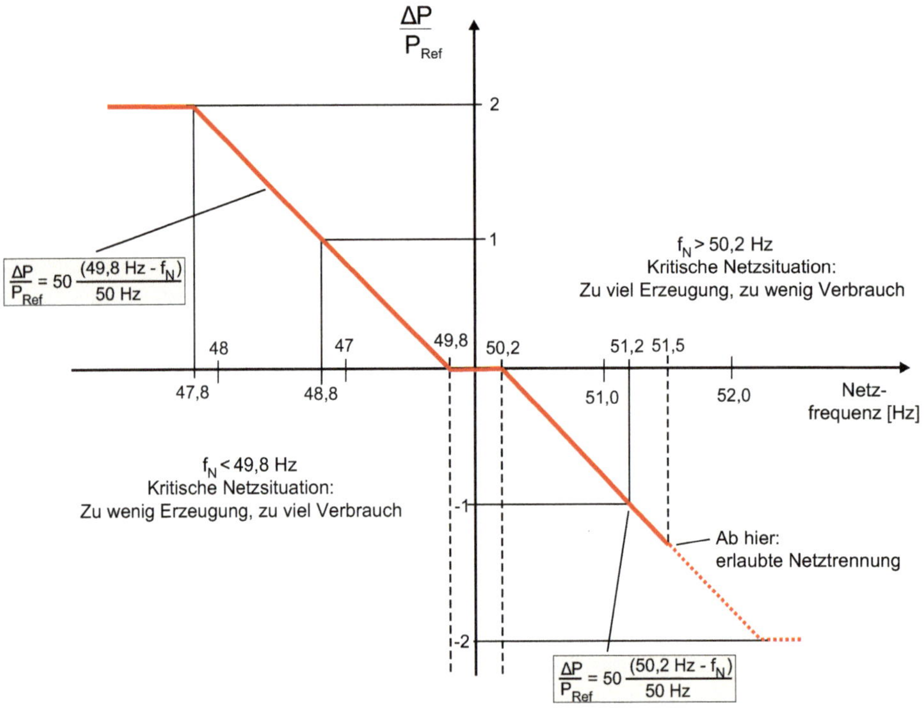

Bild 48.1 Änderung der Wirkleistung abhängig von der Frequenzabweichung nach VDE-AR-N 4110 [6.2]

Ein Ende des kritischen Netzzustandes aufgrund einer Frequenzabweichung ist dann gegeben, wenn sich die Netzfrequenz ununterbrochen 10 Minuten lang innerhalb des Toleranzbands von 50,0 Hz ± 200 mHz befindet.

In der Norm wird weiterhin beschrieben, welche Anforderung an die Dynamik der Leistungsabgabe bei Unterfrequenzen existiert. So darf die Windenergieanlage bei Frequenzverläufen zwischen 50 Hz und der blauen Kurve ihre vorgegebene Wirkleistungsabgabe nicht verringern (Bild 48.2). Kann diese Forderung nicht erfüllt werden, ist eine Abstimmung mit dem Netzbetreiber erforderlich.

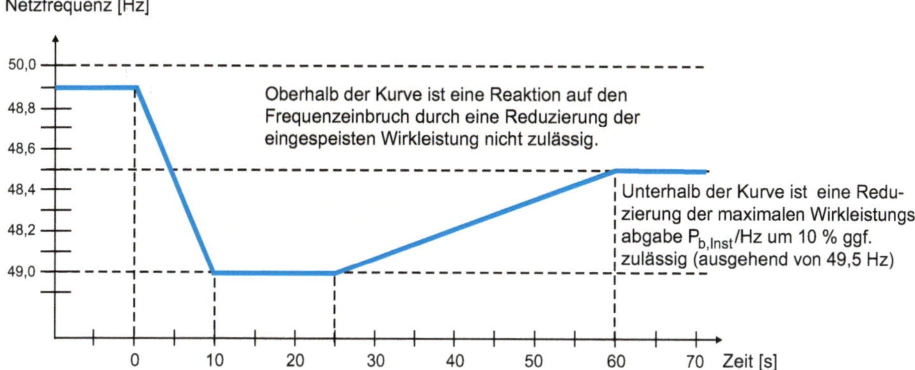

Bild 48.2 Anforderung an die Abgabeleistung im dynamischen Kurzzeitbereich nach VDE-AR-N 4110 [6.2]

49 Wie funktioniert das Prinzip Virtual Inertia Control bei Windenergieanlagen?

Bei einem Frequenzeinbruch der Netzspannung müssen Windenergieanlagen ihre generierte Wirkleistung steigern, um die Netzfrequenz anzuheben (siehe Kapitel 48). In der Regel wird jedoch im Teillastbetrieb bereits die dem Wind maximal entnehmbare Energie in elektrische Energie umgesetzt. Eine weitere Leistungserhöhung ist daher nicht ohne Weiteres möglich. Im Volllastbereich wird die erzeugte elektrische Leistung auf die Nennleistung begrenzt. Eine zusätzliche Leistungsbereitstellung ist in dieser Betriebsart ebenfalls nicht möglich.

Das Prinzip Virtual Inertia nutzt den Umstand aus, dass im mechanischen Triebstrang kinetische Energie verfügbar ist, wenn der Rotor der Windenergieanlage sich dreht:

$$E_{Kin,TS} = \frac{1}{2} \cdot J_{TS} \cdot \Omega_{Rot}^2$$

Dabei ist J_{Ts} die Massenträgheit des gesamten mechanischen Triebstranges bezogen auf die Rotorseite.

Bei der Frequenzstützung mittels Virtual Inertia Control wird von der Windenergieanlage kurzzeitig mehr Energie in das Netz gespeist als am Rotor aus dem Windangebot umgesetzt wird. Dieser Zusatz an Energie wird mittels einer geeigneten Veränderung des Generatorsollmoments aus der kinetischen Energie des rotierenden Rotors gewonnen. Durch diese kurzzeitige Leistungserhöhung kann einer Frequenzminderung für eine kurze Zeit entgegengewirkt werden. Die entnommene Energie muss dem System jedoch wieder zugeführt werden, was wiederum anschließend eine Verstärkung der Frequenzminderung zur Folge hat.

Bei einem Frequenzeinbruch ist die Tiefe des Frequenzeinbruchs die entscheidende Größe. Die Dauer der Frequenzminderung spielt im Vergleich dazu eine eher untergeordnete Rolle. Die Frequenzstützung mittels Virtual Inertia Control hat daher das primäre Ziel, die Tiefe des Frequenzeinbruchs zu reduzieren. Eine hieraus resultierende längere Dauer der Frequenzabweichung wird in Kauf genommen. Es kommt also darauf an, die zeitliche Abfolge der Energiezunahme bzw. -abnahme so zu steuern, dass dieses Ziel erreicht wird.

Generell sind zwei unterschiedliche Varianten des Virtual Inertia möglich, die im Folgenden beschrieben werden.

Variante 1

Tritt ein Frequenzeinbruch der Netzspannung auf, so wird das Generatorsollmoment von der Windenergieanlagenregelung schlagartig erhöht. Der Generator setzt dem Rotor als antreibender Komponente kurzfristig mehr Moment entgegen, als dieser erzeugt. Dies hat eine Verminderung der Rotordrehzahl zur Folge, die aber wesentlich langsamer als die Momentenänderung geschieht, da im mechanischen Triebstrang kinetische Energie gespeichert ist. Damit auch tatsächlich eine Leistungserhöhung erreicht wird, muss für die Zeit der Frequenzstützung der Drehzahlregler des Pitchsystems der Windenergieanlage verzögert bzw. gestoppt werden. Ansonsten würde der Drehzahlregler dem erhöhten Sollwert entgegenarbeiten.

Während dieses „Bremsens" ist die erzeugte elektrische Leistung somit höher als die mechanische Energie, die vom Rotor erzeugt wird. Da die Rotordrehzahl aber sinkt und damit auch die mechanische Leistung verringert wird, fällt auch die elektrische Leistung wieder ab. Bis zu dem Zeitpunkt, an dem die elektrische Leistung wieder unter den Wert fällt, den sie vor dem Frequenzeinbruch besaß, stabilisiert sie somit die Netzfrequenz und wirkt der Tiefe des Frequenzeinbruchs entgegen (Bild 49.1).

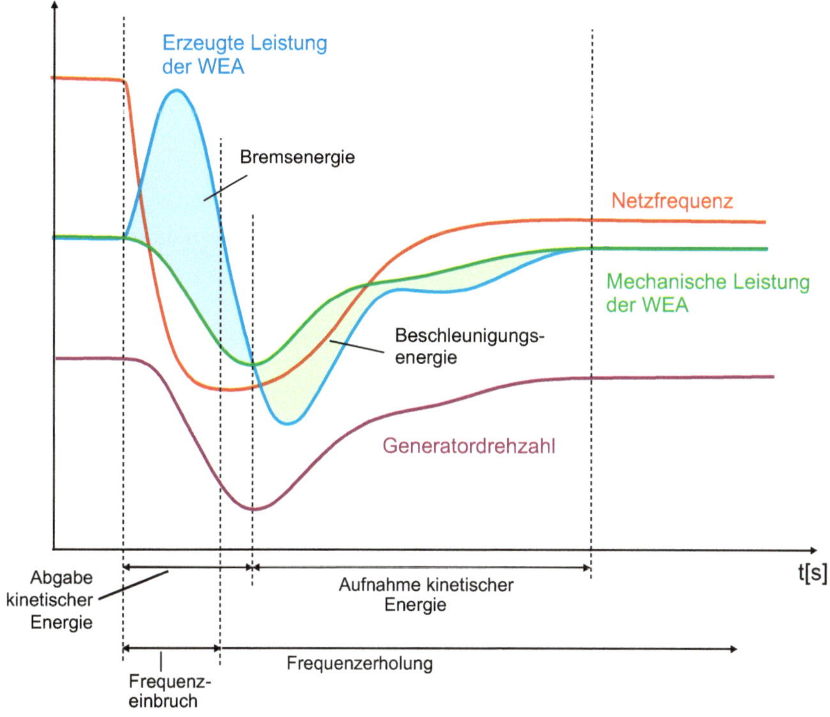

Bild 49.1 Prinzipieller Verlauf der wesentlichen Größen einer Windenergieanlage während einer Auslösung der Virtual Inertia-Funktion (Variante 1)

Nach einer gewissen Zeit wird die Erhöhung des Generatorsollmoments von dem Windenergieanlagenregler wieder zurückgenommen und auf den ursprünglichen Wert eingestellt. Des Weiteren werden der Drehzahlregler wieder vollständig aktiviert und der Rotor beschleunigt. Sobald die mechanische Energie wieder größer als die elektrische Energie ist, wird Beschleunigungsenergie verbraucht, bis wieder ein Gleichgewicht zwischen mechanischer und elektrischer Leistung herrscht.

Variante 2

Im Gegensatz zur ersten Variante wird bei einem Frequenzeinbruch des Netzes das Generatorsollmoment schlagartig verringert. Da der Rotor in diesem Fall einen Leistungsüberschuss besitzt, wird der mechanische Triebstrang beschleunigt und die Rotordrehzahl steigt an. In dieser Phase wird dem System Beschleunigungsenergie entnommen. Die erzeugte Wirkleistung der Windenergieanlage sinkt kurzzeitig und verstärkt den Frequenzeinbruch. Kurz darauf wird der Drehzahlregler aktiv und die Rotorblätter werden etwas aus dem Wind gedreht, um die Drehzahl wieder auf den „normalen“ Wert zurückzufahren (Bild 49.2).

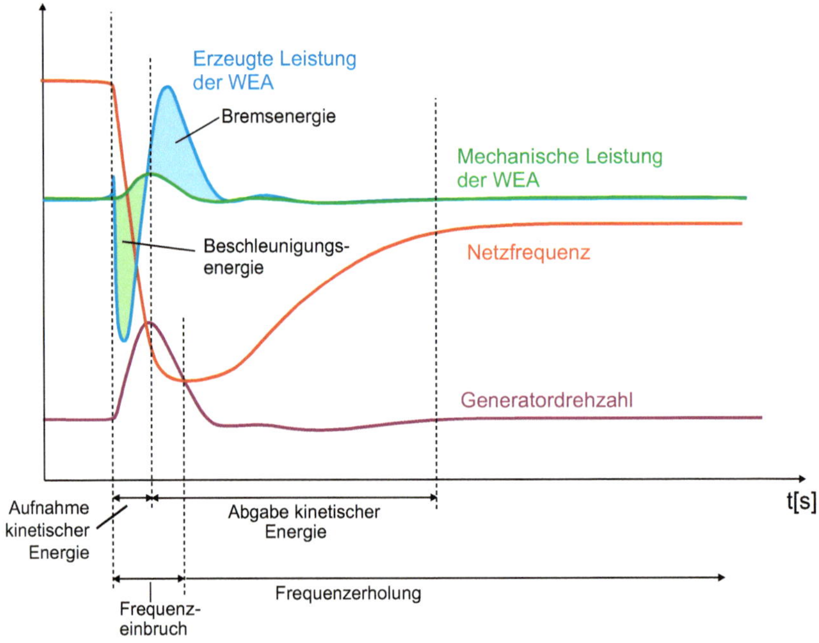

Bild 49.2 Prinzipieller Verlauf der wesentlichen Größen einer Windenergieanlage während einer Auslösung der Virtual Inertia-Funktion (Variante 2)

In dieser zweiten Phase wird Bremsenergie freigesetzt, also kinetische Energie vom mechanischen Triebstrang abgegeben. Die erzeugte Wirkleistung steigt an und wirkt dem Frequenzeinbruch entgegen.

Vergleicht man beide Verfahren, so ist ersichtlich, dass Verfahren 1 dann besser geeignet ist, wenn die Änderungsgeschwindigkeit des Frequenzeinbruchs sehr hoch ist, da die Maßnahme der Leistungserhöhung unmittelbar nach Auftreten der Frequenzänderung greift. Im Verfahren 2 greifen die Maßnahmen später, die Leistungserhöhung wirkt aber über einen längeren Zeitraum.

Generell bedingt das Prinzip des Virtual Inertia Control eine exakt abgestimmte Parametrierung des Reglers. Beide Verfahren sind sehr sensitiv gegenüber Parameteränderungen, und ein nicht korrekter Parametersatz kann im Fehlerfall den zeitlichen Frequenzverlauf der Netzspannung sogar negativ beeinflussen.

Das Verfahren des Virtual Inertia Controls kann somit nur kurzzeitig einem Frequenzabfall entgegenwirken. Eine längerfristige Maßnahme kann nur in der dauerhaften Erhöhung der Wirkleistungsabgabe bestehen. Das ist nur dann möglich, wenn die Windenergieanlage bzw. der Windpark im „reduzierten Modus“ betrieben wird, der Netzbetreiber also die Wirkleistung reduziert hat, da bereits genügend Leistung in das Netz eingespeist wird (siehe Kapitel 34).

Nehmen wir an, dass ein Windpark eine vertraglich vereinbarte Wirkleistung von 100 MW aufweist. Aufgrund der herrschenden Windbedingungen könnte eine Gesamtleistung von 80 MW eingespeist werden. Da aktuell ausreichend Leistung in das Netz eingespeist wird, hat der Netzbetreiber die Leistung des Windparks auf 60 MW reduziert. Die noch verfügbaren 20 MW können dazu verwendet werden, einer Unterfrequenz entgegenzuwirken.

Daher muss der Netzbetreiber wissen, wie viel Wirkleistung ein Windpark erzeugen könnte, wenn dieser ohne Leistungsreduzierung betrieben wird. Jede Windenergieanlage sendet daher diese Information seiner verfügbaren Leistung (englisch Available Power) an den Windparkregler. Dieser berechnet die verfügbare Leistung des gesamten Windparks und sendet die Information an den Netzbetreiber.

50 Was ist ein FRT?

Von den Netzbetreibern wird heute ein unterbrechungsfreies Durchfahren von kurzzeitigen Netzfehlern mit einer dynamischen Spannungsstützung durch Wirk- und Blindleistung gefordert. Dieses Durchfahren eines Netzfehlers ist unter dem englischen Kürzel FRT für *Fault Ride Through* geläufig. Eine genauere Unterscheidung ergibt sich aus der Art des Fehlers:

- Spannungseinbruch bzw. Spannungsunterbrechung: *Low Voltage Ride Through* (LVRT)
- Spannungsüberhöhung: *High Voltage Ride Through* (HVRT)

Die **FRT-Fähigkeit** einer Erzeugungsanlage bzw. einer Erzeugungseinheit besteht darin, sich während sprunghafter Spannungsänderungen, den anschließenden Ausgleichsvorgängen sowie bei absoluten Abweichungen der Netzspannung nicht vom Netz zu trennen.

Die **FRT-Grenzkurve** beschreibt die Grenzen der FRT-Fähigkeit. Sie ist eine Hüllkurve für die Eigenschaft der Spannung bei Fehlern, innerhalb der sich die Anlage nicht vom Netz trennen darf (siehe Kapitel 47). Sie wird auch als Spannungszeitprofil oder FRT-Profil bezeichnet.

Die **Fehlerklärung** ist der Vorgang, der dazu führt, dass in einer elektrischen Anlage durch eine Fehlerstelle kein Strom mehr fließt, d. h., der Fehler ist geklärt, sobald der letzte Leistungsschalter, der den Fehlerort begrenzt, ausgeschaltet ist und den (Fehler-)Strom unterbrochen hat.

Zeitlich lässt sich ein FRT-Fall somit in zwei Bereiche unterteilen:

- Die **Fehlerklärungszeit** ist die Zeit zwischen dem Beginn des Netzfehlers und der Fehlerklärung.
- Die **Nach-Fehlerklärungszeit** hingegen ist die Zeit nach Abschaltung eines Fehlers, während der die Spannungen noch nicht wieder dauerhaft im stationären Spannungsband sind.

Die Fehler beziehen sich in der Regel auf die niederspannungsseitigen Anschlussklemmen der Windenergieanlage. Im asymmetrischen Fehlerfall beziehen sich die

Signale und Spannungstrichter für Unterspannungen (LVRT) immer auf die kleinste der verketteten Spannungen, bei Überspannung (HVRT) auf die größte der drei verketteten Spannungen.

Über die **elektrische Konformitätserklärung** wird die FRT-Fähigkeit der einzelnen Anlage (Erzeugereinheit, EZE) nachgewiesen. Im Interesse der Netzbetreiber steht hingegen das Verhalten einer ganzen Erzeugeranlage (EZA), die aus mehreren Energieerzeugereinheiten (EZE) besteht. Eine Messung auf Windparkebene lässt sich jedoch aufgrund der in der Regel nicht vorhandenen Leistungsklasse des Messequipments nicht realisieren. Allerdings kann das Verhalten des Windparks von Netzanalysatoren (englisch *Power Quality Analyzer*) aufgezeichnet und im Hinblick auf die FRT-Fähigkeit analysiert werden. Mit entsprechenden Messergebnissen können länder- oder regionsspezifische FRT-Anforderungen auf Windparkebene validiert werden.

Der geforderte zusätzliche Blindstrom während der dynamischen Netzstützung für die Mittelspannungsebene ist entsprechend der Blindstromspannungscharakteristik in Bild 50.1 charakterisiert.

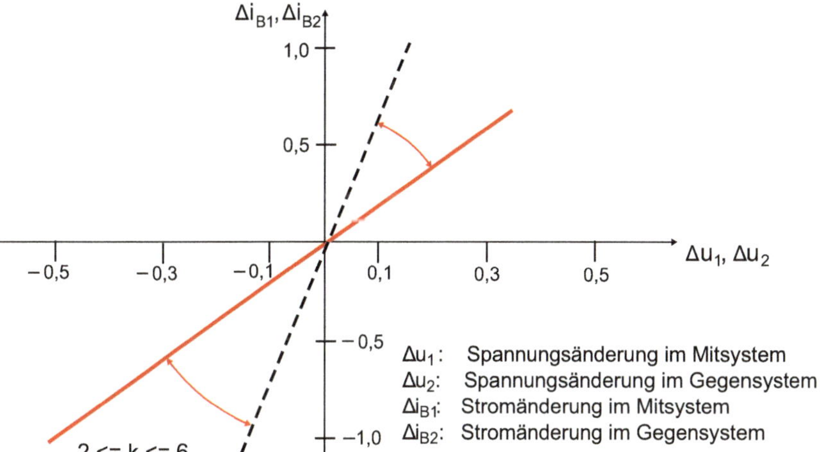

Bild 50.1 Geforderter zusätzlicher Blindstrom während der dynamischen Netzstützung auf der Mittelspannungsebene

Der Netzbetreiber gibt den k-Faktor im Zuge der Netzanschlussplanung vor. Das Verhalten des Generatorumrichtersystems ist so zu wählen, dass sich am Netzanschlusspunkt das vom Netzbetreiber geforderte Verhalten ergibt. Wenn vom Netzbetreiber keine Vorgaben gemacht werden, gilt der Wert $k = 2$. Der Wirkstrom darf zugunsten der Blindstromeinspeisung und zur Sicherung der Anlagenstabilität abgesenkt werden, wobei auch während des Fehlers der technisch maximale Wirkstrom einzuspeisen ist.

Aus den geltenden Netzanschlusskriterien ergeben sich weiterhin Anforderungen an das **dynamische Verhalten** von Wirk- und Blindleistung in der Fehlerklärungszeit sowie der Nach-Fehlerklärungszeit. Die Hersteller erzeugen aus den Anforderungen der geltenden Netzanschlusskriterien Sollwertkurven mit entsprechenden Schwellenwerten und Toleranzen. Diese Größen werden in einem Parametersatz zusammengefasst, mit dem die Umrichtersteuerung parametriert wird. Bild 50.2 zeigt eine solche exemplarische Sollwertkurve für die **Wirkleistung** *P* (Mitsystem) während eines FRT-Falls.

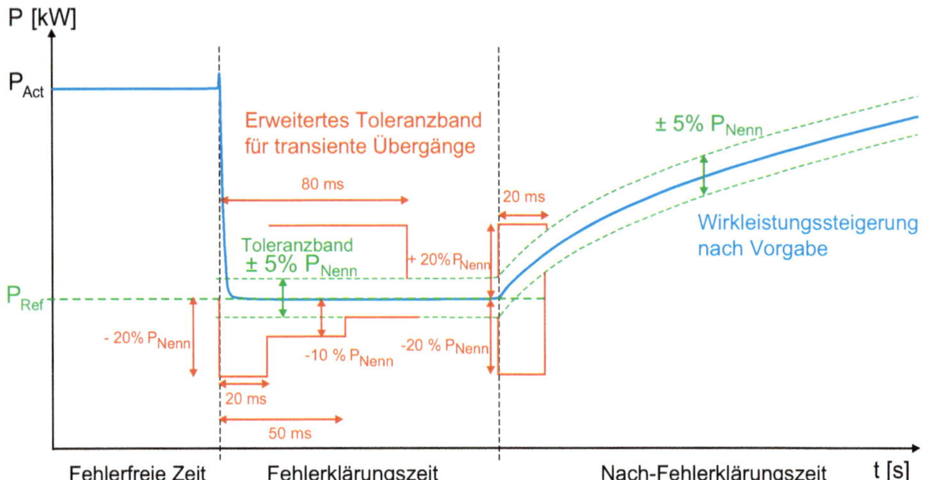

Bild 50.2 Exemplarische Definition von Dynamik und Toleranzen der Wirkleistungseinspeisung (Mitsystem) im FRT-Fall

So ist sowohl bei symmetrischen als auch bei asymmetrischen Fehlern die Einspeisung einer Mitsystem-Wirkleistung während des Fehlers zu ermöglichen. Eine Reduzierung des Wirkleistungsniveaus kann gemäß der Sollwertvorgabe in diesem Zeitabschnitt gefordert sein, der Istwert darf aber nicht mehr als 20 % P_{Nenn} vom Sollwert abweichen.

Spätestens 50 ms nach dem Fehlereintritt soll die Mitsystem-Wirkleistung im Toleranzband ± 5 % P_{Nenn} um den Sollwert P_{Ref} liegen. Falls eine Sollwertänderung während des Fehlers erfolgt, ist die Mitsystem-Wirkleistung innerhalb des erweiterten Toleranzbands für transiente Übergänge auszuregeln. Dies gilt für Wirkleistungsänderungen im Bereich von 0 % P_{Nenn} bis 100 % P_{Nenn}.

Nach Netzwiederkehr dürfen keine Wirkleistungspeaks größer als 20 % P_{Nenn} relativ zu dem Wirkleistungssollwert im Fehler für eine Dauer länger als 20 ms auftreten. Der Wirkleistungsaufbau muss gemäß der Sollwertvorgabe mit einer Toleranz von ± 5 % P_{Nenn} erfolgen.

Generell ist eine Blindleistungserzeugung im Mitsystem während eines Netzfehlers zu ermöglichen. Statt der Blindleistung wird in der Regel eine Sollwertkurve für den Blindstrom im Mitsystem vorgegeben (Bild 50.3).

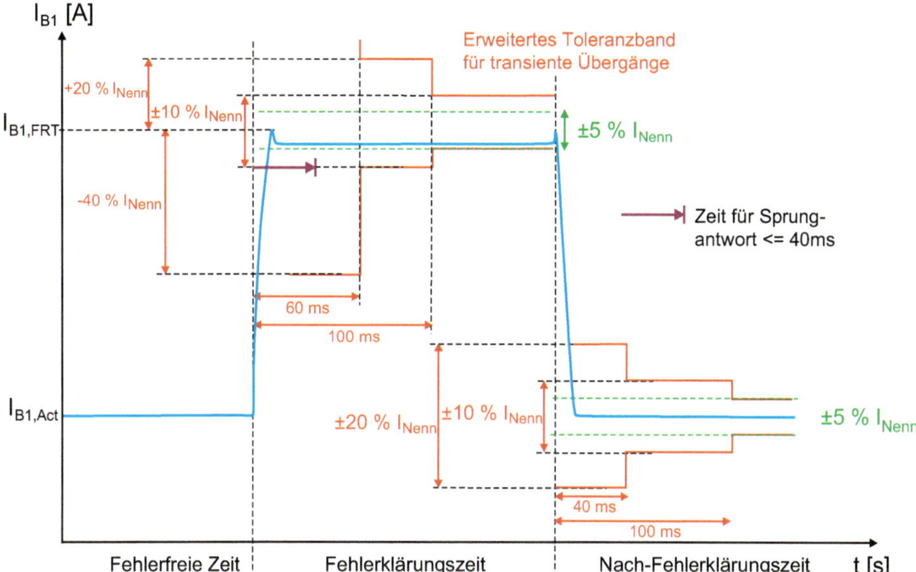

Bild 50.3 Exemplarische Definition von Dynamik und Toleranzen des Blindstroms (positive Sequenz) im FRT-Fall

Die Blindstromstützung ist mit einer Anschwingzeit nicht länger als 40 ms zu realisieren. Nach 60 ms sollen die in Bild 50.3 angegebenen Toleranzen eingehalten werden.

Weitere Anforderungen sind direkt der entsprechenden Norm zu entnehmen [6.2, 6.3, 6.4].

51 Welche Aufgaben hat ein Windparkregler?

Der Windparkregler ist zum einen die zentrale Kommunikationsschnittstelle zum Netzbetreiber. Über geeignete Schnittstellen werden die Steuerbefehle der Netzbetreiber entgegengenommen und verarbeitet sowie Rückmeldungen über den aktuellen Zustand des Windparks zurückgesendet. Zum anderen werden die notwendigen Leistungsdaten am Netzanschlusspunkt mittels geeigneter Messsysteme erfasst und ausgewertet. Diese Werte bilden die Basis für die Regelungen auf Windparkebene. Der Windparkregler tauscht Daten wie Messwerte, Sollwerte, Statusinformationen und Steuerbefehle mit den Windenergieanlagen im Windpark aus und steuert diese so an, dass der Windpark als Erzeugeranlage die geltenden Netzanschlussrichtlinien einhält (Bild 51.1).

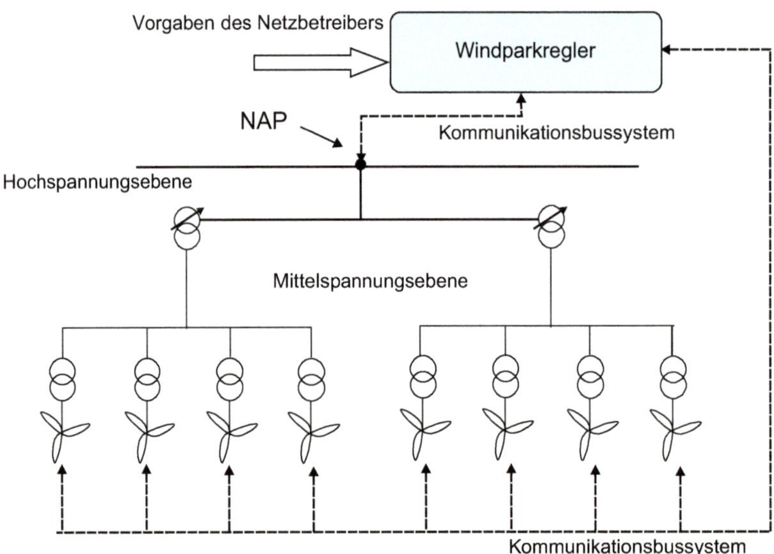

Bild 51.1 Aufbau eines Windparks (elektrisch)

Viele der zur Einhaltung der Netzanschlussregeln benötigten Regelprozesse werden somit über den Windparkregler realisiert. Eine schnelle Signalübertragung im Windpark und kurze Reaktionszeiten der Windenergieanlagen sind dabei Voraussetzungen, die Netzanschlussregeln der Netzbetreiber am Netzanschlusspunkt (NAP) zu erfüllen. Der Windparkregler steuert das Verhalten der Windenergieanlagen des Windparks durch dynamische Sollwert- und Modusänderungen und überwacht das Netzverhalten, die Netzimpedanz und die Auswirkungen von Netzfehlern. Der Windparkregler erhält Messdaten am Netzanschlusspunkt und sendet erforderliche Sollwertsignale an die Betriebsführung der einzelnen Windenergieanlagen. Diese kommunizieren mit ihrem Umrichtersystem und setzen eingehende Signale unmittelbar um.

Bild 51.2 zeigt ein Beispiel eines Windparkreglers.

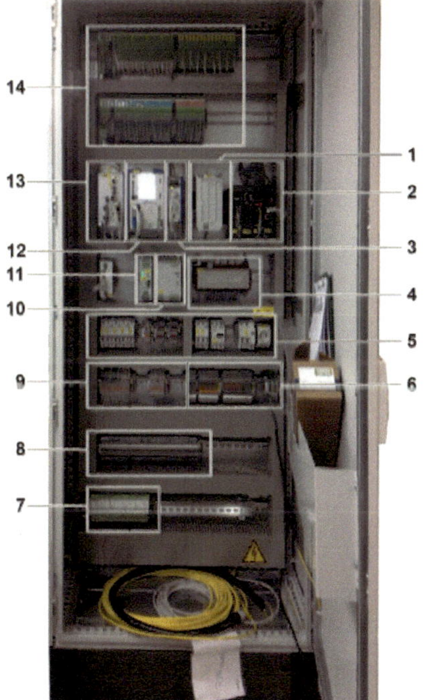

Bild 51.2 Windparkregler (© Nordex/Acciona SE): **(1)** Batteriemodul; **(2)** Netzqualität-Messgerät; **(3)** Firewall; **(4)** Messwertumformer; **(5)** Sicherungen, Klemmleiste internes Potenzial, Motorschutzschalter und Servicesteckdose; **(6)** Messwandleranschlüsse; **(7)** Klemmleisten/Verbindungspunkte der digitalen Ausgänge; **(8)** Klemmleisten/Verbindungspunkte der digitalen Eingänge; **(9)** Klemmleisten/Verbindungspunkte der analogen Ein- und Ausgänge; **(10)** unterbrechungsfreie Stromversorgung bis zu 20 Minuten; **(11)** Batteriesteuerung der unterbrechungsfreien Stromversorgung; **(12)** speicherprogrammierbare Steuerung; **(13)** Netzwerk-Switch; **(14)** Feldbusschnittstelle

Zur Einhaltung der Netzanschlussregeln stellen Windparkregler im Wesentlichen folgende Funktionen bereit:

- Regelung der Wirkleistung am Netzanschlusspunkt
- Regelung der Blindleistung am Netzanschlusspunkt
- Sollwertverteilung auf die Windenergieanlagen im Windpark
- Zuschaltung, Wiederzuschaltung und gestaffelte Zuschaltung von WEAs
- netzstabilisierende Maßnahmen bei Netzfehlern

Regelung der Wirkleistung am Netzanschlusspunkt

In der Regel erzeugen die einzelnen Windenergieanlagen im Windpark die maximal mögliche Leistung, die im Wesentlichen von der aktuellen Windgeschwindigkeit bestimmt wird. Ist dies der Fall, so kann die vom Windpark erzeugte elektrische Wirkleistung nicht erhöht werden. Eine Begrenzung der Wirkleistung durch den Netzbetreiber ist jedoch möglich. Dazu werden die Rotorblätter der Windenergieanlagen mittels des Pitchsystems so weit aus dem Wind gedreht, bis die erwünschte (reduzierte) Wirkleistung erreicht ist. Wird die Wirkleistungsbegrenzung wieder aufgehoben, so werden die Rotorblätter der Anlagen wieder in den Wind gedreht.

Jede Windenergieanlage sendet daher den aktuellen Wert der sogenannten *Available Power* an den Windparkregler (siehe Kapitel 35) Dieser Wert gibt an, wie viel Wirkleistung die Windenergieanlage unter den momentan herrschenden Bedingungen produzieren könnte. Ohne Begrenzungen und im stationären Zustand entspricht dieser Wert nahezu der aktuell produzierten Wirkleistung. Ist jedoch beispielsweise eine Leistungslimitierung aktiv, so wird von der Anlagensteuerung berechnet, wie viel Wirkleistung noch als Reserve zur Verfügung steht. Der Windparkregler kann daher erkennen, wie viele und welche Anlagen im Windpark noch Wirkleistung liefern könnten, falls es gefordert wird.

Die Begrenzung der Wirkleistung kann direkt durch den Netzbetreiber erfolgen. Hierzu sendet dieser einen entsprechenden Steuerbefehl an den Windparkregler. Dieser fährt die Windparkgesamtleistung mittels einer verschliffenen Rampenfunktion auf den geforderten Wert herunter. Eine Sollwertänderung von 100 % auf 20 % Windparknennleistung dauert in der Regel ca. 1 Minute.

Neben dieser Funktion kann der Netzbetreiber eine Schnellreduktion der Wirkleistung auslösen. Der Windparkreger fährt die Leistung dann so schnell wie möglich auf den reduzierten Wert herunter. Eine Sollwertänderung von 100 % auf 20 % Windparknennleistung dauert dann in der Regel nur ca. 5 Sekunden.

Der Windparkregler kann außerdem bei Unter- oder Überfrequenz der Netzspannung die Windparknetzleistung selbstständig reduzieren bzw. erhöhen, falls dies möglich ist. Diese frequenzabhängige Wirkleistungsregelung wird entsprechend der Parametrierung und der Vorgaben, die der Netzbetreiber über die externen Schnittstellen an den Windparkregler übermittelt, durchgeführt (Bild 51.3).

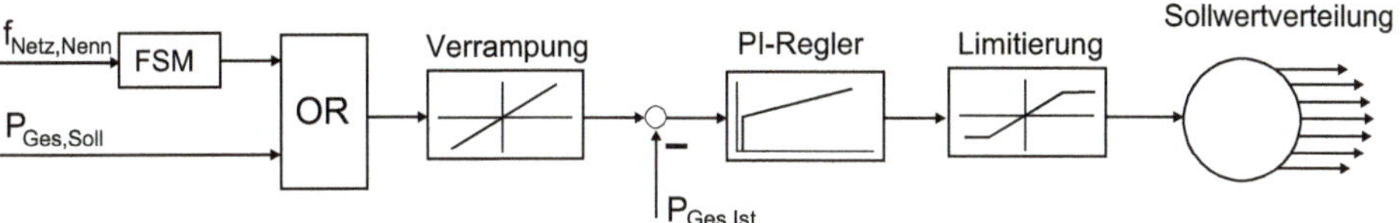

Bild 51.3 Prinzipieller Aufbau eines Wirkleistungsreglers im Windparkregler (*Frequency Sensitive Mode,* FSM)

Ist keine Wirkleistungsreserve im Windpark vorhanden, so kann mittels der Funktion Virtual Inertia Control (VIC) bei Frequenzabfällen die Wirkleistung der einzelnen Windenergieanlagen für mehrere Sekunden über die verfügbare Wirkleistung hinaus angehoben werden (siehe Kapitel 49). Der Windparkregler sendet dann die entsprechenden Steuerbefehle zur Aktivierung der VIC-Funktion an die Anlagensteuerung, die diese ausführen.

Regelung der Blindleistung am Netzanschlusspunkt

Für die Blindleistungsregelung sind mehrere Regelverfahren verfügbar. Die Netzanschlussregeln geben vor, welches der Verfahren angewendet wird. Anders als bei der Wirkleistungsregelung ist nur eine Blindleistungsregelung gleichzeitig aktiv. Als Vorgaben dienen hier die geforderte Blindleistung $Q_{Soll,Ges}$, die Spannung U_{Soll} oder der Phasenwinkel φ_{Soll}. Wenn die Netzanschlussregeln mehrere Blindleistungsregelungsverfahren fordern, kann mittels digitaler Schnittstellen zwischen diesen gewechselt werden (Bild 51.4).

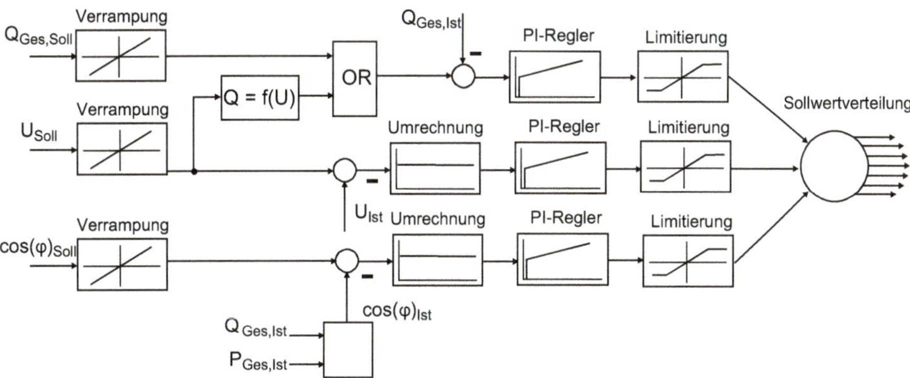

Bild 51.4 Prinzipieller Aufbau eines Blindleistungsreglers im Windparkregler

Sollwertverteilung

Sowohl die Gesamtwirkleistungsstellgröße als auch die Gesamtblindleistungsstellgröße werden über einen Sollwertverteiler an die einzelnen Windenergieanlagen im Windpark verteilt. Bei einer Gleichverteilung erhalten alle Windenergieanlagen die gleichen auf ihre Nennwerte bezogenen Stellgrößen.

Da die Ertragsdifferenzen der einzelnen Windenergieanlagen teilweise sehr deutlich ausfallen, kann die Optimierung der Sollwertverteilung erhebliche Verbesserungen hinsichtlich der Gesamtperformance eines Windparks erbringen. In [8.3] wird eine Übersicht über die Effekte gegeben, die dazu führen, dass auch gleiche Windenergieanlagen in einem Windpark unterschiedliche Energieerträge produzieren.

Zuschaltung, Wiederzuschaltung und gestaffelte Zuschaltung von Windenergieanlagen

Neben den Regelungsfunktionen übernimmt der Windparkregler die Steuerung der Zuschaltung bzw. der Wiederzuschaltung der einzelnen Windenergieanlagen im Windpark. Eine Übersicht kann Tabelle 51.1 entnommen werden.

Tabelle 51.1 Zuschaltungen von Windenergieanlagen im Windpark

Art der Zuschaltung	Beschreibung	Auslöser
normale Zuschaltung einer WEA	Die WEA wird nach einer planmäßigen Abschaltung wieder an das Netz geschaltet.	▪ Die Windgeschwindigkeit steigt über die WEA-Startbedingungen. ▪ Ein Serviceeinsatz wurde abgeschlossen. ▪ Die Sollwertvorgabe der Wirkleistung wird ausgehend von 0 % angehoben.
Wiederzuschaltung einer WEA	Die WEA wird nach einer fehlerbedingten, unplanmäßigen Abschaltung wieder ans Netz geschaltet.	Der Entkopplungsschutz am Netzanschlusspunkt wird automatisch aufgehoben und damit verbundene Kuppelschalter werden geöffnet.
gestaffelte Zuschaltung mehrerer WEAs	WEAs werden nacheinander an das Netz geschaltet (mit dem Ziel einer schrittweisen Leistungserhöhung).	Der Windparkregler verzögert einen Teil der Startfreigaben der WEAs, wenn es vom Netzbetreiber gefordert wird.

52 Was ist ein SCADA-System?

Windparks müssen sich heute (ähnlich wie konventionelle Kraftwerke) netzverträglich steuern und optimal in den Netzregelmechanismus einbinden lassen. SCADA bedeutet Supervisory Control and Data Acquisition. Ein SCADA-System wird eingesetzt, um eine Windenergieanlage bzw. einen Windpark zu managen. Es besteht im Wesentlichen aus drei Anwendungen:

- Windparkmanagement
- Schnittstellen und Kommunikation
- SCADA-Zugang

Mögliche Komponenten eines SCADA-Systems für Windenergieanlagen zeigt Bild 52.1. Folgende Komponenten gehören zu einem SCADA-Systems für Windenergieanlagen:

- Der **Farmserver** ist eine Softwarekomponente und wird üblicherweise auf dem SCADA-PC installiert. Er stellt die Kommunikation mit der WEA-Steuerung, dem Windparkregler, der Meteo-Station, der Power Management Unit (PMU) sowie den Kundenzugriff auf der Leitebene her.
- Die Kommunikation zwischen Farmserver und WEA-Steuerung erfolgt im Allgemeinen über zwischengeschaltete **Subserver,** die üblicherweise auf dem lokalen PC der WEA installiert sind.
- Der **Windparkregler** kommuniziert über den Farmserver mit allen Windenergieanlagen und bildet eine direkte Schnittstelle zum Kunden, wie Netzbetreiber oder Direktvermarkter (siehe Kapitel 51).
- Durch die Nutzung eines kundenspezifischen Moduls kann der Kunde Onlinedaten des Windparks erfragen und diese dann in seinem eigenen System weiterverarbeiten. Die Anfragen sind je nach Ausprägung des **kundenspezifischen Moduls** konform zur OPC-XML-Spezifikation oder unterstützen den Kommunikationsstandard IEC 60870-5-104 (siehe unten).
- Der **lokale PC** erhält von der Anlagensteuerung der WEA die aktuellen Betriebsdaten und speichert diese. Diese Betriebsdaten können auf dem Bild-

schirm des PCs angezeigt werden und lassen sich über den Internetanschluss sowohl von der Fernüberwachung als auch von einem beliebigen PC aus abfragen.

- Mittels der **Power Management Unit** (PMU) werden Strom-, Spannungs- und Frequenz-Istwerte am Verknüpfungspunkt des Windparks messtechnisch erfasst und an den Windparkregler kommuniziert.
- Eine **Meto-Station** erfasst die relevanten meteorologischen Daten im Windpark unabhängig von den einzelnen Windenergieanlagen. Die Windgeschwindigkeit und die Windrichtung werden in mehreren Messhöhen erfasst (Bild 52.2). Weitere Größen, die gemessen werden, sind Temperatur, Luftdruck, Luftfeuchte, Luftdichte und der aktuelle Niederschlag.

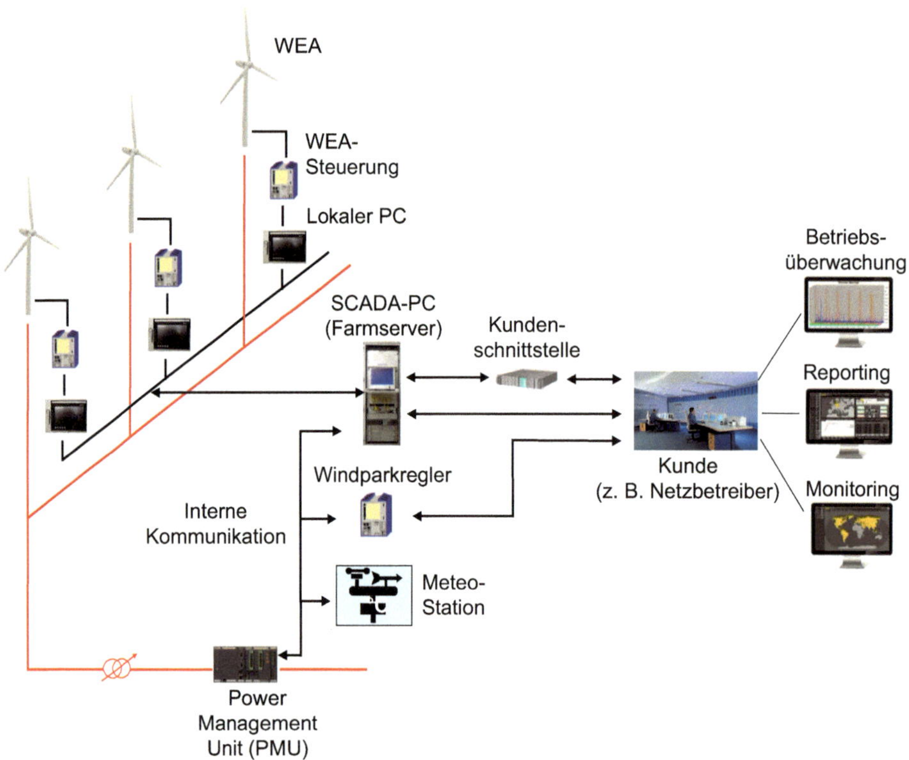

Bild 52.1 Prinzipieller Aufbau eines SCADA-Systems (Komponenten- und Kommunikationsübersicht)

Bild 52.2 Messebene mit Anordnung der Anemometer auf Auslegern (Wikipedia, © User: Bob Embleton)

Schnittstellen und Kommunikation

Die windenergiespezifische Normreihe IEC 61400-25 basiert auf der Norm IEC 61850 und legt die Kommunikation zur Überwachung und Steuerung von Windenergieanlagen bzw. Windparks fest. Dieser Industriestandard ermöglicht somit die Verwendung einer einheitlichen Schnittstelle für unterschiedliche Anlagenfabrikate. Die Ausführungen in der Norm sind unabhängig von spezifischen Protokollstapelspeichern, Implementierungen und Betriebssystemen.

Die Standards IEC 61850 und IEC 61400-25 gehen weit über die reine Datenkommunikation hinaus. Sie definieren auch die Datenmodellierung und bieten somit eine objektorientierte Sichtweise auf die Anlage. Genormt sind Objekte wie Generator, Leistungsschalter, Transformatoren, Spannungsregler oder der Rotor. Für jedes dieser Objekte sind die Bezeichnung, die Datenpunkte und die Dienste für den Zugriff auf die Daten festgelegt. Bezüglich der Kommunikation haben sich mehrere Protokolle durchgesetzt:

- **IEC 60870-5-104** ist ein allgemeines Übertragungsprotokoll zwischen Leitsystemen und Unterstationen. Die Telegramme werden über TCP/IP versendet. Im Gegensatz zur älteren IEC 60870-5-101, die Verbindungen über serielle Schnittstellen aufbaut, ermöglichen die IEC-60870-5-104-Schnittstellen die Kommunikation über Netzwerke (LAN und WLAN).[1]
- Das **DNP3**-Protokoll, auch Distributed Network Protocol, ist ein etablierter Fernwirkstandard, der von Energieversorgungsunternehmen in den USA und vielen weiteren Ländern weltweit verwendet wird.[2]
- Das **Modbus TCP Protocol** ist ein Kommunikationsprotokoll, das auf einer Master/Slave- bzw. Client/Server-Architektur basiert. In der Industrie hat sich

[1] *https://de.wikipedia.org/wiki/IEC_60870*

[2] *https://www.copadata.com/de/branchen/energie-infrastruktur/energy-insights/dnp3-iec61850*

der Modbus zu einem De-facto-Standard entwickelt, da es sich um ein offenes Protokoll handelt. Seit 2007 ist die Version Modbus TCP Teil der Norm IEC 61158.[3]

- **CANopen** ist ein auf CAN basierendes Kommunikationsprotokoll, das hauptsächlich in der Automatisierungstechnik und zur Vernetzung innerhalb komplexer Geräte verwendet wird. Das Hauptverbreitungsgebiet von CANopen ist Europa. Jedoch steigen sowohl in Nordamerika als auch in Asien die Nutzerzahlen.[4]
- **OPC UA** ist ein Standard für den Datenaustausch als plattformunabhängige, serviceorientierte Architektur (SOA). Als neueste Generation aller Spezifikationen der Open Platform Communications (OPC) von der OPC Foundation unterscheidet sich OPC UA erheblich von ihren Vorgängerinnen, insbesondere durch die Fähigkeit, Maschinendaten (Regelgrößen, Messwerte, Parameter usw.) nicht nur zu transportieren, sondern auch maschinenlesbar semantisch zu beschreiben.[5]

SCADA-Zugang

Der Zugriff auf SCADA-Daten wird in der Regel über ein Onlineportal realisiert, das einen webbasierten, verschlüsselten Zugang zu einem Windpark oder auch zu einzelnen Systemen, wie einer einzelnen Windenergieanlage, einer Power-Management-Einheit oder einer Messstation ermöglicht. Die folgenden Funktionen werden in der Regel realisiert.

Monitoring

- Darstellung und Überwachung aktueller Betriebsdaten
- direkte Kommunikation und direkter Zugriff auf alle Windenergieanlagen innerhalb des Windparks

Webreporting

- Auswertung historischer Daten von Windparks zur Performance- und Produktionsanalyse
- Reporterstellung und automatische Zusendung in unterschiedlichen Zeitintervallen

Betriebsüberwachung

- Analyse der CMS-Daten der Windenergieanlagen im Windpark
- Betriebsüberwachung
- zugehöriges Reporting

---

3) *https://www.wago.com/de/modbus*

4) *https://de.wikipedia.org/wiki/CANopen*

5) *https://de.wikipedia.org/wiki/OPC_Unified_Architecture*

Die **Bedienoberfläche** ist eine Software zur Visualisierung der Daten einer Windenergieanlage bzw. eines Windparks sowie zur entsprechenden Bedienung. Ein Beispiel ist in Bild 52.3 gezeigt.

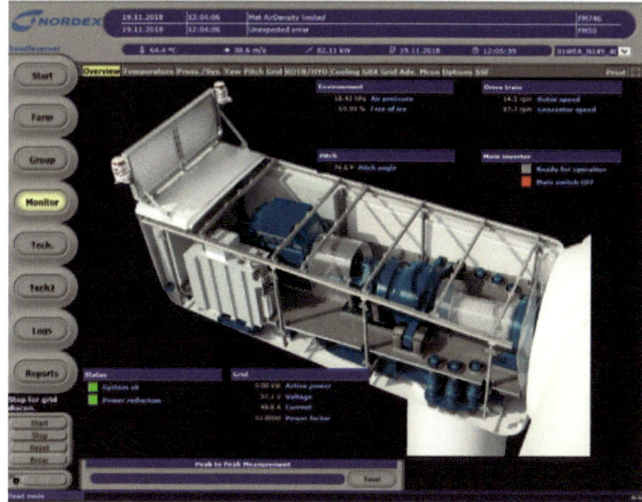

Bild 52.3 Bedienoberfläche einer Windenergieanlage (© Nordex/Acciona SE)

Generell ist anzumerken, dass der Aufbau eines SCADA-Systems und der entsprechenden IT-Infrastruktur eine komplexe Aufgabe darstellt und dem auszurüstenden Windpark angepasst werden muss. Eine enge Abstimmung mit dem Kunden (wie Netzbetreiber oder Direktvermarkter) ist ebenfalls erforderlich. Die Hersteller von Windenergieanlagen bieten in der Regel hierfür die entsprechenden Dienstleistungen an.

53 Was bedeuten die Netzanschlusskriterien für die Windenergieanlage?

Die Einhaltung der Netzanschlusskriterien hat wesentlichen Einfluss auf die Auslegung der Komponenten einer Windenergieanlage sowie auf die Steuerung und Regelung sowohl der Windenergieanlage selbst als auch des Windparks. Bild 53.1 zeigt eine Übersicht, welche Komponenten im Wesentlichen betroffen sind.

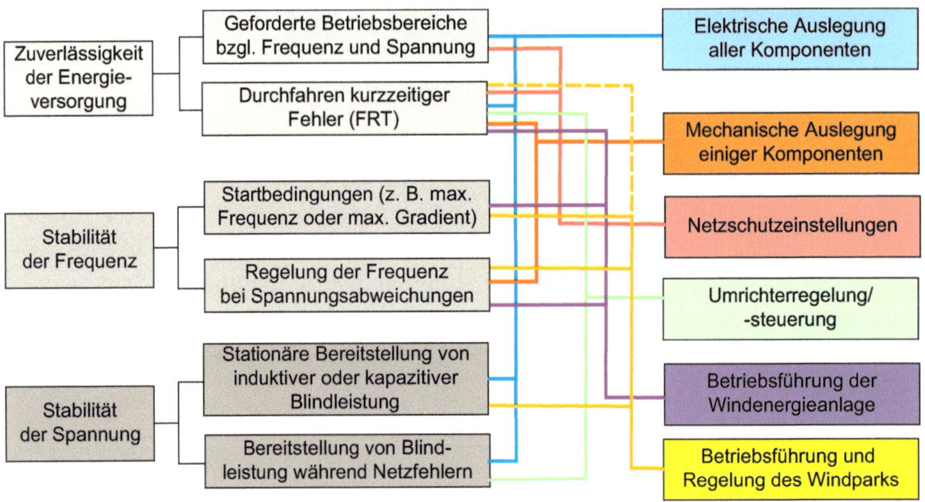

Bild 53.1 Auswirkungen der Netzanschlusskriterien auf die Auslegung/Funktionalität der Komponenten einer Windenergieanlage

Die wesentlichen Ziele sind die Zuverlässigkeit der Energieversorgung sowie die Stabilität von (Netz)Spannung und (Netz-)Frequenz. Daraus leiten sich die in den entsprechenden Normen beschriebenen notwendigen Eigenschaften ab. Der Hersteller einer Windenergieanlage muss die entsprechenden Komponenten so auslegen bzw. so gestalten, dass diese Eigenschaften erreicht werden.

Es müssen beispielsweise die elektrischen Komponenten wie der Generator, der Hauptschalter oder der Umrichter so ausgelegt werden, dass die Anforderungen bezüglich der zu erreichenden Leistungen erfüllt werden. In Bild 53.2 ist exemplarisch der Anforderungsbereich für die Blindleistung abhängig von der Netzspannung aufgetragen (siehe Kapitel 45). Die Grenzen der Überlastung der einzelnen Komponenten dürfen dabei den Anforderungsbereich nicht einschränken.

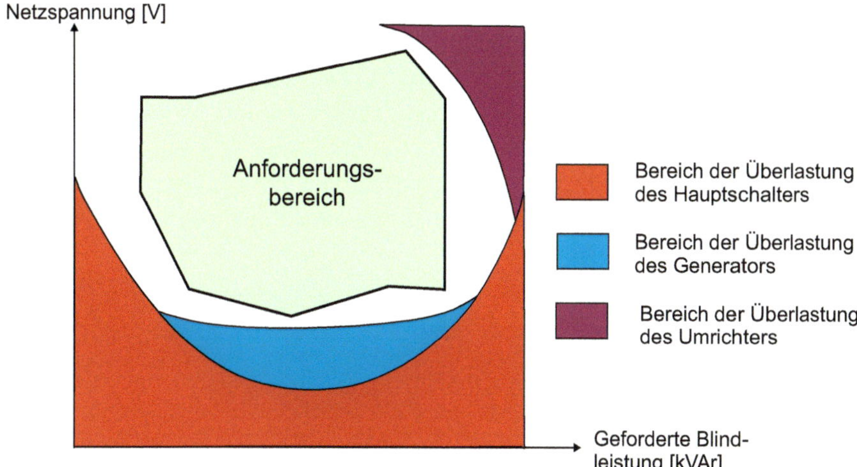

Bild 53.2 Anforderungsbereich der Blindleistung und mögliche Grenzen der Komponenten

Zur Erlangung der **elektrischen Konformitätserklärung** ist vom Windenergieanlagenhersteller der Nachweis zu erbringen, dass die geltenden Netzanschlusskriterien eingehalten werden. Der Nachweis der elektrischen Konformität wird heute im Feldtest erbracht. Dazu wird ein sogenannter **FRT-Container** (Bild 53.3) zwischen das Versorgungsnetz und die Windenergieanlage geschaltet. Dieser Container entkoppelt das Netz von der Anlage und besitzt die Fähigkeit, Netzfehler, wie bei LVRT- und HVRT-Tests notwendig (siehe Kapitel 50), aufzuprägen. Diese Tests sind in der Regel teuer und aufwendig, sodass die Windenergieanlagenhersteller bestrebt sind, die Zeiten für diese Tests zu reduzieren.

Bild 53.3
FRT-Container (© Nordex/Acciona SE)

Prüfstände, wie in Bild 53.4 gezeigt, erhöhen die Verfügbarkeit der Tests, da sie unabhängig vom Windangebot sind. Dazu wird in der Regel die Rotorwelle mit einem Antriebsmotor verbunden, der ein Moment auf den mechanischen Triebstrang der Windenergieanlage aufprägt. Durch die Netz- sowie die Windlastsimulationen können unterschiedliche Belastungsszenarien unter reproduzierbaren Bedingungen erstellt werden. Außerdem kann das Verhalten einer Windenergieanlage kann bei Szenarien wie multiplen Netzfehlern bei Sturm, Netzkurzschluss bei fehlerhafter Pitchregelung oder Notstopps getestet werden. Des Weiteren lassen sich die Betriebsführung und Regelung optimieren sowie Modellvalidierungen durchführen. Die Zuverlässigkeit und Verfügbarkeit der Anlage können hierdurch gesteigert können. Gleichzeitig können Wartungs- und Reparaturkosten gesenkt werden [8.6].

Bild 53.4 Prüfstand DyNaLab des Fraunhofer-Instituts für Windenergiesysteme (© IDOM - DyNaLab)

Mittels HiL-(Hardware-in-the-Loop-)Systemen sind Tests unter Laborbedingungen möglich. Die Steuer- und Regeleinheit wird als Echtteil (*Device under Test*, DuT) verwendet, und die weiteren notwendigen Komponenten werden simuliert. Von diesen zu simulierenden Komponenten werden echtzeitfähige Modelle erstellt, die auf einer geeigneten Echtzeitplattform ausgeführt werden. Sind die Modelle hinreichend genau und wird das DuT mit der Echtzeitplattform über geeignete Schnittstellen verbunden, können die Tests manuell (über geeignete Bedienoberflächen, siehe Bild 53.5) oder (mit einer entsprechenden Testautomatisierungssoftware) automatisiert durchgeführt werden.

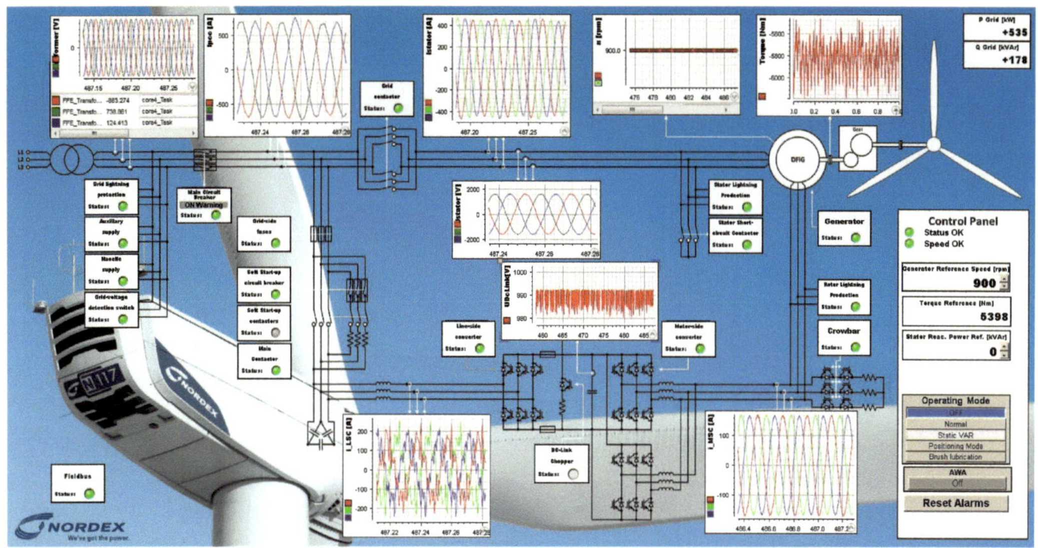

Bild 53.5 Bedienoberfläche eines HiL-Systems zum Testen der Umrichterfunktionalität (© Nordex/Acciona SE)

HiL-Systeme helfen somit, mögliche Fehler in der Umrichtersoftware frühzeitig zu detektieren, und reduzieren den Testaufwand im Feld bzw. am Prüfstand.

54 Welche Konzepte des elektrischen Triebstrangs haben sich durchgesetzt?

Der elektrische Triebstrang hat die Aufgabe, die über die Rotor- bzw. Generatorwelle übertragene kinetische Energie gemäß den herrschenden Bedingungen und Anforderungen möglichst verlustarm in elektrische Energie zu wandeln und den Verbrauchern zur Verfügung zu stellen. Verbraucher ist in erster Linie das elektrische Netz. Des Weiteren ist der Eigenbedarf der Windenergieanlage an elektrischer Leistung zu berücksichtigen.

Grundsätzlich kann eine Windenergieanlage mit einem Generator beliebiger Bauart ausgerüstet werden. Für moderne Windenergieanlagen sind Gleichstromgeneratoren nicht üblich, da diese vergleichsweise teuer sind und über einen wartungsintensiven Kommutator verfügen. Durchgesetzt haben sich Wechselstrom erzeugende Drehstromgeneratoren, wie sie auch in konventionellen Kraftwerken üblich sind. Charakteristisch für den Betrieb der Generatoren ist (im Gegensatz zu anderen Kraftwerkstypen) das unstete Antriebsmoment aus dem Rotor, das aus den unregelmäßigen Windverhältnissen resultiert.

Bis in die 1990er-Jahre hinein dominierte das in den 1950er-Jahren von Johannes Juul entwickelte dänische Konzept den Markt. Die erste Windkraftanlage nach diesem Konzept wurde 1956/57 auf Gedser aufgebaut (siehe Kapitel 1), hatte eine Nennleistung von 200 kW und war eine lange Zeit die größte Anlage der Welt. Verwendet wurde ein Asynchrongenerator in Käfigläuferausführung, dessen Stator direkt mit dem elektrischen Netz verbunden war. Ein Umrichter war somit nicht erforderlich. Aufgrund der vom Netz vorgegebenen Frequenz (50 Hz in Europa) konnten diese Anlagen nur in einem engen Drehzahlbereich arbeiten, was wenig oder keine Anpassung an die Windverhältnisse ermöglichte. Dieses befähigte die Anlagen nur bei einer Windgeschwindigkeit (typischerweise rund 8 m/s) mit bestmöglichem Wirkungsgrad zu arbeiten. Bei anderen Windgeschwindigkeiten konnten die Anlagen somit nicht die maximal mögliche Leistung liefern. Durch polumschaltbare Asynchrongeneratoren konnte das Konzept verbessert werden. Ergibt sich bei einer Polpaarzahl von zwei des Generators bei einer Netzfrequenz von 50 Hz eine Synchrondrehzahl von 1500 U/min, so konnte durch eine Polpaarumschaltung auf drei Polpaare die Synchrondrehzahl auf 1000 U/min reduziert werden. Die Pole wurden abhängig von der Windgeschwindigkeit umgeschaltet, wodurch die Effizienz der Windkraftanlage gesteigert werden konnte.

Weitere Nachteile dieser Windkraftanlagen waren die permanente Belastung des elektrischen Netzes mit Blindleistung und die hohe mechanische Belastung der Anlagen.

Das dänische Konzept kommt heute nicht mehr zum Einsatz. Getrieben durch die Entwicklungen in der Frequenzumrichtertechnologie haben sich neue Konzepte durchgesetzt. Der Aufbau des elektrischen Triebstrangs bei modernen Windenergieanlagen ist heute nicht einheitlich. Die Hersteller verwenden unterschiedliche Konzepte, wobei insbesondere größere Firmen auch mehrere Konzepte im Portfolio haben. Generell sind alle Windenergieanlagen drehzahlgeregelt, wobei zwischen Anlagen mit und ohne Getriebe zu unterscheiden ist (Bild 54.1).

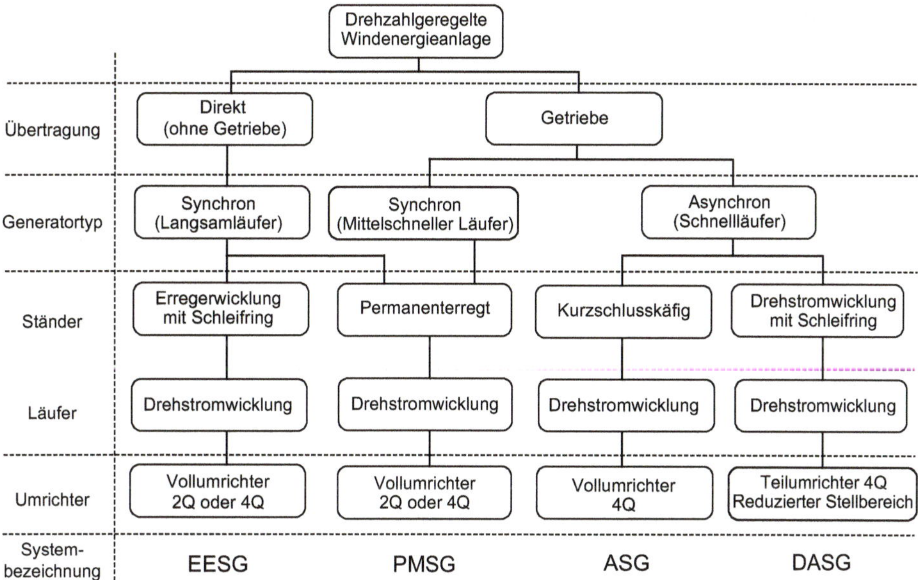

Bild 54.1 Übersicht der Konzepte bezüglich des elektrischen Triebstrangs

Fremderregter Synchrongenerator mit Vollumrichter (EESG)

1993 brachte die Firma ENERCON mit der E-40 eine revolutionäre Windkraftanlage auf den Markt. Es wurde ein fremderregter 84-poliger Synchrongenerator verwendet, wodurch auf das bisher notwendige Getriebe verzichtet werden konnte. Des Weiteren wurde ein vollumrichtender IGBT-Wechselrichter verwendet. Das Konzept (Bild 54.2) wird bis heute produziert und weiterentwickelt.

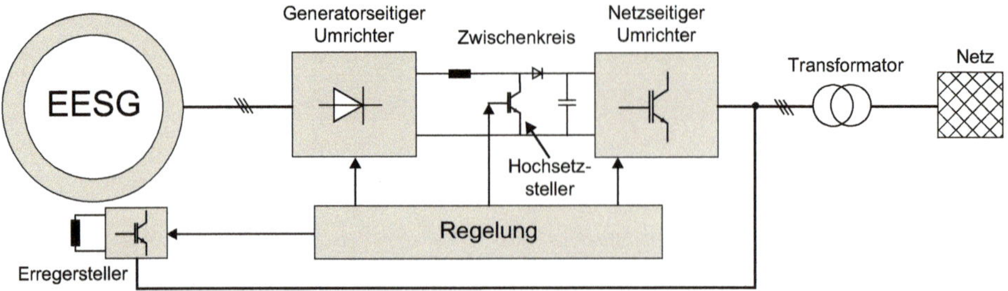

Bild 54.2 Prinzip des EESG-Konzepts

Durch die Verwendung eines fremderregten Synchrongenerators kann der generatorseitige Umrichter in passiver Bauweise ausgeführt werden, d. h., er wird nicht aktiv geregelt. Allerdings ist der Einsatz eines Hochsetzstellers notwendig, der die Zwischenkreisspannung auf ein Spannungsniveau hebt, das vom netzseitigen Umrichter verwertet werden kann (siehe Kapitel 58).

Doppeltgespeister Asynchrongenerator mit Teilumrichter (DASG)

Ein doppeltgespeister Asynchrongenerator wurde bereits in der Versuchsanlage Growian 1983 eingesetzt, obwohl zunächst der Einsatz eines Synchrongenerators geplant war. Als Umrichter wurde ein Frequenzwandler verwendet. Mit den Verbesserungen in der Umrichtertechnologie kam 1996 das Konzept des doppelt gespeisten Asynchrongenerators in Verbindung mit einem modernen Frequenzumrichter auf den Markt (siehe Bild 54.3), das seitdem stetig wachsende Verkaufszahlen aufweisen kann. Viele Hersteller setzen auf das DASG-Konzept (englisch DFIG - *Doubly Fed Induction Generator*).

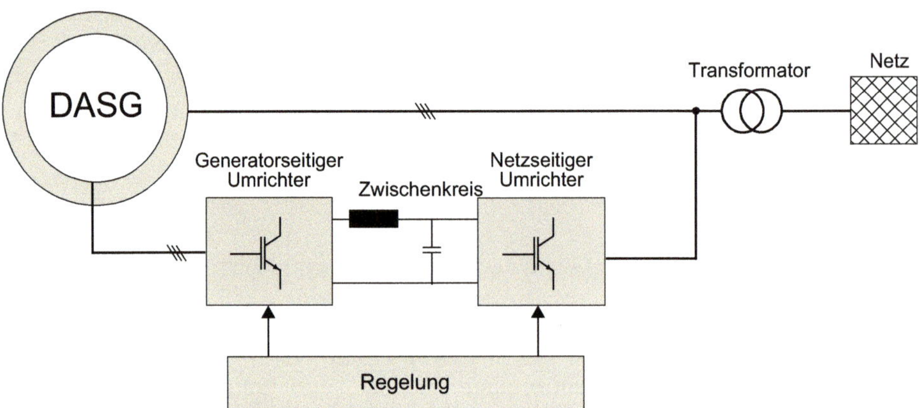

Bild 54.3 Prinzip des DASG-Konzepts

Die Bezeichnung doppelt gespeister Asynchrongenerator wird für eine Schleifringläufer-Drehfeldmaschine in Asynchronbauweise verwendet, die im Generatormodus betrieben wird. Die in der Regel dreiphasigen Stator- und Rotorwicklungen sind elektrisch zugänglich, wobei nur die Rotorwicklungen über Bürsten und Schleifringe mit einem Frequenzumrichter verbunden sind. Der Stator ist üblicherweise über einen Transformator direkt mit dem Netz verbunden. Es werden in der Regel Umrichter mit einer konstanten Zwischenkreisspannung verwendet, mit denen eine Spannung von variabler Amplitude und Frequenz in die Rotorwicklungen eingeprägt wird. Dadurch wird es möglich, den Generator von der Rotorseite aus zu regeln.

Ein wesentlicher Vorteil dieses Konzepts ist, dass der Frequenzumrichter nur für einen Teil der erzeugten Gesamtleistung ausgelegt werden muss (ca. 30 - 40 %), was einen positiven Einfluss auf die Kosten hat. Nachteilig ist die Verwendung von Bürsten und Schleifringen, deren Verschleiß überwacht werden muss. Der Einsatz eines Getriebes ist bei diesem Konzept zwingend erforderlich, da die Nenndrehzahlen von Asynchrongeneratoren weit über der Rotordrehzahl einer Windenergieanlage liegen.

Permanenterregter Synchrongenerator mit Vollumrichter (PMSG)

Durch die steigende Verfügbarkeit hochenergetischer Materialien auf der Basis von seltenen Erden hat die Verwendung von permanenterregten Synchrongeneratoren in Windenergieanlagen in den letzten Jahren deutlich zugenommen. Insbesondere im Offshore-Bereich ist dieses Konzept (Bild 54.4) sehr erfolgreich.

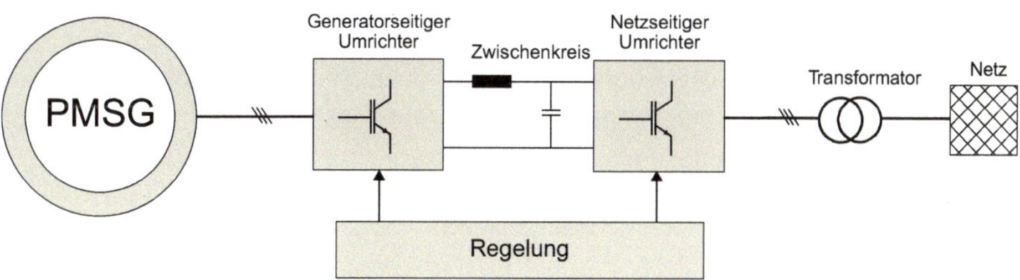

Bild 54.4 Prinzip des PMSG-Konzepts

Gegenüber der elektrisch erregten Variante bietet es den Vorteil, dass die Erregerwicklung entfällt und somit ein kompakteres Bauvolumen und ein höherer Wirkungsgrad, insbesondere im Teillastbereich, erzielt werden können. Allerdings sind der Einsatz eines aktiven generatorseitigen Umrichters und von Metallen der Gruppe der seltenen Erden notwendig. Permanenterregte Synchrongeneratoren können mit oder ohne Getriebe verwendet werden (siehe Kapitel 61).

Asynchrongenerator als Käfigläuferausführung mit Vollumrichter (ASG)

Wie schon erwähnt, wurden Asynchrongeneratoren in Käfigläuferausführung bereits in der Gedser-Anlage eingesetzt. Auch aufgrund der sich im Laufe der Zeit verschärfenden Netzanforderungen verlor dieses Konzept jedoch an Bedeutung. Viele Hersteller gingen dazu über, doppelt gespeiste Asynchrongeneratoren zu verwenden, die die Anforderungen besser erfüllten. Mit Verbesserung der Frequenzumrichtertechnologie wurde das Konzept des Asynchrongenerators als Käfigläufer in Verbindung mit einem Vollumrichter (siehe Bild 54.5) wieder attraktiv. Der wesentliche Vorteil liegt in der Robustheit des Generators, der relativ kostengünstigen Herstellung und der hohen Verfügbarkeit dieser Generatoren am Markt.

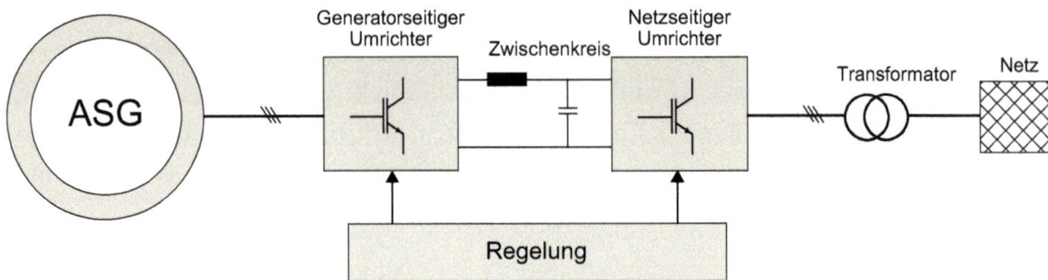

Bild 54.5 Prinzip des ASG-Konzepts

Die Rotorwicklungen der Asynchronmaschine sind über den Käfigläufer kurzgeschlossen, während die Statorwicklungen zum generatorseitigen (aktiven) Umrichter führen. Die vom Generator abgegebene elektrische Leistung wird über den Zwischenkreis dem netzseitigen Umrichter zugeführt, der die Einspeisung der elektrischen Leistung gemäß den Vorgaben in das elektrische Netz vornimmt. Bei Verwendung dieser Topologie muss zwangsweise ein Getriebe verwendet werden, da die Nenndrehzahlen von Asynchrongeneratoren weit über der Rotordrehzahl einer Windenergieanlage liegen.

55 Wozu braucht man Koordinatentransformationen?

Alle in modernen Windenergieanlagen eingesetzten Generatoren sind Drehstrommaschinen, d. h., sie haben mehrphasige sinusförmige Strom- und Spannungsverläufe mit unterschiedlichen Frequenzen. Als symmetrisch wird das Dreiphasensystem dann bezeichnet, wenn folgende Bedingungen erfüllt sind (Bild 55.1):

- Die betrachteten Phasen sind (bei Dreiphasensystemen) um 120° voneinander versetzt.
- Die Phasen haben die gleiche Amplitude.
- Die Phasen haben die gleiche Frequenz.

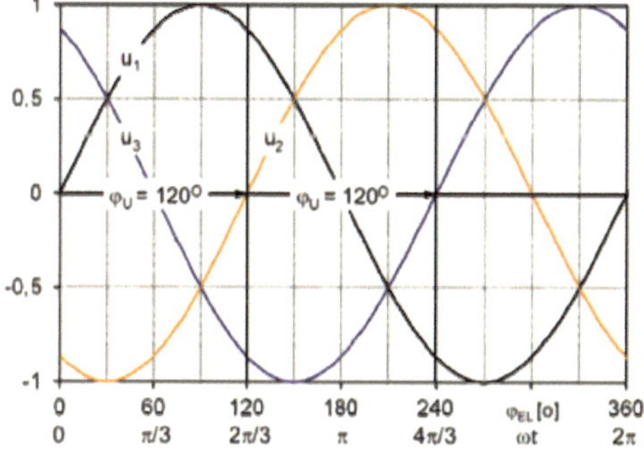

Bild 55.1 Symmetrisches Dreiphasensystem

Zur mathematischen Beschreibung von Drehstromgrößen ist es sinnvoll, in Koordinatensystemen zu rechnen, die die mathematische Behandlung dieser Größen so einfach wie möglich gestalten. Basis hierfür ist eine allgemeine Beschreibung der Dreiphasengrößen in einem allgemeingültigen drehenden Koordinatensystem K, das mit einer beliebigen Kreisfrequenz $\omega_k = \frac{d\varphi_k}{dt}$ rotiert.

Betrachtet man ein beliebiges symmetrisches Dreiphasensignal mit der Kreisfrequenz ω_k, so kann für den zeitlichen Verlauf dieser Größe allgemein geschrieben werden:

$$x_a(t) = \hat{x} \cdot \cos(\omega_k \cdot t);$$

$$x_b(t) = \hat{x} \cdot \cos\left(\omega_k \cdot t + \frac{4}{3}\pi\right);$$

$$x_c(t) = \hat{x} \cdot \cos\left(\omega_k \cdot t + \frac{2}{3}\pi\right)$$

Jedes symmetrische Dreiphasensignal kann mittels einer Transformation in mathematische Gleichgrößen umgewandelt werden, wodurch die weiteren Betrachtungen wesentlich vereinfacht werden.

Ist kein Nullsystem vorhanden, wird die Transformation wie folgt in zwei Schritten durchgeführt (Bild 55.2):

- Zunächst werden die drei Phasen mittels der αβ-Transformation (auch als Clark-Transformation bekannt) in ein adäquates Zweiphasensystem umgerechnet.
- Anschließend erfolgt mit Kenntnis des aktuellen Phasenwinkels φ_k mittels einer dq-Transformation (auch als Park-Transformation bekannt) die Umrechnung in ein System zweier Gleichgrößen.

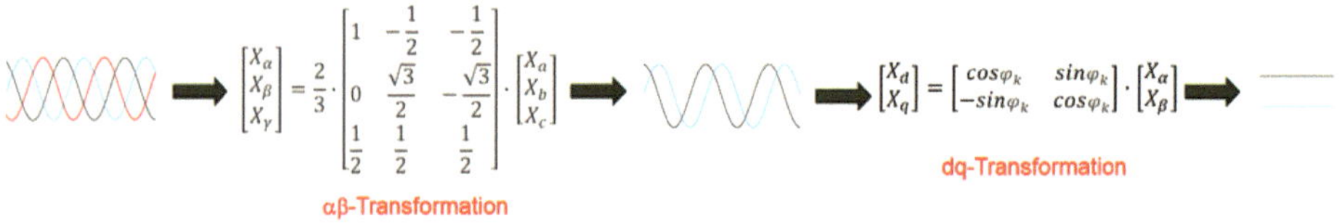

$$\begin{bmatrix} X_\alpha \\ X_\beta \\ X_\gamma \end{bmatrix} = \frac{2}{3} \cdot \begin{bmatrix} 1 & -\frac{1}{2} & -\frac{1}{2} \\ 0 & \frac{\sqrt{3}}{2} & -\frac{\sqrt{3}}{2} \\ \frac{1}{2} & \frac{1}{2} & \frac{1}{2} \end{bmatrix} \cdot \begin{bmatrix} X_a \\ X_b \\ X_c \end{bmatrix}$$

αβ-Transformation

$$\begin{bmatrix} X_d \\ X_q \end{bmatrix} = \begin{bmatrix} \cos\varphi_k & \sin\varphi_k \\ -\sin\varphi_k & \cos\varphi_k \end{bmatrix} \cdot \begin{bmatrix} X_\alpha \\ X_\beta \end{bmatrix}$$

dq-Transformation

Bild 55.2 Transformation von Drehgrößen

Die Rücktransformation geschieht ebenso in zwei Schritten (Bild 55.3):

- Zunächst wird die inverse αβ-Transformation (auch als inverse Clark-Transformation bekannt) durchgeführt.
- Anschließend wird die inverse dq-Transformation (auch als inverse Park-Transformation bekannt) durchgeführt.

$$\begin{bmatrix} X_\alpha \\ X_\beta \end{bmatrix} = \begin{bmatrix} \cos\varphi_k & -\sin\varphi_k \\ \sin\varphi_k & \cos\varphi_k \end{bmatrix} \cdot \begin{bmatrix} X_d \\ X_q \end{bmatrix}$$

Inverse αβ-Transformation

$$\begin{bmatrix} X_a \\ X_b \\ X_c \end{bmatrix} = \begin{bmatrix} 1 & 0 & 1 \\ -\frac{1}{2} & \frac{\sqrt{3}}{2} & 1 \\ -\frac{1}{2} & -\frac{\sqrt{3}}{2} & 1 \end{bmatrix} \cdot \begin{bmatrix} X_\alpha \\ X_\beta \\ X_\gamma \end{bmatrix}$$

Inverse dq-Transformation

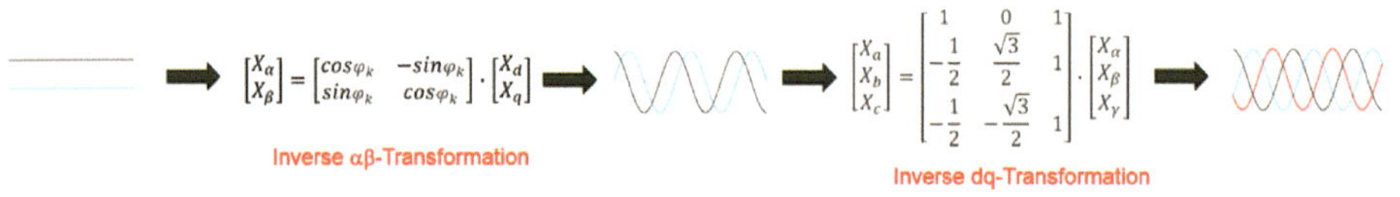

Bild 55.3 Transformation von Drehgrößen (invers)

Die wesentliche Größe für die Umrechnung ist der Phasenwinkel φ_k der ursprünglichen Drehgrößen, der sich unmittelbar aus der Kreisfrequenz $\omega_k = \frac{d\varphi_k}{dt}$ ableitet.

Im elektrischen Triebstrang einer Windenergieanlage wird je nach Generatortyp mit unterschiedlichen Kreisfrequenzen gerechnet:

Die **mechanische Kreisfrequenz** ω_m berechnet sich aus der mechanischen Drehzahl der Generatorwelle n_{Gen} [in U/min] und der Anzahl der Polpaare p im Stator:

$$\omega_m = p \cdot \frac{2\pi}{60} \cdot n_{Gen}$$

Die **Statorkreisfrequenz** ω_s wird bei den verwendeten Generatoren von außen aufgeprägt. Dies geschieht entweder direkt über das elektrische Netz oder über den generatorseitigen (aktiven) Umrichter. Ist das elektrische Netz direkt mit dem Stator gekoppelt, so ist die Statorkreisfrequenz gleich der Netzkreisfrequenz ω_N.

Die **Rotorkreisfrequenz** ω_r ergibt sich aus der Differenz von Statorkreisfrequenz ω_s und der mechanischen Kreisfrequenz ω_m:

$$\omega_r = \omega_s - \omega_m$$

Der Schlupf S ist allgemein als Verhältnis von Rotor- zu Statorkreisfrequenz definiert:

$$S = \frac{\omega_r}{\omega_s} = \frac{\omega_s - \omega_m}{\omega_s} = 1 - \frac{\omega_m}{\omega_s}$$

Bei Synchrongeneratoren gilt somit: $\omega_s = \omega_m$ bzw. $S = 0$. Mit ω_μ wird die **Kreisfrequenz des magnetischen Flusses** bezeichnet.

Mit der Auswahl der Kreisfrequenz ändern sich die Bezeichnungen der Achsen:

statorfestes Koordinatensystem S	$\omega_K = \omega_s$	Das statorfeste Koordinatensystem orientiert sich an den Drehgrößen im Stator des Generators. Die Achsen x und y werden hier mit α und β bezeichnet.
rotorfestes Koordinatensystem R	$\omega_K = \omega_m$	Das rotorfeste Koordinatensystem ist ein mit dem Rotor mitdrehendes Koordinatensystem. Die Achsen x und y werden hier mit a und b bezeichnet.
drehfeldfestes Koordinatensystem D	$\omega_K = \omega_r$	Das drehfeldfeste Koordinatensystem ist ein mit der elektrischen Kreisfrequenz des Rotors mitdrehendes Koordinatensystem. Die Achsen x und y werden hier mit d und q bezeichnet.
flussfestes Koordinatensystem F	$\omega_K = \omega_\mu$	Das flussfeste Koordinatensystem ist ein mit dem magnetischen Fluss mitdrehendes Koordinatensystem. Die Achsen x und y werden hier mit d und q bezeichnet.

Ein wesentlicher Vorteil der Koordinatentransformation liegt darin, dass eine transformierte Größe zu null wird, wenn das Koordinatensystem entsprechend gelegt wird. So ergeben sich beispielsweise bei einer symmetrischen Drehspannung mit einer Nennspannung von U_N = 660 V folgende (Gleich-)Werte:

$$u_\alpha = \frac{\sqrt{2}}{\sqrt{3}} \cdot U_N = 538{,}89V, \quad u_\beta = 0V$$

Diese Betrachtung vereinfacht die weiteren Berechnungen erheblich und bildet die Basis für statische und dynamische Betrachtung der elektrischen Systeme innerhalb einer Windenergieanlage.

56 Wie können die Frequenz und der Phasenwinkel von Drehgrößen bestimmt werden?

Um eine Koordinatentransformation (siehe Kapitel 55) durchführen zu können, ist der Phasenwinkel φ_K von entscheidender Bedeutung. Dieser Winkel kann nicht direkt gemessen werden, sondern muss aus den entsprechenden Drehgrößen bestimmt werden. Ebenso ist die Kenntnis der Kreisfrequenz $\omega_k = \frac{d\varphi_k}{dt}$ für unterschiedlichste Berechnungen notwendig. Um diese beiden Größen zu erhalten, wird eine Phasenregelschleife (englisch *Phase-Locked Loop*, PLL) verwendet. Das grundsätzliche Prinzip einer PLL erster Ordnung wird im Folgenden beschrieben.

Die drei Drehgrößen (X_a, X_b, X_c) werden mittels geeigneter Sensoren gemessen und über eine *αβ*-Transformation in zwei Drehgrößen (X_α, X_β) überführt. Die Tatsache, dass bei einem korrekten Phasenwinkel φ_K der *q*-Anteil aus der *dq*-Transformation nahezu null wird, bildet die Basisüberlegung für die nachfolgende Regelung (Bild 56.1).

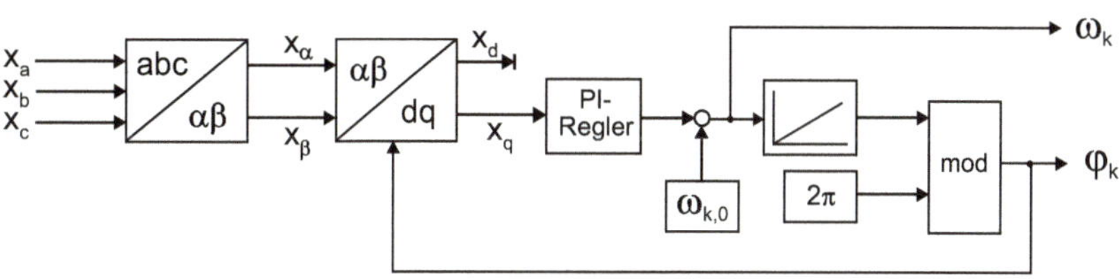

Bild 56.1 Blockschaltbild einer PLL

Der PI-Regler versucht, den Wert X_q auf null zu regeln. Stellwert ist die Abweichung von der Nominalkreisfrequenz $\omega_{k,0}$ der Drehgrößen. Die Nominalkreisfrequenz ist in der Regel bekannt. Mittels eines Integrators wird der Phasenwinkel bestimmt, der als Eingangsgröße für die *dq*-Transformation fungiert.

Weicht die aktuelle Kreisfrequenz der Drehgrößen von der Nominalkreisfrequenz ab, so gibt der Regler einen Stellwert heraus, der auf die Nominalkreisfrequenz addiert wird. Über den Integrator verändert sich der Phasenwinkel so lange, bis der Wert X_q wieder null ist.

Da der Regelkreis aus einem PI-Regler und einem Integrator besteht, besitzt der Gesamtregelkreis ein PT_2-Verhalten. Der Regler kann dann beispielsweise auf eine Dämpfung von $D=\frac{1}{\sqrt{2}}$ ausgelegt werden, um ein Überschwingen der berechneten Kreisfrequenz zu verhindern.

57 Wie können Netzfehler detektiert werden?

Zur Einhaltung der Netzanschlusskriterien ist es von entscheidender Bedeutung, Netzfehler frühzeitig zu detektieren, um rechtzeitig geeignete Maßnahmen ergreifen zu können. Ein verbreitetes Verfahren hierfür ist die DSOGI-Methode *(Dual Second Order Generalized Integrator)*, die eine hohe Dynamik und ein robustes Verhalten bei Oberschwingungen aufweist.

Die allgemeinen Blockschaltbilder der DSOGI-Methode sind in Bild 57.1 und Bild 57.2 dargestellt.

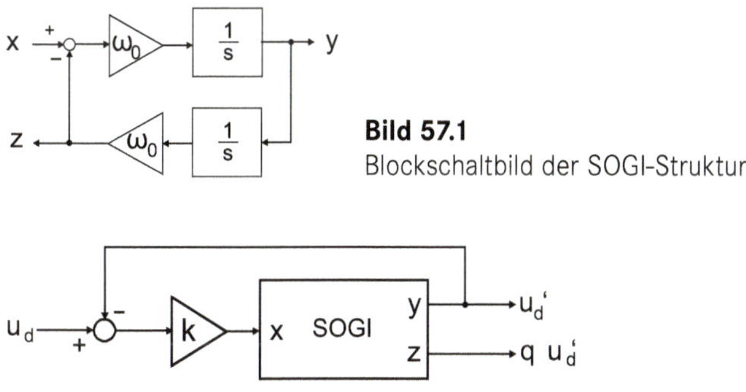

Bild 57.1
Blockschaltbild der SOGI-Struktur

Bild 57.2 Blockschaltbild eines SOGI-Bandpasses

Von einem Eingangssignal x wird zunächst das gefilterte Ausgangssignal y mit dessen orthogonaler Komponente z gebildet. Die Übertragungsfunktion des Filters lautet:

$$F_{SOGI}(s) = \frac{y(s)}{x(s)} = \frac{\omega_0 \cdot s}{s^2 + \omega_0^2}$$

Auf ein sinusförmiges Eingangssignal der Form $x(t) = \hat{x} \cdot \sin(\omega t + \varphi)$ verhält sich der Filter bei übereinstimmender Kreisfrequenz $\omega = \omega_0$ als idealer Bandpassfilter zweiter Ordnung.

Die Übertragungsfunktion F_{BP} des SOGI-Bandpasses mit dem Verstärkungsfaktor k ergibt sich zu

$$F_{BP} = \frac{1}{1 + \frac{1}{k \cdot F_{SOGI}}} = \frac{k \cdot \omega_0 \cdot s}{s^2 + k \cdot \omega_0 \cdot s + \omega_0^2}$$

Die orthogonale Komponente kann mittels $q = e^{j \cdot \pi/2}$ bestimmt werden.

Über die Verstärkung k kann der Filterbereich um die Resonanzfrequenz verändert werden. Je größer k ist, desto mehr Frequenzen können den Filter passieren. Die positive und die negative Sequenz können anhand folgender Gleichungen berechnet werden:

$$\underline{u}_{\alpha\beta}^{+} = \frac{1}{2} \cdot \begin{bmatrix} 1 & -q \\ q & 1 \end{bmatrix} \cdot \underline{u}_{\alpha\beta} \; und: \; \underline{u}_{\alpha\beta}^{-} = \frac{1}{2} \cdot \begin{bmatrix} 1 & q \\ -q & 1 \end{bmatrix} \cdot \underline{u}_{\alpha\beta}$$

Wird für die α- und die β-Komponente jeweils ein SOGI-Bandpass verwendet, ergibt sich das in Bild 57.3 gezeigte Blockschaltbild. Diese duale Struktur wird als DSOGI bezeichnet.

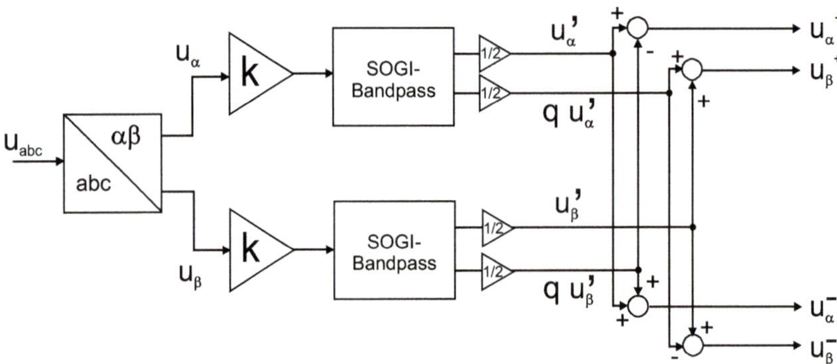

Bild 57.3 Blockschaltbild der DSOGI-Methode mit Sequenztrennung

Die sequenzgetrennten Signale der Netzspannung können zur Detektion von Netzfehlern verwendet werden. Dazu wird ein Toleranzband um die Nennwerte der Sequenzen gelegt. Verlassen die Signale das Toleranzband, so kann auf einen symmetrischen Fehler (Abweichung der positiven Sequenz) oder auf einen unsymmetrischen Fehler (Abweichung der negativen Sequenz) geschlossen werden.

Für eine optimale Bandpassfilterung bei Frequenzabweichungen kann die SOGI-Methode frequenzadaptiv erweitert werden, indem die aus der PLL (siehe Kapitel 56) bestimmte Frequenz anstelle von ω_0 im Blockschaltbild verwendet wird. Eine mögliche Realisierung, wie sie oft in Windenergieanlagen zur Analyse der Netzspannungen $u_{N,abc}$ eingesetzt wird, zeigt Bild 57.4.

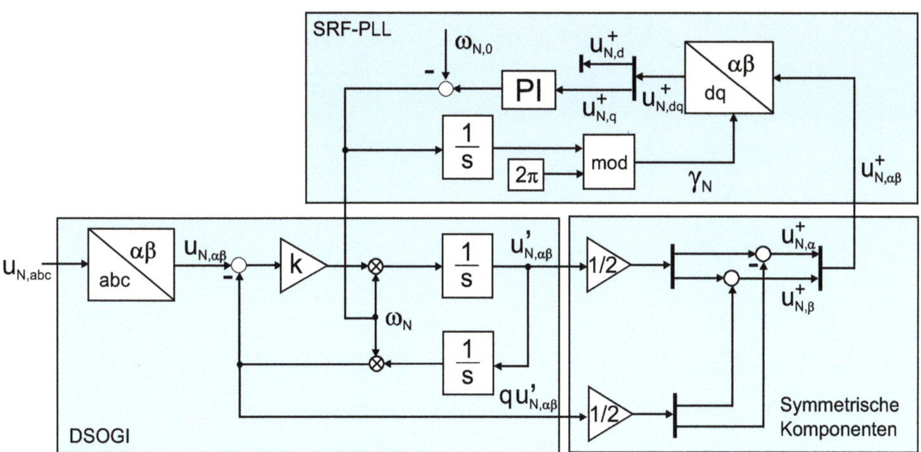

Bild 57.4 Blockschaltbild einer DSOGI-PLL zur Verarbeitung der Netzspannungen $u_{N,abc}$

58 Welche Funktionen hat der netzseitige Umrichter in Windenergieanlagen?

Allgemein sind Stromrichter *(Power Converter)* Geräte, die eine eingespeiste Stromart (Gleichstrom oder Wechselstrom) in eine andere Stromart wandeln können und dabei in der Lage sind, die charakteristischen Parameter wie Frequenz oder Spannung zu verändern. Alle modernen Windenergieanlagen setzen heute Stromrichter ein, da ohne diese Systeme die geforderten Netzanschlussrichtlinien nicht zu erfüllen wären. Generell ist bei Windenergieanlagen zwischen dem generatorseitigen und dem netzseitigen Stromrichter zu unterscheiden (Bild 58.1):

- Der generatorseitige Stromrichter (*Machine Side Converter*, MSC) ist mit dem Generator (Stator oder Rotor) und dem Zwischenkreis verbunden.
- Der netzseitige Stromrichter (*Line Side Converter*, LSC) ist mit dem Zwischenkreis und dem elektrischen Netz (im Regelfall ist noch ein Transformator zwischengeschaltet) verbunden.

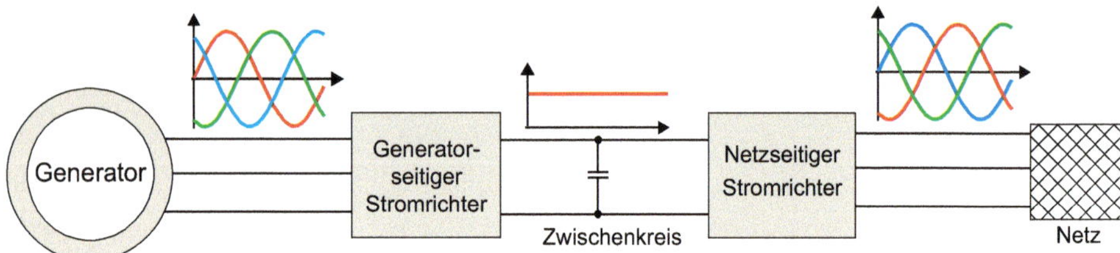

Bild 58.1 Stromrichter mit Zwischenkreis eines Vollumrichtersystems

Da im Zwischenkreis keine Blindleistung transportiert werden kann, wird zwischen dem generatorseitigen Stromrichter und dem netzseitigen Stromrichter nur Wirkleistung ausgetauscht. Der Blindleistungsfluss ist somit entkoppelt, d. h., der generatorseitige Umrichter kann unabhängig vom netzseitigen Umrichter mit dem Generator Blindleistung austauschen. Ebenso kann der der netzseitige Umrichter dieses mit dem elektrischen Netz durchführen.

Im Folgenden muss unterschieden werden, ob ein aktiver oder ein passiver generatorseitiger Stromrichter zum Einsatz kommt, was wiederum vom verwendeten Generatortyp abhängt.

Einsatz eines aktiven generatorseitigen Stromrichters

In diesem Fall werden Stromrichter eingesetzt, die den Wirkleistungsfluss in beide Richtungen gewährleisten. Diese Stromrichter werden im Folgenden als Umrichter bezeichnet. Sie können Wirkleistung sowohl in den Zwischenkreis einspeisen als auch entnehmen (Bild 58.2).

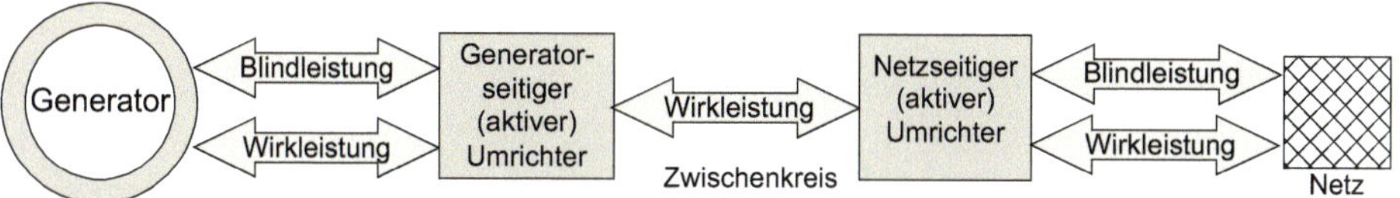

Bild 58.2 Leistungsaustausch in einem Vollumrichtersystem mit aktivem generatorseitigem Umrichter

Der **netzseitige Umrichter** hat im Wesentlichen zwei Aufgaben:

- Er muss die vom Generator erzeugte bzw. benötigte Wirkleistung möglichst verlustarm vom Zwischenkreis in das elektrische Netz (bzw. andersherum) transportieren.
- Er regelt den Blindleistungsaustausch mit dem elektrischen Netz.

Hierfür werden zwei voneinander unabhängige Stellgrößen benötigt, mit denen die beiden genannten Aufgaben erfüllt werden können.

Beide Umrichter (LSC und MSC) werden über einen Zwischenkreis mit der Kapazität C_{DC} im Querzweig miteinander verbunden. Der im Zwischenkreis fließende Strom i_{DC1} wird durch den generatorseitigen (aktiven) Umrichter erzeugt und ist somit für den netzseitigen Umrichter eine eingeprägte Größe. Wird das schaltende Verhalten vernachlässigt, so ist das in Bild 58.3 gezeigte Ersatzschaltbild für den netzseitigen Umrichter zulässig.

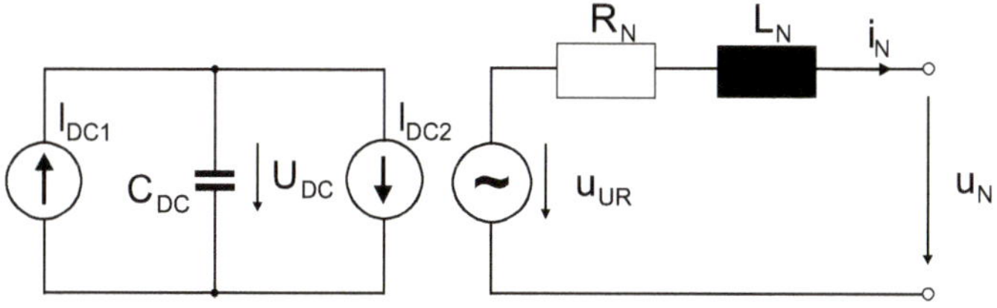

Bild 58.3 Vereinfachtes Ersatzschaltbild eines netzseitigen Umrichters

Die vom Generator erzeugte bzw. verbrauchte Wirkleistung berechnet sich zu

$$P_S = I_{DC1} \cdot U_{DC}$$

Die zwischen Netz und Zwischenkreis ausgetauschte Wirkleistung ergibt sich zu

$$P_N = I_{DC2} \cdot U_{DC}$$

Aus der Maschengleichung für den Stromkreis ergibt sich die Leistungsdifferenz als Funktion der Zwischenkreisspannung:

$$P_S - P_N = C_{DC} \cdot \frac{dU_{DC}}{dt} \cdot U_{DC}$$

Die Zwischenkreisspannung ergibt sich zu

$$U_{DC} = \sqrt{U_{DC,0}^2 + \frac{2}{C_{DC}} \cdot \int (P_S - P_N) dt}$$

Die erste Aufgabe des netzseitigen Umrichters besteht darin, die Zwischenkreisspannung auf den Wert $U_{DC,0}$ konstant zu halten. Ist dies der Fall, so wird die gesamte Wirkleistung zwischen Netz und Zwischenkreis ausgetauscht, da Folgendes gilt: $P_S = P_N$, wenn $\frac{dU_{DC}}{dt} = 0$ ist.

Um den Leistungsfluss zwischen Netz und Zwischenkreis durchführen zu können, muss die Zwischenkreisspannung U_{DC} mindestens so hoch wie der Spitzenwert der verketteten Netzspannung dimensioniert werden: $U_{DC,min} = \sqrt{6} \cdot u_N$. Bei einer effektiven Netzspannung von beispielsweise $U_{N,eff}$ = 400 V ergibt sich somit eine minimale Zwischenkreisspannung von $U_{DC,0}$ = 980 V. In der Praxis werden Zwischenkreisspannungen von 1100 V bis 1300 V gewählt, um eine ausreichende Reserve zu besitzen.

Um des Weiteren den **Blindleistungsaustausch** mit dem elektrischen Netz zu regeln, ist eine Betrachtung des elektrischen Netzes notwendig.

Eine vereinfachte Nachbildung des elektrischen Netzes kann durch eine Längsinduktivität L_N und einen Längswiderstand R_N erfolgen (Bild 58.4).

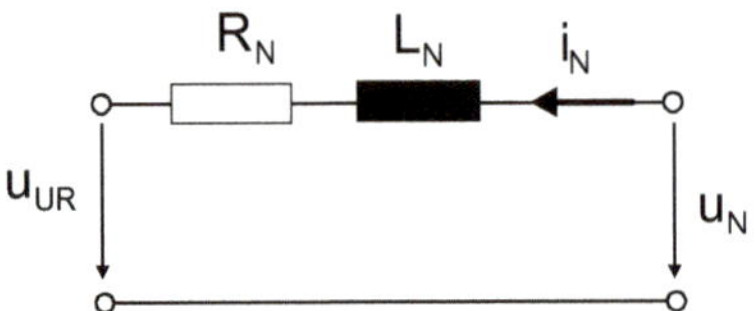

Bild 58.4 Vereinfachtes Ersatzschaltbild des Netzes (u_{UR}: Spannung am netzseitigen Umrichter, u_N: konstante Spannungsquelle an Netzanschlusspunkt)

Bei einer Betrachtung der Größen im netzspannungsfesten Koordinatensystem gilt u_{Nq} = 0, wobei ω_N die Kreisfrequenz der eingeprägten Netzspannung ist. Somit ergeben sich die Spannungsgleichungen des vereinfachten Netzes zu

$$u_{Nd} = R_N \cdot i_{Nd} + L_N \cdot \frac{di_{Nd}}{dt} + \omega_N \cdot L_N \cdot i_{Nq} + u_{URd}$$

$$0 = R_N \cdot i_{Nq} + L_N \cdot \frac{di_{Nq}}{dt} - \omega_N \cdot L_N \cdot i_{Nd} + u_{URq}$$

Da u_{Nq} gleich null ist, ergibt sich die mit dem Netz ausgetauschte Blindleistung zu

$$Q_N = -\frac{3}{2} \cdot i_{Nq} \cdot u_{Nd}$$

Da die Spannung in d-Richtung vom Netz vorgegeben ist, kann die auszutauschende Blindleistung allein über die Stromkomponente in q-Richtung eingestellt werden.

Zusammenfassung:

- Mit der Stromkomponente i_{Nq} (dem Blindstrom) wird gesteuert, wie viel Blindleistung Q_N mit dem Netz ausgetauscht wird.
- Mit der Stromkomponente i_{Nd} (dem Wirkstrom) wird die Zwischenkreisspannung U_{DC} auf einem konstanten Wert $U_{DC,0}$ gehalten. Damit wird gewährleistet, dass die gesamte vom Generator erzeugte bzw. verbrauchte Wirkleistung mit dem Netz ausgetauscht wird.

Das gesamte Blockschaltbild der netzseitigen Regelung des netzseitigen Umrichters ist in Bild 58.5 gezeigt:

- Die Netzspannung ($u_{N,abc}$) wird gemessen und der DSOGI-Funktion (siehe Kapitel 57) zugeführt. Wird ein Netzfehler detektiert, wird ein Fehlersignal generiert.
- Mit der Phasenregelschleife (PLL, siehe Kapitel 56) wird der aktuelle Netzwinkel φ_N bestimmt, der für die nachfolgende Koordinatentransformation verwendet wird.
- Die Spannung im Zwischenkreis ($U_{DC,ist}$) wird gemessen und dient als Istgröße für den PI-Zwischenkreisspannungsregler. Als Sollwert ($U_{DC,soll}$) wird ein konstanter Wert (z. B. 1.200 V) vorgegeben. Für eine höhere Dynamik wird die statorseitig in den Zwischenkreis einspeisende Leistung P_S geschätzt und in der Zwischenkreisspannungsregelung vorgesteuert. Der Sollwert für den Wirkstrom (Stromkomponente $i_{Nd,soll}$) wird mittels des PI-Reglers generiert.
- Im Fall eines detektierten Fehlers muss das Netz entsprechend den Vorgaben des Netzbetreibers mit Blindleistung gestützt werden. Daher wird in diesem Fall die Sollwertvorgabe der Blindleistung auf einen Wert umgeschaltet, der sich über eine Look-up Table (LUT) aus der aktuellen Netzspannung ergibt.

- Netzstrom und Netzspannung werden gemessen. Die aktuell erzeugte Blindleistung ($Q_{N,ist}$) wird berechnet und dient als Eingangsgröße für den PI-Blindleistungsregler. Der Sollwert der Blindleistung ($Q_{N,soll}$) wird in der Regel von einer übergeordneten Steuereinheit vorgegeben. Der Sollwert für den Blindstrom (Stromkomponente $i_{Nq,soll}$) wird generiert.
- Mithilfe des Netzwinkels werden durch die Koordinatentransformation (siehe Kapitel 55) die Stromkomponenten in *d*- und *q*-Richtung berechnet, die als Istgrößen dem Zwischenspannungskreisregler und dem Blindleistungsregler zugeführt werden.
- Die Stromregelung des netzseitigen Umrichters verfügt neben der PI-Regelung der Gleichgrößen im stationären und ungestörten Netz über einen zusätzlichen Proportional-Resonanz-Regler (PR-Regler). Seine Aufgabe ist die Ausregelung von Gegensystemströmen im Fall von unsymmetrischen Netzspannungen. Der PR-Regler ist aufgrund seiner hohen Verstärkung bei der gewählten Resonanzfrequenz in der Lage, als Bandpass diesen Regelfehler auszuregeln [7.19, 7.20].

Die verwendeten PI-Regler werden in der Grobauslegung mittels klassischer Optimierungsverfahren, wie dem symmetrischen Optimum oder dem Betragsoptimum ausgelegt [7.2]. Die so ermittelten Parameter werden anschließend an die erforderliche Dynamik entsprechend ihrem Einsatzzweck angepasst.

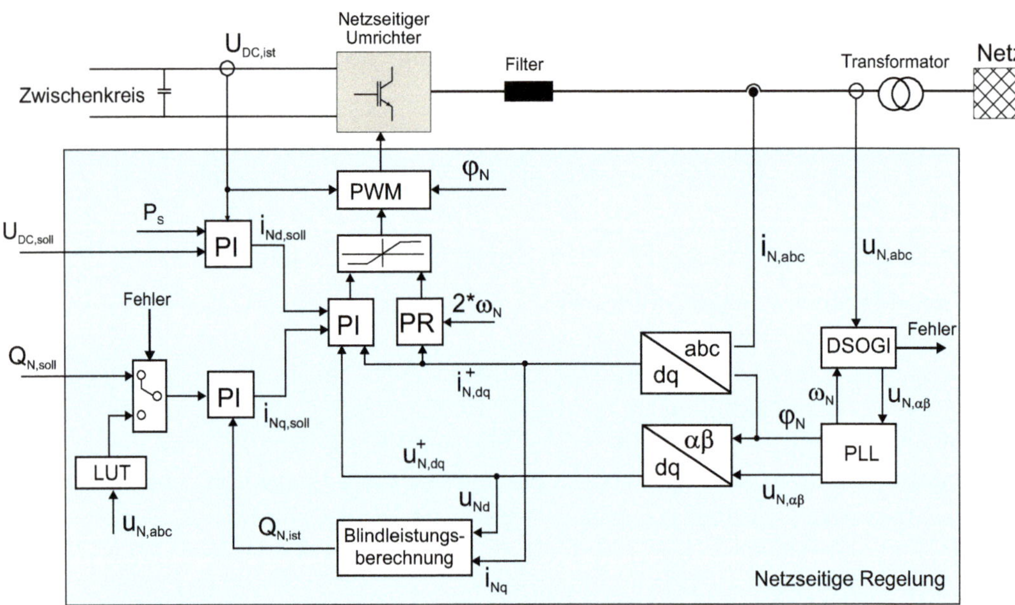

Bild 58.5 Prinzipielle Regelung des netzseitigen Umrichters beim Einsatz eines aktiven maschinenseitigen Umrichters

Einsatz eines passiven generatorseitigen Stromrichters

Ein passiver Stromrichter kann nur Wechselgrößen in Gleichgrößen wandeln. Er wird daher als **Gleichrichter** bezeichnet. Über ihn kann nur Wirkleistung vom Generator in den Zwischenkreis transferiert werden. Vom Generator erzeugte Blindleistung bleibt ungenutzt. Der netzseitige Stromrichter entnimmt dem Zwischenkreis Wirkleistung und wandelt sie in die geforderten elektrischen Drehgrößen um (Bild 58.6). Er wird daher als **Wechselrichter** bezeichnet.

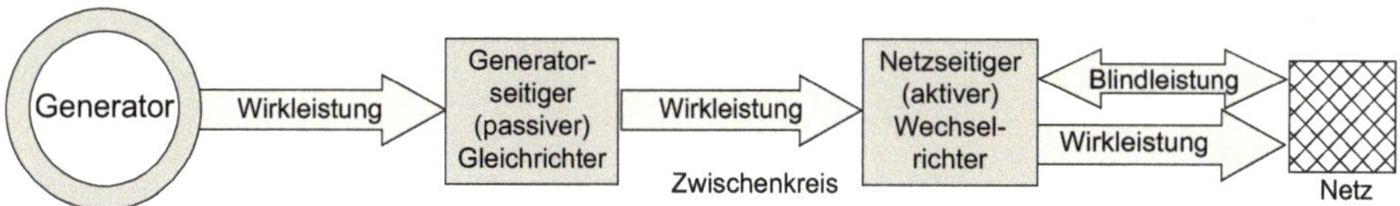

Bild 58.6 Leistungsaustausch in einem Vollumrichtersystem mit passivem generatorseitigem Umrichter

Die Betrachtung der elektrischen Größen erfolgt wie im ersten Fall im netzspannungsfesten Koordinatensystem, d.h., es gilt $u_{Nq} = 0$, wobei ω_N die Kreisfrequenz der eingeprägten Netzspannung ist.

Die Wirkleistung, die in das Netz eingespeist wird, wird über die Stromkomponente in *d*-Richtung beeinflusst und ergibt sich zu

$$P_N = \frac{3}{2} \cdot i_{Nd} \cdot u_{Nd}$$

Die mit dem Netz ausgetauschte Blindleistung ist von der Stromkomponente in *q*-Richtung abhängig:

$$Q_N = -\frac{3}{2} \cdot i_{Nq} \cdot u_{Nd}$$

Über die Stromkomponenten können somit Wirk- und Blindleistung gemäß den Vorgaben eingestellt werden:

$$i_{Nd,soll} = \frac{2}{3} \cdot \frac{P_{N,soll}}{u_{Nd}} \quad und \quad i_{Nq,soll} = -\frac{2}{3} \cdot \frac{Q_{N,soll}}{u_{Nd}}$$

Der Gesamtstrom, der in das Netz gespeist wird, ergibt sich zu

$$i_N = \frac{3}{2} \cdot \sqrt{i_{Nd}^2 + i_{Nq}^2} = \frac{1}{u_{Nd}} \cdot \sqrt{P_N^2 + Q_N^2} = \frac{S}{u_{Nd}}$$

Der Wechselrichter muss somit auf die maximale Scheinleistung $S = \sqrt{P_N^2 + Q_N^2}$ ausgelegt werden. Die notwendige Leistung muss dem Zwischenkreis entnommen werden.

Da der Generator über den passiven Gleichrichter ein veränderliches Spannungsniveau liefert, wird in den Zwischenkreis ein Hochsetzsteller integriert (Bild 58.7). Dieser erhöht das Niveau der vom passiven Gleichrichter erzeugten Gleichspannung U_{DC1} auf eine netzumrichterseitige Zwischenkreisspannung U_{DC2}.

Auch hier gilt, dass die Zwischenkreisspannung U_{DC2} mindestens so hoch wie der Effektivwert der verketteten Netzspannung dimensioniert wird: $U_{DC2,min} = \sqrt{6} \cdot U_{N,eff}$.

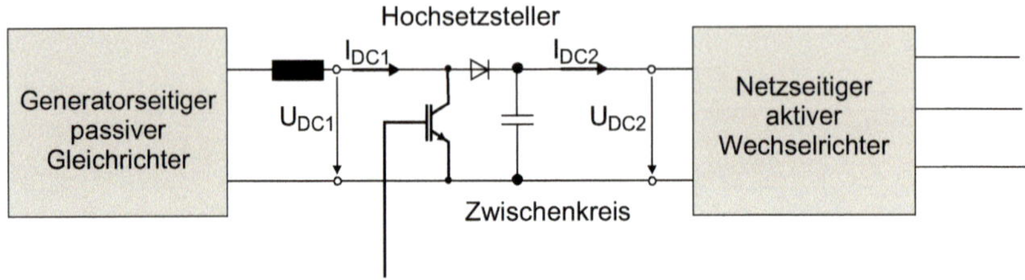

Bild 58.7 Einsatz eines Hochstellers im Zwischenkreis

Da die Gleichspannung U_{DC2} am aktiven Wechselrichter vom Hochsetzsteller konstant gehalten wird, kann mittels Strom I_{DC2} gesteuert werden, welche Leistung dem Zwischenkreis entnommen wird. Aus dieser Überlegung heraus kann nun auch der Sollwert für i_{Nd} bestimmt werden. Der Generator soll ein definiertes elektrisches Drehmoment M_D bzw. eine Leistung P_{DC2} am Eingang des netzseitigen Umrichters erzeugen (siehe Kapitel 64). Bei bekannter Spannung U_{DC2} erhält man für Zwischenkreisstrom am netzseitigen Umrichter:

$$I_{DC2} = \frac{P_{DC2}}{U_{DC2}}$$

Weiterhin gilt aus der Leistungsbilanz:

$$I_{DC2} \cdot U_{DC2} = \frac{3}{2} \cdot \sqrt{i_{Nd}^2 + i_{Nq}^2} \cdot u_{Nd}$$

Somit folgt für die Netzstromkomponente in d-Richtung:

$$i_{Nd} = \sqrt{\left(\frac{2}{3} \cdot \frac{U_{DC2}}{u_{Nd}} \cdot I_{DC2}\right)^2 - i_{Nq}^2} = \sqrt{\left(\frac{2}{3} \cdot \frac{1}{u_{Nd}} \cdot P_{DC2}\right)^2 - i_{Nq}^2}$$

$$= \frac{2}{3} \cdot \frac{1}{u_{Nd}} \cdot \sqrt{P_{DC2}^2 - Q_N^2}$$

Zusammenfassung:

Beim Einsatz eines passiven generatorseitigen Umrichters werden drei Größen geregelt:

- Mittels der Stromkomponente i_{Nq} wird der Blindleistungsaustausch mit dem Netz eingestellt.
- Der Hochsetzsteller stellt sicher, dass am Zwischenkreisspannungseingang am netzseitigen Umrichter immer eine fest definierte Spannung eingestellt ist.
- Über die Stromkomponente i_{Nd} wird die Leistung bzw. das Moment eingestellt, das der Generator erzeugt.

59 Wie funktioniert ein Umrichter?

Alle modernen Windenergieanlagen verwenden heute Umrichtersysteme. Passive bzw. ungesteuerte Gleichrichter werden nur bei fremderregten Synchrongeneratoren eingesetzt. In diesem Kapitel werden nur die Grundlagen erläutert. Für weitere Informationen sei auf die entsprechende Literatur verwiesen.

Passiver Gleichrichter

Als Sperrelemente werden in der Regel durchgesteuerte Thyristoren verwendet. Diese werden in der Regel nicht angesteuert, bieten aber die Möglichkeit, den Umrichter bei Störfällen durch Sperren der Zündimpulse schnell und wirkungsvoll vor Kurzschlüssen zu schützen. Den Aufbau und die Funktionsweise zeigt Bild 59.1.

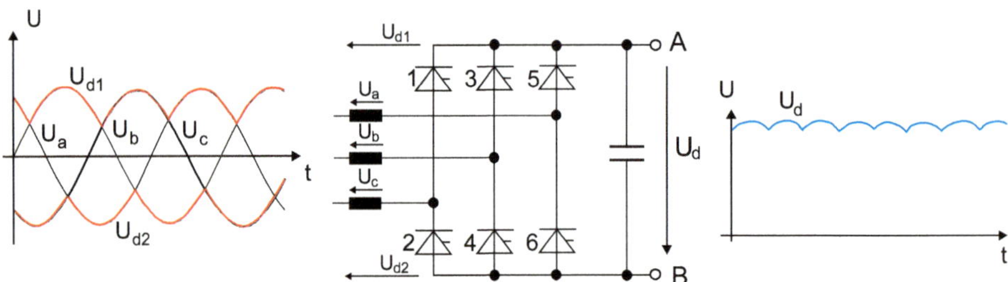

Bild 59.1 Aufbau und die Funktionsweise eines passiven Gleichrichters

Ein Thyristor, wie er im Produktionsbetrieb verwendet wird, leitet den Strom nur in eine Richtung. In die andere Richtung wird er gesperrt. Die hier gezeigte B6-Brücke besteht aus zwei Thyristorengruppen (Gruppe 1: 1, 3, 5 und Gruppe 2: 2, 4, 6). Die erste Gruppe leitet die positive Spannung. Wenn die Spannung einer Phase den positiven Scheitelwert erreicht, nimmt die Ausgangsklemme A den Spannungswert dieser Phase an. Gleiches gilt für die zweite Gruppe, die die negative Spannung leitet. Die Klemme B nimmt die negative Spannung der Phase an, wenn der Scheitelbereich unterschritten wird. Die resultierende Ausgangsspannung ist die Differenz der Spannung der beiden Diodengruppen. Der Mittelwert der pulsierenden Gleichspannung liegt bei 1,35-mal der Eingangsspannung.

Aktive Wechselrichter

Die aktuell vorherrschende Technologie für Onshore-Windenergieanlagen sind IGBT-basierte 2-Level-Niederspannungsumrichter mit antiparallelen Dioden in der Back-to-Back-Anordnung. Diese Topologie verfügt durch ihren langjährigen Einsatz über eine breite Akzeptanz in der Industrie, obwohl sie hinsichtlich Filteraufwand, isolationsbelastender Spannungsanstiegsgeschwindigkeit und Halbleiterverlusten gegenüber den Mehr-Level-Topologien nachteilig ist [7.10].

Der Trend zu höheren Leistungsklassen von Windenergieanlagen führt jedoch dazu, dass mit den am Markt befindlichen IGBT-Modulen die 2-Level-Umrichter an ihre Grenzen geraten. 3-Level- und modulare Multi-Level-Umrichter sind am Markt verfügbar [7.17], haben aber bisher keine große Verbreitung gefunden. Zwar sind einige Windenergieanlagen (z.B. Areva M5000/Adwen, Mervento 3.6) mit dieser Technologie ausgerüstet, der Großteil der Neuanlagen verwenden jedoch weiterhin 2-Level-Niederspannungsumrichter. Bei Offshore-Windenergieanlagen werden hingegen meist 3-Level-Umrichter verwendet.

Der prinzipielle Aufbau eines getakteten 2-Level Umrichters mit Spannungszwischenkreis und IGBT-Leistungshalbleitern für drei Phasen ist in Bild 59.2 dargestellt. Über den gemeinsamen Zwischenkreis kann ein bidirektionaler Leistungsfluss stattfinden.

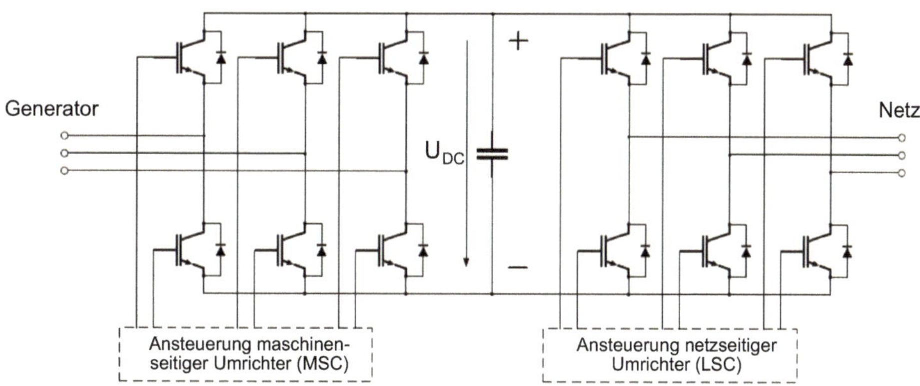

Bild 59.2 Dreiphasiger Umrichter mit IGBT-Stromrichtern (selbstgeführt)

In Windenergieanlagen werden grundsätzlich selbstgeführte Frequenzumrichter mit Spannungszwischenkreis verwendet, der sich dadurch auszeichnet, dass im Zwischenkreis eine Kapazität verwendet wird. Mittels der Ansteuersignale für die Umrichter kann ein bidirektionaler Betrieb durchgeführt werden:

- Bei Systemen mit Vollumrichtersystemen fungiert im Produktionsbetrieb der maschinenseitige Umrichter (MSC) als Gleichrichter, der netzseitige Umrichter (LSC) als Wechselrichter.
- Im untersynchronen Produktionsbetrieb eines Systems mit Teilumrichter wird dem Rotor Leistung zugeführt. Der MSC arbeitet als Wechselrichter, der LSC als Gleichrichter (siehe Kapitel 69).
- Im übersynchronen Produktionsbetrieb eines Systems mit Teilumrichter wird dem Rotor Leistung entnommen. Der MSC arbeitet als Gleichrichter, der LSC als Wechselrichter (siehe Kapitel 69).
- Beim kurzzeitigen synchronen Betrieb erfolgt eine Speisung eines modulierten Gleichstroms in den Rotor des doppelt gespeisten Asynchrongenerators. Hierfür taktet der MSC den Strom aus dem Zwischenkreis. Aufgrund der starken einseitigen Belastung der IGBT-Brücken kann dieser Zustand nur kurzfristig aufrechterhalten werden.
- Im Positionierbetrieb (der Generator fungiert als Motor) arbeitet der MSC als Wechselrichter, der LSC als Gleichrichter.

Im Prinzip ist der 2-Level-Umrichter eine dreiphasige Halbbrückenschaltung mit einer im gemeinsamen Sternpunkt verbundenen Last anstelle des Anschlusses am Zwischenkreismittelpunkt. Durch aktives Schalten der IGBTs lassen sich insgesamt acht relevante Schaltzustände einstellen, die die Spannung zwischen den Phasenausgängen (abc) und über der Last definieren. Diese sind in Tabelle 59.1 aufgelistet, wobei die Schaltfunktion s_i festlegt, ob der obere IGBT (1) oder der untere (–1) von Halbbrücke i leitet. Der Anteil der Spannung von u_{in} über der ausgangsseitigen Induktivität bewirkt schließlich die Änderung des Laststroms.

Tabelle 59.1 Schaltzustände eines 2-Level-Umrichters, Spannungen auf UDC/2 bezogen

Z	s_a	s_b	s_c	u_{ab}	u_{bc}	u_{ca}	u_{a0}	u_{b0}	u_{c0}	u_{an}	u_{bn}	u_{cn}	u_{n0}
0	-1	-1	-1	0	0	0	-1	-1	-1	0	0	0	-1
1	1	-1	-1	2	0	-2	1	-1	-1	4/3	-2/3	-2/3	-1/3
2	1	1	-1	0	2	-2	1	1	-1	2/3	2/3	-4/3	1/3
3	-1	1	-1	-2	2	0	-1	1	-1	-2/3	4/3	-2/3	-1/3
4	-1	1	1	-2	0	2	-1	1	1	-4/3	2/3	2/3	1/3
5	-1	-1	1	0	-2	2	-1	-1	1	-2/3	-2/3	4/3	-1/3
6	1	-1	1	2	-2	0	1	-1	1	2/3	-4/3	2/3	1/3
7	1	1	1	0	0	0	1	1	1	0	0	0	-1

Die Spannungen sind in Bild 59.3 für einen 2-Level-, 4-Draht- und 3-Zweig-Inverter eingezeichnet. Weitere Beispiele für anders ausgeführte Umrichter können der entsprechenden Literatur entnommen werden [7.15, 7.17].

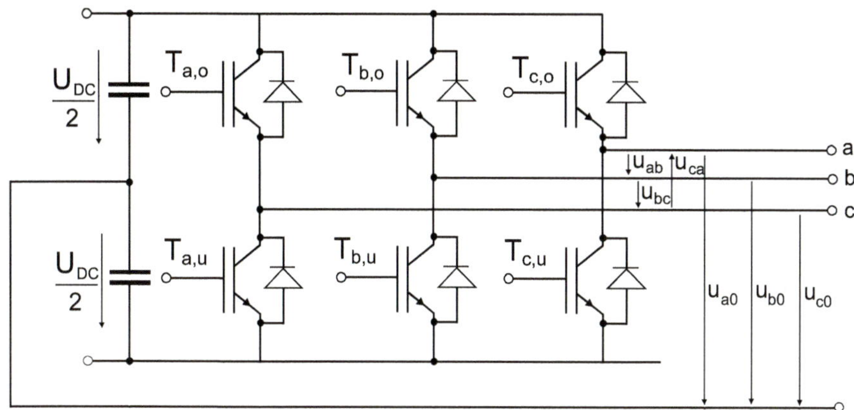

Bild 59.3 Spannungen an einem 2-Level-, 4-Draht-, 3-Zweig-Inverter

Zur Erzeugung der Ansteuersignale der IGBTs wird in der Regel eine Pulsweitenmodulation (englisch *Pulse-Width Modulation*, PWM) verwendet, die mit ausreichend hoher Schaltfrequenz eine Spannungspulsfolge an den Umrichterausgangsklemmen moduliert. Diese führt über das integrative Verhalten der Ausgangsimpedanz zu einem näherungsweise sinusförmigen Strom mit dem dominierenden Anteil der Grundfrequenz und einem ausgeprägten harmonischen Spektrum. Eine ausführliche Beschreibung der Funktionsweise und Implementierung dieser PWM sowie des dabei entstehenden Spannungsspektrums ist zum Beispiel in [7.7, 7.11] und [7.12] zu finden.

In Bild 59.5 wird das Prinzip der Pulsweitenmodulation (PWM) mit einem Sinus Dreieck-Vergleich gezeigt. Zum einfacheren Verständnis werden zwei IBGTs eines Zweigs durch einen Schalter ersetzt (Bild 59.4).

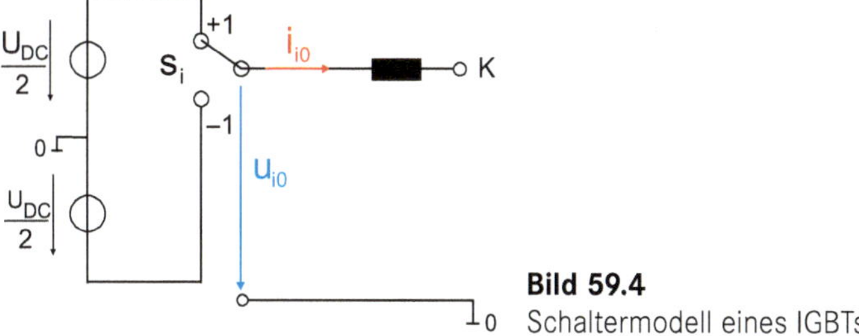

Bild 59.4
Schaltermodell eines IGBTs

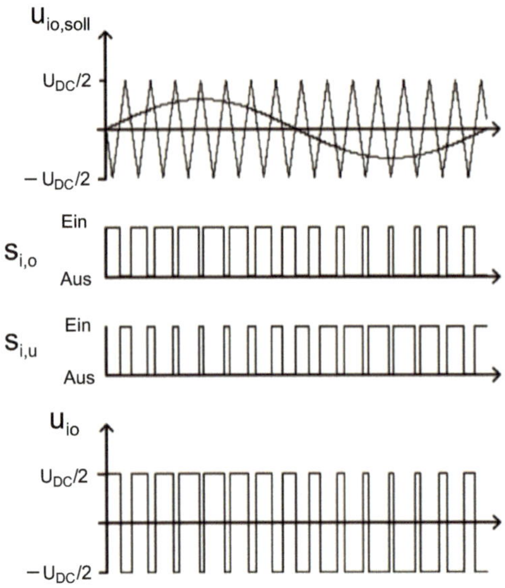

Bild 59.5
Prinzip der Pulsweitenmodulation (PWM)

Die auf den Mittelpunkt des Zwischenkreises bezogene Ausgangsspannung kann nur die Momentanwerte $+U_{DC}/2$ und $-U_{DC}/2$ annehmen. Dies entspricht einer Schaltfunktion von +1 bzw. -1 (T_{a0} ein, T_{au} aus → $S_i = 1$ bzw. T_{a0} aus, T_{au} ein → $S_i = -1$).

Im oberen Bereich von Bild 59.6 ist das Spannungssollwertsignal (Sinus) und das Trägersignal (Dreieck) abgebildet. An deren Schnittpunkten erfolgt eine Invertierung des Ansteuersignals des Schalters bzw. für die IGBTs. Der Umrichter arbeitet mit einer hohen Trägerfrequenz (2 kHz bis 15 kHz). Die Breite der Rechteckimpulse wird so verändert, dass man einen Spannungsmittelwert erhält, der sinusförmig ist. Durch die zusätzliche Induktivität erhält man einen fast sinusförmigen Strom. Zusätzliche Filter am Ausgang des Umrichters verbessern diesen Verlauf noch (Bild 59.6).

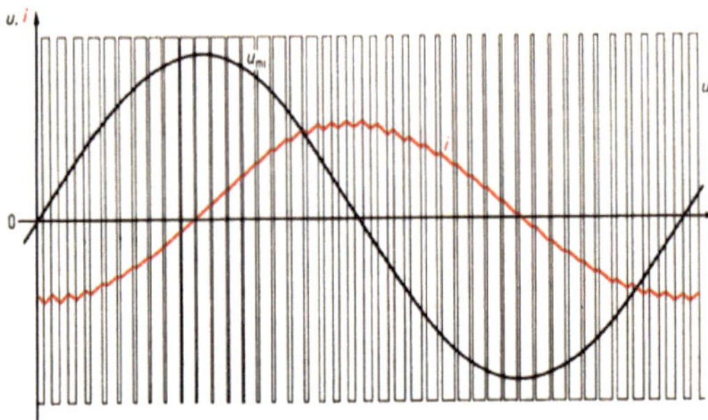

Bild 59.6
Erzeugung eines sinusförmigen Stroms am Ausgang des Wechselrichters

Die Trägerfrequenz hat somit wesentlichen Einfluss auf die Güte des Ausgangssignals (Bild 59.7 bis Bild 59.9).

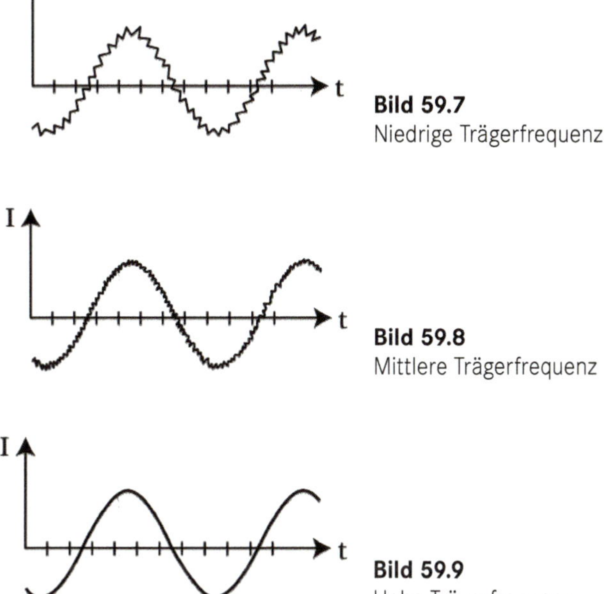

Bild 59.7
Niedrige Trägerfrequenz

Bild 59.8
Mittlere Trägerfrequenz

Bild 59.9
Hohe Trägerfrequenz

Das zentrale Element der Umrichter sind IGBT-Leistungshalbleiter, die eine hohe Zuverlässigkeit aufweisen müssen, um den speziellen Anforderungen der Windenergieanlagenapplikation zu genügen. In der Regel sind diese Leistungshalbleiter in sogenannten IGBT-Halbbrückenmodulen zusammengefasst (siehe Bild 59.10).

Bild 59.10
IGBT-Halbbrückenmodul (3-Level-Ausführung) mit IGBTs der 7. Generation (© SEMIKRON Elektronik GmbH & Co. KG)

Die Belastungen an dem netzseitigen und dem maschinenseitigen Umrichter sind aufgrund großer Schwankungen der Windgeschwindigkeit sehr dynamisch. Es ergeben sich variierende Lastströme und dadurch bedingt entsprechende thermische Lastwechsel der Leistungshalbleiter. Eine Besonderheit ist bei der Verwendung von 2-Level-Umrichtern beim Einsatz von doppelt gespeisten Asynchrongeneratoren zu beachten: Im synchronen Betriebspunkt nähert sich die Frequenz des Rotorstroms dem Wert null. Das bedeutet, dass ein Zweig des maschinenseitigen Wechselrichters den kompletten Strom führen muss und die beiden anderen Zweige jeweils den halben Strom leiten. Eine gleichmäßige Aufteilung der Verluste findet nicht mehr statt. Diese hohe Belastung kann länger andauern und ist bei der Auslegung des Umrichters entsprechend zu berücksichtigen.

In Windenergieanlagen werden sogenannte Power Stacks verwendet, die neben den IGBT-Halbbrückenmodulen noch weitere Baugruppen, wie beispielsweise Kühlkörper (luft- oder wassergekühlt), Zünd- und Treiberbaugruppen, Schutzbeschaltungen und zusätzliche Sensorik enthalten. Ein Beispiel eines kundenspezifischen Power Stacks zeigt Bild 59.11.

Bild 59.11
Kundenspezifischer Power Stack
(© SEMIKRON Elektronik GmbH & Co. KG)

Da die Nennleistungen von Windenergieanlagen auch in Zukunft weiter steigen werden, muss in der Regel eine Leistungsskalierung erfolgen. Hierbei bieten sich zwei Möglichkeiten an:

- Eine Parallelschaltung von Halbbrückenmodulen ist kostengünstig, erfordert aber eine exakte Symmetrie in der Modulanordnung, in der Ansteuerung und der Anbindung an den Zwischenkreis.
- Die Parallelschaltung von Power Stacks erfordert ein zugeschnittenes Parallelschalt-Interface, ist aber nicht ganz so empfindlich in Bezug auf die Anordnung der Geometrie.

Das gesamte Umrichtersystem besteht noch aus weiteren Komponenten, die in Bild 59.12 gezeigt sind. Ein Lasttrenner (B) trennt den Generator (A) vom Umrichter, wenn es gefordert wird. Die Oberschwingungen und starken Spannungsanstiegsgeschwindigkeiten des maschinenseitigen Umrichters werden mittels eines du/dt-Filters (C) limitiert. Andernfalls können Störeinflüsse auf den Generator induziert werden.

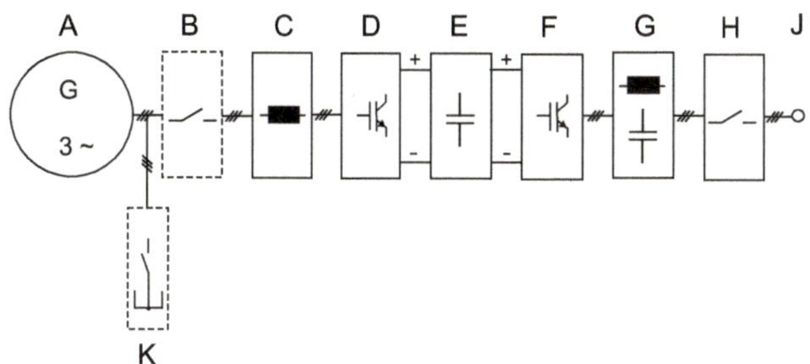

Bild 59.12 Komponentenübersicht eines Umrichters für Windenergieanlagen

(D) stellt die generatorseitige IGBT-B6-Brücke dar, (E) den Zwischenkreis und (F) die netzseitige IGBT-B6-Brücke. Zur Begrenzung der Stromoberschwingungen wird ein netzseitiger Filter (G) vorgesehen. Dazu kommen das netzseitige Schaltglied (H) und der Anschluss zum Netz bzw. Transformator (J). Ein zusätzlicher Lasttrenner (K) ist optional. Ein entsprechender moderner Teilumrichter ist in Bild 59.13 ein Vollumrichter in Bild 59.14 gezeigt.

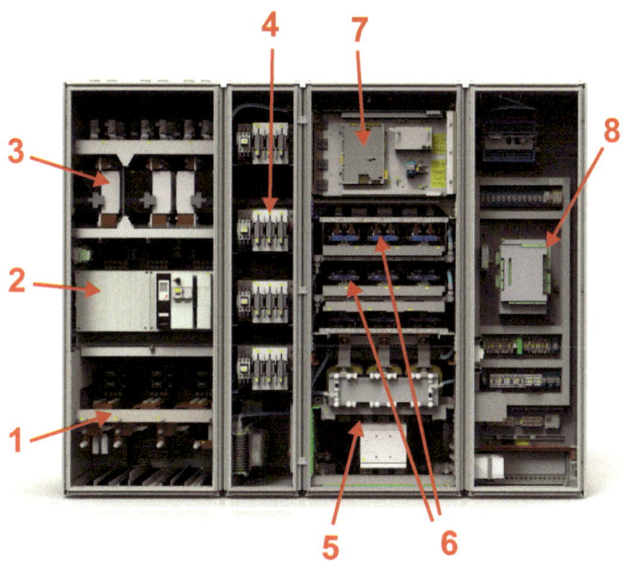

Bild 59.13 Umrichtersystem (Teilumrichter): **(1)** Netzanschluss, **(2)** Leistungsschalter, **(3)** Statorschütze, **(4)** Filterfeld, **(5)** Netzdrossel, **(6)** Power Stacks, **(7)** Control Unit, **(8)** Control Cabinet inklusive Anschlüssen und Absicherungen (© ConverterTec Deutschland GmbH)

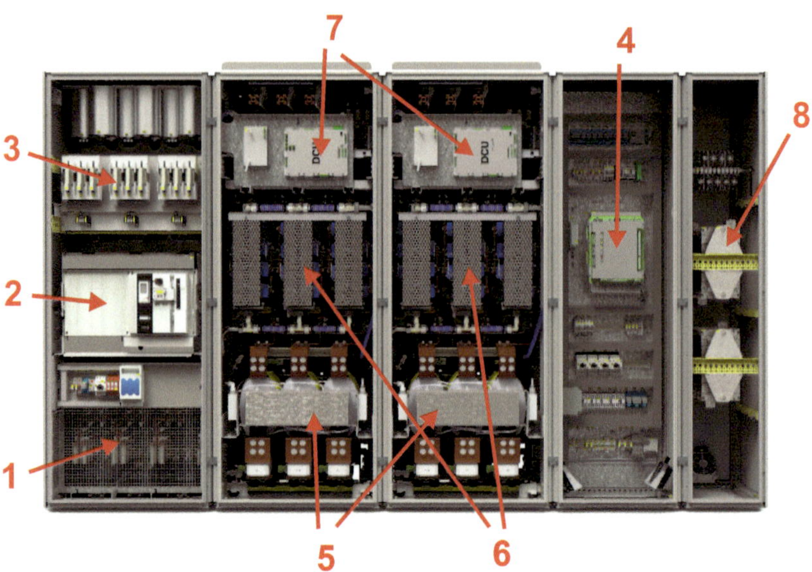

Bild 59.14 Umrichtersystem (Vollumrichter): **(1)** Netzanschluss, **(2)** Leistungsschalter, **(3)** Netzfilter, **(4)** Crowbar, **(5)** Netzdrossel, **(6)** Power Stacks, **(7)** Control Unit, **(8)** Control Cabinet inklusive Anschlüssen und Absicherungen (© ConverterTec Deutschland GmbH)

60 Was passiert in einem Umrichter während eines FRTs?

Die Auswirkungen eines Netzfehlers (siehe Kapitel 50) unterscheiden sich für Windenergieanlagen mit Vollumrichterkonzept (EESG, PMSG, ASG) und Anlagen mit Teilumrichterkonzept (DASG). Im Gegensatz zur DASG, bei der der Stator des Generators direkt mit dem Netz gekoppelt ist, sind Generator und Netz bei Einsatz eines Vollumrichters über den Zwischenkreis entkoppelt. Dennoch stellt das Durchfahren von Netzfehlern (FRT-Fähigkeit) mit spannungsstützender Blindstromeinspeisung eine große Herausforderung dar:

- Bei einem Netzfehler kann der netzseitige Umrichter aufgrund niedriger Spannung und der begrenzten Stromtragfähigkeit der Leistungshalbleiter die Fähigkeit zur Einspeisung der vollen Leistung in das Netz verlieren. Dann besteht ein Leistungsüberschuss auf der Generatorseite. Ohne geeignete Maßnahmen steigt die Zwischenkreisspannung an, was im schlechtesten Fall zum Defekt des Umrichtersystems führen kann.
- Bei stark unsymmetrischen Fehlern kann der Betrieb des netzseitigen Umrichters zu Überströmen und Schwingungen der Zwischenkreisspannung führen.

In der Praxis werden drei unterschiedliche Maßnahmen ergriffen, um dies zu vermeiden.

Verringerung der vom Generator erzeugten Leistung

Tritt ein Netzfehler ein, wird keine Leistung mehr an das Netz abgeführt und es besteht auf der Generatorseite ein Leistungsüberschuss, der schnellstmöglich reduziert werden sollte, um den Anstieg der Zwischenkreisspannung zu reduzieren. Die einfachste Möglichkeit besteht darin, die Rotorblätter mittels des Pitchsystems aus dem Wind zu drehen und so die vom Rotor erzeugte Leistung zu verringern. Die langsame Reaktionszeit der Blattwinkelverstellung führt allerdings zu einer relativ geringen Dynamik. Alternativ kann kurzzeitig das Generatorsollmoment verringert werden. Die entsprechende Dynamik ist hierbei sehr hoch, es ist jedoch zu beachten, dass die Rotordrehzahl dann mit Verzögerung ansteigt. Die kinetische Energie des mechanischen Triebstrangs wird in diesem Fall kurzzeitig in die Trägheit des Rotors und nicht in den Zwischenkreis gespeist.

Diese Methode ist nur dann anwendbar, wenn die Rotorabschaltdrehzahl nicht bzw. wenn die Rotornenndrehzahl nur kurzzeitig überschritten wird. Parallel dazu müssen die Rotorblätter aus dem Wind gedreht werden, um auch mittelfristig eine Minderung der Rotorleistung zu erhalten. Der wesentliche Vorteil dieses Verfahrens ist die Reduzierung der Lasten auf die Windenergieanlage während eines FRTs.

Einsatz eines Choppers im Zwischenkreis

Eine weitverbreitete Methode besteht darin, einen Leistungswiderstand, der über einen Leistungsschalter parallel zum Gleichspannungszwischenkreis geschaltet ist, zu verwenden (Bild 60.1). Dieser Widerstand wandelt die überschüssige Energie in Wärme um. Die in diesem (Brems-)Chopper genannten Widerstand umgesetzte Leistung kann über eine gepulste Ansteuerung des Leistungsschalters geregelt werden.

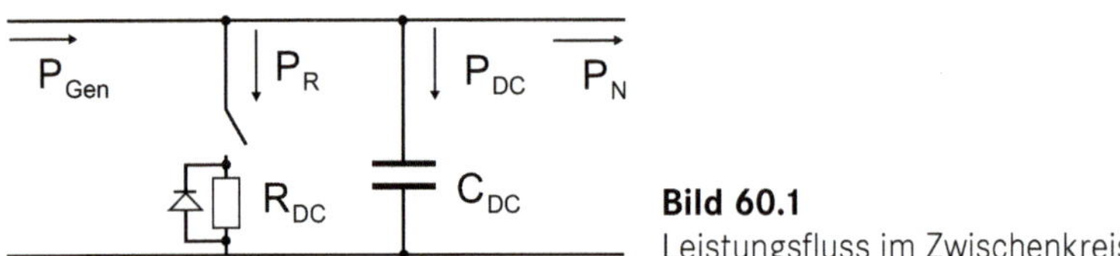

Bild 60.1
Leistungsfluss im Zwischenkreis

Die Leistungsbilanz im Zwischenkreis ergibt sich zu

$$P_{Gen} = P_N + P_R + P_{DC}$$

Ist die Generatorleistung P_{Gen} höher als die Leistung P_N, die vom netzseitigen Umrichter in das Netz eingespeist werden kann, so kann die überschüssige Leistung mittels dreier Möglichkeiten verringert werden:

- Verringerung der Zwischenkreisspannung
- Umsetzung der Leistung in Wärme mittels eines Chopper-Widerstands
- Verringerung der Generatorleistung (siehe oben)

Eine Erhöhung der Zwischenkreisspannung ist meist unerwünscht, da die Bauteile des Umrichters aus Kostengründen auf eine maximale Spannung knapp oberhalb der Zwischenkreisspannung ausgelegt sind.

Der Chopper wird über einen Hystereseregler angesteuert, der die Zwischenkreisspannung U_{DC} als Eingangsgröße besitzt. Die Einschaltschwelle liegt üblicherweise 10 % über der Nennspannung des Zwischenkreises. Die Diode schafft einen Freilaufpfad beim Ausschalten (Bild 60.2).

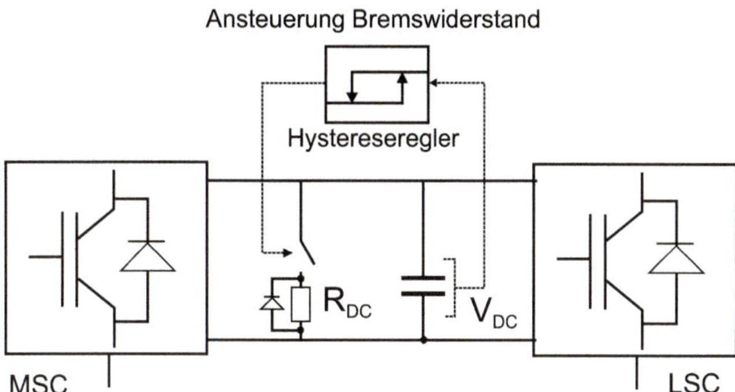

Bild 60.2 Verwendung und Ansteuerung eines Choppers im Zwischenkreis

Da die überschüssige Leistung mittels des Chopper-Widerstandes in Wärme umgesetzt wird, stellt die Temperaturfestigkeit des Widerstandes eine Grenze dieses Verfahrens dar. Es muss also sichergestellt werden, dass nicht zu viel Leistung in Wärme umgesetzt wird, um den Chopper nicht zu beschädigen.

Einsatz einer Crowbar

Wird die Zwischenkreisspannung aufgrund eines FRTs so stark angehoben, dass der Chopper nicht mehr in der Lage ist, die überschüssige Energie in Wärme zu wandeln, wird bei vielen Umrichtern auf der generatorzugewandten Seite des generatorseitigen Umrichters eine Kurzschlussbrücke, die sogenannte Crowbar, vorgehalten. Sie besteht aus Leistungswiderständen, die in der Regel über Thyristoren den Rotor des Generators kurzschließen. Ist die Crowbar aktiv, verliert der Generator seine Regelbarkeit, und über den Stator kann kein Blindstrom in das Netz eingespeist werden. Der Generator bezieht dann induktive Blindleistung aus dem Netz. Über den netzseitigen Umrichter kann jedoch weiterhin Blindleistung generiert werden. Da dieser lediglich auf 30 - 40 % der Nennleistung ausgelegt ist, reduziert sich die maximal erzeugbare Blindleistung in diesem Zustand erheblich. Aus diesem Grund gehen viele Hersteller dazu über, den Chopper für mehr Leistung auszulegen und auf die Crowbar zu verzichten.

Bild 60.3 zeigt den prinzipiellen Verlauf der Leistungen einer Windenergieanlage mit einem doppelt gespeisten Asynchrongenerator bei einem kurzzeitigen, tiefen Spannungseinbruch. Dieser lässt sich in mehrere Phasen unterteilen.

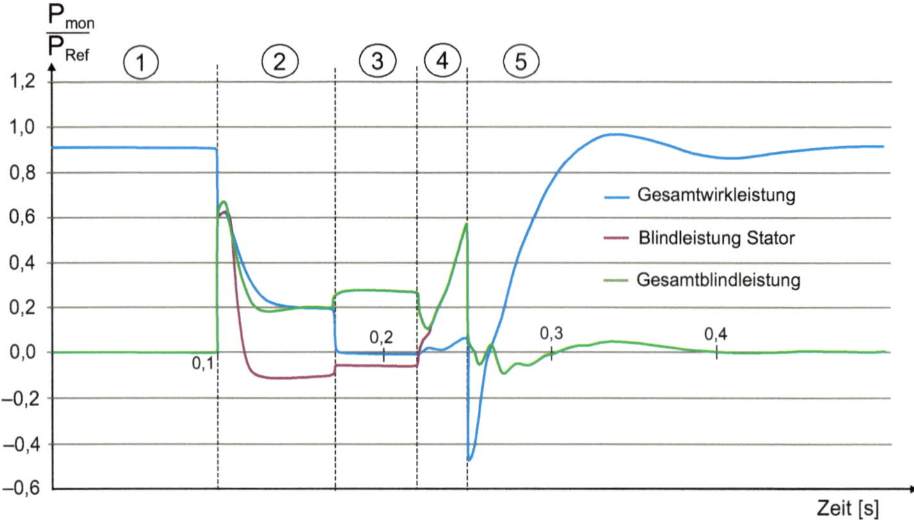

Bild 60.3 Prinzipieller Verlauf der Leistungen einer doppelt gespeisten Windenergieanlage im FRT-Fall

1: Normalbetrieb

Im Normalbetrieb (Bild 60.4) speist die Anlage Wirkleistung knapp unterhalb der Nennleistung ein und erzeugt (in diesem Beispiel) keine Blindleistung. Die Halbleiter werden mit den Signalen der Pulsweitenmodulation angesteuert und prägen den gewünschten Strom in den Rotorkreis ein.

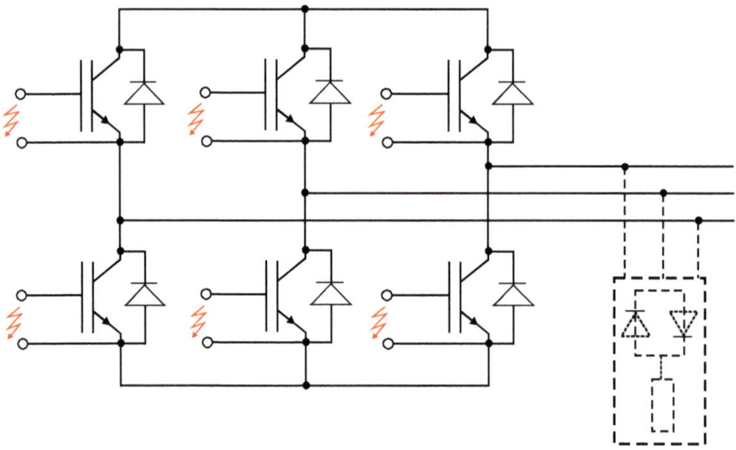

Bild 60.4 Normalbetrieb des maschinenseitigen Umrichters

2: Eintritt des Spannungseinbruchs mit Aktivierung der Crowbar
Nachdem ein Spannungseinbruch erfolgt ist, versucht das Umrichtersystem zunächst mittels des Choppers den Anstieg der Zwischenkreisspannung zu begrenzen (Bild 60.5). Bei tiefen Spannungseinbrüchen können Stromspitzen auftreten, die die Stromtragfähigkeit der Halbleiter übersteigt. Um diese zu schützen, leiten antiparallel liegende Freilaufdioden, deren Stromtragfähigkeit wesentlich höher ist, den Strom.

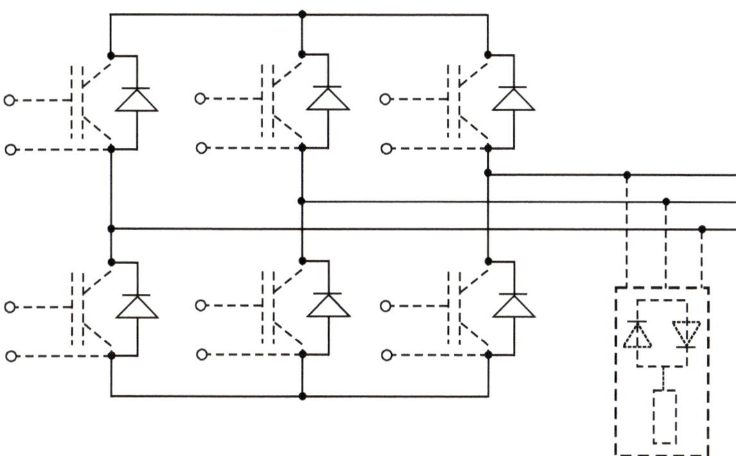

Bild 60.5 Freilaufbetrieb des maschinenseitigen Umrichters

In diesem Beispiel ist der Chopper jedoch nicht stark genug, sodass die Kurzschlussbrücke (Crowbar) aktiviert wird (Bild 60.6). Durch diese Aktivierung wird der Generator zu einem Kurzschlussläufer, und der Stator beginnt, Erregerblindleistung aus dem Netz aufzunehmen. Gleichzeitig veranlasst die Regelung, dass der netzseitige Umrichter die maximal mögliche Blindleistung an das Netz abgibt, sodass die gesamte Anlage ein (leicht) kapazitives Verhalten aufweist, die Spannung also weiter stützt.

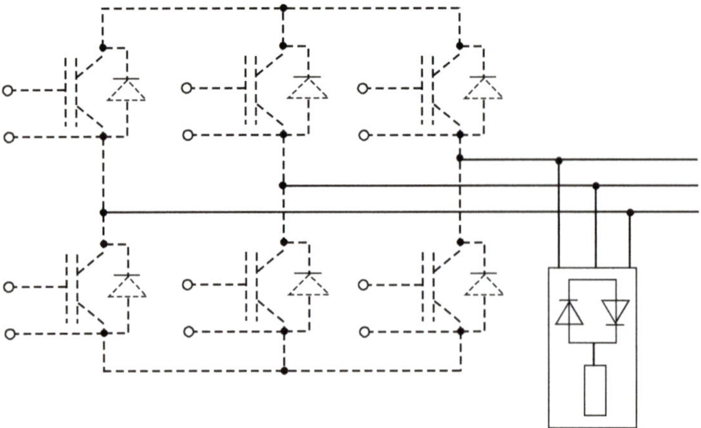

Bild 60.6 Crowbar aktiviert, Kurzschlussläuferbetrieb des maschinenseitigen Umrichters

3: Deaktivierung der Crowbar mit offenem Rotorkreis

Wenn die Zwischenkreisspannung wieder weit genug abgesunken ist, wird die Crowbar wieder deaktiviert (Bild 60.7). Da zur Zündung der Crowbar meist Thyristorschalter eingesetzt werden, ist der genaue Zeitpunkt, ab wann die Crowbar wirklich deaktiviert ist, schwer vorhersehbar. Die Regelung wartet daher eine gewisse Zeit ab, bis die Halbleiter wieder angesteuert werden. Daher kann eine kurze Leerlaufphase erfolgen, in der der Rotor offen betrieben wird, er ist also weder durch die Crowbar kurzgeschlossen noch werden die Halbleiter angesteuert.

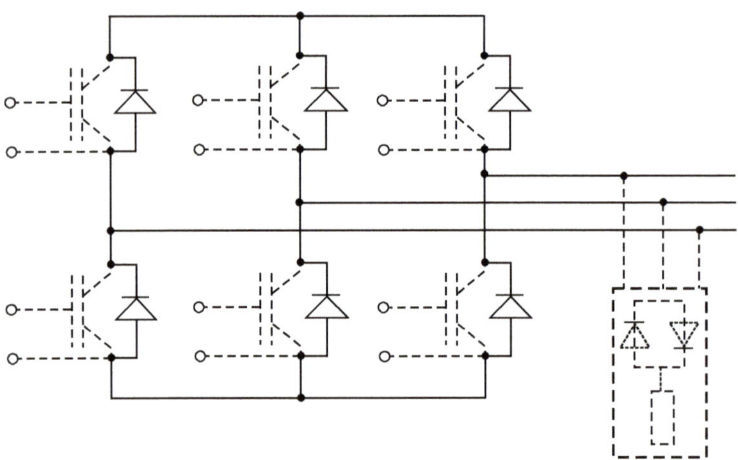

Bild 60.7 Leerlaufbetrieb des maschinenseitigen Umrichters

4: Resynchronisierung

Der Umrichter nimmt die Regelung wieder auf und synchronisiert den Generator auf die stark verringerte Spannung während des Kurzschlusses. Blindleistung wird wieder an das Netz abgegeben, was deutlich am Blindleistungsverhalten des Stators zu erkennen ist. In diesem Zustand muss das System den von Netzbetreiber geforderten Blindstrom in das Netz zu speisen. Auch Wirkleistung, die aufgrund der Blindstrompriorisierung stark verringert ist, wird an das Netz abgegeben.

5: Spannungswiederkehr

Bei der Spannungswiederkehr wirkt wieder ein Stromstoß auf das System, dieses Mal jedoch mit umgekehrtem Vorzeichen. Da dieser Stromstoß nicht so stark ausgeprägt ist wie der beim Spannungseinbruch auftretende, ist der Chopper in der Lage, die Zwischenkreisspannung in den zulässigen Grenzen zu halten. Der Blindstrom wird proportional zur (wiederkehrenden) Spannung zurückgefahren und die Wirkleistungseinspeisung wird wieder aufgenommen.

Anmerkung

Bei Windenergieanlagen mit Vollrichter sieht insbesondere die Phase nach dem Kurzschluss anders aus. Da der Generator vollständig vom Netz entkoppelt ist, tritt kein Blindstromstoß auf. Der Blindstromstoß folgt aus der Entladung des Magnetfelds, die bei Anlagen mit Vollumrichter prinzipbedingt nicht auftreten kann. In der Regel ist der Chopper so groß bemessen, dass er die komplette Leistung der Anlage aufnehmen kann. Der Generator bleibt somit den gesamten Zeitbereich des Kurzschlusses vollständig regelbar und kann den geforderten Blindstrom in das Netz speisen.

61 Wie ist ein Synchrongenerator aufgebaut?

Ein Synchrongenerator zeichnet sich dadurch aus, dass die Drehstromwicklung mit dem netzseitigen Anschluss (Leistungswicklung) im feststehenden Ständer liegt. Der Ständer ist in der Regel aus einem geschichteten Blechpaket aufgebaut. Die Drehstromwicklung besitzt mindestens ein Drehstromwicklungssystem, das aus drei um 120°/p (p = Polpaarzahl) versetzten Wicklungssträngen besteht, die mit U, V und W bezeichnet werden. Die Drehstromwicklung ist als verteilte Spulenwicklung in Nuten längs des Innenumfangs des Ständers angeordnet. Während schnell laufende Synchrongeneratoren in der Regel nur ein Drehstromwicklungssystem besitzen, haben langsam laufende Synchrongeneratoren oft mehrere Drehstromwicklungssysteme.

Werden beispielsweise sechsphasige Systeme verwendet, so besteht eine Generatoreinheit aus zwei dreisträngigen Drehstromwicklungen, die im Ständer um 30° versetzt gewickelt werden. Die gesamte Generatoreinheit liefert also sechsphasigen Drehstrom, der auf zwei Systeme aufgeteilt wird. In jedem Gleichrichter wird die dreiphasige Spannung einer Drehstromwicklung gleichgerichtet, die auf einer Potenzialausgleichsschiene wieder zusammengeführt werden. Bild 61.1 zeigt die Struktur einer solchen Gleichrichtereinheit pro Generatoreinheit. Da große Ringgeneratoren aufgrund der hohen Leistung n-fach elektrisch geteilt sein können (z.B. ENERCON E-126 4-fach elektrisch geteilt, daher vier Generatoreinheiten), kommt diese Gleichrichtereinheit n-fach vor.

Für die Drehstromwicklung werden normalerweise Kupferrunddrähte verwendet (Bild 61.2). Eine Alternative hierzu sind Aluminiumformspulen (Bild 61.3).

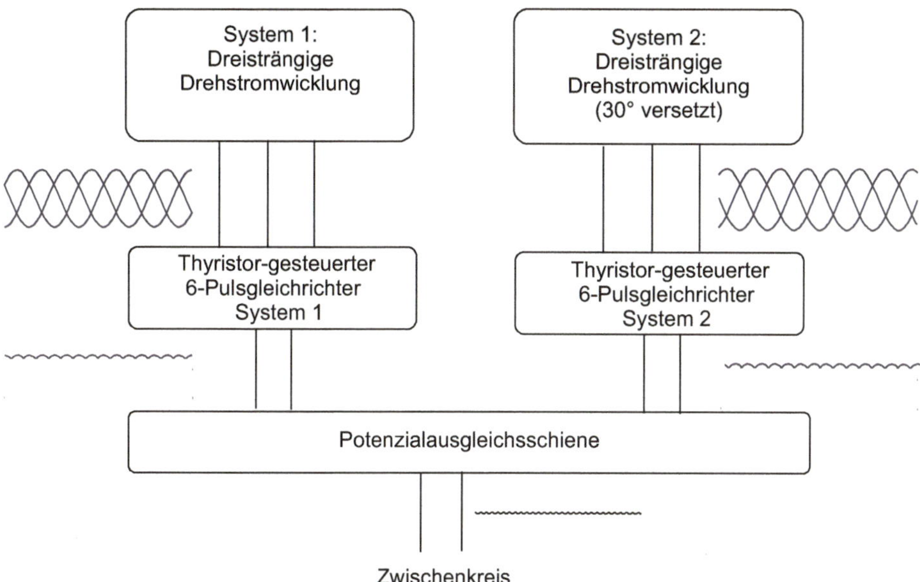

Bild 61.1 Einsatz von zwei Drehstromwicklungssystemen mit passiven Gleichrichtern

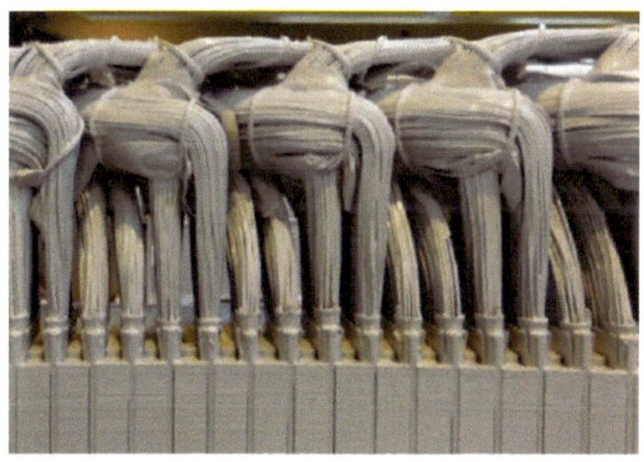

Bild 61.2
Kupferrunddrähte im Stator
(© ENERCON GmbH)

Bild 61.3
Aluminiumformspulen im Stator
(© ENERCON GmbH)

Für den Betrieb wird ein magnetisches Gleichfeld (auch Erregerfeld) benötigt, das sich mit dem Läufer (auch Rotor genannt) bewegt. Es bestehen zwei Möglichkeiten zur Erzeugung dieses Erregerfelds: Bei einer Erregung mit Gleichstrom (Fremderregung) wird in den Rotor eine Gleichstromwicklung appliziert, die über Schleifringe mit einem Erregerstrom gespeist wird. Über die Höhe der Erregerspannung kann der Erregerstrom und somit die Stärke des Erregerfelds verändert werden (Bild 61.4 links). Befinden sich stattdessen im geblecht ausgeführten Rotor Permanentmagnete, so spricht man von einem permanenterregten Synchrongenerator (PMSG). Diese erzeugen ein konstantes Erregerfeld (Bild 61.5 rechts).

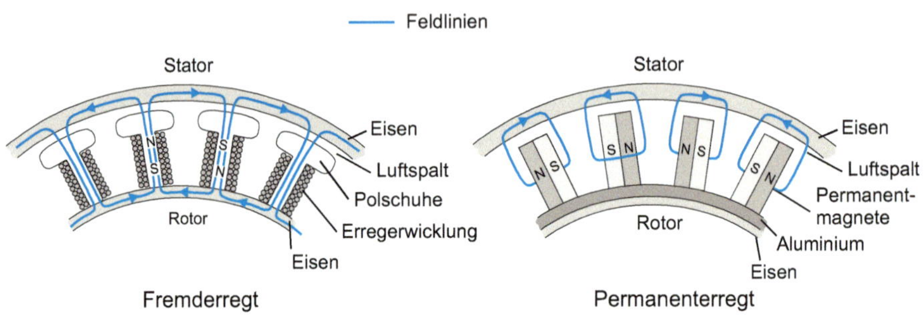

Bild 61.4 Fremderregter und permanenterregter Generator

In Bild 61.5 werden für einen fremderregten Synchrongenerator die Polschuhe am Rotor gezeigt.

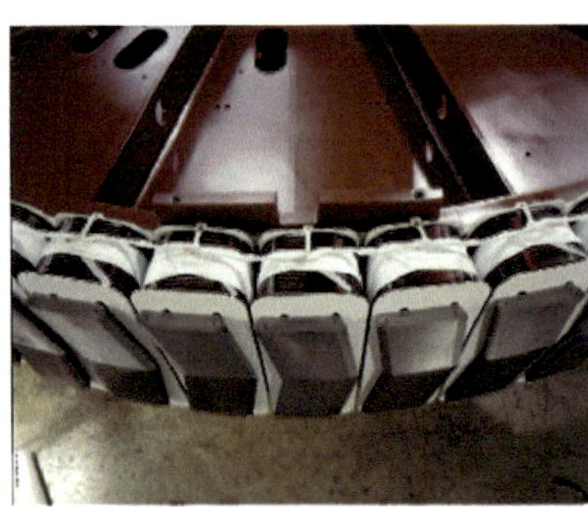

Bild 61.5
Polschuhe am Rotor (© ENERCON GmbH)

Synchrongeneratoren können in unterschiedlichster Form ausgeführt sein. Drei mögliche Bauformen eines fremderregten Synchrongenerators (EESG) zeigt Bild 61.6, wobei insbesondere bei langsam drehenden Konzepten die Anzahl der Polpaare bei den in Windenergieanlagen verwendeten Generatoren wesentlich höher liegt.

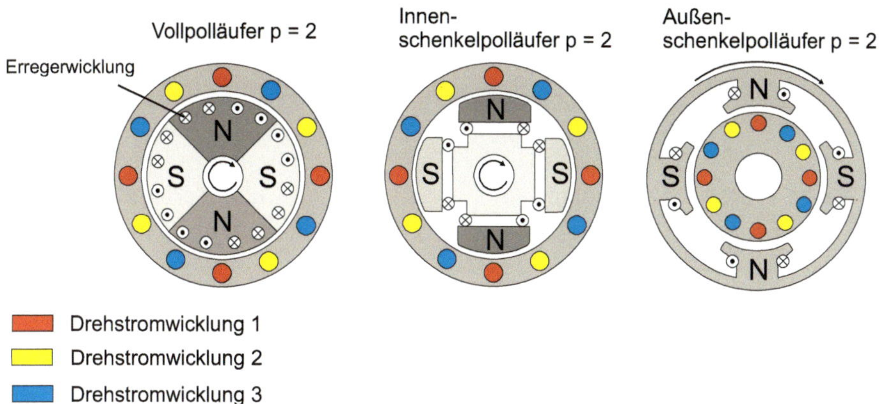

Bild 61.6 Mögliche Ausführungsformen eines fremderregten Synchrongenerators

Der Rotor eines **Vollpolgenerators** besteht meist aus massivem Material, in das radial über 2/3 der Polteilung Nuten eingefräst sind. Diese nehmen die Erregerwicklung w_E auf, die auf mehrere konzentrisch zur Polachse liegende Spulen verteilt ist. Im Stator nehmen die meist offenen Nuten die Drehstromwicklung w_S auf. Generatoren in Vollpolbauweise haben in der Regel wenige Polpaare und werden daher für Anwendungen mit hohen Drehzahlen verwendet. Bei Windenergieanlagen mit langsam drehendem Konzept werden Synchrongeneratoren in der Regel in Schenkelpolbauweise ausgeführt. Die meisten Windenergieanlagen besitzen **Innenpol-Schenkelpolgeneratoren** (Bild 61.7 und Bild 61.8), bei denen der Stator wie bei einem Vollpolgenerator aufgebaut ist. Der Rotor besitzt hier jedoch ausgeprägte Einzelpole, um dessen Polkern die Erregerwicklung w_E zur Erzeugung des Gleichfelds liegt. Einige Hersteller verwenden auch **Außenpol-Schenkelpolgeneratoren**, bei denen der äußere Ring, der die Erregerspulen aufnimmt, rotiert.

Bild 61.7
Rotor und Stator einer EESG in Innenpol-Schenkelbauweise (© ENERCON GmbH)

Bild 61.8 Rotor eines permanenterregten langsam laufenden Synchrongenerators (© ENERCON GmbH)

Befinden sich stattdessen im geblecht ausgeführten Rotor Permanentmagnete, so spricht man von einem **permanenterregten Synchrongenerator** (Bild 61.9). Diese erzeugen ein konstantes Erregerfeld. Der Vorteil dieses Generatortyps ist, dass keine verschleißbehafteten Schleifringe benötigt werden und die Wirkleistung entfällt, die zum Aufbau des Erregerfelds mittels Gleichstrom benötigt wird. Aus technischer Sicht ist die Temperaturempfindlichkeit des Materials der Permanentmagnete von Nachteil, was unter Umständen eine Temperaturüberwachung erforderlich macht.

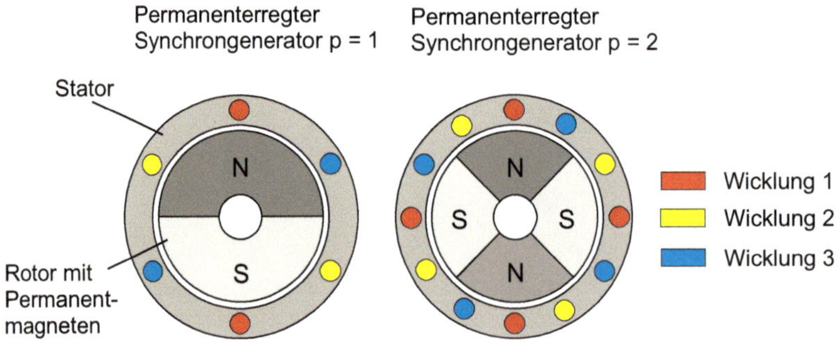

Bild 61.9 Aufbau eines permanenterregten Synchrongenerators mit Polpaarzahlen p = 1 und p = 2

Die Permanentmagnete können in unterschiedlicher Weise im Rotor verbaut sein: Während oberflächenmontierte Magnete aufgeklebt und von einer zusätzlichen Bandage gehalten werden, werden eingebettete Magnete in Aussparungen des geschichteten Blechpakets eingesteckt. Bei älteren Windenergieanlagen sind zumeist oberflächenmontierte Ausführungen anzutreffen, bei neueren Anlagen dagegen eingesteckte Permanentmagnete (auch als vergrabene Magnete bezeichnet) mit tangentialer Anordnung weit verbreitet (Bild 61.10).

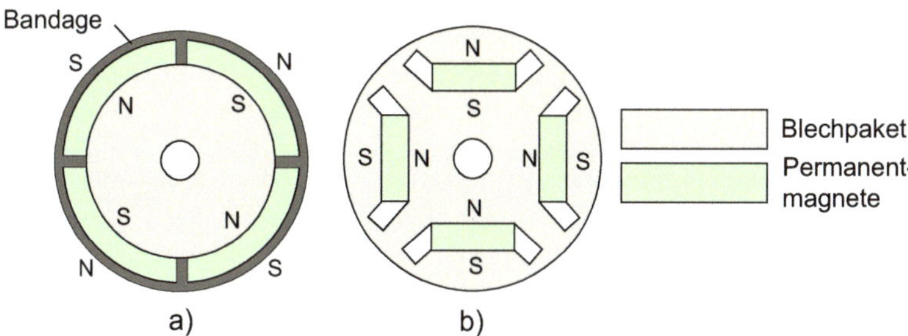

Bild 61.10 Rotor der PMSG mit a) oberflächenmontierten und b) eingebetteten Magneten

Permanenterregte Synchrongeneratoren können sowohl in langsam drehenden als auch für mittelschnell oder schnell drehende Konzepte verwendet werden. Je langsamer das Konzept, desto höher wird die Polpaarzahl und desto größer wird der Generator im Durchmesser (Bild 61.11, Bild 61.12 und Bild 61.13).

Bild 61.11
Schnell drehender permanenterregter Synchrongenerator (© Yaskawa Europe GmbH, The Switch)

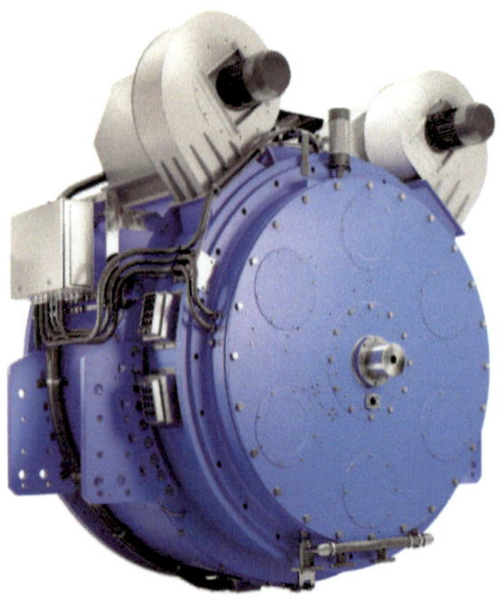

Bild 61.12
Mittelschnell drehender permanenterregter Synchrongenerator (© Yaskawa Europe GmbH, The Switch)

Bild 61.13
Langsam drehender permanenterregter Synchrongenerator (© Yaskawa Europe GmbH, The Switch)

62 Wie lässt sich das Verhalten eines Synchrongenerators beschreiben?

Elektrische Synchrongeneratoren besitzen einen Rotor (auch Läufer oder Polrad genannt), der entweder über Schleifringe mit Gleichstrom erregt wird (Elektrisch fremderregter Synchrongenerator - EESG, siehe Bild 62.1 rechts) oder mit Permanentmagneten bestückt ist (Permanenterregter Synchrongenerator - PMSG, siehe Bild 62.1 links). Der feststehende Teil des Generators, der die Drehstromwicklung aufnimmt, heißt Stator (auch Ständer genannt, siehe Kapitel 61). Der Rotor erzeugt ein Erregerfeld, dessen Verkettungsfluss Ψ

- entweder mittels Permanentmagneten konstant ist ($\Psi = \Psi_{PM}$, PMSG) oder
- von der Erregung (Erregerstrom I_E) abhängig ist ($\Psi = f(I_E)$, EESG).

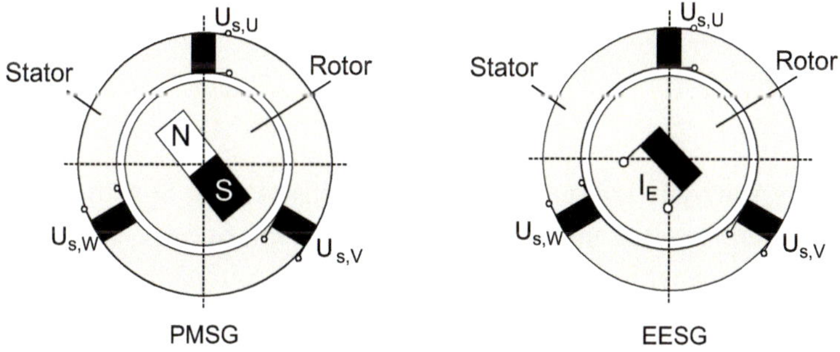

Bild 62.1 Permanenterregter Synchrongenerator (PMSG) und Elektrisch fremderregter Synchrongenerator (EESG)

Beginnt der Rotor der Windenergieanlage und damit der Rotor des Generators zu drehen, werden aufgrund des rotierenden Magnetfelds im Stator elektrische Ströme induziert. Die Drehrichtung und die Drehzahl des Statorfelds erfolgen somit immer synchron mit der Drehung des Generators. Es gibt keine Relativbewegung (Schlupf S = 0) zwischen der Drehzahl des Statorfelds und der Generatordrehzahl, weshalb die Kreisfrequenz des Statorfelds ω_s direkt von der Generatordrehzahl n_{Gen} und der Polpaarzahl p des Generators (Anzahl der sich wiederholenden Drehstromwicklungen entlang des Umfangs) abhängig ist:

$$\omega_s[Hz] = \frac{n_{Gen}\left[\frac{U}{min}\right]}{2 \cdot \pi \cdot 60} \cdot p$$

Wird keine Leistung abgenommen (Leerlaufbetrieb), so stimmen die Lagen vom Statordrehfeld und vom Rotor des Generators überein (Bild 62.2 links). Bei Abnahme von Leistung stellt sich im Generator ein Polradwinkel (oder Lastwinkel) δ ein, um den der Rotor des Generators dem Synchrondrehfeld vorauseilt. Der Polradwinkel ist vom induzierten Moment (hier elektrisches Drehmoment M_D genannt) des Generators (und somit von der generierten Leistung) und der Generatordrehzahl Polradwinkel (Bild 62.2 rechts) abhängig. Je mehr Moment der Generator dem Rotormoment entgegensetzt, desto größer wird der Polradwinkel.

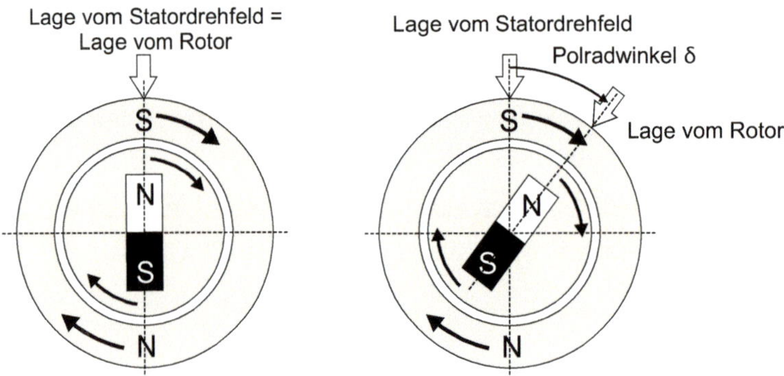

Bild 62.2 Polradwinkel

Anmerkung: Im Gegensatz zur Darstellung bei einer allgemeinen Synchronmaschine wird hier die Drehrichtung des Polradwinkels umgedreht, d. h., im generatorischen Betrieb tritt ein positiver Wert von δ auf (Erzeugerzählpfeilsystem).

Das Verhalten eines Synchrongenerators kann sehr gut mit einem mathematischen Modell beschrieben werden. Betrachtet wird zunächst ein fremderregter Synchrongenerator in Schenkelpolbauweise. Andere Ausführungen, wie beispielsweise ein permanenterregter Synchrongenerator in Vollpolbauweise, können aus dieser Beschreibung einfach abgeleitet werden.

Folgende Konventionen, Vereinfachungen und Vernachlässigungen werden zugrunde gelegt:

- Die rotorseitigen Parameter werden auf die Statorseite bezogen.
- Stromverdrängung, Eisenverluste und -sättigung werden vernachlässigt.
- Die Permeabilität des Eisens sei unendlich groß.
- Die elektrischen Daten seien temperaturunabhängig.

- In der Statorbohrung sei der Fluss räumlich sinusförmig verteilt.
- End- und Nutungseffekte werden vernachlässigt.

Zunächst wird eine Transformation der Drehgrößen in ein zweiachsiges, statorfestes Koordinatensystem (Achsenbezeichnung α/β) vorgenommen (siehe Kapitel 55). Hierzu ist die dreisträngige Statorwicklung durch ein äquivalentes zweisträngiges Wicklungssystem zu ersetzen. Anschließend wird eine Transformation in ein allgemeingültiges Koordinatensystem vorgenommen, das mit der Winkelgeschwindigkeit $\omega_K = \dfrac{d\varphi_K}{dt}$ rotiert. Die neuen Achsen dieses Koordinatensystems werden mit d und q bezeichnet (Bild 62.3).

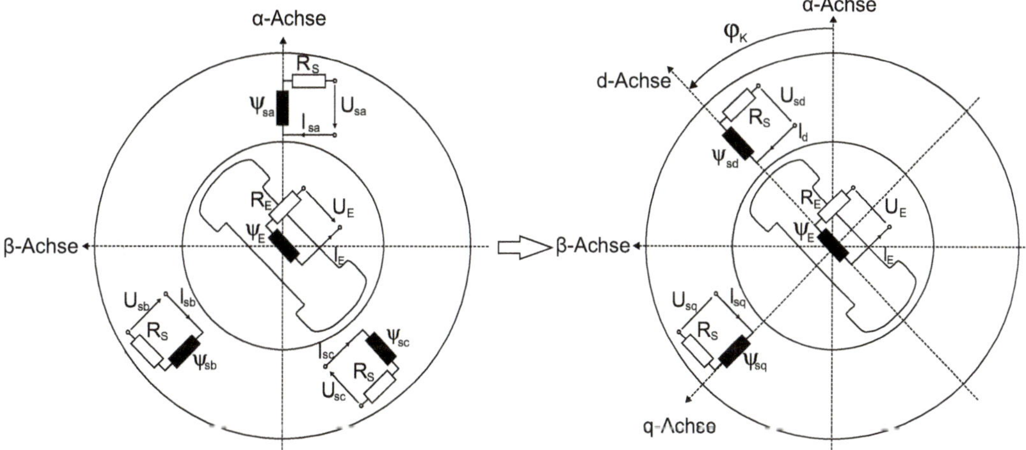

Bild 62.3 Transformation in ein zweiachsiges Koordinatensystem (α/β, links) und anschließende Transformation in ein mit der Winkelgeschwindigkeit ω_k und dem Winkel φ_k rotierendes, allgemeines Koordinatensystem K (rechts)

Generell ist ψ ein magnetischer Verkettungsfluss, der in den Wicklungen mit der Eigeninduktivität L erzeugt wird, wenn durch die Wicklungen ein Strom I fließt:

$$\psi = L \cdot I$$

R_s bezeichnet den Widerstand der Statorwicklung und R_E den Widerstand der Erregerwicklung. Die magnetische Kopplung erfolgt mittels der magnetischen Verkettungsflüsse ψ_{sd} und ψ_{sq}.

Für die weitere Betrachtung werden die Größen der Erregerseite von der Rotor- auf die Statorseite umgerechnet. Die Durchflutung der mit Gleichspannung gespeisten Erregerwicklung wird dabei in eine gleichwertige Statordurchflutung umgerechnet. Für eine dreisträngige Statorwicklung ergibt sich ein Umrechnungsfaktor $\ddot{u}$ von

$$\ddot{u} = \frac{6\sqrt{2}N_S\xi_W}{\pi N_E}$$

wobei N_S die Windungszahl eines Statorwicklungsstrangs, ξ_W den Wicklungsfaktor der Statorwicklung und N_E die Windungszahl der in Reihe geschalteten Windungen aller Pole bezeichnet. Somit gilt für die Größen auf der Erregerseite:

$$u_E' = u_E \cdot \ddot{u}, \qquad i_E' = \frac{i_E}{\ddot{u}}, \qquad R_E' = R_E \cdot \ddot{u}^2, \; L_E' = L_E \cdot \ddot{u}^2$$

Die Größen u_E', i_E', R_E' und L_E' entsprechen damit den auf die Statorseite bezogenen Werten.

Die Eigeninduktivitäten der Wicklungen lassen sich aufteilen in einen Anteil, der durch die Streuinduktivität der jeweiligen Wicklung bestimmt wird ($L_{\sigma S}$ - Statorwicklung, $L_{\sigma E}'$- Erregerwicklung) und einen Anteil, der die Haupt- oder Kopplungsinduktivität in der jeweiligen Achse bestimmt (L_{hd}, L_{hq}). Diese werden für die weitere Berechnung zusammengefasst:

$$L_d = L_{\sigma S} + L_{hd}; \; L_q = L_{\sigma S} + L_{hq}; \; L_E' = L_{\sigma E}' + L_{hd}$$

Zusätzliche Dämpferwicklungen werden bei den in Windenergieanlagen verwendeten Synchrongeneratoren nicht verbaut. In der Antriebstechnik dienen diese Dämpferwicklungen im Wesentlichen dazu, Pendelschwingungen, die durch elektrische oder mechanische Laständerungen entstehen, zu dämpfen. Bei den in Windenergieanlagen verbauten Synchrongeneratoren ist dies jedoch nicht notwendig, da

- das vom Rotor erzeugte Antriebsmoment im Vergleich zum elektrischen Triebstrang eine wesentlich geringere Dynamik aufweist und
- die Änderungen der elektrischen Last aufgrund des (trägen) Zwischenkreises ebenfalls eine geringe Dynamik besitzen.

Für die weitere Betrachtung wird vereinfacht angenommen, dass der Erregerverkettungsfluss konstant ist. Es gilt dann: $\frac{d\psi_E}{dt} = 0$

Das Koordinatensystem dreht sich mit der Kreisfrequenz des magnetischen Flusses, wobei diese Kreisfrequenz mit ω_μ bezeichnet wird. Da der Erregerverkettungsfluss unter der vorangehend gemachten Annahme konstant ist, kann die Kreisfrequenz des flussfesten Koordinatensystems näherungsweise durch die mechanische Kreisfrequenz ersetzt werden:

$$\omega_k = \omega_\mu \approx \omega_r = \omega_m$$

Damit kann das Ersatzschaltbild für den fremderregten Synchrongenerator in Schenkelpolbauweise (EESG) angegeben werden (Bild 62.4 und Bild 62.5).

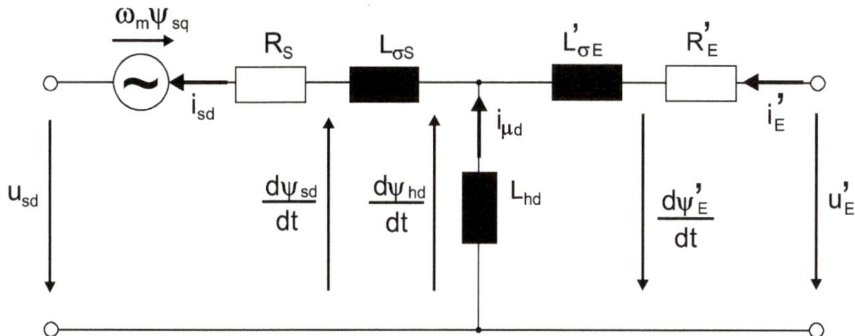

Bild 62.4 Einsträngiges Ersatzschaltbild des EESG in der d-Achse

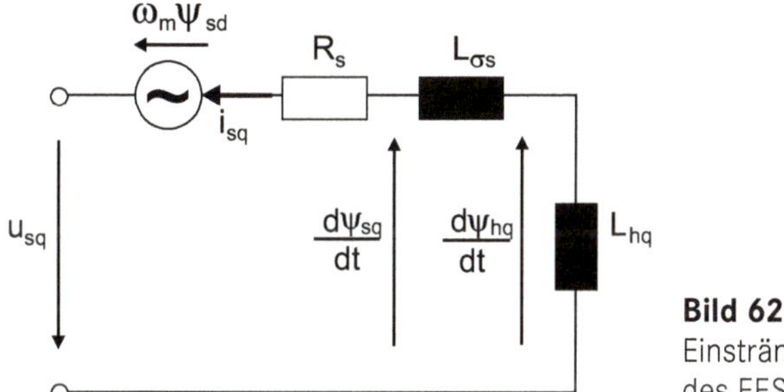

Bild 62.5 Einsträngiges Ersatzschaltbild des EESG in der q-Achse

Für dieses Ersatzschaltbild lässt sich der zugehörige Gleichungssatz aufstellen, wobei dieser im Erregerzählsystem angegeben ist, d. h., erzeugte Ströme und generierte Wirkleistung sind positiv.

Spannungsgleichungen:

$$u_{sd} = -R_S \cdot i_{sd} - \frac{d\psi_{sd}}{dt} + \omega_m \cdot \psi_{sq}$$

$$u_{sq} = -R_S \cdot i_{sq} - \frac{d\psi_{sq}}{dt} - \omega_m \cdot \psi_{sd}$$

$$u_E' = R_E' \cdot i_E' + \frac{d\psi_E'}{dt}$$

Flussgleichungen:

$$\psi_{sd} = L_d \cdot i_{sd} - L_{hd} \cdot i_E'$$

$$\psi_{sq} = L_q \cdot i_{sq}$$

$$\psi_E' = L_E' \cdot i_E' - L_{hd} \cdot i_{sd}$$

Elektrisches Drehmoment:

$$M_D = \frac{3}{2} \cdot p \cdot \left(L_{hd} \cdot i_E' \cdot i_{sq} + \left(L_d - L_q \right) \cdot i_{sd} \cdot i_{sq} \right)$$

Generierte Wirkleistung (Stator):

$$P = \frac{3}{2} \cdot \left(u_{sd} \cdot i_{sd} + u_{sq} \cdot i_{sq} \right)$$

Generierte Blindleistung (Stator):

$$Q = \frac{3}{2} \cdot \left(u_{sq} \cdot i_{sd} - u_{sd} \cdot i_{sq} \right)$$

Werden die Statorströme als Zustandsgrößen definiert, ergibt sich die Darstellung im Zustandsraum zu

$$\begin{bmatrix} \dfrac{di_{sd}}{dt} \\ \dfrac{di_{sq}}{dt} \end{bmatrix} = \begin{bmatrix} -\dfrac{R_S}{L_d} & \omega_m \cdot \dfrac{L_q}{L_d} \\ -\omega_m \cdot \dfrac{L_d}{L_q} & -\dfrac{R_S}{L_q} \end{bmatrix} \begin{bmatrix} i_{Sd} \\ i_{Sq} \end{bmatrix} + \begin{bmatrix} -\dfrac{1}{L_d} & 0 & 0 \\ 0 & -\dfrac{1}{L_q} & \omega_m \cdot \dfrac{L_{hd}}{L_q} \end{bmatrix} \begin{bmatrix} u_{sd} \\ u_{sq} \\ i_E' \end{bmatrix}$$

Werden die Differentialgleichungen in den Frequenzbereich transformiert, so ergibt sich eine weitere Darstellungsform, aus der direkt das entsprechende Blockschaltbild (Bild 62.6) abgeleitet werden kann:

$$i_{sd} = \frac{1}{R_S} \cdot \frac{1}{1 + T_d \cdot s} \cdot \left(-u_{sd} + L_q \cdot \omega_m \cdot i_{sq} \right)$$

$$i_{sq} = \frac{1}{R_S} \cdot \frac{1}{1 + T_q \cdot s} \cdot \left(-u_{sq} - L_d \cdot \omega_m \cdot i_{sd} + \omega_m \cdot L_{hd} \cdot i_E' \right)$$

mit den Zeitkonstanten des Stators $T_d = \dfrac{L_d}{R_S}$ und $T_q = \dfrac{L_q}{R_S}$

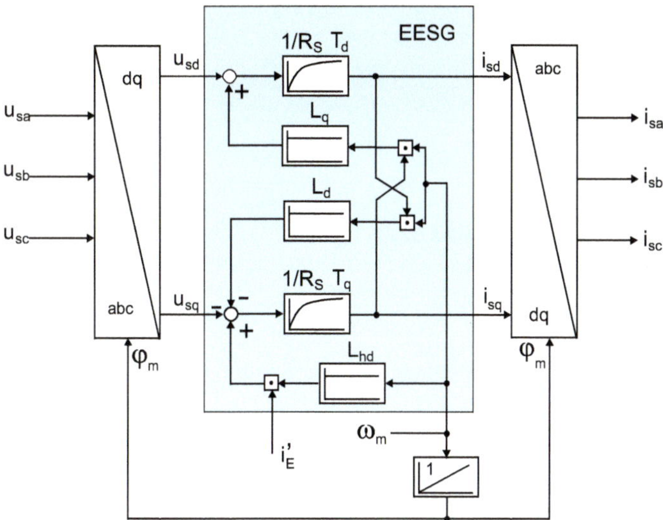

Bild 62.6 Blockschaltbild eines fremderregten Synchrongenerators

Für einen permanenterregten Synchrongenerator (PMSG) können die Gleichungen vereinfacht werden. Das dq-Koordinatensystem wird so gewählt, dass die d-Achse in Richtung des magnetischen Verkettungsflusses im Rotor zeigt. Damit vereinfacht sich die mathematische Beschreibung des permanenterregten Synchrongenerators erheblich, da der magnetische Fluss des Permanentmagneten nur in d-Richtung wirkt:

$$\psi_{sd} = \psi_{PM}, \qquad \psi_{sq} = 0$$

Wenn der Synchrongenerator in Vollpolbauweise ausgeführt wird, kann weiterhin angenommen werden, dass die Statorinduktivitäten in d- und q-Richtung identisch sind ($L_d = L_q = L_{dq}$). Somit vereinfacht sich das Ersatzschaltbild für den permanenterregten Synchrongenerator in Vollpolbauweise (Bild 62.7 und Bild 62.8).

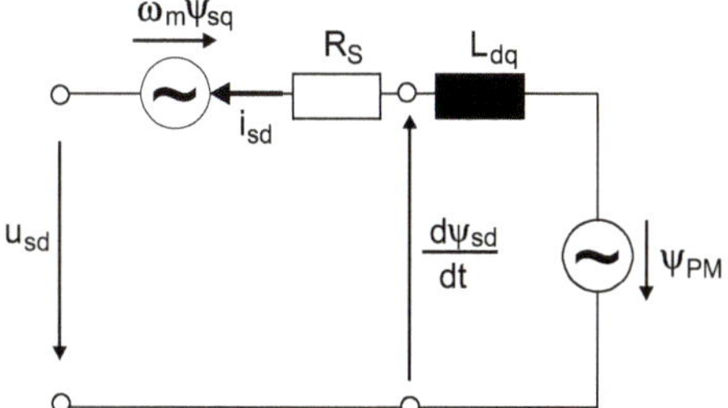

Bild 62.7
Einsträngiges Ersatzschaltbild des PMSG in der d-Achse

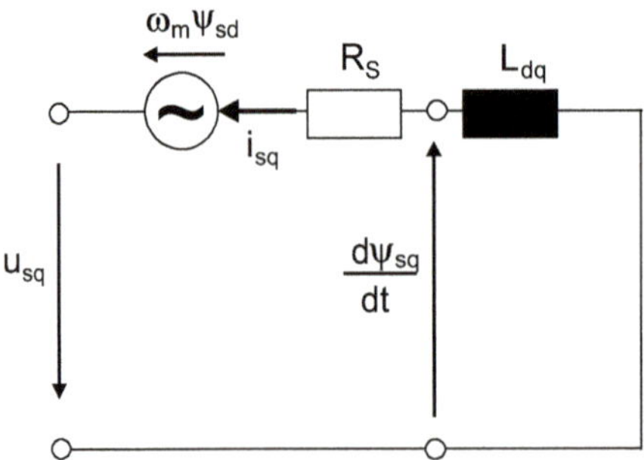

Bild 62.8
Einsträngiges Ersatzschaltbild des PMSG in der q-Achse

Die entsprechenden Gleichungen vereinfachen sich dann wie folgt:

Spannungsgleichungen:

$$u_{sd} = -R_S \cdot i_{sd} - \frac{d\psi_{sd}}{dt} + \omega_m \cdot \psi_{sq}$$

$$u_{sq} = -R_S \cdot i_{sq} - \frac{d\psi_{sq}}{dt} - \omega_m \cdot \psi_{sd}$$

Flussgleichungen:

$$\psi_{sd} = L_{dq} \cdot i_{sd} - \psi_{PM}$$

$$\psi_{sq} = L_{dq} \cdot i_{sq}$$

Elektrisches Drehmoment:

$$M_D = \frac{3}{2} \cdot p \cdot \psi_{PM} \cdot i_{sq}$$

Generierte Wirkleistung (Stator):

$$P = \frac{3}{2} \cdot \left(u_{sd} \cdot i_{sd} + u_{sq} \cdot i_{sq}\right)$$

Generierte Blindleistung (Stator):

$$Q = \frac{3}{2} \cdot \left(u_{sq} \cdot i_{sd} - u_{sd} \cdot i_{sq}\right)$$

Werden die Statorströme als Zustandsgrößen definiert, ergibt sich die Darstellung im Zustandsraum zu

$$\begin{bmatrix} \frac{di_{sd}}{dt} \\ \frac{di_{sq}}{dt} \end{bmatrix} = \begin{bmatrix} -\frac{R_S}{L_{dq}} & \omega_m \\ -\omega_m & -\frac{R_S}{L_{dq}} \end{bmatrix} \begin{bmatrix} i_{Sd} \\ i_{Sq} \end{bmatrix} + \frac{1}{L_{dq}} \cdot \begin{bmatrix} -1 & 0 & 0 \\ 0 & -1 & \omega_m \end{bmatrix} \begin{bmatrix} u_{sd} \\ u_{sq} \\ \psi_{PM} \end{bmatrix}$$

Werden die Differentialgleichungen in den Frequenzbereich transformiert, ergibt sich eine weitere Darstellungsform, aus der direkt das entsprechende Blockschaltbild (Bild 62.9) abgeleitet werden kann:

$$i_{sd} = \frac{1}{R_S} \cdot \frac{1}{1+T_{dq} \cdot s} \cdot \left(-u_{sd} + L_{dq} \cdot \omega_m \cdot i_{sq}\right)$$

$$i_{sq} = \frac{1}{R_S} \cdot \frac{1}{1+T_{dq} \cdot s} \cdot \left(-u_{sq} - L_{dq} \cdot \omega_m \cdot i_{sd} + \psi_{PM} \cdot \omega_m\right)$$

mit der Zeitkonstante des Stators $T_{dq} = \frac{L_{dq}}{R_S}$

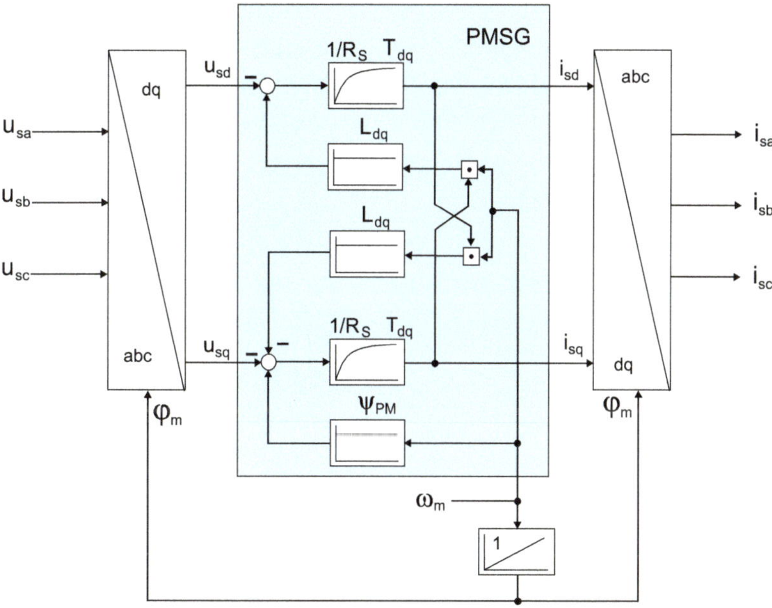

Bild 62.9 Blockschaltbild des permanenterregten Synchrongenerators

Mittels dieser Gleichungen lässt sich das Verhalten des Synchrongenerators für die folgenden Kapitel hinreichend genau beschreiben.

Für weiterführende Beschreibungen, die Effekte wie Stromverdrängung, Temperaturabhängigkeit und Sättigung berücksichtigen, sei auf die entsprechende Literatur verwiesen [7.1, 7.2].

63 Wie wird ein permanenterregter Synchrongenerator geregelt?

Ein permanenterregter Synchrongenerator wird immer in Verbindung mit einem Vollumrichter betrieben. Steuergrößen sind die Statorspannungen, die dem Generator aufgeprägt werden. Die Statorströme werden geregelt. Ausgangspunkt der Regelung sind die Systemgleichungen des permanenterregten Synchrongenerators für den Statorstrom in d- und in q-Richtung (siehe Kapitel 62)

$$i_{sd} = \frac{1}{R_S} \cdot \frac{1}{1 + T_{dq} \cdot s} \cdot \left(-u_{sd} + u_{sd,kopp} \right)$$

$$i_{sq} = \frac{1}{R_S} \cdot \frac{1}{1 + T_{dq} \cdot s} \cdot \left(-u_{sq} + u_{sq,kopp} \right)$$

mit

$$u_{sd,kopp} = L_{dq} \cdot \omega_m \cdot i_{sq}$$

$$u_{sq,kopp} = -L_{dq} \cdot \omega_m \cdot i_{sd} + \psi_{PM} \cdot \omega_m$$

Die Statorströme sowohl in q- als auch in d-Richtung folgen der wirkenden Spannung somit verzögert mit der Zeitkonstante $T_{dq} = \frac{L_{dq}}{R_S}$.

Die Kopplung der beiden Stromgleichungen erfolgt über die Kopplungsterme der Spannungen. Beide sind von der mechanischen Kreisfrequenz ω_m abhängig. Um die Statorströme unabhängig voneinander einstellen zu können, ist ein Entkopplungsnetzwerk notwendig, das die Systemkopplung im Idealfall eliminiert. Kenntnisse sowohl über die Statorströme in d- und q-Richtung als auch über die mechanische Kreisfrequenz sind hierfür notwendig. Mit der Entkopplung zerfällt die Gesamtdynamik des zu regelnden Systems in zwei unverkoppelte PT_1-Systeme mit folgenden Übertragungsfunktionen:

$$\frac{i_{sq}}{u_{sq}} = \frac{1}{R_S} \cdot \frac{1}{1+s \cdot T_{dq}}$$

$$\frac{i_{sd}}{u_{sd}} = \frac{1}{R_S} \cdot \frac{1}{1+s \cdot T_{dq}}$$

$$mit\, T_{dq} = \frac{L_{hd}}{R_S}$$

Sowohl für die d- als auch für die q-Richtung können dann beispielsweise PI-Regler zur Regelung der Ströme verwendet werden und diese unabhängig voneinander verstellt werden (Bild 63.1).

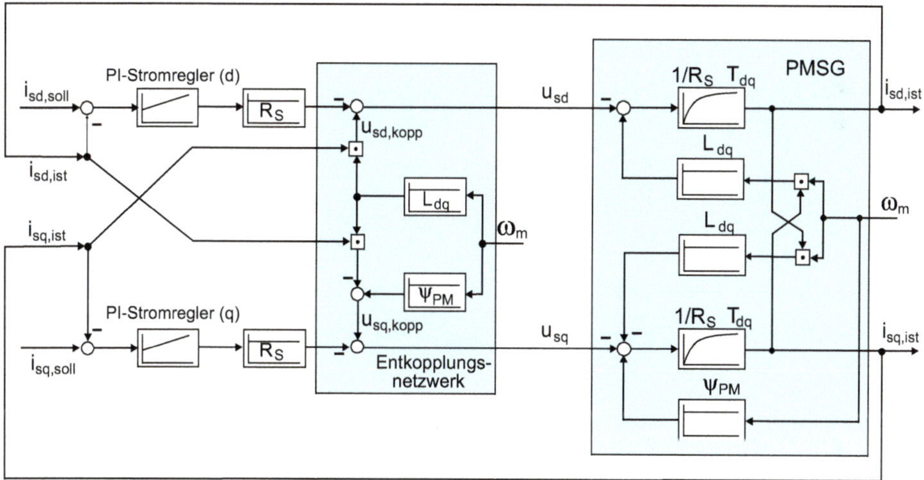

Bild 63.1 Blockschaltbild eines permanenterregten Synchrongenerators mit Entkopplung und Stromreglern

Um die Sollwerte der Statorströme zu bestimmen, werden die Größen des permanenterregten Synchrongenerators im eingeschwungenen Zustand betrachtet. Die stationären Statorströme lassen sich dann recht einfach abhängig von den Steuergrößen $u_{sd,stat}$ und $u_{sq,stat}$ sowie der (eingeprägten) Generatorkreisfrequenz ω_m berechnen:

$$i_{sd,stat} = \frac{1}{R_S} \cdot \left(-u_{sd,stat} + L_{dq} \cdot \omega_m \cdot i_{sq,stat}\right)$$

$$= \frac{-R_S \cdot u_{sd,stat} - L_{dq} \cdot \omega_m \cdot u_{sq,stat} + L_{dq} \cdot \omega_m^2 \cdot \psi_{PM}}{R_S^2 + L_{dq}^2 \cdot \omega_m^2}$$

$$i_{sq,stat} = \frac{1}{R_S} \cdot \left(-u_{sq,stat} - L_{dq} \cdot \omega_m \cdot i_{sd,stat} + \psi_{PM} \cdot \omega_m\right)$$

$$= \frac{-R_S \cdot u_{sq,stat} + L_{dq} \cdot \omega_m \cdot u_{sd,stat} + R_S \cdot \omega_m \cdot \psi_{PM}}{R_S^2 + L_{dq}^2 \cdot \omega_m^2}$$

Das elektrische Drehmoment ist nur noch vom (konstanten) Verkettungsfluss der Permanentmagneten und der q-Komponente des Statorstroms abhängig und ergibt sich zu

$$M_{D,stat} = \frac{3}{2} \cdot p \cdot \psi_{PM} \cdot i_{sq,stat}$$
$$= \frac{3}{2} \cdot p \cdot \psi_{PM} \cdot \frac{R_S \cdot \omega_m \cdot \psi_{PM} + L_{dq} \cdot \omega_m \cdot u_{sd,stat} - R_S \cdot u_{sq,stat}}{R_S^2 + L_{dq}^2 \cdot \omega_m^2}$$

Im Fall eines Kurzschlusses sind die Statorspannungen definitionsgemäß null. Es ergibt sich die Drehzahl-Momentenkennlinie (Bild 63.2) des permanenterregten Synchrongenerators im Kurzschluss. Die Kreisfrequenz am Kipppunkt und das Kippmoment können durch die Ableitung der Momentengleichung bestimmt werden. Im Kurzschluss ($u_{sd,stat} = u_{sq,stat} = 0$) gilt:

$$M_{D,stat} = \frac{3}{2} \cdot p \cdot \psi_{PM}^2 \cdot \frac{R_S \cdot \omega_m}{R_S^2 + L_{dq}^2 \cdot \omega_m^2}$$

$$\omega_{m,Kipp} = \frac{R_S}{L_{dq}}$$

$$M_{D,Kipp} = \frac{3}{2} \cdot p \cdot \frac{\psi_{PM}^2}{2 \cdot L_{dq}}$$

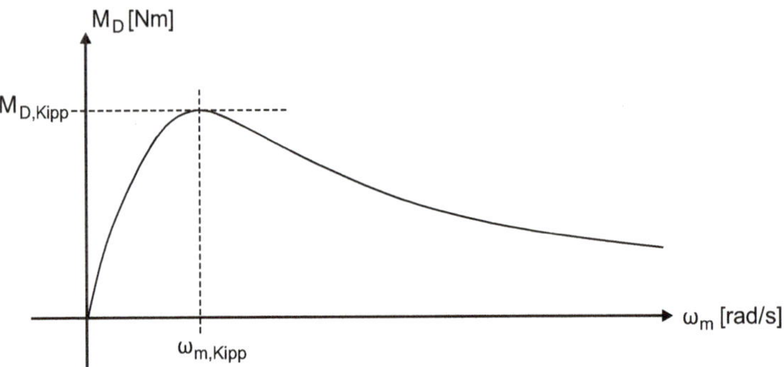

Bild 63.2 Momenten-Drehzahlkurve im Kurzschlussfall

Um die generierten Leistungen zu berechnen, werden zunächst die Statorspannungen abhängig von den Statorströmen berechnet:

$$u_{sd,stat} = -R_S \cdot i_{sd,stat} + L_{dq} \cdot \omega_m \cdot i_{sq,stat}$$
$$u_{sq,stat} = -R_S \cdot i_{sq,stat} - L_{dq} \cdot \omega_m \cdot i_{sd,stat} + \psi_{PM} \cdot \omega_m$$

Für die erzeugte Wirkleistung ergibt sich

$$P_{Gesamt,stat} = P_{Stator,stat} + P_{Verlust}$$
$$= \frac{3}{2} \cdot \psi_{PM} \cdot \omega_m \cdot i_{sq,stat} - \frac{3}{2} \cdot R_S \cdot \left(i^2_{sd,stat} + i^2_{sq,stat}\right)$$

Die generierte Wirkleistung besteht also aus einem positiven Anteil, der proportional zur mechanischen Kreisfrequenz ω_m und dem Statorstrom in q-Richtung ist, und einer Verlustleistung, die über dem Statorwiderstand abfällt und in Wärme umgewandelt wird.

Die erzeugte Blindleistung ergibt sich zu

$$Q_{stat} = \frac{3}{2} \cdot \left(\psi_{PM} \cdot \omega_m \cdot i_{sd,stat} - L_{dq} \cdot \omega_m \cdot \left(i^2_{sd,stat} + i^2_{sq,stat}\right)\right)$$

Prinzipiell kann der Generator somit sowohl im übererregten (Blindleistungsabgabe, $Q > 0$) als auch im untererregten (Blindleistungsaufnahme, $Q < 0$) Zustand betrieben werden (siehe Kapitel 45). Entscheidend hierfür ist das Verhältnis der Statorströme $i_{sd,stat}$ und $i_{sq,stat}$, das über die Steuergrößen beeinflusst werden kann.

Umgestellt ergeben sich die Sollwerte für die stationären Statorströme, um sowohl das gewünschte elektrische Drehmoment als auch die benötigte Blindleistung des Generators einzustellen. Mit der Beziehung

$$P_{Stator,stat} = \frac{3}{2} \cdot \psi_{PM} \cdot \omega_m \cdot i_{sq,stat} = M_D \cdot \frac{\omega_m}{p}$$

kann der Sollwert des Statorstroms in q-Richtung ermittelt werden, der das gewünschte elektrische Drehmoment einstellt:

$$i_{sq,soll} = \frac{2}{3 \cdot p \cdot \psi_{PM}} \cdot M_{D,soll}$$

Das elektrische Drehmoment und die generierte Wirkleistung können somit direkt über den **Statorstrom in q-Richtung** verstellt werden.

Die Ermittlung des Momentenistwerts erfolgt über die Generatorleistung, die aus den gemessenen Statorspannungen und den gemessenen Statorströmen sowie der bekannten Generatordrehzahl ermittelt wird:

$$M_{D,ist} = \frac{60}{2\pi \cdot n_{Gen}} \cdot P_{Gen,ist} = \frac{3}{2} \cdot \frac{60}{2\pi \cdot n_{Gen}} \cdot \left(u_{sd} \cdot i_{sd} + u_{sq} \cdot i_{sq}\right)$$

Mittels eines PI-Reglers mit Vorsteuerung kann dann das elektrische Drehmoment gemäß den Vorgaben exakt eingestellt werden (Bild 63.3).

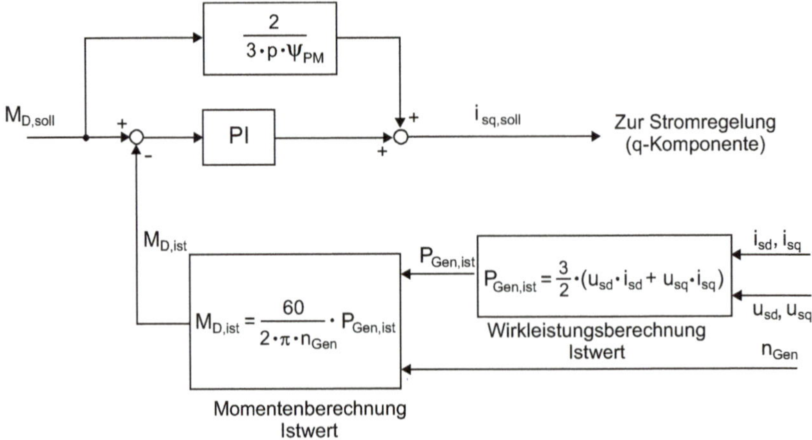

Bild 63.3 Regelung des elektrischen Drehmoments

Mittels des **Statorstroms in q-Richtung** kann eine weitere Größe des permanenterregten Synchrongenerators eingestellt werden (Tabelle 63.1).

Tabelle 63.1 Regelungsziele mittels der Einstellung des Statorstroms in q-Richtung

	Die Gesamtstatorspannung wird auf die Nennspannung des Generators geregelt.	Um das maximale Moment zu generieren, wird der Statorstrom in d-Richtung zu null geregelt.	Die Blindleistung des Generators wird zu null geregelt.
Vorteile	Sowohl der Generator als auch der generatorseitige Umrichter arbeiten in dem Spannungsbereich, für den beide ausgelegt und optimiert wurden. Es besteht kein Risiko von Überspannung und Sättigung des Umrichters bei hohen Geschwindigkeiten.	Der Generator wird bestmöglich ausgenutzt und kann kleiner dimensioniert werden.	Der Umrichter wird bestmöglich ausgenutzt und kann kleiner dimensioniert werden.
Nachteile	Der Generator verbraucht Blindleistung, was eine höhere Auslegung der Komponenten des Umrichters zur Folge hat.	Der Generator verbraucht Blindleistung, was eine höhere Auslegung der Komponenten des Umrichters zur Folge hat. Es besteht ein Risiko von Überspannung und Sättigung des Umrichters bei hohen Geschwindigkeiten.	Es besteht ein Risiko von Überspannung und Sättigung des Umrichters bei hohen Geschwindigkeiten.

Im Folgenden soll die vom Generator erzeugte Blindleistung geregelt werden. Im stationären Zustand ergibt sich für die Blindleistung

$$Q_{stat} = \frac{3}{2} \cdot \left(\psi_{PM} \cdot \omega_m \cdot i_{sd,stat} - L_{dq} \cdot \omega_m \cdot \left(i_{sd,stat}^2 + i_{sq,stat}^2 \right) \right)$$

bzw.

$$i_{sd,stat} = \frac{\psi_{PM}}{2 \cdot L_{dq}} - \sqrt{\left(\frac{\psi_{PM}}{2 \cdot L_{dq}} \right)^2 - i_{sq}^2 - \frac{2}{3} \cdot \frac{Q_{stat}}{L_{dq} \cdot \omega_m}}$$

Wird Q_{Stat} gleich null gefordert, so ist der Statorstrom, der in d-Richtung einzustellen ist, nicht mehr von der mechanischen Kreisfrequenz, sondern nur noch von der q-Komponente des Statorstroms abhängig:

$$\boldsymbol{i_{sd,soll}} = \frac{\boldsymbol{\psi_{PM}}}{2 \cdot \boldsymbol{L_{dq}}} - \sqrt{\left(\frac{\boldsymbol{\psi_{PM}}}{2 \cdot \boldsymbol{L_{dq}}} \right)^2 - \boldsymbol{i_{sq}^2}}$$

für $Q_{Stat} = 0$

Mittels eines PI-Reglers mit Vorsteuerung kann der Wert der Blindleistung entsprechend eingeregelt werden (Bild 63.4).

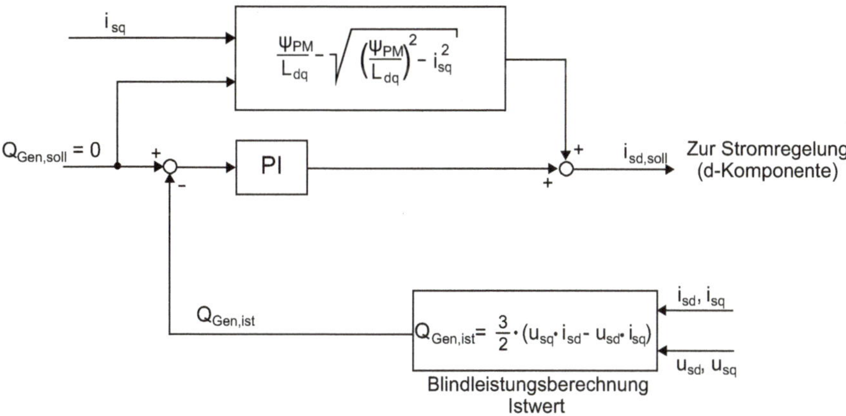

Bild 63.4 Regelung der Blindleistung des Generators

Bild 63.5 zeigt die gesamte generatorseitige Regelung. Die Blindleistung wird über die d-Komponente des Statorstroms geregelt. Über das Sollmoment wird eine Leistung im Generator erzeugt, die über den generatorseitigen Umrichter in den Zwischenkreis transferiert wird. Da der netzseitige Umrichter die Zwischenkreisspannung konstant hält, wird diese Leistung in das Netz gespeist. Die geforderte Blindleistung für das Netz wird vom netzseitigen Umrichter erzeugt (siehe Kapitel 58).

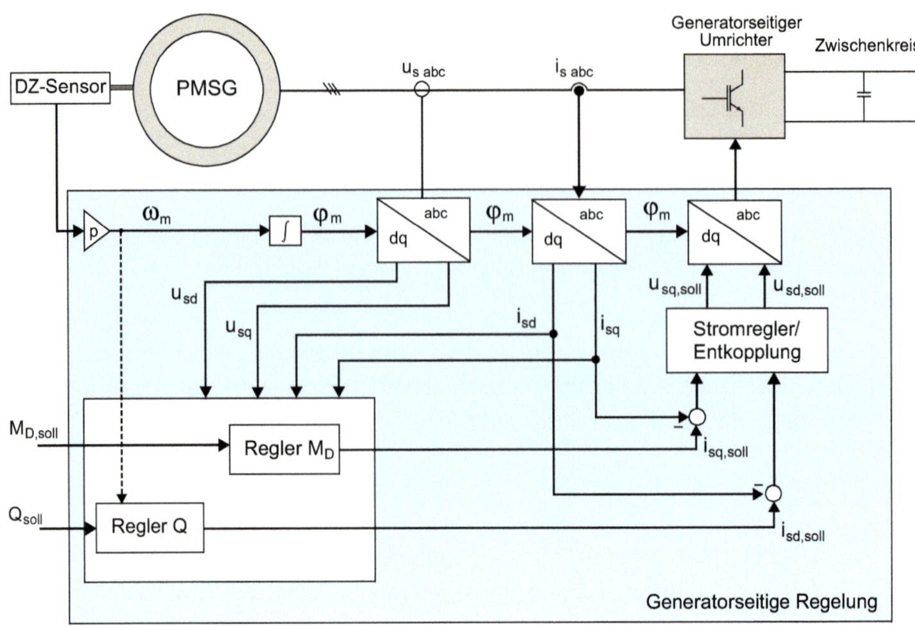

Bild 63.5 Generatorseitige Regelung des permanenterregten Synchrongenerators

64 Wie wird ein fremderregter Synchrongenerator geregelt?

Im Gegensatz zum permanenterregten Synchrongenerator besitzt der fremderregte Synchrongenerator mit dem Erregerstrom i'_E eine Stellgröße, mit der der Erregerfluss verändert werden kann:

$$\psi'_E = L'_E \cdot i'_E - L_{hd} \cdot i_{sd}$$

Regelung der Generatorblindleistung

Ausgangspunkt sind die Maschinengleichungen des fremderregten Synchrongenerators (siehe Kapitel 62) der Statorspannungen. Für den stationären Fall ergeben sich diese zu

$$\begin{aligned} u_{sd,stat} &= -R_S \cdot i_{sd,stat} + L_q \cdot \omega_m \cdot i_{sq,stat} \\ u_{sq,stat} &= -R_S \cdot i_{sq,stat} - L_d \cdot \omega_m \cdot i_{sd,stat} + \omega_m \cdot L_{hd} \cdot i'_E \end{aligned}$$

Die Blindleistung abhängig von den Strömen ergibt sich dann zu

$$\begin{aligned} Q_{stat} &= \frac{3}{2} \cdot \left(u_{sq,stat} \cdot i_{sd,stat} - u_{sd,stat} \cdot i_{sq,stat} \right) \\ &= \frac{3}{2} \cdot \left(\omega_m \cdot L_{hd} \cdot i'_E \cdot i_{sd,stat} - \omega_m \cdot \left(L_q \cdot i^2_{sq,stat} + L_d \cdot i^2_{sd,stat} \right) \right) \end{aligned}$$

Mit dem Erregerstrom ist es somit möglich, die Blindleistung zu null zu regeln. Entscheidend ist das Verhältnis der Statorströme in d- und q-Richtung. Wenn

$$i'_E = \frac{L_q \cdot i^2_{sq,stat} + L_d \cdot i^2_{sd,stat}}{L_{hd} \cdot i_{sd,stat}}$$

gilt, erzeugt der Generator keine Blindleistung mehr.

In der Praxis werden die Drehspannungen und die Drehströme des Stators gemessen und der Phasenversatz φ ermittelt. Der Erregerstrom wird über eine Regelung so eingestellt, dass der Phasenversatz und somit die Blindleistung des Generators zu null wird.

Regelung des elektrischen Drehmoments

In Kapitel 58 wurde bereits gezeigt, dass über die Stromkomponente i_{Nd} die Leistung bzw. das Moment eingestellt wird, das der Generator erzeugt. Voraussetzung hierfür ist, dass eine konstante Zwischenkreisspannung am maschinenseitigen Umrichter anliegt.

Über einen Hochsetzsteller im Zwischenkreis wird sichergestellt, dass die Spannung U_{DC2} auf einem konstanten Wert liegt. Diese Spannung wird gemessen und mittels eines Reglers auf den Sollwert eingeregelt. Das entsprechende Blockschaltbild der generatorseitigen Regelung ist in Bild 64.1 gezeigt.

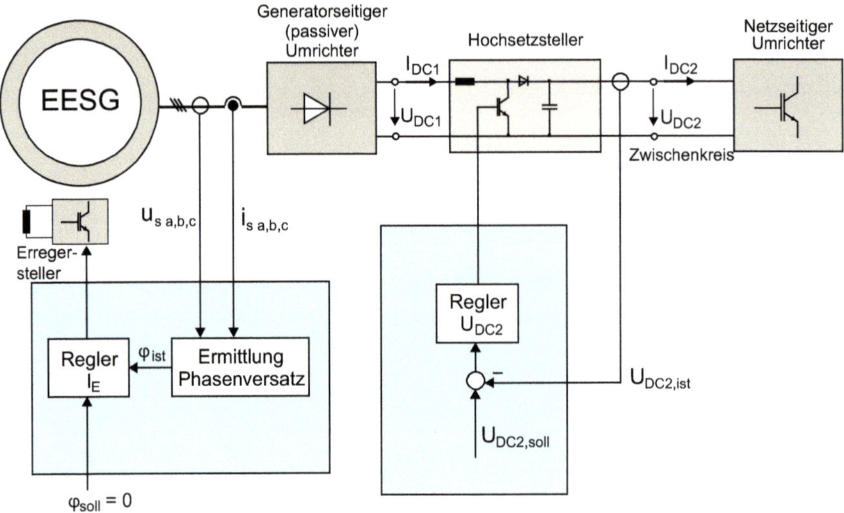

Bild 64.1 Generatorseitige Regelung des elektrisch erregten Synchrongenerators

Während das Verhältnis der Stromkomponenten des Statorstroms von $i_{sd,stat}$ zu $i_{sq,stat}$ wie beschrieben über den Erregerstrom bestimmt wird, kann das vom Generator geforderte elektrische Drehmoment über den Gesamtstrom im Stator eingestellt werden:

$$M_D = \frac{U_S \cdot I_S}{2\pi \cdot n_{Gen}} = \frac{P_G - P_V}{2\pi \cdot n_{Gen}}$$

Dabei ist U_s die Gesamtspannung und I_S der Gesamtstrom im Stator.

Das erforderliche elektrische Drehmoment wird im netzseitigen Umrichter (siehe Kapitel 58) mittels der aktuellen Generatordrehzahl in eine elektrische Leistung P_N umgerechnet, die dem elektrischen Zwischenkreis vom netzseitigen Umrichter zu entnehmen ist (P_{DC2}). Unter Berücksichtigung der Verlustleistung P_V und der für die Erregung entnommen Leistung P_E ergibt sich die Leistung, die über den netzseitigen Umrichter gewandelt werden muss:

$$P_N = P_{DC2} = P_G - P_V - P_E = 2\pi \cdot n_{Gen} \cdot M_D - P_E$$

Wie in Kapitel 58 gezeigt, kann die gewünschte Wirkleistung am netzseitigen Umrichter gemäß der Formel

$$i_{Nd} = \frac{2}{3} \cdot \frac{1}{u_{Ld}} \cdot \sqrt{P_{DC2}^2 - Q_L^2}$$

der notwendige Wirkstrom i_{Nd} eingestellt werden, der das gewünschte elektrische Drehmoment über den Generator bereitstellt.

Zusammenfassung

- Der Erregerstrom wird so geregelt, dass die vom Generator erzeugte Blindleistung zu null wird.
- Der passive generatorseitige Gleichrichter wandelt die vom Generator erzeugte Drehspannung in eine Gleichspannung mit der vom Generatorzustand bestimmten Amplitude um.
- Über einen Hochsetzsteller im Zwischenkreis wird sichergestellt, dass eine konstante Zwischenkreisspannung am Eingang des netzseitigen Umrichters anliegt.
- Die mit dem Netz ausgetauschte Blindleistung wird vom netzseitigen Umrichter über die Stromkomponente i_{Nq} eingeregelt.
- Das elektrische Drehmoment und damit auch die erzeugte Wirkleistung werden vom netzseitigen Umrichter über die Stromkomponente i_{Nd} eingestellt.

65 Wie ist ein Asynchrongenerator aufgebaut?

In der konventionellen Generatortechnik spielt die Asynchronbauart heute keine große Rolle mehr. Fast alle großen Kraftwerksgeneratoren sind Synchrongeneratoren. Lediglich bei kleineren Wasserkraftwerken und bei Pumpspeicherkraftwerken werden Asynchrongeneratoren verwendet. Für Windenergieanlagen hingegen ist der Asynchrongenerator eine gut geeignete und gängige Bauweise. Da Asynchronmaschinen eine hohe Synchrondrehzahl besitzen und somit schnell laufende Generatoren sind, ist der Einsatz eines Getriebes in der Windenergieanlage unerlässlich.

Der Asynchrongenerator ist ebenso wie der Synchrongenerator eine Drehfeldmaschine. Der Aufbau des Stators ist grundsätzlich bei beiden identisch. Der Unterschied liegt in der Ausführung des Rotors. Generell sind zwei Generatortypen zu unterscheiden (Bild 65.1):

- Beim Asynchrongenerator mit Kurzschlussläufer (ASG, englisch SCIG für *Squirrel Cage Induction Generator*) sind im Rotor Kupferstäbe eingelegt, die über einen Kurzschlussring außerhalb des Statorfelds kurzgeschlossen sind.
- Beim Asynchrongenerator mit Schleifringläufer (DASG, englisch DFIG für *DoubleFed Induction Generator*) weist der Rotor mehrere Drehstromwicklungen auf, an die über Schleifringe ein Drehspannungssystem mit der Frequenz f_r und den Spannungen $U_{r,U}$, $U_{r,V}$, $U_{r,W}$ gelegt wird.

Die Polpaarzahl p gibt an, wie oft das dreiphasige Wicklungssystem im Generator ausgeführt wird, und ist somit eine durch die Motorkonstruktion festgelegte Größe.

In Bild 65.2 und Bild 65.3 sind zwei Asynchrongeneratoren mit Schleifringläufer gezeigt, wie sie heute in Windenergieanlagen eingesetzt werden. Je nach Ausführung kommt entweder eine Luftkühlung oder eine Wasserkühlung (für höhere Nennleistungen) zum Einsatz.

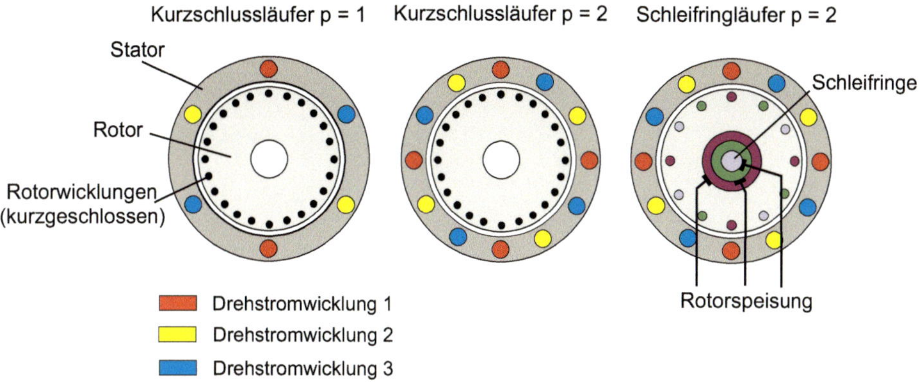

Bild 65.1 Ausführungsformen des Asychrongenerators in Windenergieanlagen

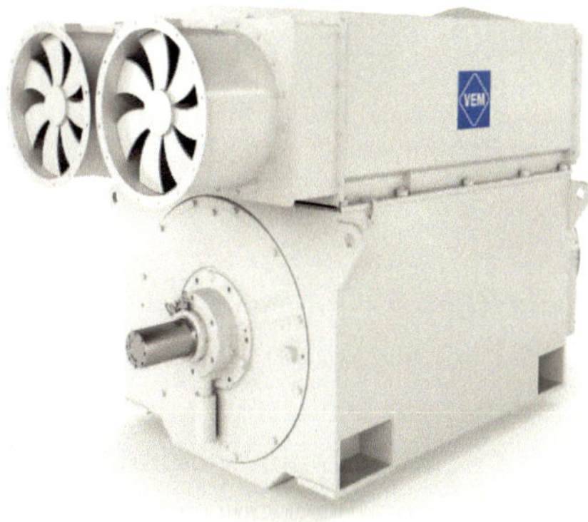

Bild 65.2
Luftgekühlter Asynchrongenerator (Schleifringläufer) mit 3,6 MW Nennleistung (© VEM Sachsenwerk GmbH)

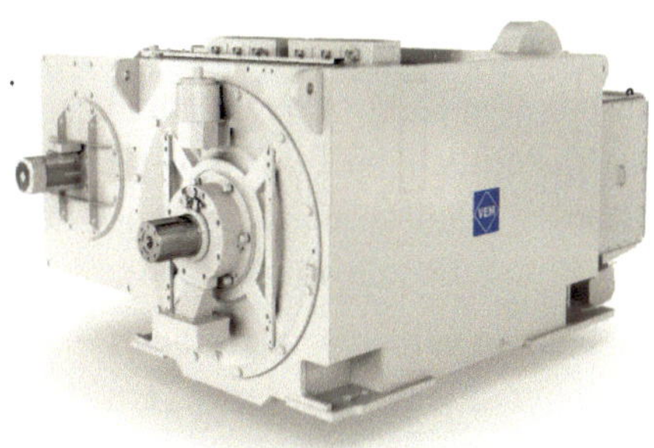

Bild 65.3
Wassergekühlter Asynchrongenerator (Schleifringläufer) mit 6,5 MW Nennleistung (© VEM Sachsenwerk GmbH)

In Bild 65.4 ist ein Schnittbild eines doppelt gespeisten Asynchrongenerators gezeigt.

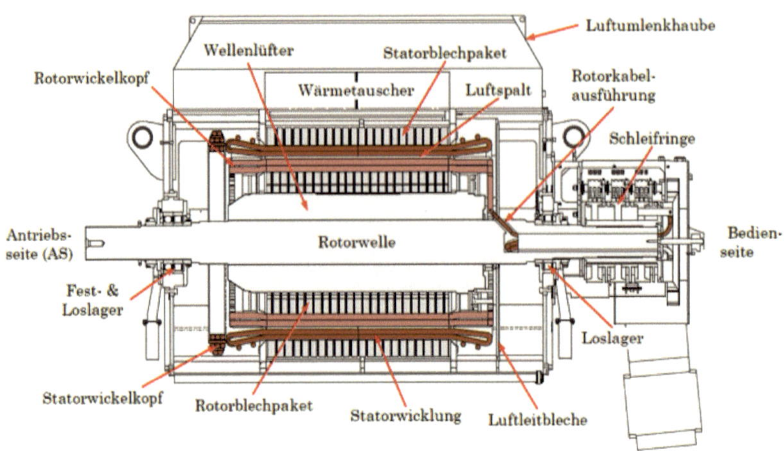

Bild 65.4 Beispielhaftes Schnittbild eines doppelt gespeisten Asynchrongenerators (© Nordex/Acciona SE)

Im Stator befinden sich verteilte Wicklungen aus Kupfer (Statorwicklung), die als Formspulen ausgeführt sind. Eine Formspule ist eine speziell angeordnete geschlossene Spulengruppe, die aus vielen gegeneinander isolierten Kupferstäben zur Vermeidung von Stromverlusten besteht. Ein Teil der Statorwicklung ist im Blechpaket isoliert, während der Abschnitt außerhalb des Blechpakets auf beiden Seiten in einer Schleife zurückgeführt wird. Einseitig existieren elektrische Anschlussstellen, wo die Spulengruppen zu einem Drehstromsystem in Stern- oder Dreiecksschaltung verbunden werden. Die Phasen werden über Kabelausführungen aus dem Generator geführt. Dieser gegenüber dem Blechpaket außen liegende Bereich wird als Statorwickelkopf bezeichnet. Hinsichtlich der Formspulen besteht ein Versatz, wodurch eine Zweischichtwicklung realisiert wird. Innerhalb der Statornut werden folglich eine Ober- und eine Unterstabspule eingelassen.

Die Stabwicklungen des Rotors werden am Wickelkopf verschweißt und in der Praxis häufig auch mit einem Verbindungsblech aneinandergefügt. Im Gegensatz zu den Formspulen des Stators sind diese nicht in sich geschlossen. Daher wird zwischen einem Unter- und einem Oberstab unterschieden (Bild 65.5).

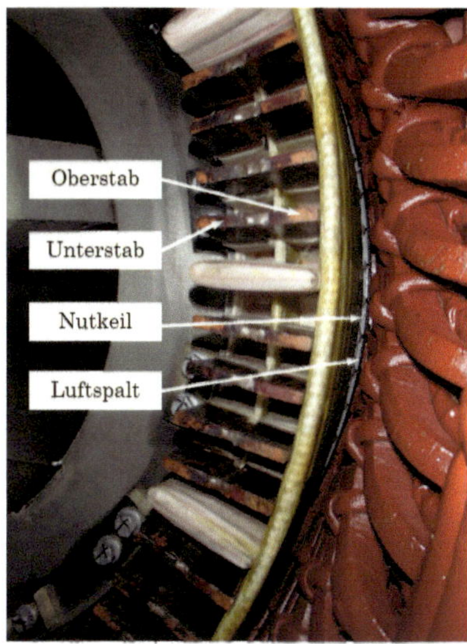

Bild 65.5
Rotorwickelkopf (Innenseite) (© Nordex/Acciona SE)

Auf der Bedienseite erfolgt die Ausführung der rotorseitigen Leistungskabel (Rotorkabelausführung). Die Kabel werden durch die Welle in den Schleifringkasten geführt (Bild 65.6).

Bild 65.6
Schleifringe am DASG (© Nordex/Acciona SE)

Zur Verbesserung des magnetischen Flusses werden die Wicklungen in ein Blechpaket eingebettet, da durch die Paketierung der Bleche die Wirbelströme reduziert werden. Eine durchgängige Paketierung wird nicht realisiert, da andernfalls keine hinreichende Kühlung gewährleistet werden kann. Über die Schleifringe wird die elektrische Leistung zwischen den rotierendem und dem feststehenden Teil des Generators übertragen.

66 Wie lässt sich das Verhalten eines Asynchrongenerators beschreiben?

Im Gegensatz zum Synchrongenerator müssen aufgrund der Asynchronität mehrere Kreisfrequenzen betrachtet werden (siehe Kapitel 55). Die **mechanische Kreisfrequenz** ω_m berechnet sich aus der mechanischen Drehzahl der Generatorwelle n_{Gen} [in U/min] und der Anzahl der Polpaare p des Generators:

$$\omega_m = p \cdot \frac{2\pi}{60} \cdot n_{Gen}$$

Die **Statorkreisfrequenz** ω_s wird von außen aufgeprägt. Dies geschieht entweder direkt über das elektrische Netz oder den netzseitigen Umrichter (siehe Kapitel 58).

Die **Rotorkreisfrequenz** ω_r ergibt sich aus der Differenz von Statorkreisfrequenz und mechanischer Kreisfrequenz:

$$\omega_r = \omega_s - \omega_m$$

Der **Schlupf** S ist allgemein als Verhältnis von Rotor- zu Statorkreisfrequenz definiert:

$$S = \frac{\omega_r}{\omega_s} = \frac{\omega_s - \omega_m}{\omega_s} = 1 - \frac{\omega_m}{\omega_s}$$

Somit gilt für die Kreisfrequenzen abhängig vom Schlupf S:

$$\omega_m = (1 - S) \cdot \omega_s$$

$$\omega_s = \frac{\omega_m}{(1 - S)}$$

Ebenso wie bei der Synchronmaschine werden die rotorseitigen Größen im Folgenden auf die Statorseite bezogen (siehe Kapitel 62) und mittels der Maschinenkonstante $ü$ umgerechnet:

$$R_r' = ü^2 \cdot R_r; \;\; L_r' = ü^2 \cdot L_r; \;\; u_r' = \frac{u_r}{ü}; \;\; i_r' = \frac{i_r}{ü}$$

Trennt man (wie beim Synchrongenerator) die Raumzeiger in den Real- und Imaginäranteil auf, so ergibt sich das Ersatzschaltbild der Asychronmaschine im allgemeingültigen Koordinatensystem K, das mit der Kreisfrequenz ω_K relativ zum Stator des Generators rotiert (Bild 66.1 und Bild 66.2). Der Eisenwiderstand und die Sättigung des Generators werden hier vernachlässigt.

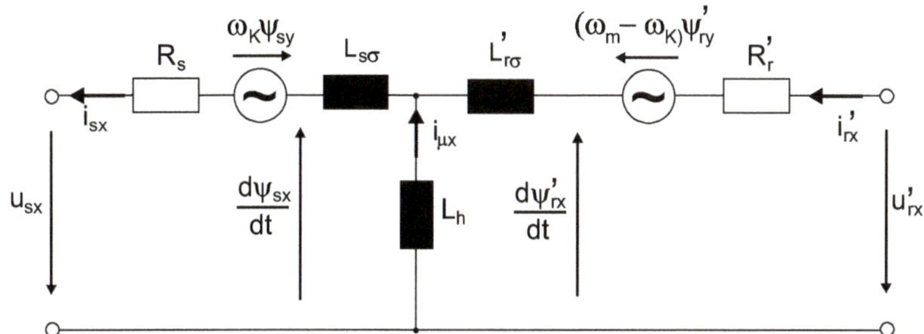

Bild 66.1 Einsträngiges Ersatzschaltbild des Asynchrongenerators in der x-Achse

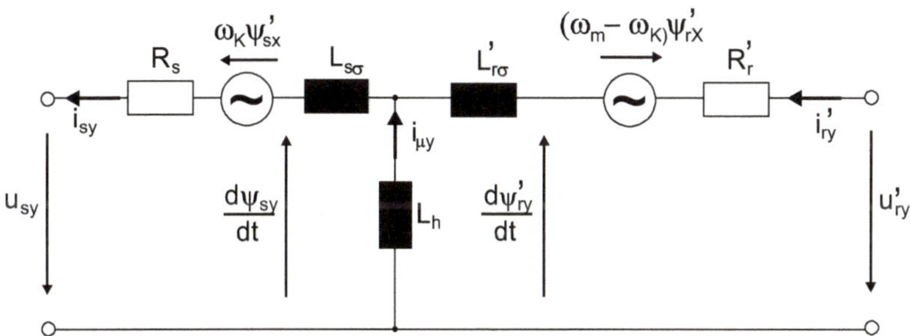

Bild 66.2 Einsträngiges Ersatzschaltbild des Asynchrongenerators in der y-Achse

Die Eigeninduktivitäten L_r und L_s von Rotor und Stator werden in eine gemeinsame Koppelinduktivität L_h und die Streuinduktivitäten $L_{r\sigma}$ und $L_{s\sigma}$ unterteilt:

$$L_s = L_h + L_{s\sigma}; \quad L'_r = L_h + L'_{r\sigma}$$

Für dieses Ersatzschaltbild lässt sich der zugehörige Gleichungssatz aufstellen, wobei dieser im Erzeugerpfeilsystem angegeben ist, d. h., erzeugte Ströme und generierte Wirkleistung sind positiv.

Spannungsgleichungen:

$$u_{sx} = -R_s \cdot i_{sx} - \frac{d\psi_{sx}}{dt} + \omega_K \cdot \psi_{sy}$$

$$u_{sy} = -R_s \cdot i_{sy} - \frac{d\psi_{sy}}{dt} - \omega_K \cdot \psi_{sx}$$

$$u'_{rx} = R'_r \cdot i'_{rx} - \frac{d\psi'_{rx}}{dt} - (\omega_m - \omega_K) \cdot \psi'_{ry}$$

$$u'_{ry} = R'_r \cdot i'_{ry} - \frac{d\psi'_{ry}}{dt} + (\omega_m - \omega_K) \cdot \psi'_{rx}$$

Flussgleichungen:

$$\psi_{sx} = L_s \cdot i_{sx} - L_h \cdot i'_{rx}$$

$$\psi_{sy} = L_s \cdot i_{sy} - L_h \cdot i'_{ry}$$

$$\psi'_{rx} = -L'_r \cdot i'_{rx} + L_h \cdot i_{sx}$$

$$\psi'_{ry} = -L'_r \cdot i'_{ry} + L_h \cdot i_{sy}$$

Elektrisches Drehmoment:

$$M_D = \frac{3}{2} \cdot p \cdot (\psi_{sy} \cdot i_{sx} - \psi_{sx} \cdot i_{sy}) = \frac{3}{2} \cdot p \cdot L_h \cdot (i_{sy} \cdot i'_{rx} - i_{sx} \cdot i'_{ry})$$

Generierte Wirkleistung (Stator):

$$P = \frac{3}{2} \cdot (u_{sx} \cdot i_{sx} + u_{sy} \cdot i_{sy})$$

Generierte Blindleistung (Stator):

$$Q = \frac{3}{2} \cdot (u_{sx} \cdot i_{sy} - u_{sy} \cdot i_{sx})$$

Mit Einführung der Bondel'schen Streuziffer

$$\sigma = 1 - \frac{L_h^2}{L_s \cdot L_r}$$

folgt die Zustandsraumdarstellung im allgemeinen K-System, wenn die Ströme (des Stators und des Rotors) als Zustandsgrößen gewählt werden:

$$\begin{bmatrix} \frac{di_{sx}}{dt} \\ \frac{di_{sy}}{dt} \\ \frac{di'_{rx}}{dt} \\ \frac{di'_{ry}}{dt} \end{bmatrix} = A \begin{bmatrix} i_{sx} \\ i_{sy} \\ i'_{rx} \\ i'_{ry} \end{bmatrix} + \frac{1}{\sigma} \begin{bmatrix} -\frac{1}{L_s} & 0 & \frac{L_h}{L_s \cdot L'_r} & 0 \\ 0 & -\frac{1}{L_s} & 0 & \frac{L_h}{L_s \cdot L'_r} \\ -\frac{L_h}{L_s \cdot L'_r} & 0 & \frac{1}{L'_r} & 0 \\ 0 & -\frac{L_h}{L_s \cdot L'_r} & 0 & \frac{1}{L'_r} \end{bmatrix} \begin{bmatrix} u_{sx} \\ u_{sy} \\ u'_{rx} \\ u'_{ry} \end{bmatrix}$$

Entscheidend für das dynamische Verhalten ist die Matrix A. Sie kann aufgeteilt werden in Terme, die von der mechanischen Kreisfrequenz ω_m und von der Kreisfrequenz ω_K des gewählten Koordinatensystems abhängig sind. ω_m und ω_K werden somit zu weiteren Eingangsgrößen des Systems:

$$A = A_0 + A_K \cdot \omega_K + A_m \cdot \omega_m$$

$$A = \frac{1}{\sigma} \begin{bmatrix} -\frac{R_s}{L_s} & 0 & -\frac{R'_r \cdot L_h}{L_s \cdot L'_r} & 0 \\ 0 & -\frac{R_s}{L_s} & 0 & -\frac{R'_r \cdot L_h}{L_s \cdot L'_r} \\ -\frac{R_s \cdot L_h}{L_s \cdot L'_r} & 0 & -\frac{R'_r}{L'_r} & 0 \\ 0 & -\frac{R_s \cdot L_h}{L_s \cdot L'_r} & 0 & -\frac{R'_r}{L'_r} \end{bmatrix}$$

$$A_K = \frac{1}{\sigma} \begin{bmatrix} 0 & 1 & 0 & 0 \\ -1 & 0 & 0 & 0 \\ 0 & 0 & 0 & 1 \\ 0 & 0 & -1 & 0 \end{bmatrix}$$

$$A_m = \frac{1}{\sigma} \begin{bmatrix} 0 & \frac{L_h^2}{L_s \cdot L'_r} & 0 & -\frac{L_h}{L_s} \\ -\frac{L_h^2}{L_s \cdot L'_r} & 0 & \frac{L_h}{L_s} & 0 \\ 0 & \frac{L_h}{L'_r} & 0 & -1 \\ -\frac{L_h}{L'_r} & 0 & 1 & 0 \end{bmatrix}$$

Damit steht ein allgemeiner Gleichungssatz im Erzeugerpfeilsystem zur Verfügung, der sowohl auf den Asynchrongenerator in Käfigläuferausführung als auch auf den doppelt gespeisten Asynchrongenerator angewendet werden kann.

67 Wie verhält sich ein Asynchrongenerator in Käfigläuferausführung?

Bei Asynchrongeneratoren in Käfigläuferausführung ist im generatorischen Betrieb die mechanische Kreisfrequenz ω_m immer höher als die Kreisfrequenz des Stators ω_s, woraus folgt, dass sowohl der Schlupf S als auch die Rotorkreisfrequenz ω_r immer negativ sind:

$$\omega_m > \omega_s \rightarrow S < 0, \quad \omega_r < 0$$

Vorbetrachtungen im statorspannungsfesten Koordinatensystem

Die Regelung des Asynchrongenerators in Käfigläuferausführung erfolgt im rotorflussorientieren Koordinatensystem (siehe unten) Für das generelle Verständnis, insbesondere für den Einfluss des Schlupfes S, wird hier zunächst die Betrachtung des Verhaltens im statorspannungsfesten Koordinatensystem durchgeführt. Es gilt dann: $\omega_K = \omega_s$.

Die Beschreibung der elektrischen Größen erfolgt somit in α/β-Koordinaten. Die Statorspannung in α-Richtung wird zu null gesetzt ($u_{s\alpha} = 0$) und besteht definitionsgemäß nur noch aus der β-Komponente ($u_{s\beta} = \sqrt{2} \cdot \hat{U}_S$), wobei $\hat{U}_S$ der Effektivwert der Statorgesamtspannung ist. Da die Rotorwicklungen über den Käfigläufer kurzgeschlossen sind, werden die Spannungen im Rotorkreis zu null ($u'_{r\alpha} = u'_{r\beta} = 0$).

Mit diesen Annahmen vereinfachen sich die allgemeinen Maschinengleichungen des allgemeinen Asynchrongenerators (siehe Kapitel 66) zu den im Folgenden genannten Gleichungen.

Spannungsgleichungen:

$$0 = -R_s \cdot i_{s\alpha} - \frac{d\psi_{s\alpha}}{dt} + \omega_s \cdot \psi_{s\beta}$$

$$u_{s\beta} = -R_s \cdot i_{s\beta} - \frac{d\psi_{sy}}{dt} - \omega_s \cdot \psi_{s\alpha}$$

$$0 = R'_r \cdot i'_{r\alpha} - \frac{d\psi'_{r\alpha}}{dt} - (\omega_m - \omega_s) \cdot \psi'_{r\beta}$$

$$0 = R'_r \cdot i'_{r\beta} - \frac{d\psi'_{r\beta}}{dt} + (\omega_m - \omega_s) \cdot \psi'_{r\alpha}$$

Flussgleichungen:

$$\psi_{s\alpha} = L_s \cdot i_{s\alpha} - L_h \cdot i'_{r\alpha}$$
$$\psi_{s\beta} = L_s \cdot i_{s\beta} - L_h \cdot i'_{r\beta}$$
$$\psi'_{r\alpha} = -L'_r \cdot i'_{r\alpha} + L_h \cdot i_{s\alpha}$$
$$\psi'_{r\beta} = -L'_r \cdot i'_{r\beta} + L_h \cdot i_{s\beta}$$

Elektrisches Drehmoment:

$$M_D = \frac{3}{2} \cdot p \cdot L_h \cdot \left(i_{s\beta} \cdot i'_{r\alpha} - i_{s\alpha} \cdot i'_{r\beta}\right)$$

Generierte Wirkleistung (Stator):

$$P = \frac{3}{2} \cdot \left(u_{s\beta} \cdot i_{s\beta}\right)$$

Generierte Blindleistung (Stator):

$$Q = -\frac{3}{2} \cdot \left(u_{s\beta} \cdot i_{s\alpha}\right)$$

Zunächst werden die Rotorgrößen im eingeschwungenen (stationären) Zustand betrachtet. Die Rotorströme können nicht gemessen werden, daher ist es sinnvoll, diese aus dem Gleichungssatz zu eliminieren. Es gilt

$$i'_{r\alpha} = -\left(\omega_m - \omega_s\right) \cdot T_R \cdot i'_{r\beta} + \left(\omega_m - \omega_s\right) \cdot \frac{L_h}{R'_r} \cdot i_{s\beta}$$
$$i'_{r\beta} = \left(\omega_m - \omega_s\right) \cdot T_R \cdot i'_{r\alpha} - \left(\omega_m - \omega_s\right) \cdot \frac{L_h}{R'_r} \cdot i_{s\alpha}$$

mit der Rotorzeitkonstante

$$T_R = \frac{L'_r}{R'_r}$$

Wird das Gleichungssystem aufgelöst, so erhält man die Rotorströme abhängig von den Statorströmen:

$$i'_{r\alpha} = \left(\omega_m - \omega_s\right) \cdot L_h \cdot \frac{L'_r \cdot \left(\omega_m - \omega_s\right) \cdot i_{s\alpha} + R'_r \cdot i_{s\beta}}{R'^2_r + \left(\omega_m - \omega_s\right)^2 \cdot L'^2_r}$$
$$i'_{r\beta} = \left(\omega_m - \omega_s\right) \cdot L_h \cdot \frac{L'_r \cdot \left(\omega_m - \omega_s\right) \cdot i_{s\beta} - R'_r \cdot i_{s\alpha}}{R'^2_r + \left(\omega_m - \omega_s\right)^2 \cdot L'^2_r}$$

Für das elektrische Drehmoment gilt dann:

$$M_D = \frac{3}{2} \cdot p \cdot L_h \cdot \left(i_{s\beta} \cdot i'_{r\alpha} - i_{s\alpha} \cdot i'_{r\beta} \right) = \frac{3}{2} \cdot p \cdot \frac{L_h^2 \cdot (\omega_m - \omega_s)}{R_r'^2 + (\omega_m - \omega_s)^2 \cdot L_r'^2} \cdot R'_r \cdot \left(i_{s\alpha}^2 + i_{s\beta}^2 \right)$$

Die Statorströme können durch die Gesamtstatorspannung ersetzt werden:

$$\sqrt{i_{s\alpha}^2 + i_{s\beta}^2} = \frac{1}{R_S} \cdot u_{s\beta} = \frac{\sqrt{2}}{R_S} \cdot \hat{U}_S$$

Somit ist das Moment proportional zum Quadrat der Gesamtstatorspannung:

$$M_D = 3 \cdot p \cdot \frac{R'_r}{R_s^2} \cdot L_h^2 \cdot \frac{(\omega_m - \omega_s)}{R_r'^2 + (\omega_m - \omega_s)^2 \cdot L_r'^2} \cdot \hat{U}_S^2$$

Der Term T ist bei eingeprägter mechanischer Kreisfrequenz nur noch von der Statorkreisfrequenz abhängig (Bild 67.1):

$$T = \frac{(\omega_m - \omega_s)}{R_r'^2 + (\omega_m - \omega_s)^2 \cdot L_r'^2}$$

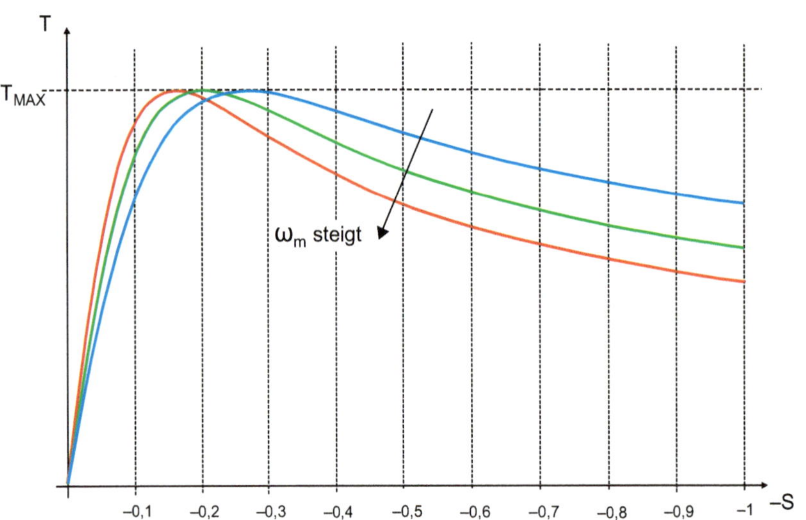

Bild 67.1 Verlauf des Terms T über dem Schlupf S bei unterschiedlichen mechanischen Kreisfrequenzen

Die Statorkreisfrequenz ω_s und damit der Schlupf S können so eingestellt werden, dass der Term T bei einer gegebenen mechanischen Kreisfrequenz den Maximalwert S_{Opt} annimmt (optimaler Schlupf). Dies ist dann der Fall, wenn gilt:

$$\omega_s = \omega_m - \frac{R_r'}{L_r'} \quad bzw: \quad S_{Opt} = -\frac{1}{1 - \frac{R_r'}{L_r'} \cdot \omega_m}$$

Der optimale Schlupf und damit die Statorkreisfrequenz ist somit nur abhängig von der mechanischen Kreisfrequenz und damit von der Generatordrehzahl. Je höher die Drehzahl des Generators ist, desto kleiner wird der Betrag des optimalen Schlupfes.

Der Term T hat unabhängig von der mechanischen Kreisfrequenz folgenden Maximalwert:

$$T_{Max} = \frac{1}{2 \cdot R_r' \cdot L_r'}$$

Wird über den maschinenseitigen Vollumrichter (bei einer eingeprägten mechanischen Kreisfrequenz) die Statorkreisfrequenz ω_s so gewählt, dass sich der optimale Schlupf einstellt, nimmt das elektrische Drehmoment folgenden Maximalwert an:

$$M_{D,Max} = \frac{3}{2} \cdot p \cdot \frac{L_h^2}{R_s^2 \cdot L_r'} \cdot \hat{U}_S^2 \quad für \quad S = S_{Opt} = -\frac{1}{1 - \frac{R_r'}{L_r'} \cdot \omega_m}$$

Betrachtung im rotorflussfesten Koordinatensystem

Da das Moment des Generators direkt über die Statorströme geregelt werden soll, wird in der weiteren Betrachtung ein **rotorflussorientiertes Koordinatensystem** gewählt, das mit der Kreisfrequenz des Rotorflusses ω_μ rotiert:

$$\varphi_\mu(t) = \omega_\mu \cdot t + \varphi_0$$

Da es sich hier um ein (rotor-)flussorientiertes Koordinatensystem handelt, werden die x- und die y-Komponente im Folgenden als d- (Längs-) und q-(Quer-)Komponente bezeichnet.

Der wesentliche Vorteil dieser Darstellungsform ist, dass die Rotorflussverkettung in der Querachse in diesem Koordinatensystem zu null ($\psi_{rq}' = 0$) wird. Die Rotorflussverkettung in der Längsachse hängt nur noch vom Magnetisierungsstrom ab. Die Größe $i_{\mu d}$ ist der Magnetisierungsstrom, der so definiert ist, dass er der Rotorlängsverkettung proportional ist ($\psi_{rd}' \sim i_{\mu d}$). Damit ist gewährleistet, dass die Drehmomentenbildung nur noch durch die senkrecht aufeinander stehenden Komponenten von Rotorfluss und Statorstrom ($M_D \sim \psi_{rd}' \cdot i_{sq}$) erfolgt.

Die Maschinengleichungen in diesem rotorflussorientierten Koordinatensystem sind im Folgenden aufgeführt.

Spannungsgleichungen:

$$u_{sd} = -R_s \cdot i_{sd} - \frac{d\psi_{sd}}{dt} + \omega_\mu \cdot \psi_{sq}$$

$$u_{sq} = -R_s \cdot i_{sq} - \frac{d\psi_{sq}}{dt} - \omega_\mu \cdot \psi_{sd}$$

$$0 = R_r' \cdot i_{rd}' - \frac{d\psi_{rd}'}{dt} - \left(\omega_m - \omega_\mu\right) \cdot \psi_{rq}'$$

$$0 = R_r' \cdot i_{rq}' - \frac{d\psi_{rq}'}{dt} + \left(\omega_m - \omega_\mu\right) \cdot \psi_{rd}'$$

Flussgleichungen:

$$\psi_{sd} = L_s \cdot i_{sd} - L_h \cdot i_{rd}'$$

$$\psi_{sq} = L_s \cdot i_{sq} - L_h \cdot i_{rq}'$$

$$\psi_{rd}' = -L_r' \cdot i_{rd}' + L_h \cdot i_{sd} = L_h \cdot i_{\mu d}$$

$$0 = -L_r' \cdot i_{rq}' + L_h \cdot i_{sq}$$

Elektrisches Drehmoment:

$$M_D = \frac{3}{2} \cdot p \cdot \left(\psi_{rd}' \cdot i_{rq}'\right)$$

Generierte Wirkleistung (Stator):

$$P = \frac{3}{2} \cdot \left(u_{sd} \cdot i_{sq} + u_{sd} \cdot i_{sq}\right)$$

Generierte Blindleistung (Stator):

$$Q = \frac{3}{2} \cdot \left(u_{sq} \cdot i_{sd} - u_{sd} \cdot i_{sq}\right)$$

Für die Rotorströme folgt aus den Flussgleichungen des Rotors:

$$i_{rd}' = \frac{L_h}{L_r'} \cdot \left(i_{sd} - i_{\mu d}\right)$$

$$i_{rq}' = \frac{L_h}{L_r'} \cdot i_{sq}$$

Werden diese Beziehungen in die Spannungsgleichungen für den Rotor eingesetzt, so ergibt sich:

$$\frac{R_r'}{L_r'}\cdot\left(i_{sd}-i_{\mu d}\right)-\frac{di_{\mu d}}{dt}=0$$

$$\frac{R_r'}{L_r'}\cdot i_{sq}+\left(\omega_m-\omega_\mu\right)\cdot i_{\mu d}=0$$

Umgestellt ergeben sich aus den Rotorspannungsgleichungen die Beziehungen zwischen den Statorströmen und dem Magnetisierungsstrom:

$$i_{sd}=T_R\cdot\frac{di_{\mu d}}{dt}+i_{\mu d}$$

$$i_{sq}=T_R\cdot i_{\mu d}\cdot\left(\omega_\mu-\omega_m\right)$$

$$T_R=\frac{L_r'}{R_r'}$$

Die Kreisfrequenz des Rotorflusses kann somit direkt aus den Strömen und der mechanischen Kreisfrequenz ermittelt werden:

$$\omega_\mu=\omega_m+\frac{i_{sq}}{T_R\cdot i_{\mu d}}$$

Für die Statorverkettungsflüsse gilt nach Einsetzen der Rotorströme:

$$\psi_{sd}=L_s\cdot i_{sd}-L_h\cdot i_{rd}'=L_s\cdot\sigma\cdot i_{sd}+\frac{L_h^2}{L_r'}\cdot i_{\mu d}$$

$$\psi_{sq}=L_s\cdot i_{sq}-L_h\cdot i_{rq}'=L_s\cdot\sigma\cdot i_{sq}$$

$$\sigma=1-\frac{L_h^2}{L_s\cdot L_r}$$

Werden diese Ausdrücke für die Statorverkettungsflüsse in die Statorspannungsgleichungen eingesetzt, so erhält man für die Differentialgleichungen der Statorströme

$$i_{sd}+\sigma\cdot T_S\cdot\frac{di_{sd}}{dt}=-\frac{u_{sd}}{R_s}+\omega_\mu\cdot\sigma\cdot T_S\cdot i_{sq}-T_S\cdot\left(1-\sigma\right)\cdot\frac{di_{\mu d}}{dt}$$

$$i_{sq}+\sigma\cdot T_S\cdot\frac{di_{sq}}{dt}=-\frac{u_{sq}}{R_s}-\omega_\mu\cdot\sigma\cdot T_S\cdot i_{sd}-\omega_\mu\cdot T_S\cdot\left(1-\sigma\right)\cdot i_{\mu d}$$

mit der Statorzeitkonstante

$$T_S=\frac{L_S}{R_S}$$

Die Differentialgleichungen für die Statorströme können in den Frequenzbereich überführt werden:

$$i_{sd} = \frac{1}{1+\sigma \cdot T_S \cdot s}\left(-\frac{u_{sd}}{R_s} + \omega_\mu \cdot \sigma \cdot T_S \cdot i_{sq} - T_S \cdot (1-\sigma) \cdot \frac{di_{\mu d}}{dt}\right)$$

$$i_{sq} = \frac{1}{1+\sigma \cdot T_S \cdot s}\left(-\frac{u_{sq}}{R_s} - \omega_\mu \cdot \sigma \cdot T_S \cdot i_{sd} - \omega_\mu \cdot T_S \cdot (1-\sigma) \cdot i_{\mu d}\right)$$

Aus diesen Gleichungen lässt sich das Blockschaltbild des Asynchrongenerators in Käfigläuferausführung aufstellen (Bild 67.2).

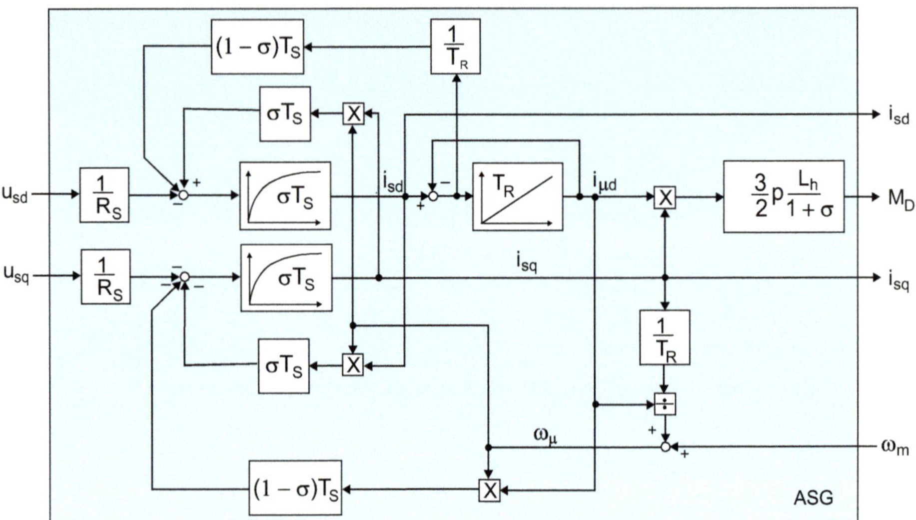

Bild 67.2 Blockschaltbild des Asynchrongenerators in Käfigläuferausführung

Zusammenfassung

- Wie dem Blockschaltbild zu entnehmen ist, wird der Magnetisierungsstrom $i_{\mu d}$ in Längsrichtung über die Beziehung $i_{\mu d} = \frac{1}{1+T_R \cdot s} \cdot i_{sd}$ mittels der Längskomponente des Statorstroms kontrolliert. Da es sich bei T_R um eine relativ große Zeitkonstante handelt, ist der Rotorfluss nicht geeignet, schnelle Regelvorgänge durchzuführen.
- Die Gleichung der Kreisfrequenzen $\omega_\mu = \omega_m + \frac{i_{sq}}{T_R \cdot i_{\mu d}}$ zeigt, dass sich die Kreisfrequenz des Rotorflusses aus der mechanischen Kreisfrequenz (ω_m), der Querkomponente des Statorstroms (i_{sd}) und der Größe des Magnetisierungsstroms ($i_{\mu d}$) bestimmt.

- Die Momentenbildung erfolgt aus dem Magnetisierungsstrom in Längsrichtung und dem Querstrom des Stators. Wenn die d-Komponente des Rotorflusses $\psi'_{rd} = L_h \cdot i_{\mu d} = const$ ist, ist das elektrische Drehmoment M_D direkt proportional zum Statorquerstrom i_{sq}.
- Die Statorspannungsgleichungen ergänzen das Modell um das Zusammenwirken von Statorspannungen und Statorströmen. Bezüglich der Statorkomponenten verhalten sich diese wie ein Verzögerungsglied erster Ordnung mit der Zeitkonstante σT_S und der Verstärkung $1/R_S$. Weiterhin ist die Verkopplung über die rotatorischen Spannungen $\omega_\mu \cdot \sigma \cdot L_S \cdot i_{sq}$ bzw. $-\omega_\mu \cdot \sigma \cdot L_S \cdot i_{sd}$ zu erkennen, durch die ein Strom in der jeweils anderen Achse verursacht wird.
- Die Größe $(1-\sigma) \cdot L_S \cdot \frac{di_{\mu d}}{dt}$ ist die transformatorische Spannung, die in Längsrichtung bei einer Änderung des Magnetisierungsstroms verursacht wird. $\omega_\mu \cdot (1-\sigma) \cdot L_S \cdot i_{\mu d}$ entspricht der rotatorisch induzierten Spannung des Hauptfelds, die in Querrichtung wirkt.

68 Wie wird ein Asynchrongenerator in Käfigläuferausführung geregelt?

In Kapitel 67 wurden die Gleichungen für die Statorströme im rotorflussfesten Koordinatensystem im Frequenzbereich aufgestellt:

$$i_{sd} = \frac{1}{R_S} \cdot \frac{1}{1 + \sigma \cdot T_S \cdot s} \cdot \left(-u_{sd} + u_{sd,kopp}\right)$$

$$i_{sq} = \frac{1}{R_S} \cdot \frac{1}{1 + \sigma \cdot T_S \cdot s} \cdot \left(-u_{sq} + u_{sq,kopp}\right)$$

Mit folgenden Kopplungsspannungen:

$$u_{sd,kopp} = \omega_\mu \cdot \sigma \cdot L_S \cdot i_{sq} - L_S \cdot (1 - \sigma) \cdot \frac{di_{\mu d}}{dt}$$

$$u_{sq,kopp} = -\omega_\mu \cdot \sigma \cdot L_S \cdot i_{sd} - \omega_\mu \cdot L_S \cdot (1 - \sigma) \cdot i_{\mu d}$$

Mittels eines Entkopplungsnetzwerkes wird (wie beim Synchrongenerator) der Einfluss der nichtlinearen Kreuzkopplungen eliminiert, wobei der Ableitungsterm des Magnetisierungsstroms $\frac{di_{\mu d}}{dt}$ vernachlässigt werden kann (Bild 68.1).

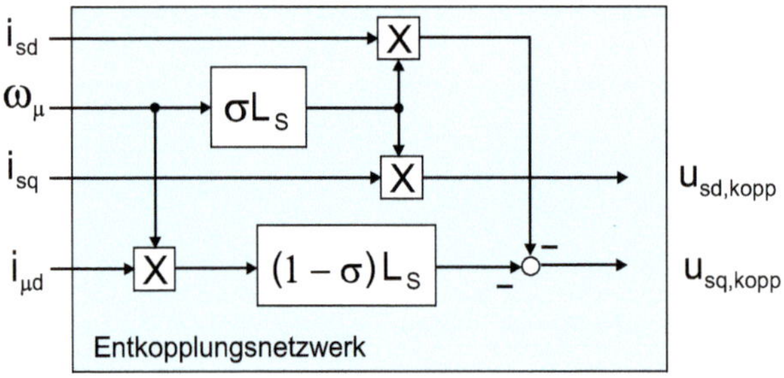

Bild 68.1 Entkopplungsfilter für einen Asynchrongenerator in Käfigläuferausführung

Für das Entkopplungsmodell wird der Magnetisierungsstrom in Längsrichtung ($i_{\mu d}$) und die Kreisfrequenz des Rotorflusses (ω_μ) benötigt, die mit einem entsprechenden Maschinenmodell berechnet werden können (Bild 68.2).

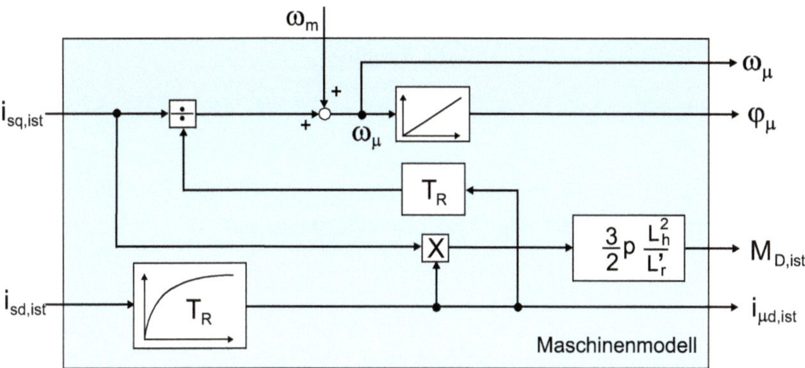

Bild 68.2 Maschinenmodell für einen Asynchrongenerator in Käfigläuferausführung

Das Maschinenmodell liefert zusätzlich die Werte für das aktuelle Moment und den Transformationswinkel für das rotorflussfeste Koordinatensystem (φ_μ).

Mittels des Entkopplungsnetzwerkes wird (wie beim permanenterregten Synchrongenerator) der Einfluss der nichtlinearen Kreuzkopplungen minimiert, und die Dynamik zerfällt in zwei unverkoppelte PT_1-Systeme mit der Zeitkonstante $\sigma \cdot T_S = \frac{\sigma \cdot L_S}{R_S}$ und der Verstärkung $\frac{1}{R_S}$. Zur Regelung der Ströme können dann PI-Regler verwendet werden, wie Bild 68.3 dieser sogenannten feldorientierten Regelung zeigt.

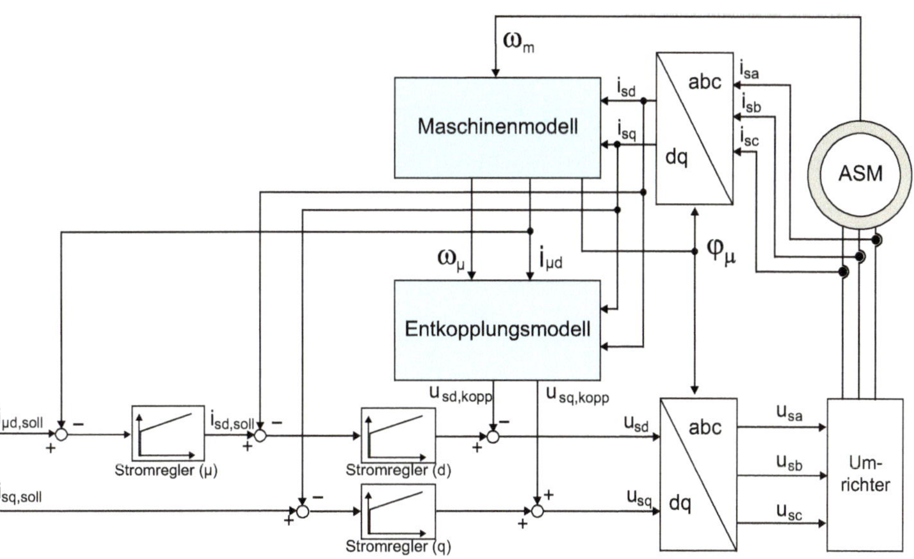

Bild 68.3 Feldorientierte Regelung eines Asynchrongenerators in Käfigläuferausführung

Nun sind noch die **Sollwerte für die Ströme** zu bestimmen. Bei konstantem Rotorfluss ist der Magnetisierungsstrom ebenfalls konstant, da gilt:

$$i_{\mu d} = \frac{\psi'_{rd}}{L_h}$$

Somit nimmt die d-Komponente des Statorstroms bei konstantem Rotorfluss (also im stationären Zustand) den Wert des Magnetisierungsstroms an:

$$i_{sd} = T_R \cdot \frac{di_{\mu d}}{dt} + i_{\mu d} \rightarrow i_{sd,stat} = i_{\mu d,stat}$$

Der Sollwert für den Magnetisierungsstrom bzw. den Statorstrom in d-Richtung kann so eingestellt werden, dass bei einem beliebigen Sollmoment der Gesamtstrom des Stators den minimalen Wert annimmt:

$$\left|I_{S,stat}\right|^2 = i_{sd,stat}^2 + i_{sq,stat}^2 \rightarrow MIN$$

Der Ausdruck wird minimal, wenn beide Ströme den gleichen Betragswert annehmen. Es gilt dann Folgendes für die Stromsollwerte:

$$i_{sdq,soll} = -i_{sd,soll} = i_{sq,soll} = \frac{1}{L_h} \cdot \sqrt{\frac{2}{3 \cdot p} \cdot L'_r \cdot M_{D,Soll}}$$

Die Statorspannungen im stationären Zustand ergeben sich mit $i_{sd,stat} = i_{\mu d,stat}$ zu

$$u_{sd,stat} = -R_S \cdot i_{sd,stat} + \omega_\mu \cdot \sigma \cdot L_S \cdot i_{sq,stat}$$
$$u_{sq,stat} = -R_S \cdot i_{sq,stat} - \omega_\mu \cdot \sigma \cdot L_S \cdot i_{sd,stat}$$

Werden die Sollwerte eingesetzt, ergibt sich:

$$u_{sd,stat} = R_S \cdot i_{sdq,soll} + \omega_\mu \cdot \sigma \cdot L_S \cdot i_{sdq,soll}$$
$$u_{sq,stat} = -R_S \cdot i_{sdq,soll} + \omega_\mu \cdot \sigma \cdot L_S \cdot i_{sdq,soll}$$

Aus diesen Beziehungen kann die Blindleistungsaufnahme des Generators abhängig von dem Stromsollwert berechnet werden:

$$Q_S = \frac{3}{2} \cdot \left(-u_{sq,stat} \cdot i_{sdq,soll} - u_{sd,stat} \cdot i_{sdq,soll}\right) = -3 \cdot \omega_\mu \cdot \sigma \cdot L_S \cdot i_{sdq,soll}^2$$

Wird der Stromsollwert durch das Sollmoment ersetzt, ergibt sich:

$$Q_S = -\omega_\mu \cdot \sigma \cdot L_S \cdot \frac{1}{L_h^2} \cdot \frac{2}{p} \cdot L'_r \cdot M_{D,Soll} = -\frac{2}{p} \cdot \omega_\mu \cdot \frac{\sigma}{1-\sigma} \cdot M_{D,Soll}$$

Der Asynchrongenerator in Käfigläuferausführung nimmt somit immer induktive Blindleistung auf.

Die Gesamtspannung des Stators ergibt sich zu

$$\hat{U}_{S,stat} = \frac{1}{\sqrt{2}} \cdot \sqrt{u_{sd,stat}^2 + u_{sd,stat}^2} = \sqrt{\omega_\mu^2 \cdot \sigma^2 \cdot L_S^2 + R_S^2} \cdot i_{sdq,soll}$$

Vernachlässigt man den Statorwiderstand R_S und ersetzt die Kreisfrequenz des Rotorflusses durch

$$\omega_\mu = \omega_m + \frac{i_{sq}}{T_R \cdot i_{\mu d}} \rightarrow \omega_{\mu,stat} = \omega_m + \frac{1}{T_R}$$

so ergibt sich näherungsweise Folgendes für die Statorspannung im stationären Zustand:

$$\hat{U}_{S,stat} \approx \left(\omega_m + \frac{1}{T_R} \right) \cdot \sigma \cdot L_S \cdot i_{sdq,soll}$$

Es ist zu beachten, dass der Maximalwert der Statorgesamtspannung die Spannung der Zwischenkreisspannung U_{DC} nicht übersteigen soll, da sonst die Regelbarkeit des Systems verloren geht. Die maximale Leistungsabgabe des Generators wird somit auch von der Höhe der Zwischenkreisspannung begrenzt.

Da der Momentenistwert des Generators bereits im Maschinenmodell der feldorientierten Regelung berechnet wird, kann dieser direkt für die übergeordnete Momentenregelung verwendet werden. Als Regler kann beispielsweise ein PI-Regler verwendet werden. Die gesamte Regelung des generatorseitigen Umrichters ist in Bild 68.4 dargestellt.

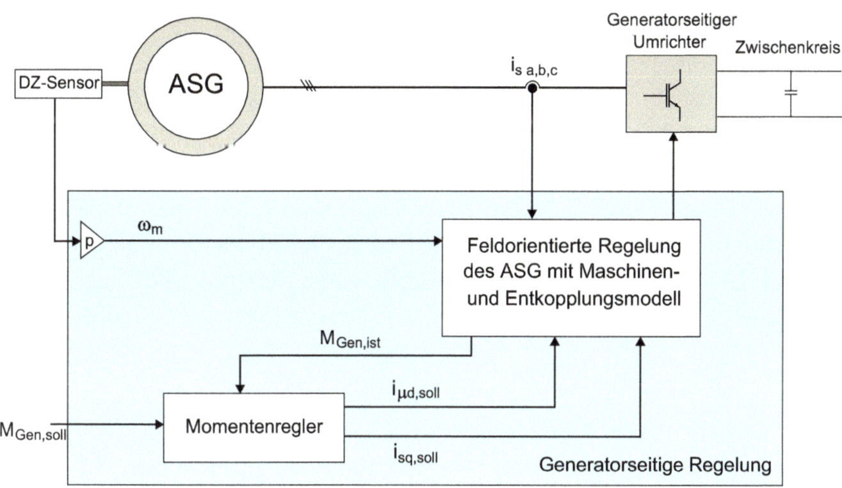

Bild 68.4 Generatorseitige Regelung der ASG

69 Wie verhält sich ein doppelt gespeister Asynchrongenerator?

Bei doppelt gespeisten Asynchrongeneratoren ist der Stator im Produktionsmodus fest mit dem elektrischen Netz (in der Regel über einen Transformator) verbunden. Die Statorkreisfrequenz ω_s ist somit eine feste Größe, die nicht verändert werden kann. Sie beträgt bei einem 50-Hz-Netz:

$$\omega_s = 2 \cdot \pi \cdot f_N \approx 314{,}16 \frac{1}{s}$$

Die Generatordrehzahl und damit die mechanische Kreisfrequenz ω_m wird von außen aufgeprägt und kennzeichnet den Betriebszustand der Windenergieanlage. Es ergibt sich somit abhängig von der Generatordrehzahl ein notwendiger Schlupf S, der über die Rotorkreisfrequenz ω_r eingestellt werden muss:

$$S = \frac{\omega_r}{\omega_s} = \frac{\omega_s - \omega_m}{\omega_s}$$

Damit ergibt sich auch der Generatordrehzahlbereich, in dem elektrische Leistung erzeugt werden kann. Ist der Teilumrichter beispielsweise auf einen Bereich von ± 30 % der Gesamtleistung ausgelegt und die Nenndrehzahl des Generators beträgt $n_{Gen,nenn}$ = 1000 U/min, so liegt dieser Bereich zwischen 700 und 1300 U/min. Aus dem Maximalwert der Motordrehzahl und dem Maximalwert der Rotordrehzahl (siehe Kapitel 10) lässt sich wiederum die notwendige Getriebeübersetzung ableiten.

Die weitere mathematische Betrachtung des doppelt gespeisten Asynchrongenerators wird im statorspannungsfesten Koordinatensystem durchgeführt. Es gilt somit: $\omega_K = \omega_s$. Die Beschreibung der elektrischen Größen erfolgt in α/β-Koordinaten. Die Statorspannung in β-Richtung wird zu null gesetzt ($u_{s\beta} = 0$) und besteht definitionsgemäß nur noch aus der α-Komponente ($u_{s\alpha} = \sqrt{2} \cdot \hat{U}_S$). Im Gegensatz zum Asynchrongenerator in Käfigläuferausführung sind die Rotorspannungen definitionsgemäß ungleich null.

Wird der Generator im eingeschwungenen, stationären Zustand betrachtet, so vereinfachen sich die Maschinengleichungen der allgemeinen Asynchronmaschine (siehe Kapitel 66) entsprechend.

Spannungsgleichungen:

$$u_{s\alpha} = -R_s \cdot i_{s\alpha} + \omega_s \cdot \psi_{s\beta}$$
$$0 = -R_s \cdot i_{s\beta} - \omega_s \cdot \psi_{s\alpha}$$
$$u'_{r\alpha} = R'_r \cdot i'_{r\alpha} - (\omega_m - \omega_s) \cdot \psi'_{r\beta}$$
$$u'_{r\beta} = R' \cdot i'_{r\beta} + (\omega_m - \omega_s) \cdot \psi'_{r\alpha}$$

Flussgleichungen:

$$\psi_{s\alpha} = L_s \cdot i_{s\alpha} - L_h \cdot i'_{r\alpha}$$
$$\psi_{s\beta} = L_s \cdot i_{s\beta} - L_h \cdot i'_{r\beta}$$
$$\psi'_{r\alpha} = -L'_r \cdot i'_{r\alpha} + L_h \cdot i_{s\alpha}$$
$$\psi'_{r\beta} = -L' \cdot i'_{r\beta} + L_h \cdot i_{s\beta}$$

Elektrisches Drehmoment:

$$M_D = \frac{3}{2} \cdot p \cdot (\psi_{sy} \cdot i_{sx} - \psi_{sx} \cdot i_{sy})$$

Generierte Wirkleistung:

$$P = \frac{3}{2} \cdot u_{s\alpha} \cdot i_{s\alpha}$$

Generierte Blindleistung (Stator):

$$Q_S = \frac{3}{2} \cdot u_{s\alpha} \cdot i_{s\beta}$$

Aus den Spannungs- und Flussgleichungen des Stators lassen sich die Statorströme abhängig von den Rotorströmen ermitteln:

$$i_{s\alpha} = \frac{\omega_s^2 \cdot L_s \cdot L_h \cdot i'_{r\alpha} - \omega_s \cdot R_s \cdot L_h \cdot i'_{r\beta} - R_s \cdot u_{s\alpha}}{R_s^2 + \omega_s^2 \cdot L_s^2}$$
$$i_{s\beta} = \frac{\omega_s^2 \cdot L_s \cdot L_h \cdot i'_{r\beta} + \omega_s \cdot R_s \cdot L_h \cdot i'_{r\alpha} + \omega_s \cdot L_s \cdot u_{s\alpha}}{R_s^2 + \omega_s^2 \cdot L_s^2}$$

Wird der Statorwiderstand vernachlässigt ($R_s = 0$), so vereinfachen sich die Gleichungen:

$$i_{s\alpha} = \frac{L_h}{L_s} \cdot i'_{r\alpha}$$
$$i_{s\beta} = \frac{L_h}{L_s} \cdot i'_{r\beta} + \frac{1}{L_s \cdot \omega_s} \cdot u_{s\alpha}$$

Aus den Flussgleichungen für den Rotor folgt damit für die Rotorflüsse:

$$\psi'_{r\alpha} = -L'_r \cdot \sigma \cdot i'_{r\alpha}$$

$$\psi'_{r\beta} = -L'_r \cdot \sigma \cdot i'_{r\beta} + \frac{L_h}{L_s \cdot \omega_s} \cdot u_{s\alpha}$$

$$\sigma = 1 - \frac{L_h^2}{L_s \cdot L'_r}$$

Es ist zu erkennen, dass die Gleichungen bis hierhin denen des Asynchrongenerators in Käfigläuferausführung entsprechen. Der Unterschied besteht nun darin, dass nicht die Statorströme, sondern die Rotorströme die Stellgrößen des Generators sind. Somit lassen sich die generierten Leistungen recht einfach berechnen:

$$P = \frac{3}{2} \cdot \frac{L_h}{L_s} \cdot u_{s\alpha} \cdot i'_{r\alpha}$$

$$Q_S = \frac{3}{2} \cdot \frac{L_h}{L_s} \cdot u_{s\alpha} \cdot i'_{r\beta} + \frac{3}{2} \cdot \frac{1}{L_s \cdot \omega_s} \cdot u_{s\alpha}^2$$

Die erzeugte Wirkleistung des Stators lässt sich somit direkt über die α-Stromkomponente des Rotors beeinflussen. Bei konstanter Netzspannungskomponente $u_{s\alpha}$ gilt: $P_S \sim i'_{r\alpha}$. Die erzeugte Blindleistung des Stators besteht aus einem festen Term, der proportional zum Quadrat der (festen) Statorspannungskomponente $u_{s\alpha}$ und proportional zum Kehrwert der (festen) Statorkreisfrequenz ist. Dazu kommt ein Term, der mittels der β-Stromkomponente des Rotorstroms beeinflusst werden kann.

Somit kann über $i'_{r\beta}$ die Blindleistung, die über den Stator in das Netz gespeist wird, eingestellt werden:

Untererregter Erzeugerbetrieb	Kein Erzeugerbetrieb	Übererregter Erzeugerbetrieb
$i'_{r\beta} < -\frac{1}{\omega_s \cdot L_h} \cdot u_{s\alpha}$	$i'_{r\beta} = -\frac{1}{\omega_s \cdot L_h} \cdot u_{s\alpha}$	$i'_{r\beta} > -\frac{1}{\omega_s \cdot L_h} \cdot u_{s\alpha}$
Der Generator bezieht induktive Blindleistung vom Netz ($Q_S < 0$).	Der Generator speist keine Blindleistung in das Netz ($Q_S = 0$).	Der Generator gibt induktive Blindleistung in das Netz ab ($Q_S > 0$).

Die Gleichungen des Rotorkreises ergeben die stationären Rotorspannungen abhängig von den (eingeprägten) Rotorströmen:

$$u'_{r\alpha} = R'_r \cdot i'_{r\alpha} + (\omega_m - \omega_s) \cdot L'_r \cdot \sigma \cdot i'_{r\beta} + \frac{L_h}{L_s} \cdot S \cdot u_{s\alpha}$$

$$u'_{r\beta} = R'_r \cdot i'_{r\beta} - (\omega_m - \omega_s) \cdot L'_r \cdot \sigma \cdot i'_{r\alpha}$$

$$S = \frac{\omega_s - \omega_m}{\omega_s}$$

Da der Term $\frac{L_h}{L_s} \cdot S \cdot u_{s\alpha}$ gegenüber den anderen Ausdrücken sehr groß ist, ergibt sich, dass die im Rotor induzierte Gesamtspannung weitestgehend von der (festen) Amplitude der Statorspannung und des Schlupfes bestimmt wird:

$$\hat{U}'_R \approx \left| \frac{1}{\sqrt{2}} \cdot \frac{L_h}{L_s} \cdot S \cdot u_{s\alpha} \right|$$

Da die maximale Rotorgesamtspannung von der Zwischenkreisspannung des Umrichters abhängt, ergeben sich zulässige Betriebsbereiche für den Generator. Bild 69.1 zeigt diese für einen Generator mit einer Synchrondrehzahl von $n_{Gen,Sync}$ = 1500 U/min und einem maximale Schlupf von $|S|_{max} = 0{,}3$.

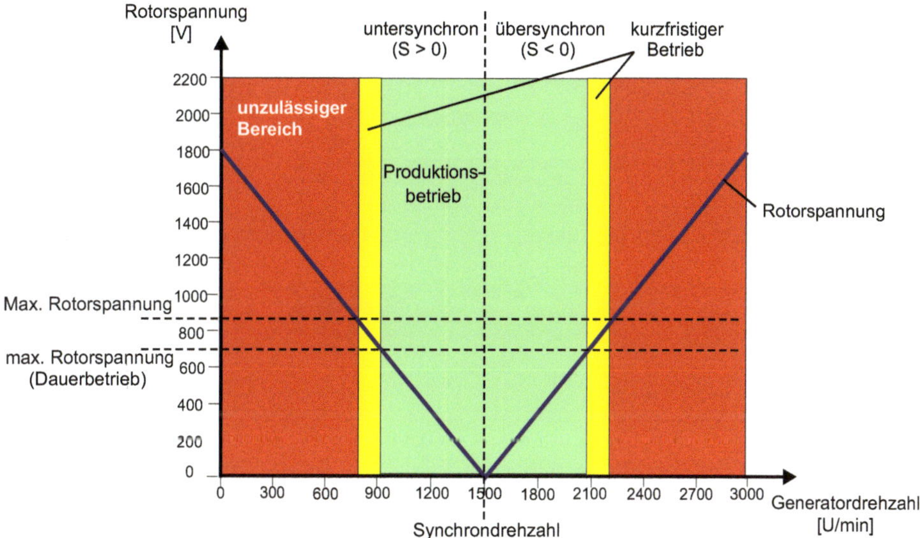

Bild 69.1 Betriebsbereich des doppelt gespeisten Asynchrongenerators

Im Produktionsbetrieb darf die maximale Rotorspannung für den Dauerbetrieb nicht überschritten werden. Das Generator-Umrichtersystem ist daher, um Beschädigungen zu vermeiden, im unzulässigen Bereich vom Netz zu trennen. Voraussetzung für dieses Verhalten ist die korrelierende Steigung der Rotorspannungskurve über der Generatordrehzahl bzw. dem Schlupf, die im Wesentlichen von der Maschinengröße L_h/L_S bestimmt wird. Diese ist entsprechend den Anforderungen auszulegen.

Beim Übergang zwischen den beiden Betriebsarten tritt ein synchroner Fall (S = 0) auf, bei dem die Rotorspannung zu null wird. Beim doppelt gespeisten Asynchrongenerator wird der Rotorkreis in diesem Fall mittels des generatorseitigen Umrichters mit einem modulierten Gleichstrom erregt. Die Leistungs- und Momentenbereitstellung wird nicht unterbrochen.

Die **Wirkleistung des Rotors** ergibt sich zu

$$P_R = \frac{3}{2} \cdot \left(u'_{r\alpha} \cdot i'_{r\alpha} + u'_{r\beta} \cdot i'_{r\beta} \right) = \frac{3}{2} \cdot \frac{L_h}{L_s} \cdot S \cdot u_{s\alpha} \cdot i'_{r\alpha} + \frac{3}{2} \cdot R'_r \cdot \left(i'^2_{r\alpha} + i'^2_{r\beta} \right)$$

Die Wirkleistung im Rotor besteht aus einem Anteil, der abhängig vom aktuellen Schlupf S sowie der α-Stromkomponente des Rotors ist, und einem Verlustanteil, der über den Rotorwiderständen abfällt:

- Im untersynchronen Betrieb liegt die mechanische Kreisfrequenz ω_m unterhalb der Statorkreisfrequenz ω_s. Der Schlupf ist positiv: ($\omega_m < \omega_s \rightarrow S > 0$). Dem Rotor muss in dieser Betriebsart über den Teilumrichter **elektrische Leistung zugeführt** werden (Bild 69.2).

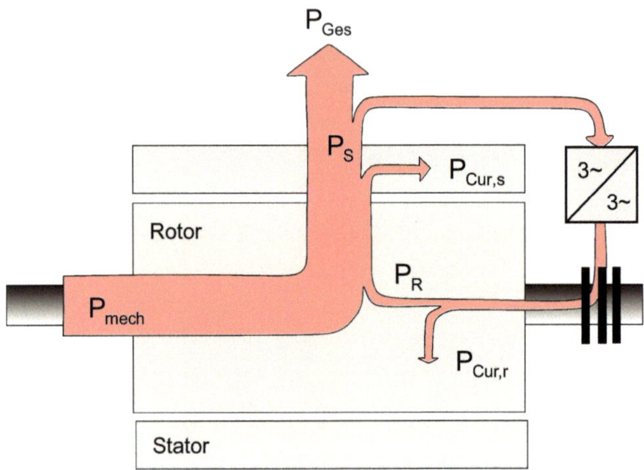

Bild 69.2 Untersynchroner Betrieb des DASG

- Im übersynchronen Betrieb liegt die mechanische Kreisfrequenz ω_m oberhalb der Statorkreisfrequenz ω_s. Der Schlupf ist negativ: ($\omega_m > \omega_s \rightarrow S < 0$). Aus dem Rotor wird in dieser Betriebsart über den Teilumrichter **elektrische Leistung abgeführt** (Bild 69.3).

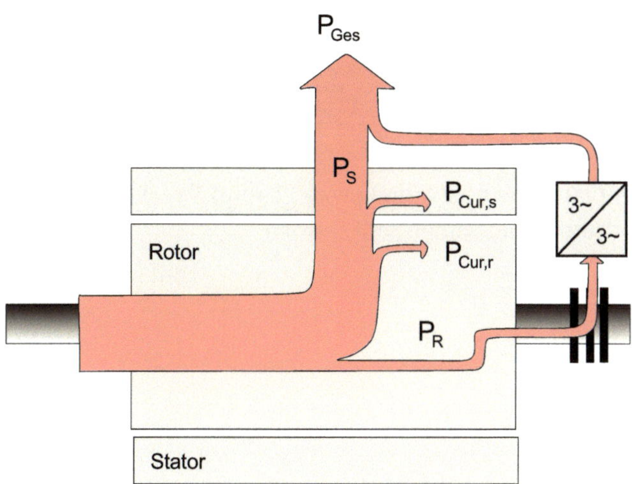

Bild 69.3 Übersynchroner Betrieb des DASG

Von der Gesamtleistung des Generator-Umrichtersystems

$$P_{Ges} = P_{mech} - P_{Cur,s} - P_{Cur,r} = \frac{3}{2} \cdot \frac{L_h}{L_s} \cdot u_{s\alpha} \cdot i'_{r\alpha}$$

wird der Anteil $P_R = S \cdot P_{Ges}$ über den Teilumrichter und der Anteil $P_S = (1 - S) \cdot P_{Ges}$ über den Stator geführt.

Im Rotorkreis wird **Blindleistung** Q_R erzeugt, die ungenutzt bleibt, da sie über den Zwischenkreis des Umrichtersystems nicht verwertet werden kann. Sie ergibt sich zu

$$\begin{aligned} Q_R &= \frac{3}{2} \cdot \left(u'_{r\alpha} \cdot i'_{r\beta} - u'_{r\beta} \cdot i'_{r\alpha} \right) \\ &= \frac{3}{2} \cdot \left(\omega_m - \omega_s \right) \cdot L'_r \cdot \sigma \cdot \left(i'^2_{r\beta} + i'^2_{r\alpha} \right) + \frac{3}{2} \cdot \frac{L_h}{L_s} \cdot S \cdot u_{s\alpha} \cdot i'_{r\beta} \end{aligned}$$

Sie bleibt ungenutzt, muss aber bei der Auslegung des Generator-Umrichtersystems berücksichtigt werden.

Das **elektrische Drehmoment**, das vom Generator dem Rotormoment entgegengesetzt wird, berechnet sich zu

$$M_D = \frac{3}{2} \cdot p \cdot L_h \cdot \left(i_{s\beta} \cdot i'_{r\alpha} - i_{s\alpha} \cdot i'_{r\beta} \right) = \frac{3}{2} \cdot p \cdot \frac{L_h}{L_s \cdot \omega_s} \cdot u_{s\alpha} \cdot i'_{r\alpha}$$

Alternativ kann das elektrische Drehmoment auch aus der Leistung, die über den Stator geführt wird, berechnet werden:

$$M_D = \frac{P_S}{\omega_m} \cdot p = \frac{3}{2} \cdot p \cdot \frac{L_h}{L_s} \cdot \frac{(1-S)}{\omega_m} \cdot u_{s\alpha} \cdot i'_{r\alpha} = \frac{3}{2} \cdot p \cdot \frac{L_h}{L_s \cdot \omega_s} \cdot u_{s\alpha} \cdot i'_{r\alpha}$$

Das elektrische Drehmoment ist somit unabhängig vom Schlupf S und kann direkt über die α-Komponente des Rotorstroms eingestellt werden.

70 Wie werden doppelt gespeiste Asynchrongeneratoren geregelt?

Wesentliche Ziele der Regelung bei doppelt gespeisten Asynchrongeneratoren sind

- die Einstellung des gewünschten elektrischen Drehmoments M_D entsprechend der Vorgabe des übergeordneten Regelkreises (siehe Kapitel 32) und
- die Bereitstellung der geforderten Blindleistung, die im Stator erzeugt werden soll.

Es wird eine Regelung der Rotorströme im statorfesten Koordinatensystem betrachtet (siehe Kapitel 55). Die abgeleiteten Terme sind nun zu berücksichtigen, da sie für das dynamische Verhalten des Generators eine wichtige Rolle spielen. Führen wir die Kreisfrequenz des Rotors ($\omega_r = \omega_s - \omega_m$) ein, so ergibt sich der im Folgenden genannte Gleichungssatz (siehe Kapitel 66).

Spannungsgleichungen:

$$u_{s\alpha} = R_s \cdot i_{s\alpha} - \frac{d\psi_{s\alpha}}{dt} + \omega_s \cdot \psi_{s\beta}$$

$$0 = -R_s \cdot i_{s\beta} - \frac{d\psi_{s\beta}}{dt} - \omega_s \cdot \psi_{s\alpha}$$

$$u'_{r\alpha} = R'_r \cdot i'_{r\alpha} - \frac{d\psi'_{r\alpha}}{dt} + \omega_r \cdot \psi'_{r\beta}$$

$$u'_{r\beta} = R'_r \cdot i'_{r\beta} - \frac{d\psi'_{r\beta}}{dt} - \omega_r \cdot \psi'_{r\alpha}$$

$$mit\ \omega_r = \omega_s - \omega_m$$

Flussgleichungen:

$$\psi_{s\alpha} = L_s \cdot i_{s\alpha} - L_h \cdot i'_{r\alpha}$$

$$\psi_{s\beta} = L_s \cdot i_{s\beta} - L_h \cdot i'_{r\beta}$$

$$\psi'_{r\alpha} = -L'_r \cdot i'_{r\alpha} + L_h \cdot i_{s\alpha}$$

$$\psi'_{r\beta} = -L'_r \cdot i'_{r\beta} + L_h \cdot i_{s\beta}$$

Grundlage für die Regelung des doppelt gespeisten Asynchrongenerators sind die Spannungsgleichungen des Rotors. Dabei kann der Statorwiderstand vernachlässigt werden ($R_s = 0$). Als weitere Vereinfachung wird die Änderung der Statorspannung bzw. des Statorflusses im Nennbetrieb zu null angenommen ($\frac{d\psi_{s\alpha}}{dt} = \frac{d\psi_{s\beta}}{dt} = 0$). Es ergibt sich für die Rotorspannungen im Nennbetrieb:

$$u'_{r\alpha} = R'_r \cdot i'_{r\alpha} + L'_r \cdot \sigma \cdot \frac{di'_{r\alpha}}{dt} - \omega_r \cdot L'_r \cdot \sigma \cdot i'_{r\beta} + S \cdot \frac{L_h}{L_s} \cdot u_{s\alpha}$$

$$u'_{r\beta} = R'_r \cdot i'_{r\beta} + L'_r \cdot \sigma \cdot \frac{di'_{r\beta}}{dt} + \omega_r \cdot L'_r \cdot \sigma \cdot i'_{r\alpha}$$

$$mit\ S = \frac{\omega_r}{\omega_s}\ und\ \sigma = 1 - \frac{L_h^2}{L_s \cdot L_r}$$

Regelgrößen sind die Rotorströme in Längs- und in Querrichtung. Daher werden die Rotorspannungsgleichungen umgestellt und die Rotorzeitkonstante T'_R eingeführt:

$$i'_{r\alpha} + T'_R \cdot \sigma \cdot \frac{di'_{r\alpha}}{dt} = \frac{1}{R'_r} \cdot u'_{r\alpha} + \omega_r \cdot T'_R \cdot \sigma \cdot i'_{r\beta} - S \cdot \frac{L_h}{R'_r \cdot L_s} \cdot u_{s\alpha}$$

$$i'_{r\beta} + T'_R \cdot \sigma \cdot \frac{di'_{r\beta}}{dt} = \frac{1}{R'_r} \cdot u'_{r\beta} - \omega_r \cdot T'_R \cdot \sigma \cdot i'_{r\alpha}$$

$$mit\ T'_R = \frac{L'_r}{R'_r}$$

Um das Blockschaltbild aufzustellen, werden die Differentialgleichungen in den Frequenzbereich transformiert:

$$i'_{r\alpha} = \frac{1}{R'_r} \cdot \frac{1}{1 + \sigma \cdot T'_R \cdot s} \cdot \left(u'_{r\alpha} + u'_{r\alpha,kopp}\right)$$

$$i'_{r\beta} = \frac{1}{R'_r} \cdot \frac{1}{1 + \sigma \cdot T'_R \cdot s} \cdot \left(u'_{r\beta} + u'_{r\beta,kopp}\right)$$

Mit folgenden Kopplungstermen:

$$u'_{r\alpha,kopp} = L'_r \cdot \sigma \cdot \omega_r \cdot i'_{r\beta} - \frac{L_h}{L_s} \cdot S \cdot u_{s\alpha}$$

$$u'_{r\beta,kopp} = -L'_r \cdot \sigma \cdot \omega_r \cdot i'_{r\alpha}$$

Das zugehörige Blockschaltbild ist in Bild 70.1 dargestellt.

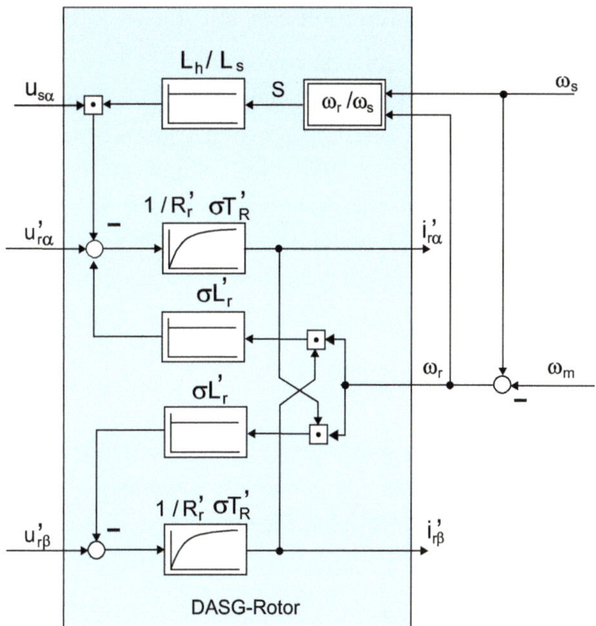

Bild 70.1 Blockschaltbild des Rotors eines doppelt gespeisten Asynchrongenerators

Mittels eines geeigneten Entkopplungsnetzwerkes zerfällt die Dynamik des Rotorkreises in zwei unverkoppelte PT_1-Systeme. Dazu werden die berechneten Werte der Kopplungsterme $u'_{r\alpha,kopp}$ und $u'_{r\beta,kopp}$ vom Stromreglerausgangswert abgezogen (Bild 70.2).

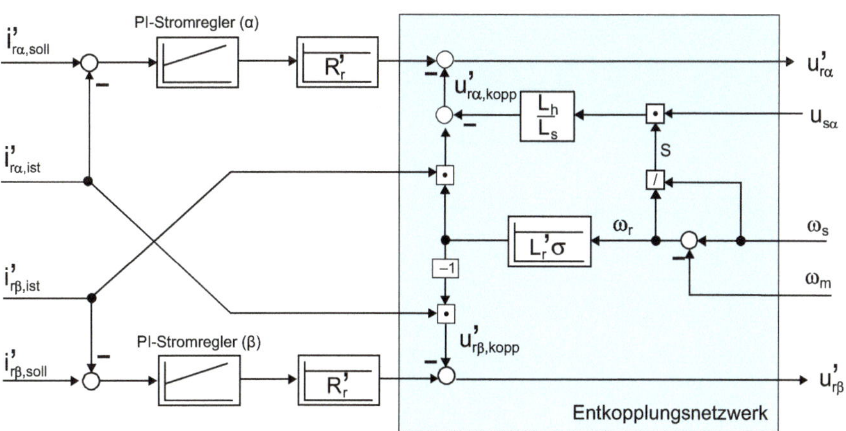

Bild 70.2 Stromregelung mit Entkopplungsfilter im Rotorkreis

Die Rotorstromkomponenten in α- und β-Richtung können mit dieser Regelung sehr schnell unabhängig voneinander auf den Sollwert eingeregelt werden.

Für die übergeordnete Regelung von elektrischem Drehmoment und der Blindleistung des Stators müssen die aktuellen Istwerte bestimmt werden. Dazu werden die Messwerte des Stators verwendet. Das hat den Vorteil, dass die Statorspannungen auch dann gemessen werden können, wenn der Stator noch nicht mit dem Netz verbunden wurde. Es ist deshalb zu berücksichtigen, dass nur der Anteil der Leistung gemessen werden kann, der über den Stator übertragen wird und vom Schlupf S abhängig ist:

$$P_{S,ist} = P_{Ges,ist} \cdot (1-S) = \frac{3}{2} \cdot \left(u_{s\alpha,ist} \cdot i_{s\alpha,ist} + u_{s\beta,ist} \cdot i_{s\beta,ist} \right)$$

Auf den Sollwert der Statorwirkleistung kann somit geregelt werden. Da ja nicht die Statorwirkleistung, sondern das elektrische Drehmoment vorgegeben wird, muss noch eine Umrechnung eingeführt werden (siehe Kapitel 69):

$$P_{Ges,soll} = (S+1) \cdot P_{S,soll}$$

$$M_{D,soll} = \frac{60}{2\pi \cdot n_{Gen}} \cdot P_{Gen,soll}$$

Wie in Kapitel 69 gezeigt, kann die Statorwirkleistung abhängig von der α-Komponente des Rotorstroms ausgedrückt werden:

$$P_S = \frac{3}{2} \cdot \frac{L_h}{L_s} \cdot u_{s\alpha} \cdot i'_{r\alpha}$$

Damit ergibt sich die in Bild 70.3 gezeigte Regelungsstruktur zur Einstellung des elektrischen Drehmoments $M_{D,Soll}$.

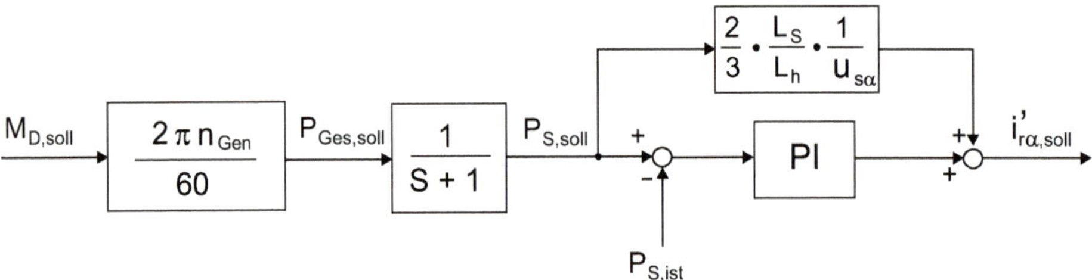

Bild 70.3 Regelungsstruktur zur Einstellung des elektrischen Drehmoments

Die Blindleistung im Stator wird ebenfalls aus den gemessenen Statorwerten ermittelt. Es gilt:

$$Q_{S,ist} = \frac{3}{2} \cdot u_{s\alpha,ist} \cdot i_{s\beta,ist}$$

Den Sollwert der β-Stromkomponente des Rotorstroms wird mittels der Beziehung

$$Q_S = \frac{3}{2} \cdot \frac{L_h}{L_s} \cdot u_{s\alpha} \cdot i'_{r\beta} + \frac{3}{2} \cdot \frac{1}{L_s \cdot \omega_s} \cdot u_{s\alpha}^2$$

bestimmt. Eine Umstellung ergibt Folgendes für den Sollwert:

$$i'_{r\beta,soll} = \frac{2}{3} \cdot \frac{L_s}{L_h} \cdot \frac{1}{u_{s\alpha}} \cdot Q_{S,soll} - \frac{1}{L_h \cdot \omega_s} \cdot u_{s\alpha}$$

Mittels eines PI-Reglers kann die vom Stator generierte Blindleistung gemäß Bild 70.4 geregelt werden.

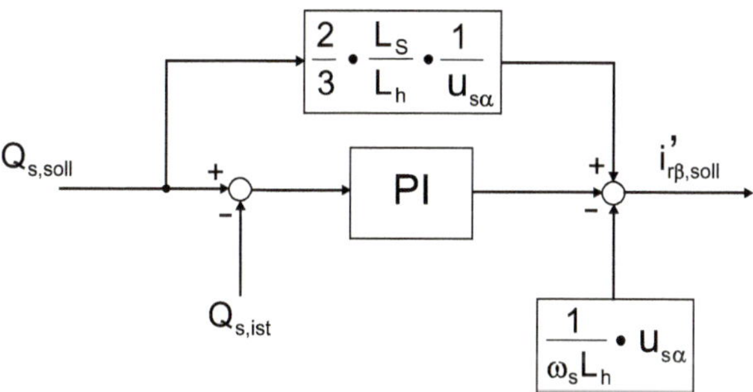

Bild 70.4 Regelungsstruktur zur Einstellung der Statorblindleistung

Die gesamte erzeugte Blindleistung des Generatorumrichtersystems ergibt sich aus der vom Stator erzeugten Blindleistung, die über die β-Komponente des Rotorstroms eingestellt wird, und der Blindleistung, die vom netzseitigen Umrichter des netzseitigen Teilumrichters erzeugt wird. Die Umrichtersteuerung muss also den gewünschten Blindleistungssollwert auf beide Systeme so verteilen, dass die Belastung des Generatorumrichtersystems möglichst gering ist (sogenanntes Q-Shifting).

Die gesamte generatorseitige Regelung des doppelt gespeisten Asynchrongenerators zeigt Bild 70.5.

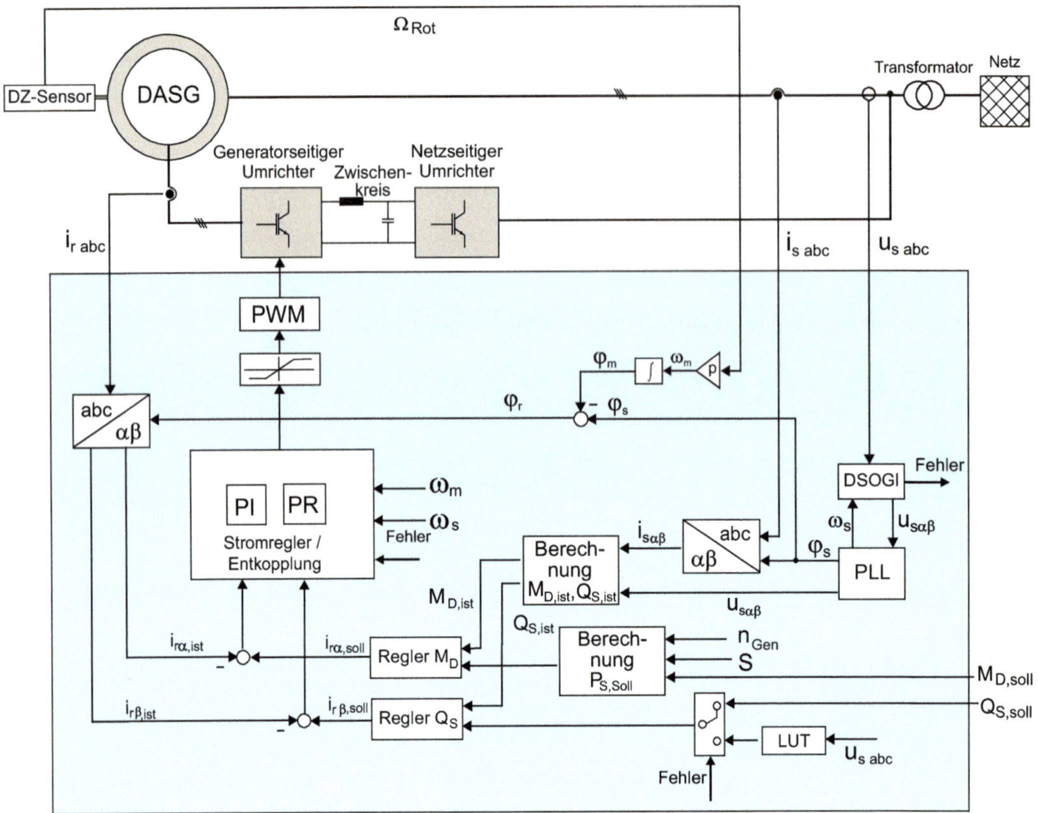

Bild 70.5 Regelung des generatorseitigen Umrichters eines doppelt gespeisten Asynchrongenerators

Die Zuschaltung des doppeltgespeisten Asynchrongenerators an das Netz erfordert eine Synchronisation der Statorspannung mit der Netzspannung. Erst dann, wenn die Statorspannung in Betrag und Phase mit der Netzspannung hinreichend genau übereinstimmt, darf eine Zuschaltung erfolgen. Ansonsten können hohe Einschalt- bzw. Ausgleichsströme auftreten, die den Generator, den Umrichter oder auch die mechanischen Komponenten belasten oder gar beschädigen können. Daher wird ein Verfahren in folgender oder ähnlicher Form verwendet:

1. Zunächst wird der netzseitige Teilumrichter in Betrieb genommen. Dazu wird mittels des Leistungsschalters der netzseitige Umrichter mit Leistung versorgt. Der Zwischenkreis wird auf die Zwischenkreisnennspannung aufgeladen.
2. Ist der Zwischenkreis geladen und hat der Generator eine bestimmte Drehzahl, die unterhalb der Zuschaltdrehzahl liegt, erreicht, so beginnt der generatorseitige Umrichter mit der Synchronisation. Die Rotorströme werden so eingeregelt, dass die Statorspannung mit der Netzspannung synchron ist. Ein Syn-

chronisationsregler ersetzt in diesem Fall die Sollwertvorgaben für die Rotorströme. Der Stator ist aber immer noch vom Netz getrennt.

3. Hat der Generator die Zuschaltdrehzahl erreicht, muss die Synchronisation abgeschlossen sein. Der Stator kann nun über das Statorschütz „weich" mit dem Netz verbunden werden. Die Vorgabe der Rotorsollwerte erfolgt dann wie vorangehend beschrieben mittels der übergeordneten Regler für elektrischen Drehmoment und Statorblindleistung.

Literaturverzeichnis

Allgemeine Literatur

[1.1] *Gasch, R./Twele, J.:* Windkraftanlagen. Springer/Vieweg Verlag 2016

[1.2] *Hau, E.:* Wind Turbines. Springer Verlag 2013

[1.3] *Schaffarczyk, A. (Hrsg.):* Einführung in die Windenergietechnik. Hanser Verlag 2016

[1.4] *Heier, S.:* Windkraftanlagen. Systemauslegung, Netzintegration und Regelung. Springer Verlag 2018

[1.5] *Fischer, F./Cichowski, R. (Hrsg.):* Onshore-Windenenergieanlagen. VDE Verlag 2019

[1.6] *Hansen, M.:* Aerodynamics of Wind Turbines. 2. Auflage. Earthscan 2008

Umweltaspekte

[2.1] *Bundesumweltamt:* Erneuerbare und konventionelle Stromerzeugung. *https://www.umweltbundesamt.de/bild/entwicklung-der-stromerzeugung-aus-erneuerbaren-0*

[2.2] *Bundesverband WindEnergie e. V. (BWE):* Windenergie in Deutschland – Zahlen und Fakten. *https://www.wind-energie.de/themen/zahlen-und-fakten/deutschland/*

[2.3] *Bundesverband WindEnergie e. V. (BWE):* Windenergie und Infraschall. Juli 2017

[2.4] Sechste Allgemeine Verwaltungsvorschrift zum Bundes-Immissionsschutzgesetz (Technische Anleitung zum Schutz gegen Lärm – TA Lärm). *https://www.verwaltungsvorschriften-im-internet.de/bsvwvbund_26081998_IG19980826.htm*

[2.5] Hinweise zur Ermittlung und Beurteilung der optischen Immissionen von Windkraftanlagen (WKA-Schattenwurfhinweise). *https://www.lai-immissionsschutz.de/documents/wka_schattenwurfhinweise_stand_23_1588595757.01*

[2.6] *Deutsche Gesellschaft für Gartenkunst und Landschaftskultur e. V. (DGGL):* Energielandschaften. Geschichte und Zukunft der Landnutzung. Callwey Verlag 2013

[2.7] *International Renewable Energy Agency (IRENA):* IRENA Working Paper. Renewable Energy Technologies: Cost Analysis Series. Juni 2012

[2.8] *Deutscher Bundestag:* Gesetz für den Vorrang Erneuerbarer Energien (Erneuerbare-Energien-Gesetz, EEG). 2008. *https://www.clearingstelle-eeg.de/files/EEG_2009_juris_Stand_110501.pdf*

[2.9] *Deutscher Bundestag:* Gesetz zur Einführung von Ausschreibungen für Strom aus erneuerbaren Energien und zu weiteren Änderungen des Rechts der erneuerbarer Energien (EEG 2017). 2016. *http://3n.info/media/4_Downloads/pdf_GstzVrdng_EEG2017.pdf.*

[2.10] TurbSim. Software. *https://www.nrel.gov/wind/nwtc/turbsim.html*

TurbSim ist ein hauptsächlich von Bonnie Jonkman entwickeltes und vom National Renewable Energy Laboratory (NREL) finanziertes Softwaretool zur Erzeugung eines stochastischen, turbulenten Windfelds.

Geschichte der Windenergie

[3.1] *Betz, A.:* Wind-Energie und ihre Ausnutzung durch Windmühlen. Vandenhoeck & Ruprecht 1926/Ökobuch Verlag 1994 (Nachdruck)

[3.2] *Heymann, M.:* Die Geschichte der Windenergienutzung 1890–1990. Campus Verlag 1995

[3.3] *Honnef, H.:* Windkraftwerke. Vieweg Verlag 1932

[3.4] *Schmitz, G.:* Theorie und Entwurf von Windrädern optimaler Leistung. Universität Rostock 1955

Rotorblätter und Aerodynamik

[4.1] *Heinzelmann Souza, B.:* Strömungsbeeinflussung bei Rotorblättern von Windenergieanlagen mit Schwerpunkt auf Grenzschichtabsaugung. Dissertation. TU Berlin 2011

[4.2] *Dubs, F.:* Aerodynamik der reinen Unterschallströmung. 4. Auflage. Birkhäuser Verlag, Basel 1979

[4.3] *Berroth, J. K.:* Einfluss der Stelldynamik der Rotorblätter auf die Lasten der Blattverstellsysteme von Windenergieanlagen. Mainz, G (Verlag) 2017

[4.4] *Siekmann, H. E./Thamsen, P. U.:* Strömungslehre. Grundlagen. 2. Auflage. Springer Verlag, Berlin 2008

[4.5] *Kortenstedde, F.:* Ein Beitrag zur Optimierung der Rotorblätter von Windenergieanlagen. Dissertation. TU Clausthal 2015

Steuerung und Regelung

[5.1] *DIN EN 61400-25-2 (VDE 0127-25-2) 2016-6:* Windenergieanlagen – Teil 25-2: Kommunikation für die Überwachung und Steuerung von Windenergieanlagen – Informationsmodelle

[5.2] *DIN EN 61400-25-6 (VDE 0127-25-6) 2017-10:* Windenergieanlagen – Teil 25-6: Kommunikation für die Überwachung und Steuerung von Windenergieanlagen – Klassen logischer Knoten und Datenklassen für die Zustandsüberwachung

[5.3] *DIN EN 61400-25-1 (VDE 0127-25-1) 2018-08:* Windenergieanlagen – Teil 25-1: Kommunikation für die Überwachung und Steuerung von Windenergieanlagen – Einführende Beschreibung der Prinzipien und Modelle

[5.4] *El-Henaoui, S.:* Individual Pitch Control and its impact. Moog Industrial. Stand: Juli 2012. *www.moog.com/wind*

[5.5] *Jelavić, M./Petrović, V./ Peric, N.:* Estimation based Individual Pitch Control of Wind Turbine. In: Automatika 51, 2010, S. 181–192

[5.6] *Selvam, K.:* Individual Pitch Control for Large scale wind turbines. Multivariable control approach. ECN – Energy Research Centre of the Netherlands (ECN-E-07-053)

[5.7] *Hoffmann, R.:* Vergleich von Regelungskonzepten für Windturbinen auf Grundlage ihres Energieertrages. Dissertation. TU Darmstadt 2002

[5.8] *Kogaki, S. S. T./Tanaka, M./Kawabata, H.:* Advanced technology for wind power generation. National Institute of Advanced Industrial Science and Technology

[5.9] *Fox, M.:* Effizenzsteigerung von Windenergieanlagen durch neuartige LiDAR-Systeme. Karlsruher Institut für Technologie 2015

[5.10] Fiber Optic Blade Load Monitoring. Product Manual. fos4x – PolyTech Wind Power Technology Germany GmbH, München 2014

[5.11] *Merten, M.:* Entwicklung eines parametrisierbaren Regelverfahrens und Identifikation von Optimierungsparametern für die Lastreduktion bei Windenergieanlagen. Masterarbeit. HAW Hamburg 2019

[5.12] *Wortmann, S.:* Lastreduzierende Regelungs- und Vorsteuerungsstrategien für Windenergieanlagen mit Einzelblattverstellung. Dissertation. TU Darmstadt 2020

Netzanschluss

[6.1] *E.ON Netz GmbH:* Ergänzende Netzanschlussregeln für Windenergieanlagen. 2001

[6.2] *VDE-AR-N-4110:2018-11:* Technische Regeln für den Anschluss von Kundenanlagen an das Mittelspannungsnetz und deren Betrieb (TAR Mittelspannung). Forum Netztechnik/Netzbetrieb im VDE (FNN). November 2018

[6.3] *VDE-AR-N-4120:2018-11:* Technische Regeln für den Anschluss von Kundenanlagen an das Hochspannungsnetz und deren Betrieb (TAR Hochspannung). Forum Netztechnik/Netzbetrieb im VDE (FNN). November 2018

[6.4] *VDE-AR-N-4130:2018-11:* Technische Regeln für den Anschluss von Kundenanlagen an das Höchstspannungsnetz und deren Betrieb (TAR Höchstspannung). Forum Netztechnik/Netzbetrieb im VDE (FNN). November 2018

[6.5] *Padiyar, K.R.:* FACTS Controllers In Power Transmission and Distribution. New Age International Publishers 2007

[6.6] *Wilch, M.:* Aspekte der Netzeinbindung von Windenergieanlagen. Dissertation. Universität Duisburg-Essen 2013

[6.7] *Wessels, C.:* Durchfahren von Netzfehlern bei Windenergieanlagen mit FACTS. Dissertation. Universität Kiel 2012

Umrichter und Generatoren

[7.1] *Schröder, D.:* Elektrische Antriebe. Grundlagen. Springer Verlag 2016

[7.2] *Schröder, D.:* Elektrische Antriebe. Regelung von Antriebssystemen. Springer Verlag 2018

[7.3] *Richter, M.:* Contribution to the Control of Doubly-Fed Induction Generators in Wind Power Plants with Particular Consideration of Asymmetrical Grid Conditions. Dissertation. TU Ilmenau 2011

[7.4] *Abo-Khalil, A. G./Lee, D.-C./Jang, J.-I.:* Control of Back-to-Back PWM Converters for DFIG Wind Turbine Systems under Unbalanced Grid Voltage. In: IEEE International Symposium on Industrial Electronics, 2007, p. 2637 – 2642

[7.5] *Rothenhagen, K.:* Fehlertolerante Regelung der doppeltgespeisten Asynchronmaschine bei Sensorfehlern. Dissertation. Universität Kiel 2011

[7.6] *Raedel, U.:* Beitrag zur Entwicklung leistungselektronischer Komponenten für Windkraftanlagen. Dissertation. TU Ilmenau 2008

[7.7] *Teodorescu, R./Liserre, M./Rodriguez, P.:* Grid Converters for Photovoltaic and Wind Power Systems. Wiley Verlag 2011

[7.8] *Blaabjerg, F.:* Control of Power Electronic Converters and Systems. William Andrew Publishing 2018

[7.9] *Hoffmann, N.:* Netzadaptive Regelung und Aktiv-Filter Funktionalität von Netzpulsstromrichtern in der regenerativen Energieerzeugung. Dissertation. Universität Kiel 2015

[7.10] *Teichmann, R./Bernet, S.:* A Comparison of Three-Level Converters versus Two-LevelConverters for Low-Voltage Drives, Traction, and Utility Applications. In: IEEE Transactions on Industry Applications, Vol. 41, No. 3, 2005, S.855 – 865

[7.11] *Jenni, F./Wüest, D.:* Steuerverfahren für selbstgeführte Stromrichter. vdf Hochschulverlag AG an der ETH Zürich/B. G. Teubner Stuttgart 1995

[7.12] *Holmes, D. G./Lipo, T. A.:* Pulse Width Modulation For Power Converters. IEEE Press, New Jersey, USA 2003

[7.13] *Wintrich, A. et al.:* Applikationshandbuch Leistungshalbleiter. 2. Auflage. SEMIKRON International GmbH/ISLE Verlag, Ilmenau 2015

[7.14] *Specovius, J.:* Grundkurs Leistungselektronik. 4. Auflage. Vieweg + Teubner, Wiesbaden 2010

[7.15] *Jaritz, M.:* Modellbildung und Simulation einer gesteuerten Spannungsquelle auf Wechselrichter Basis für einen Grid Emulator. Diplomarbeit. TU Graz 2010

[7.16] *Böttcher, M.:* Fehlertolerante Frequenzumrichter auf der Basis der dreistufigen NPC-Topologie für den Einsatz in Windenergieanlagen. Dissertation. Universität Kiel 2016

[7.17] *Boller, T.:* Optimale Ansteuerung von Mittelspannungswechselrichtern. Dissertation. Universität Wuppertal 2011

[7.18] *Morisse, M.:* Über System- und Regelungsdynamiken von Windenergieanlagen und deren Einfluss auf die Überlebensdauer. Dissertation. Universität Leipzig 2020

[7.19] *Buso, S./Mattavelli, P.:* Digital Control in Power Electronics. Morgan & Claypool, San Rafael, USA 2006

[7:20] *Teodorescu, R. et al.:* Proportional-resonant controllers and filters for gridconnected voltage-source converters. In: IEEE Proceedings of Electric Power Applications, Vol. 153, Issue 5, 2006, p. 750 - 762

[7.21] *Szalai, T.:* Sensorlose Regelung gesättigter Synchronmaschinen bis zum Stillstand unter Last. Dissertation. TU Imenau 2014

Misc

[8.1] *Nazifi, K., Predki, W., Luetzig, G.:* Micropitting of big gearboxes: Influence of flank modification and surface roughness. Page 43, October 2010

[8.2] Wikipedia: Zahnrad. Schadensarten - Zahnbruch. Abbildung „Zahnbruch an einem Stirnrad (Fotografie mit ausschnittsvergrößerter Teilansicht)". Urheber: Mackaldener. Januar 2000. *https://de.wikipedia.org/wiki/Zahnrad, https://de.wikipedia.org/wiki/Datei:Tooth_Interior_Fatigue_Fracture_1.jpg*

[8.3] *Knorr, K.:* Modellierung von raum-zeitlichen Eigenschaften der Windenergieeinspeisung für wetterdatenbasierte Windleistungssimulation. Dissertation. Universität Kassel 2016

[8.4] *Schlecht, B.:* Antriebsstränge in Windenergieanlagen. Anforderungen an Getriebe, Kupplungen und Lager. TU Dresden, Haus der Technik, 16./17. März 2006

[8.5] *Guetif, A.:* Klassifizierung von Batterien und Super-Kondensatoren als Energiespeicher. Jahresbericht. TU Braunschweig 2006

[8.6] Fraunhofer-Institut für Windenergiesysteme IWES. *https://www.iwes.fraunhofer.de/de/testzentren-und-messungen/gondelpruefung.html*

Bildquellen

Für die Bereitstellung des Bildmaterials danke ich folgenden Firmen bzw. Personen (alphabetisch sortiert):

- anemos Gesellschaft für Umweltmeteorologie mbH
- ConverterTec Deutschland GmbH
- Dipl.-Ing. Heiner H. Dörner *(http://www.heiner-doerner-windenergie.de)*
- ENERCON GmbH
- Deublin GmbH
- Gebr. Eickhoff Maschinenfabrik u. Eisengießerei GmbH
- GWU-Umwelttechnik GmbH
- ifm electronic gmbh
- Fraunhofer-Institut für Windenergiesysteme IWES
- KEBA Industrial Automation Germany GmbH
- KTR Systems
- Max Bögl Wind AG
- Nordex/Acciona SE
- NSK Deutschland GmbH
- OAT OsterholzAntriebsTechnik GmbH
- Phoenix Contact GmbH & Co. KG
- thyssenkrupp rothe erde Germany GmbH
- SEMIKRON Elektronik GmbH & Co. KG
- TWK-ELEKTRONIK GmbH
- VEM Sachsenwerk GmbH
- VENSYS Energy AG
- Dr.-Ing. Christian Wessels
- Yaskawa Europe GmbH, The Switch

Weiteres Bildmaterial

Bild 1.1 Wikipedia, © User: Saupreiß
https://de.wikipedia.org/wiki/Persische_Windm%C3%BChle#/media/Datei:Persische_Windm%C3%BChle_Model_-_Deutsches_Museum_M%C3%BCnchen.jpg

Bild 1.2 Wikipedia, © User: indeedous
https://commons.wikimedia.org/wiki/File:Bockwindm%C3%BChle_Krippendorf_2014.jpg#/media/File:Bockwindm%C3%BChle_Krippendorf_2014.jpg

Bild 1.3 Wikipedia, © User: Harald Weber
https://de.wikipedia.org/wiki/Windm%C3%BChle#/media/Datei:Hollaenderwindmuehle_Reichstaedt_184-8496_IMG.JPG

Bild 1.4 Wikipedia, © User: Carl von Canstein
https://de.wikipedia.org/wiki/Geschichte_der_Windenergienutzung#/media/Datei:SKMBT_C55007120513590-2.JPG

Bild 1.5 Wikipedia, © User: Rasbak
https://de.wikipedia.org/wiki/Windpumpe#/media/Datei:Molen_Kleine_Tiendwegmolen_(1).jpg

Bild 1.6 Wikipedia, © User: Vysotsky
https://de.wikipedia.org/wiki/Western-Windrad#/media/Datei:WickenFen.JPG

Bild 1.9 Wikipedia, © User: Thyge Weller
https://de.wikipedia.org/wiki/Growian#/media/Datei:Growian001.png

Bild 1.11 Wikipedia, © User: Vinaceus
https://commons.wikimedia.org/wiki/File:Vestas_V150-4.0MW.jpg

Bild 3.2 Wikipedia, © User: Philip May
https://de.wikipedia.org/wiki/Windpark#/media/Datei:Windpark-Wind-Farm.jpg

Bild 3.3 Wikipedia, © User: Kim Hansen
https://de.wikipedia.org/wiki/Liste_der_Offshore-Windparks#/media/Datei:Middelgrunden_wind_farm_2009-07-01_edit_filtered.jpg

Bild 6.1 Wikipedia, © User: SPBer
https://de.wikipedia.org/wiki/Windkraftanlage_Laasow#/media/Datei:Windkraftanlage_Laasow.jpg

Bild 21.1 Wikipedia, © User: TraceyR
https://upload.wikimedia.org/wikipedia/commons/2/2e/WindTurbine_Rotor_Winglet.JPG

Bild 21.6 Wikipedia, © User: Michael Pätzold
https://upload.wikimedia.org/wikipedia/commons/1/1f/EnerconRotorblattHinterkanten kamm_2018-04-30.jpg

Bild 21.7 Wikipedia, © User: Verne2017
https://upload.wikimedia.org/wikipedia/commons/7/7a/N117_Vortexgenerator.jpg

Bild 21.8 Wikipedia, © User: Williamborg
https://upload.wikimedia.org/wikipedia/commons/4/4d/Wind_turbine_blades_in_laydown_yard_Pasco_2009_fins_-_detail.jpg

Bild 42.2 Wikipedia, © User: Francis McLloyd
https://upload.wikimedia.org/wikipedia/commons/8/82/Regelzonen_mit_%C3%9Cber tragungsnetzbetreiber_in_Deutschland.png

Bild 43.1 Wikipedia, © User: wdwd
https://upload.wikimedia.org/wikipedia/commons/e/e9/UCTE_area_split_at_4_11_2006.svg

Bild 52.2 Wikipedia, © User: Bob Embleton
https://upload.wikimedia.org/wikipedia/commons/1/1c/Anemometers_on_mast_near_Brockeridge_Common_-_geograph.org.uk_-_1318301.jpg

Index

F

G

H

I

K

L

M

N